JN428099

이공계생을 위한

확률과 통계 3판

지은이 **안승철** scahn@woosuk.ac.kr

성균관대학교 수학과를 졸업한 후 동 대학원에서 석사 및 박사 학위(통계학 전공)를 취득하였다. 1989년 우석대학교 계산통계학과에 교수로 부임하였으며, 현재는 우석대학교 수학교육과 명예교수이다. 저서로는 『Minitab R13 연습을 통한 기초통계학(제2판)』(경문사, 2004), 『미니탭 14와 서비스 식스 시그마』(자유아카데미, 2007), 『최신 수리통계학』(경문사, 2011) 등이 있다.

지은이 **이광연** gylee07@hanmail.net

성균관대학교 수학과를 졸업한 후 동 대학원에서 석사 및 박사 학위를 취득하였다. 미국 와이오밍 주립대학교에서 박사후 과정을 마친 후 아이오와 주립대학교에서 방문연구교수를 지냈으며, 현재 한서대학교 자유전공학부 교수로 재직 중이다. 주요 연구 분야는 조합적 행렬론이며, 특히 조합적 헤아림 수에 대하여 연구하고 있다. 지금까지 『미술관에 간 수학자』(어바웃어북, 2018), 『NCS를 기반으로 한 직무 기초수학』(한빛아카데미, 2018), 『기초 선형대수학(2판)』(한빛아카데미, 2021), 『MATLAB으로 배우는 선형대수학(2판)』(한빛아카데미, 2024)을 비롯하여 여러 권의 전공 및 교양 서적을 집필하였다.

지은이 **김진수** loglion@gmail.com

성균관대학교 수학과를 졸업한 후 동 대학원에서 석사 및 박사 학위를 취득하였다. 성균관대학교 정보통신공학부에서 박사후 연구원, 연구교수 및 수학과 겸임교수를 역임하였고, 현재 이우고등학교 수학 교사로 재직 중이다. 주요 연구 및 관심 분야는 선형대수학, 이산수학, 조합적 행렬론, 금융수학, 암호론, 시계열 분석, 일반상대성이론이다. 저서로는 『알기 쉬운 선형대수학』(경문사, 2004), 『기초 선형대수학(2판)』(한빛아카데미, 2021)이 있다.

지은이 **박기섭** kisoeb@stu.ac.kr

성균관대학교 수학과에서 석사 및 박사 학위(통계학 및 응용수학 전공)를 취득하였다. 영국 킹스 칼리지 런던에서 박사후 연구원, 성균관대학교 초빙교수, 인천대학교 객원교수를 역임하였고, 현재 서울신학대학교 IT융합학부 데이터사이언스학과 교수로 재직 중이다. 주요 연구 분야는 빅데이터, 데이터분석 및 컴퓨터 시뮬레이션, 네트워크, 그래프이론, 응용수학이고, 저서로는 『고등학교 경제수학』(씨마스, 2022), 번역서로는 『핵심 미분적분학(제9판)』(경문사, 2021)이 있다.

이공계생을 위한 확률과 통계 3판

초판발행 2024년 2월 26일
3쇄발행 2025년 1월 20일

지은이 안승철, 이광연, 김진수, 박기섭 / **펴낸이** 전태호
펴낸곳 한빛아카데미(주) / **주소** 서울시 서대문구 연희로2길 62 한빛아카데미(주) 2층
전화 02-336-7112 / **팩스** 02-336-7199
등록 2013년 1월 14일 제2017-000063호 / **ISBN** 979-11-5664-026-4 93410

책임편집 김은정 / **기획 · 편집** 조우리 / **교정** 강정아 / **진행** 조우리
디자인 최연희 / **전산편집** 임희남 / **제작** 박성우, 김정우
영업 김태진, 김성삼, 이정훈, 임현기, 이성훈, 김주성 / **마케팅** 김호철, 심지연

이 책에 대한 의견이나 오탈자 및 잘못된 내용은 출판사 홈페이지나 아래 이메일로 알려주십시오.
파본은 구매처에서 교환하실 수 있습니다. 책값은 뒤표지에 표시되어 있습니다.
홈페이지 www.hanbit.co.kr / 이메일 question@hanbit.co.kr

STEM@COOKBOOK

이공계생을 위한

확률과 통계 3판

FORWARD-LOOKING PROBABILITY AND STATISTICS

안승철, 이광연, 김진수, 박기섭 지음

한빛아카데미
Hanbit Academy, Inc.

지은이 머리말

빅데이터 시대, 이제는 통계적 사고가 경쟁력이다!

영국의 소설가 H. G. 웰스(H. G. Wells)는 『숫자에 속아 위험한 선택을 하는 사람들』(살림출판사, 2013)이라는 책에서 "통계적 사고(statistical thinking)는 읽고 쓰는 능력과 마찬가지로 유능한 시민이 되기 위해 반드시 갖추어야 할 능력이 될 것이다."라고 말했다. 이는 우리가 살아가는 데 통계가 얼마나 중요한지를 알려주는 구절이다.

4차 산업혁명이 산업·경제의 혁명적 변화를 이끄는 것은 물론, 모든 영역에서 지능정보기술을 확산하면서 우리 사회를 지능정보사회로 이끌고 있다. 지능정보사회에서 경쟁력을 갖추려면 실시간으로 쏟아지는 방대한 양의 자료를 효과적으로 분석하고, 이를 활용하여 의미 있는 정보를 창출해 내는 능력이 무엇보다 중요하다. 더불어 정치, 경제, 경영, 사회, 문화, 과학, 의료, 스포츠까지 통계를 적용하지 않는 분야가 없다고 해도 과언이 아닐 정도로 통계는 실생활과 밀접한 관련이 있다. 많은 사람이 통계에 근거해 불확실한 상황에서 합리적인 의사결정을 내리기도 하고 미래의 변화를 예측하기도 한다. 이러한 능력을 배양하는 데 '통계적 사고'가 필요하다.

오늘날 통계학은 각종 자료를 수집·정리하고 과학적으로 분석하여 미래를 예측할 수 있도록 이론적인 근거를 제공하는 역할을 한다. 통계학은 자연과학, 공학뿐만 아니라 IT, 인공지능, 빅데이터, 머신러닝, 데이터 과학에서 아주 중요한 역할을 하고 있으며 인문, 사회과학 분야에도 널리 응용되고 있다.

통계학은 나날이 중요해지며, 점점 더 많은 사람들이 그 중요성을 인식하고 있다. 그러나 사람들은 대부분 수학이라는 장벽 때문에 통계학도 어렵게 생각하는 경향이 있다. 이러한 점을 고려하여 필자들은 이 책에서 수학적 배경을 최소화함으로써 통계학 전공 학생뿐만 아니라 공학을 전공하거나 일반 교양과목으로 배우는 학생도 통계를 좀 더 쉽게 배울 수 있도록 하는 데 초점을 두었다. 또한 확률과 통계 학습에 필요한 용어를 명확히 정의하였고, 정의에 따른 여러 정리를 자세히 소개한 뒤 관련 예제를 제공하였다.

이 책의 구성

이 책의 내용은 크게 기술통계학과 추측통계학으로 나눌 수 있다. 기술통계학에서는 자료의 정리와 요약, 확률, 확률변수와 확률분포, 표본분포를 다루고, 추측통계학에서는 추정과 가설검정을 중점적으로 다룬다. 이와 함께 분산분석, 범주형 자료분석, 상관분석과 회귀분석도 다룬다.

각 장을 여는 도입글은 해당 장에서 학습하고자 하는 내용이 실생활이나 공학 분야에서 어떻게 적용되는지 사례를 통해 보여준다. 이를 통해 실제 본문에서 학습할 내용을 예측할 수 있으며, 그 필요성을 이해할 수 있을 것이다. 개념은 가능한 한 쉽게 핵심 위주로 설명하였으며, 다양한 예제와 그에 대한 상세한 풀이를 제시하여 좀 더 명확하게 이론을 이해할 수 있게 하였다. 장이 끝날 때마다 연습문제를 풀어보며 학습한 내용을 점검하기 바라며, [컴퓨터 실습] 문제를 통해 Excel을 이용한 통계분석 방법을 익히기를 권한다.

감사의 글

많은 노력에도 불구하고 여러 가지로 미비한 점이 많으리라 생각되지만, 이 책이 독자들의 통계적 개념과 사고를 향상시키는 데 조금이나마 도움이 된다면 저자로서 그 이상의 보람이 없을 것이다. 마지막으로 이 책의 출간에 많은 조언을 해주신 주위의 여러 선생님과 이 책의 출판에 수고를 아끼지 않으신 한빛아카데미(주)에 심심한 감사의 말씀을 전한다. 끝으로 이 책으로 학습할 독자들에게 미리 감사를 드린다.

지은이 **안승철, 이광연, 김진수, 박기섭**

미리보기

누구를 위한 책인가

이 책은 이공계열 학과를 전공하는 학생을 위한 확률과 통계 입문서이다. 수학적 배경을 많이 요구하지 않으므로 손쉽게 확률과 통계를 학습할 수 있다. 공학 및 실생활 자료를 활용한 예제는 통계적 사고를 향상시키는 데 도움이 될 것이다. 또한 연습문제의 [컴퓨터 실습] 문제를 통해 Excel로 데이터를 분석해볼 수 있다.

강의 및 학습 보조자료

- **강의자용** : **강의 보조자료 다운로드**
  한빛출판네트워크(http://www.hanbit.co.kr) 접속 → [교수전용] 클릭 → [강의자료] 클릭 → 도서명 검색
- **학습자용** : **공개용 정답 다운로드**
  한빛출판네트워크(http://www.hanbit.co.kr) 접속 → [SUPPORT] 클릭 → [자료실] 클릭 → 도서명 검색

이 책의 구성요소

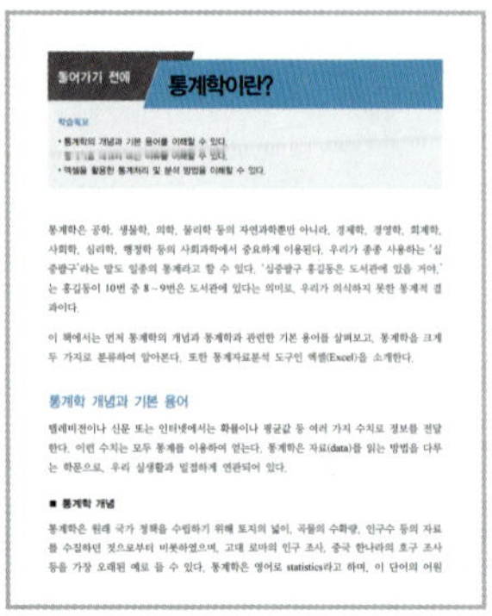

들어가기 전에

통계학이 무엇이며 왜 배워야 하는지 설명하고, 통계 패키지 Excel을 간단히 소개한다.

학습목표/도입글

학습목표에서는 해당 장에서 배울 내용을 간략히 소개하고, 도입글에서는 해당 장의 내용이 실생활이나 공학 분야에서 어떻게 적용되는지를 소개한다.

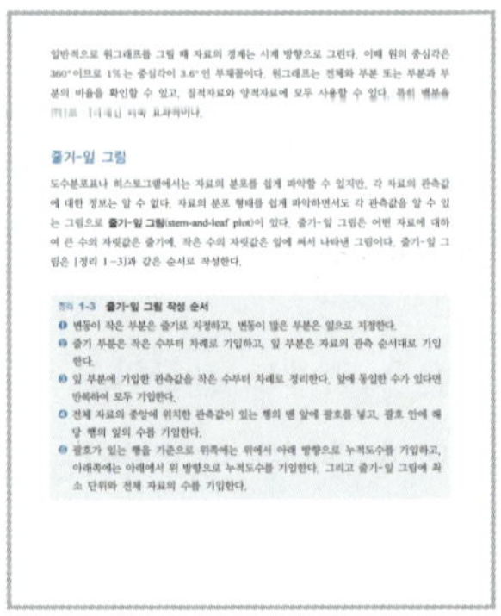

정리

해당 주제에서 기억해두어야 할 핵심 개념과 수식을 정리하여 보여준다.

이 책의 구성

❶ 자료의 정리와 요약(1장)

자료를 정리하고 요약하는 방법을 소개한다.

❷ 확률(2장)

표본공간과 각 사건에 대한 확률, 조건부 확률을 소개한다. 또한 베이즈 정리를 이용하여 사전확률과 사후확률에 대해 알아본다.

❸ 확률변수와 확률분포(3장)

확률변수의 정의를 살펴보고 이에 대응하는 확률분포를 소개한다.

❹ 여러 가지 확률분포(4장)

대표적인 이산확률분포와 연속확률분포에 대해 알아본다.

❺ 표본분포(5장)

표본분포의 성질을 알아보고 대표적인 표본분포를 소개한다.

❻ 추정(6장)

점추정과 구간추정을 알아보고 모수의 추정법을 소개한다.

❼ 가설검정(7장)

가설검정의 원리를 알아보고 모수의 검정법을 소개한다.

❽ 분산분석(8장)

세 집단 이상의 모평균에 대한 검정법으로 일원분산분석과 이원분산분석을 소개한다.

❾ 범주형 자료분석(9장)

적합도 검정, 동질성 검정, 독립성 검정을 소개한다.

❿ 상관분석과 회귀분석(10장)

두 변량 사이의 관계를 분석하는 상관분석과 한 변수의 값으로 다른 변수를 예측하는 회귀분석을 소개한다.

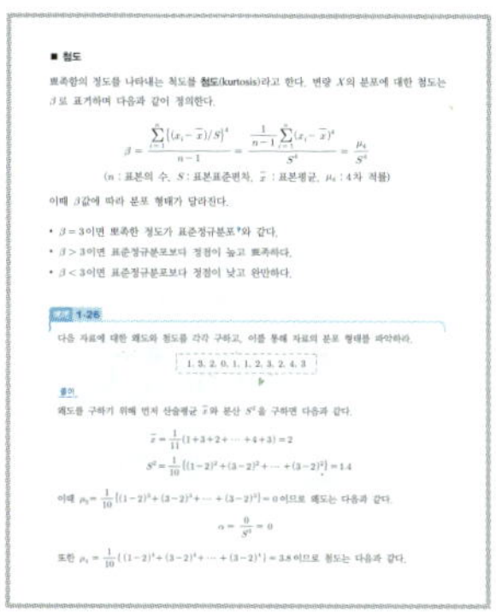

예제

본문에서 다룬 개념을 적용한 문제와 상세한 풀이를 담았다.

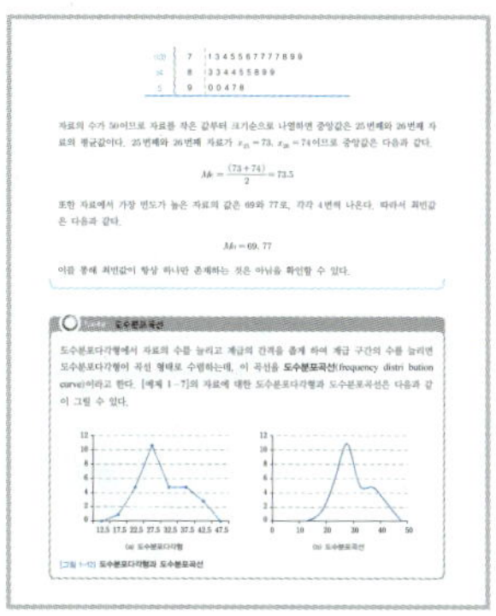

Note

본문에 대한 보충 설명이나 참고 내용 등을 보여준다.

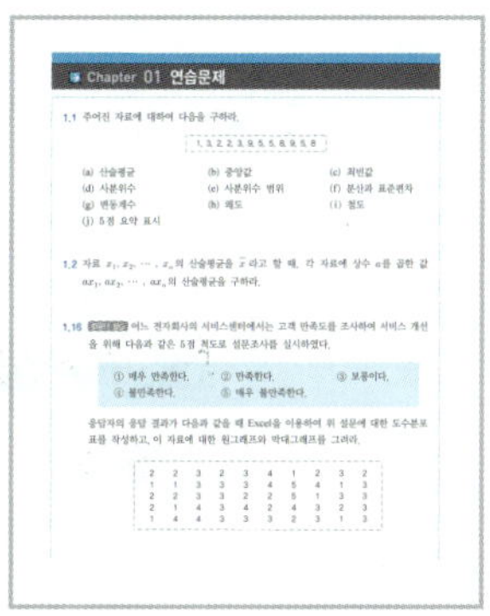

연습문제

해당 장이 끝날 때마다 본문에서 익힌 내용을 문제를 통해 정리한다. 연습문제 마지막 부분에는 Excel을 이용한 컴퓨터 실습 문제를 제공한다.

학습 로드맵

이 책은 크게 2개의 파트와 10개의 장으로 구성되어 있다. 1장 ~ 2장에서 확률과 통계의 기본적인 내용을 살펴본 후 3장 ~ 7장을 순서대로 학습하기 바란다. 8장 ~ 10장은 통계학의 좀 더 심화된 내용을 다루므로 선택하여 학습할 수 있다.

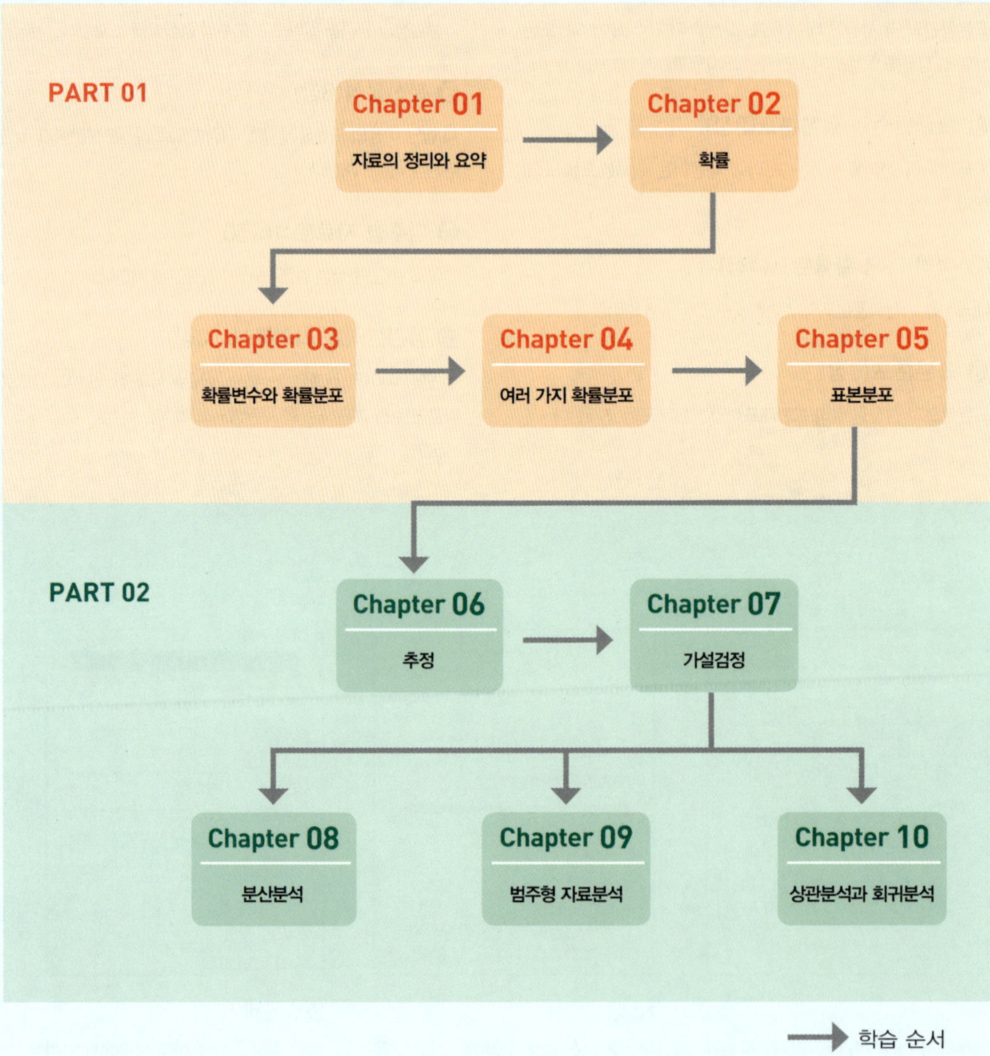

목차

Chapter 03 확률변수와 확률분포

Chapter 04 여러 가지 확률분포

Chapter 05 표본분포

PART 02 추측통계학

Chapter 06 추정

Chapter 07 가설검정

Chapter 08 분산분석

Chapter 09 범주형 자료분석

Chapter 10 상관분석과 회귀분석

들어가기 전에

통계학이란?

학습목표

- 통계학의 개념과 기본 용어를 이해할 수 있다.
- 통계학을 배워야 하는 이유를 이해할 수 있다.
- 엑셀을 활용한 통계처리 및 분석 방법을 이해할 수 있다.

통계학은 공학, 생물학, 의학, 물리학 등의 자연과학뿐만 아니라, 경제학, 경영학, 회계학, 사회학, 심리학, 행정학 등의 사회과학에서 중요하게 이용된다. 우리가 종종 사용하는 '십중팔구'라는 말도 일종의 통계라고 할 수 있다. '십중팔구 홍길동은 도서관에 있을 거야.'는 홍길동이 10번 중 8~9번은 도서관에 있다는 의미로, 우리가 의식하지 못한 통계적 결과이다.

이 책에서는 먼저 통계학의 개념과 통계학과 관련한 기본 용어를 살펴보고, 통계학을 크게 두 가지로 분류하여 알아본다. 또한 통계자료분석 도구인 엑셀(Excel)을 소개한다.

통계학 개념과 기본 용어

텔레비전이나 신문 또는 인터넷에서는 확률이나 평균값 등 여러 가지 수치로 정보를 전달한다. 이런 수치는 모두 통계를 이용하여 얻는다. 통계학은 자료(data)를 읽는 방법을 다루는 학문으로, 우리 실생활과 밀접하게 연관되어 있다.

■ 통계학 개념

통계학은 원래 국가 정책을 수립하기 위해 토지의 넓이, 곡물의 수확량, 인구수 등의 자료를 수집하던 것으로부터 비롯하였으며, 고대 로마의 인구 조사, 중국 한나라의 호구 조사 등을 가장 오래된 예로 들 수 있다. 통계학은 영어로 statistics라고 하며, 이 단어의 어원은 통치 상태를 뜻하는 고대 라틴어 status에서 비롯하였다. 이후 신 라틴어에서 '정치와 관련한'이라는 의미의 statisticus라는 용어를 사용하다가, 18세기 독일의 정치과학자 고트프리트 아헨발(Gottfried Achenwall)의 저서에서 정치적 사실과 수치에 관한 학문이라는 의미로 statistik이라는 용어를 사용하였다. 한편, 통계학의 사전적 의미는 '통계치에 의미를 부여할 수 있는 합리적인 배경을 연구하는 학문'이다.

통계학은 단순히 자료의 나열에 그치는 것이 아니라, 자료를 효과적으로 모으는 방법, 수집한 자료를 합리적으로 해석하는 방법, 그리고 자료로부터 올바른 결론을 이끌어내어 적용하는 방법 등을 다루는 학문이다. 오늘날의 통계학은 어떤 자료를 단순하게 표현하는 방법인 **기술통계학**(descriptive statistics)과 자료를 통해 모집단에 대한 어떤 특성을 일반화하여 통계적 의사결정을 하는 **추측통계학**(inferential statistics)으로 크게 분류할 수 있다. 기술통계학은 **서술통계학**이라고도 한다.

통계적 의사결정의 예로는, 텔레비전이나 자동차 등 공산품의 수명 예측, 특정 광고에 대한 반응 분석, 다음 해 휴대전화 수요 예측, 국회의원 선거 결과 예측, 수능시험의 성적분포 예측, 매년 자동차 판매수 예측 등의 다양한 분야가 있다. 이제 통계학은 통계학자의 전유물이 아니라 일상생활 속에 깊숙이 자리 잡고 있다. 특히 컴퓨터의 발전으로 우리는 통계의 홍수에서 살고 있다고 해도 과언이 아니다. 실제로 통계는 [그림 1]과 같이 다양한 분야에서 활용한다.

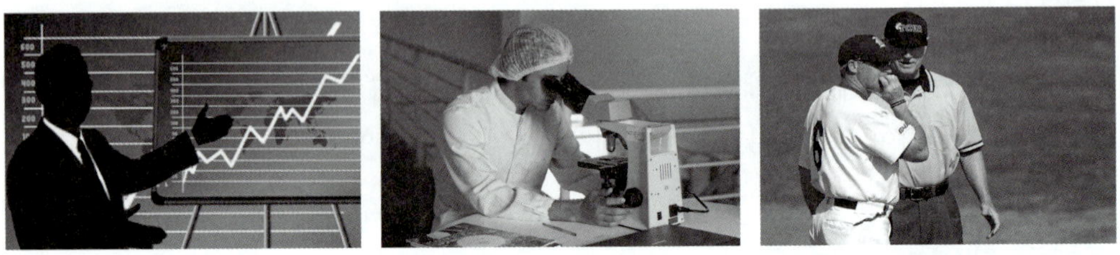

- 경제지표의 측정과 예측
- 경제 전망 분석
- 정책 결정
- 경영 의사결정

- 새로운 의학 치료 방법의 효과
- 신약 개발을 위한 임상시험
- 생물통계학(biostatistics) : 생물학, 의학, 약학, 보건학 등의 분야에서 필요한 통계학 이론을 응용하는 분야

- 선수의 체질 향상과 개선
- 경기 분석, 전략 수립
- 세이버메트릭스(sabermetrics) : 야구 데이터에 대한 통계분석을 통해 선수의 평가와 전략을 연구하는 분야

[그림 1] **통계를 활용하는 분야**

■ 통계학을 배우는 이유

앞서 우리는 통계학의 개략적인 소개와 간단한 활용을 통해 통계학의 필요성을 살펴보았다. 이제 통계학을 배워야 하는 이유를 구체적으로 알아보자. 통계학을 배워야 하는 이유에는 여러 가지가 있으나 보통 다음과 같이 네 가지로 요약할 수 있다.

첫째, 통계학을 이해하면 데이터 분석 능력을 향상시킬 수 있다. 통계학은 각종 데이터를 수집, 정리, 분석하고 해석하는 기술을 제공하는데, 이러한 과정을 통해 현실 세계의 복잡한 문제를 이해하고 해결할 수 있다. 또한 통계학을 배우면 데이터를 통해 패턴을 파악하고 미래를 예측하는 데이터 분석 능력을 기를 수 있다. 데이터 분석 능력을 향상시키면 통계적 모델을 사용하여 현상의 원인과 결과를 파악하고 미래를 예측할 수 있다. 이런 이유로 통계학은 비즈니스, 경제, 사회과학 등 다양한 분야에서 유용하게 활용된다.

예를 들어 [그림 2]는 우리나라의 연도별 황사 발생 횟수와 지속 일수를 그래프로 나타낸 것이다. 황사는 미세먼지와 초미세먼지를 포함하여 건강에 큰 영향을 미치기 때문에 황사에 대한 여러 데이터를 수집하여 분석할 필요가 있다. 통계학은 바로 이러한 문제를 해결하기 위해 꼭 필요하다.

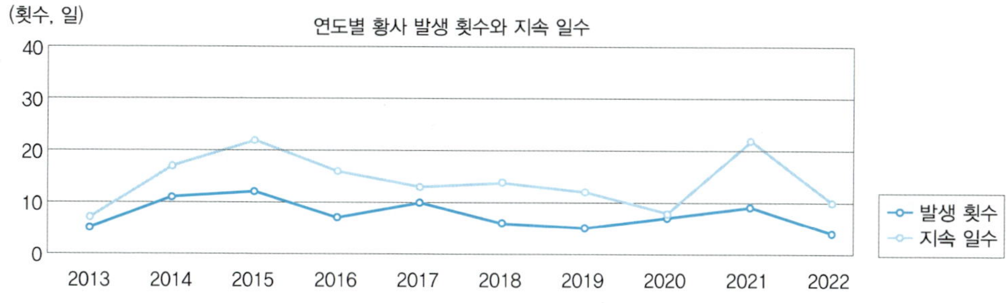

[그림 2] **연도별 황사 발생 횟수와 지속 일수 (출처 : e-나라지표)**

둘째, 통계학은 의사결정에 대한 근거를 제공한다. 당면한 문제를 분석하고 해결책을 제시할 때는 상황에 적합한 의사결정을 내려야 한다. 이때 통계학을 이용하면 데이터를 분석하여 사실에 기반한 결정을 내릴 수 있다. 즉 통계학을 배우면 주관적인 판단이나 직관에 의존하지 않고, 데이터를 통해 의사결정을 할 수 있다.

예를 들어 [그림 3]은 우리나라의 총인구수와 인구성장률을 2070년까지 예측한 자료이다. 이와 같은 데이터를 이용하여 앞으로 우리나라의 살림과 인구정책을 어떻게 추진할 것인지 결정한다. 최적의 결과를 얻기 위해 기존의 데이터와 데이터의 변화로부터 미래를 예측해야 하는데, 이 과정은 통계를 이용하면 가능하다.

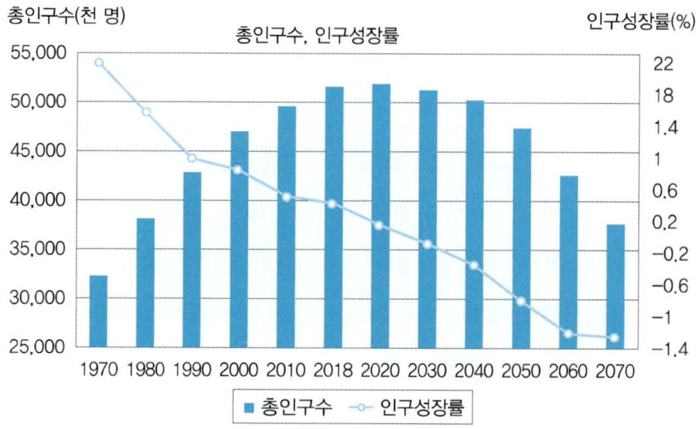

[그림 3] **우리나라 총인구수와 인구성장률 (출처 : e-나라지표)**

셋째, 통계학을 이용하여 실험을 설계하고 결과를 분석하면 연구 결과를 신뢰할 수 있는지 평가할 수 있다. 특히 과학 분야에서 이러한 과정이 매우 중요하며, 통계학을 이용한 실험 설계와 결과 분석은 과학적 발전과 혁신을 이끌어낼 수 있다.

넷째, 통계학을 배우면 개인의 경쟁력을 키우고 취업 기회를 넓힐 수 있다. 통계학은 빅데이터를 포함한 각종 정보를 제공하며, 복잡한 상황을 정리할 때 활용한다. 이에 따라 통계학을 배우면 취업 시장에서 요구하는 데이터 분석 능력과 통계적 모델링 능력을 갖출 수 있어서 다양한 진로에 도전할 수 있다.

그렇다면 통계를 이용했다고 해서 결론이 정확하다고 말할 수 있을까? 통계학은 자료를 정보화하는 방법을 다루는 분야이므로 얻은 자료를 올바르게 해석한다면 옳은 결론을 내리겠지만, 잘못 해석한다면 전혀 엉뚱한 결론을 내릴 수도 있다. 그래서 자료를 통계적으로 다룰 때는 이 점을 유의해야 한다.

■ 자료와 정보

통계분석에서 가장 중요한 것은 자료이다. 자료는 수치로 표현하므로 분석을 위해 가치 있게 사용할 수 있다. 옛 속담에 '콩 심은 데 콩 나고, 팥 심은 데 팥 난다.'라는 말이 있다. 통계학에서 이 속담을 자료에 대한 이야기로 해석해보면, 기초 자료를 잘못 수집할 경우 그 결과 역시 잘못될 수밖에 없다는 의미이다.

모든 통계자료는 수치로 표현할 수 있는 양적자료와 그렇지 않은 질적자료로 분류된다. 양적자료는 GNP, 경제성장률, 수출입현황, 임금, 키, 몸무게, 제품 수명, 교통사고 건수 등과 같이 수치로 나타낼 수 있는 자료이다. 예를 들어 매달 출생아수를 비교하여 지난달보다 이번 달에 더 많았는지, 적었는지 알 수 있다. 또한 지난 한 달간 일일 기온을 살펴보고 앞으로의 기온을 예측할 수 있다. 양적자료는 수치로 나타낼 수 있으므로 자료의 수치가 크다, 작다 또는 많다, 적다 등으로 표현한다. 이처럼 수치로 표현할 수 있는 자료를 **양적자료**(quantitative data) 또는 **수치형자료**(numerical data)라고 한다.

질적자료는 산업, 채권, 지역분류, 성별, 생활수준, 종교성향, 교육수준 등과 같이 자료 그 자체를 수치로 표현할 수 없는 자료이다. 예를 들어 수혈할 때 확인해야 하는 혈액형은 보통 A, B, AB, O의 네 가지로 구분하며, 이는 수치로 나타낼 수 없다. 이와 같이 관측결과를 수치로 표현할 수 없는 자료를 **질적자료**(qualitative data) 또는 **범주형자료**(categorical data)라고 한다.

그런데 대부분의 자료는 그 자체로서 의미를 지니는 경우가 드물다. 자료는 통계처리과정을 거쳐 '정보'라는 의미 있는 형태로 전환되므로, 조사자는 자료 수집 단계부터 통계적으로 어떻게 의미 있는 정보로 만들지 잘 설계해야 올바른 결과를 얻을 수 있다. 예를 들어 매일 발표되는 주식시세는 자료이다. 자료 수집 단계에서 통계를 이용하면 주식투자에 대한 과거 패턴을 발견할 수 있고, 그 패턴을 토대로 향후 주가가 어떻게 변할지 예측할 수 있다. 이 경우 분석된 결과는 정보이다. 이처럼 정보는 합리적 의사결정의 밑거름이 된다.

■ 모집단과 표본

통계조사의 목적은 자료에서 얻은 정보를 통해 심의 대상인 집단의 특성 또는 집단과 집단 간 관계의 특성을 파악하는 것이다. 이때 수집한 자료가 조사자의 관심 대상인 전체 집단에서 얻은 자료인지, 또는 전체 집단의 일부로부터 얻은 자료인지에 따라 같은 자료처리 과정을 거치더라도 얻는 정보는 달라진다.

모집단(population)은 정보를 얻고자 하는 관심 대상의 전체집합을 말한다. 예를 들어 대통령 선거 결과를 예측하기 위해 여론조사를 하는 경우에는 모집단이 유권자 전체이다. 또한 우리나라 총인구수를 조사할 경우에는 모집단이 우리나라 국민 전체이다.

모집단을 구성하는 자료수가 유한한 경우와 무한한 경우에 따라, 모집단은 **유한 모집단**(finite population)과 **무한 모집단**(infinite population)으로 구분된다. 이때 모집단을 이루는 자료의 개수를 **모집단 크기**(population size)라고 한다.

통계분석을 위해 모집단에서 실제로 추출한 관측값이나 측정값의 집합을 **표본**(sample)이라고 한다. 또한 모집단에서 표본을 추출하는 일을 **표본추출**(sampling)이라고 하며, 표본에 포함된 자료의 개수를 **표본 크기**(sample size)라고 한다. 특히 표본에 속한 각 관측값이 무작위로 선택된 경우에는 **확률표본**(random sample) 또는 **임의표본**이라 하고, 표본에 속한 각 관측값이 고의로 선택된 경우에는 **편향표본**(biased sample)이라고 한다.

통계조사에서 조사 대상이 되는 집단 전체를 조사하는 것을 **전수조사**(complete enumeration survey)라고 한다. 전수조사는 때로 많은 시간과 비용이 필요할 뿐만 아니라 자동차 충돌 실험, 전구의 수명 조사, 철근의 강도 등과 같이 전수조사 자체가 불가능한 경우도 있다. 이러한 경우에 조사 대상이 되는 집단 전체에서 일부만을 뽑아 조사하는 것을 **표본조사**(sample survey)라고 한다.

예를 들어 우리나라의 인구주택 총조사[1]와 병역 판정 검사 등은 전수조사를 하고, 자동차

1 행정 자료를 활용한 등록 센서스 방식의 전수조사와 국민 20%를 대상으로 하는 표본조사로 구분된다.

충돌 실험, 과일의 당도 검사, 건전지의 수명 등은 표본조사를 해야 한다. [그림 4]는 모집단과 표본 사이의 관계를 나타낸다.

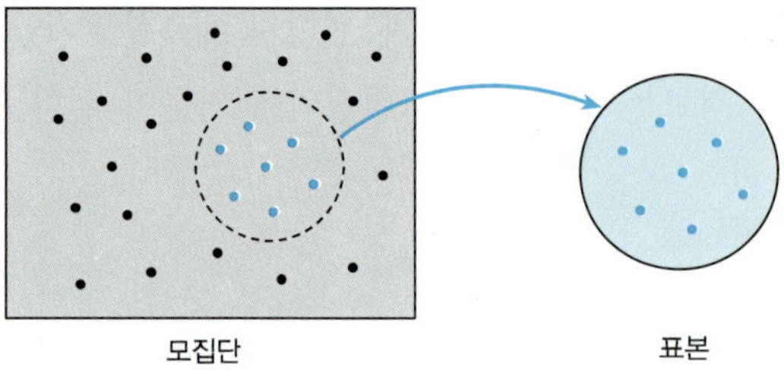

[그림 4] **모집단과 표본 사이의 관계**

선거에서 유권자 일부를 대상으로 지지도를 조사할 경우, 투표권을 갖는 18세 이상의 국민 전체가 모집단이고, 이 중에서 지지도 조사의 대상인 유권자 일부는 표본이다.

한편, 앞서 살펴본 무한 모집단인 경우에는 모집단의 일부를 조사 대상으로 하여 자료를 수집해야 한다. 그러나 유한 모집단인 경우라도 시공간의 제약 또는 경제성의 제약으로 전수조사를 하기 어렵다면, 모집단의 일부를 조사 대상으로 한다.

모집단과 표본에 관한 중요 용어로 모수와 통계량이 있다. **모수**(parameter)는 모집단의 특성을 나타내는 수치로, 모평균 μ, 모분산 σ^2, 모표준편차 σ, 모비율 p, 모집단의 자료수를 나타내는 N 등이 있다. **통계량**(statistic)은 표본의 특성을 나타내는 수치로, 모집단을 대상으로 하는 경우와 구별하기 위해 모집단과 다른 기호를 사용한다. 표본평균은 $\overline{x}$, 표본분산은 S^2, 표본표준편차는 S, 표본비율은 $\hat{p}$ 으로 나타내며, 표본의 자료수는 n으로 나타낸다.

[그림 5]는 모수와 통계량의 차이를 보여준다. 모집단의 특성을 알기 위해서는 모수가 필요한데, 모집단 전체를 전수조사하기 어렵거나 불가능한 경우에는 표본을 추출하여 통계량을 구함으로써 모집단의 특성을 알 수 있다.

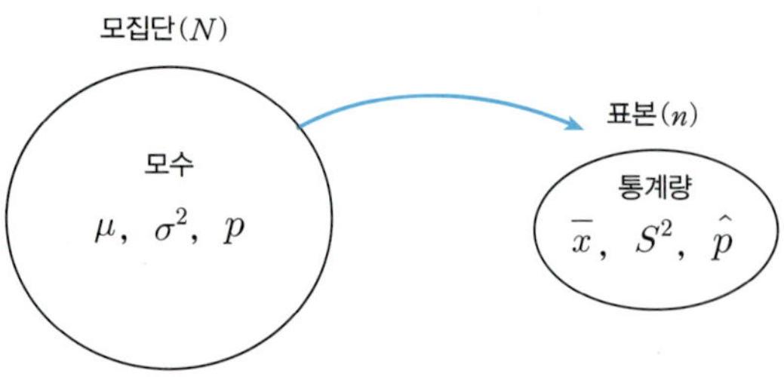

[그림 5] **모수와 통계량**

대부분은 모집단 전체에서 자료를 얻을 수 없다. 따라서 모수는 대부분 알 수 없는 수치이고, 통계량은 표본으로부터 조사되므로 알 수 있는 수치이다.

모집단과 표본의 차이를 정리하면 [표 1]과 같다.

[표 1] 모집단과 표본의 차이

	모집단	표본
자료 수집 대상	관심 대상 전체	관심 대상 일부
조사 명칭	전수조사	표본조사
집단 특성을 나타내는 수치	모수	통계량
집단 정보의 기호	모평균 μ 모분산 σ^2 모표준편차 σ 모비율 p 모집단의 자료수 N	표본평균 $\bar{x}$ 표본분산 S^2 표본표준편차 S 표본비율 $\hat{p}$ 표본의 자료수 n

■ 기술통계학과 추측통계학

통계학은 지식 정보화 사회에서 정보 수집, 분석과 해석, 그리고 관리에 있어 매우 중요한 역할을 하며, 크게 기술통계학과 추측통계학으로 나뉜다. 기술통계학은 자료 수집, 정리, 표현과 관련한 것으로, 관심 집단의 특성을 수치적으로 기술하고 계산하는 데 필요한 통계적 기법과 관련된 분야를 말한다. 이때 관심 집단은 모집단이든 표본이든 상관없다.

다음 [표 2]는 프로야구 10개 구단의 성적을 나타낸다. 이 표에서 각 구단의 방어율, 승률, 퀄리티 스타트, 블론 세이브를 살펴보면 각 구단의 성적이 어느 정도인지 쉽게 파악할 수 있다.

[표 2] 프로야구 10개 구단의 성적

팀명	방어율	승률	퀄리티 스타트	블론 세이브
A	3.52	0.667	45	5
B	3.46	0.602	46	10
C	4.05	0.583	42	7
D	3.33	0.563	42	9
E	4.45	0.488	33	10
F	4.72	0.451	39	8
G	4.50	0.438	25	11
H	4.99	0.407	34	7
I	4.73	0.400	27	10
J	5.10	0.392	30	9

[표 2]를 살펴보면 D의 방어율이 가장 낮고, B의 퀄리티 스타트가 가장 좋으며, A의 승률이 가장 높음을 확인할 수 있다. 이와 같이 자료 집단의 여러 가지 특성을 기술하는 통계학이 바로 기술통계학이다.

국회의원 선거에서는 각종 여론조사를 바탕으로 어떤 후보가 당선될지 예측한다. 즉 투표 전의 여론조사와 출구조사 같은 표본의 지지율을 통해 전체 유권자의 지지율을 추론한다. 이와 같이 모집단에서 뽑은 표본을 분석함으로써 얻은 정보를 이용해 알려지지 않은 모집단의 특성을 추론하는 것이 바로 추측통계학이다. 추측통계학에서는 특히 표본을 추출한 이후에 모집단의 특성을 알기 위해 확률을 이용한다. 즉 모집단에서 표본을 추출할 때 확률을 이용한 확률표본을 만들어 통계적 모형으로 설정한다. 다음 [그림 6]은 기술통계학과 추측통계학에서의 자료 처리 방법과 추론 과정을 보여준다.

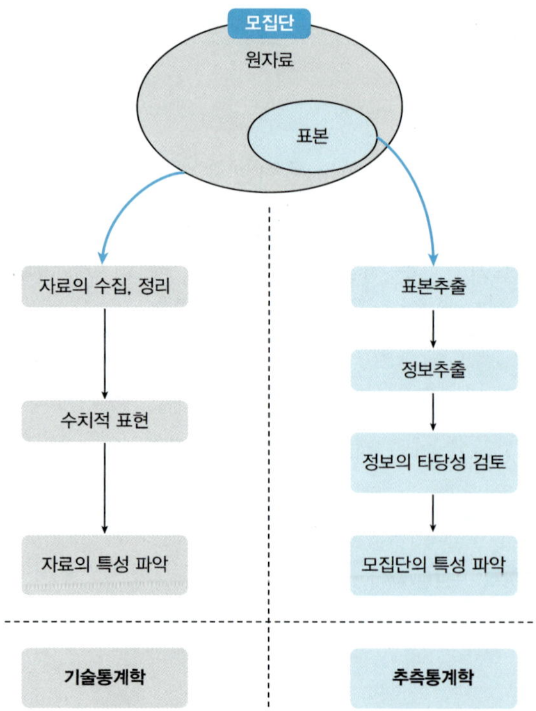

[그림 6] **기술통계학과 추측통계학**

통계학과 컴퓨터

통계학은 개념이 쉽지 않은데다가 많은 계산이 필요하기 때문에 보통 사람들이 쉽게 넘지 못할 장벽으로 생각하는 경향이 있다. 물론 높은 수준의 수학적 조작이 필요한 경우, 어려운 통계 이론을 이해해야 하고 상당한 계산 능력을 갖추어야 한다. 하지만 통계학을 합리적 의사결정의 지원 도구로 활용할 때 어렵고 복잡한 통계 이론까지 모두 숙달할 필요는 없다. 이런 경우에는 무엇보다도 통계 패키지를 활용하여 결과를 해석하고, 이를 합리적 의사결정에 활용할 수 있는 능력이 필요하다.

■ 통계 패키지의 활용 목적

다양한 분야에서 그렇듯이 컴퓨터의 발전은 통계학에도 많은 영향을 주었다. 특히 컴퓨터를 이용하면 대량의 자료 입력 및 저장, 신속한 통계처리, 정확한 계산과 통계분석의 비용 절감으로 여러 가지 작업을 효율적으로 할 수 있다. 컴퓨터로 자료처리와 통계분석을 할 수 있도록 다양한 통계분석 기법을 하나의 프로그램으로 정리하였는데, 이를 **통계 패키지**(statistical package)라고 한다. 현재 널리 사용되는 통계 패키지는 SAS, SPSS, MINITAB, R 등이 있다. 이 책은 통계학의 기본 개념을 전반적으로 이해하는 데 중점을 두었고, 이 점을 보완하기 위한 실제 문제는 통계분석 도구인 엑셀(Excel)을 활용하여 처리한다.

컴퓨터 하드웨어가 지속적으로 발전하여 개인 컴퓨터로도 방대한 자료를 통계처리할 수 있도록 비전문가용 소프트웨어가 앞다투어 개발되고 있다. 그중에서도 마이크로소프트(Microsoft) 사의 엑셀은 이름 그대로 'excellent(탁월한)' 기능을 많이 갖고 있다. 엑셀은 스프레드시트 프로그램을 대표한다고 할 수 있을 정도로 널리 사용되는 대중적인 소프트웨어이다. 이 책에서는 Excel 2016 버전을 사용한다.

■ 엑셀 화면 구성

[그림 7]의 엑셀 화면을 살펴보면 매우 다양한 기능으로 구성되어 다소 복잡해 보인다. 처음부터 모든 구성 요소를 알려고 하지 말고, 실제 문제를 다루면서 세부 기능을 하나씩 습득해보자. 여기서는 엑셀의 가장 기본적인 큰 틀만 간략하게 살펴본다.

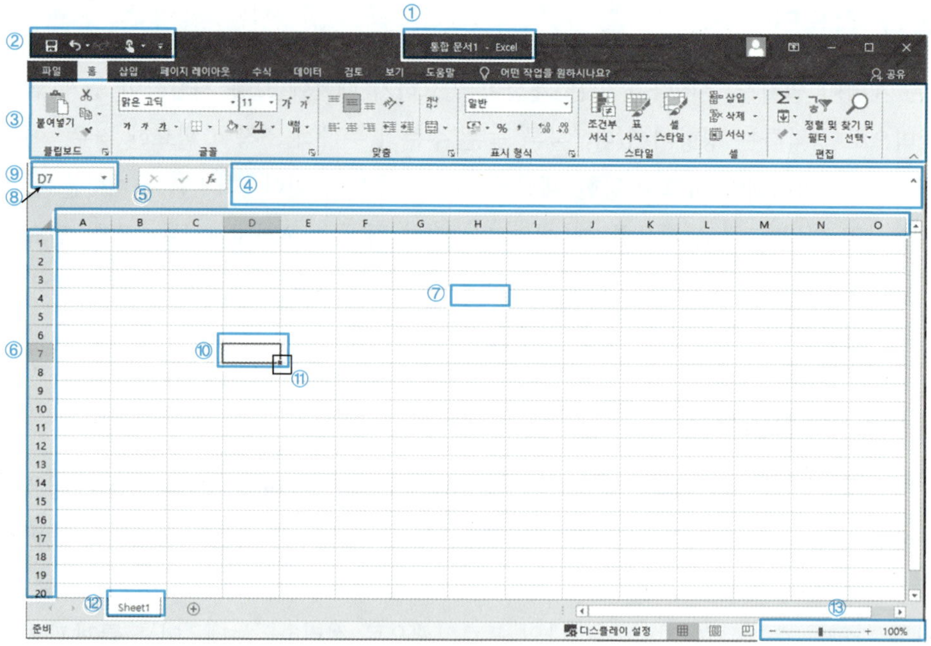

[그림 7] **엑셀 화면 구성**

[그림 7]의 엑셀 화면 구성을 보면서 간단한 엑셀 용어를 알아보자.

① **제목 표시줄** : 작업 중인 엑셀 문서의 제목을 표시한다.

② **빠른 실행 도구 모음** : 자주 사용하는 기능을 빠르게 실행할 수 있도록 모아 놓은 도구 모음이다.

③ **리본 메뉴** : 리본 메뉴는 탭과 명령으로 구성된다. [그림 7]에서 [홈], [삽입], [페이지 레이아웃], [수식], [데이터], [검토], [보기], [도움말] 등을 탭이라고 한다. 각 탭을 클릭하면 해당 탭과 관련한 명령이 기능별로 구분된 것을 확인할 수 있다. 예를 들어 [홈] 탭의 명령은 [클립보드], [글꼴], [맞춤], [표시 형식], [스타일], [셀], [편집] 그룹으로 구성된다. 표시된 명령 이외의 추가 명령을 확인하려면 각 그룹의 오른쪽 아래에 위치한 대화상자를 클릭한다.

④ **수식 입력줄** : 엑셀에서 수식을 입력할 때 나타나는 창이다. 수식뿐만 아니라 글을 입력할 수도 있으며, 수학 계산도 가능하다.

⑤ **열 머리글** : 가로로 나열된 알파벳 A, B, C, … 로 각 열을 표기한다.

⑥ **행 머리글** : 세로로 나열된 숫자 1, 2, 3, … 으로 각 행을 표기한다.

⑦ **셀** : 엑셀 시트에서 데이터가 입력되는 기본 단위를 말한다.

⑧ **셀 주소** : 엑셀 시트를 구성하는 각 셀을 표시하기 위해 사용되는 문자와 숫자의 조합을 말한다.

⑨ **이름 상자** : 선택한 셀의 셀 이름, 셀 주소, 개체 이름, 함수 목록 등이 표시된다.

⑩ **셀 포인터** : 엑셀 시트 내에서 작업 중인 셀을 나타낸다. 예를 들어 [그림 7]에서 셀 포인터가 명시하는 셀은 'D7'이다.

⑪ **채우기 핸들** : 각 셀을 클릭했을 때, 셀의 오른쪽 아래 모서리에 있는 검은색 사각형 점이다.

⑫ **시트 탭** : 엑셀 문서에서 작업 중인 시트가 탭으로 표기된다. 새로운 시트를 추가하거나 삭제할 수 있고 시트 이름을 변경할 수도 있다.

⑬ **화면 확대/축소** : 작업 중인 엑셀 화면을 확대하거나 축소할 수 있다.

■ 엑셀의 장점

(1) **대중성** : 다른 프로그램에 비해 접근하기 쉬어 사용자가 많다.

(2) **편의성** : 윈도우(Windows) 기반으로 개발되어 조작이 간편하여 초보자도 쉽게 숙달할 수 있다.

(3) **호환성** : 워드(Word), 파워포인트(PowerPoint), 아웃룩(Outlook), 엑세스(Access)와 호환성이 뛰어나 다른 사람 혹은 다른 프로그램과의 문서 교환이 용이하다.

(4) **탁월한 통계처리 기능** : 고차원적인 일부 통계처리 기능을 제외하고는 전문 통계 패키지에 비해 통계자료분석이 가능한 기능을 다양하게 제공한다.

(5) **다양한 제반 기능** : 자료를 여러 가지 기준으로 검색, 정렬하거나 분석할 수 있는 데이터베이스 관리 기능, 다양한 그래프를 간편하게 구현할 수 있는 기능과 같은 부가 기능을 제공한다.

P/A/R/T 01

기술통계학

Descriptive Statistics

기술통계학은 자료를 수집하여 이를 정리하고 요약하는 데 필요한 자료 기술 기법이다. 이를 통해 수많은 통계자료 중 필요한 자료를 찾아서 보기 좋게 정리하고, 정리한 자료를 여러 방법으로 분석하고 해석할 수 있다. 또한 자료를 수학적 모델로 표현하고, 집단의 분포를 살펴봄으로써 미래를 예측하거나 의사결정을 할 수 있다. 따라서 기술통계학은 인문사회와 자연과학뿐만 아니라 공학에서도 중요하게 쓰인다.

PART 01에서는 기술통계학에서 가장 기본이 되는 자료의 정리와 요약 기법을 살펴보고, 자료를 수학적 모델로 표현하여 집단의 분포를 수학화한 확률변수와 확률분포를 알아본다. 마지막으로 표본으로부터 얻은 통계량의 확률분포인 표본분포를 살펴볼 것이다. 이는 PART 02에서 모집단의 특성을 추정하고 검정하는 데 기본이 된다.

Chapter 01

자료의 정리와 요약

CONTENTS

학습목표

- 도표나 그림을 이용하여 자료를 정리하고, 이를 활용하여 자료의 특성을 파악할 수 있다.
- 자료의 대푯값을 구하고, 이를 통해 자료의 중심 위치를 알 수 있다.
- 자료의 산포도를 구하고, 이를 통해 자료의 산포 정도를 파악할 수 있다.
- 자료를 상자그림으로 나타내고, 이를 통해 자료의 집중 및 산포 정도를 파악할 수 있다.

우리가 매일 접하는 각종 신문이나 방송에서 통계 조사 결과는 빠지지 않고 등장하는데, 이러한 통계 결과에는 두 가지 종류가 있다. 하나는 오른쪽 그림과 같이 선거 실시 후에 선거 결과를 정리한 것이고, 다른 하나는 아래 그림과 같이 선거 실시 전에 각 정당별 의석수를 예측해 보는 것이다.[1]

즉 통계 결과는 어느 집단이 가시적으로 나타내는 특성을 수량적으로 기술하는 것과, 각 집단으로부터 얻은 자료를 분석하여 그 집단이 갖는 불확실한 특성을 추론하는 것으로 구분된다. 이처럼 통계 결과를 표나 그래프로 정리하는 것을 기술통계라고 한다. 조사를 통해 최초로 기록된 원래의 관측값(observed value)을 원자료(raw data)라고 한다. 원자료의 양이 방대할수록 원자료 자체로 자료 전체의 특징을 파악하는 것은 어려우므로 조사한 자료를 목적에 맞게 분류하고 정리할 필요가 있다.

한편 자료의 분포 상태는 도표와 그래프로 알 수 있지만, 유사한 그래프를 비교하기 위해서는 분포의 특성을 수치로 나타내야 한다. 이처럼 자료의 특성을 수치로 표현하는 것을 자료 요약이라고 한다. 자료 요약을 통해 자료의 중심과 자료가 그 중심으로부터 얼마나 흩어져서 분포하는지를 수치로 표현할 수 있다. 이 장에서는 자료를 정리하고 요약하는 다양한 방법을 살펴본다.

제21대 국회의원선거 결과

선출인원 지역구의원 253명, 비례대표의원 47명, 총 300명
관련정보 당선현황판 보기, 임기 4년(2020.05.30~2024.05.29

정당별 의석수

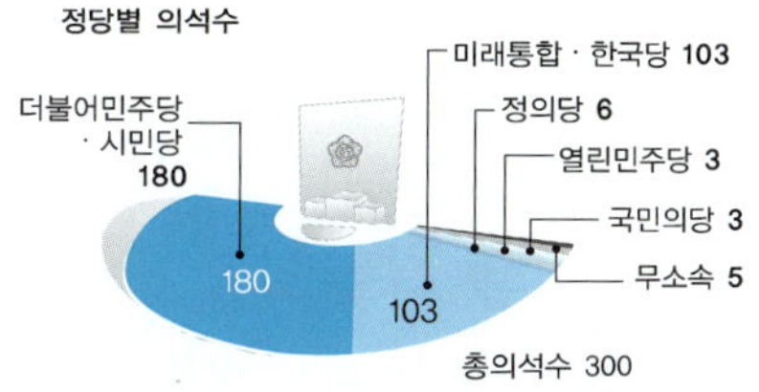

정당	지역	비례	총의석수	의석수 비율
더불어민주당 · 시민당	163	17	180	60%
미래통합 · 한국당	84	19	103	34.3%
정의당	1	5	6	2%
열린민주당	0	3	3	1%
국민의당	0	3	3	1%
무소속	5	0	5	1.7%
합계	253	47	300	100%

제21대 국회의원선거 출구조사

전국 투표율 66.2% (18시 기준)

(단위: 석)

정당	KBS	MBC	SBS
더불어민주당 · 시민당	155~178	153~170	154~177
미래통합 · 한국당	107~130	116~133	107~131
정의당	5~7	5~6	4~8
열린민주당	1~3	2	0~3
국민의당	2~4	3	3~5
무소속	1~7	1~5	

1 <출처> 중앙선거관리위원회 제21대 국회의원선거 결과 및 방송 3사 출구조사 자료

1.1 도표를 이용한 자료 정리

조사를 통해 얻은 원자료를 통계적으로 분석하기 위해서는 자료를 조사 목적에 맞게 분류하고 정리할 필요가 있다. 통계분석의 기초 단계에 해당하는 자료 정리 방법에는 자료를 관측값의 크기에 따라 배열하는 방법, 도수분포표를 통해 자료를 조직하는 방법, 그래프를 통해 자료의 특성을 파악하는 방법이 있다.

통계자료의 구분

모든 통계자료는 수치적인 척도로 표현되는지 그렇지 않은지에 따라 양적자료와 질적자료로 구분한다. 어떤 자료는 수치가 아닌 범주(카테고리)에 따라 표현된다. 예를 들어 선호하는 계절은 봄, 여름, 가을, 겨울의 네 가지로 구분한다. 이와 같이 수치로 표현할 수 없는 자료를 질적자료 또는 범주형자료라 한다. 질적자료는 자료의 순서 또는 크기를 정의할 수 없는 형태의 **명목자료**(nominal data)와 자료의 순서는 정의되나 크기가 정의되지 않는 **순서자료**(ordinal data)로 나눌 수 있다. 예를 들어 남녀의 성별, 혈액형의 종류, 선호하는 계절 등은 명목자료이고, 기업의 규모에 따른 대기업/중기업/소기업의 분류, 학점의 등급, 강의평가 등은 순서자료이다.

한편, 양적자료에서 수치적인 척도로 표현된다는 것은 자료가 수치로 표현되며 그 수치가 크다, 작다 또는 많다, 적다 등으로 표현됨을 의미한다. 예를 들어 1년간 출생아수의 경우, 매달 출생아수를 비교하여 지난 달보다 이번 달이 더 많았는지, 적었는지를 알 수 있다. 또한 지난 한 달 동안의 일일 기온을 비교하여 어제와 오늘의 기온 차이를 알 수 있다.

양적자료는 자료의 특성에 따라 이산자료와 연속자료로 다시 구분한다. 예를 들어 10년간의 출생아수와 같이 관측값 사이에 공백이 있고 산발적으로 측정되는 자료를 **이산자료**(discrete data)라고 한다. 또한 오늘 하루 동안의 기온 변화와 같이 지정된 구간 안에서 관측값 사이에 공백 없이 측정되는 자료를 **연속자료**(continuous data)라고 한다.

[표 1-1]은 질적자료와 양적자료의 특징을 보여준다. 각 자료의 특성에 따라 적용하는 도수분포표는 범주형과 계급형으로 구분하는데, 이와 관련한 내용은 뒤에서 자세히 알아보자.

[표 1-1] 질적자료와 양적자료의 특징

	질적자료		양적자료	
정의	자료의 크기를 정의할 수 없는 형태의 범주형자료		자료의 크기와 순서를 정의할 수 있는 형태의 수치 자료	
종류	명목자료	순서자료	이산자료	연속자료
예	선호하는 계절, 혈액형, 성별	학점, 부서 평가	자녀수, 산업재해 발생수, 대학별 취업자수	키, 몸무게, 온도, 투자수익률, 시장점유율,
도수분포표의 종류	범주형 도수분포표		범주형 도수분포표 계급형 도수분포표	계급형 도수분포표

자료 배열

자료 배열이란 무질서하게 수집한 자료를 작은 값에서 큰 값 순으로 또는 큰 값에서 작은 값 순으로 정리하는 것을 의미한다. 조사자는 정리한 자료를 토대로 관측값의 최댓값과 최솟값은 무엇이며 둘의 차이는 어느 정도인지, 또한 가장 대표적인 값은 무엇이며 어떠한 분포 형태를 이루는지 등에 대한 개략적인 정보를 추측할 수 있다.

예제 1-1

다음은 2023 KBO 리그 프로야구선수 20명의 연봉을 조사하여 얻은 자료이다. 이 자료를 크기가 큰 순서대로 배열하라.

(단위 : 억 원)

12	10	20	8	23	12	12.5	13	20	15
13	12	12.5	7	6.5	20	8	25	6.5	7

풀이

관측값을 크기가 큰 순서대로 배열하면 다음과 같다.

(단위 : 억 원)

25	23	20	20	20	15	13	13	12.5	12.5
12	12	12	10	8	8	7	7	6.5	6.5

앞서 살펴본 자료 배열 방법은 처리해야 할 자료의 양을 변화시키지 않으므로 한정된 양의 자료를 조직하고 파악하는 데 유용하다. 그러나 자료의 양이 많으면 배열 방법을 통해 얻을 수 있는 정보의 질과 양은 한정적일 수밖에 없다. 따라서 배열 방법 자체는 독립된 자료 정리 방법이라고 할 수 없으며, 보통 다음으로 소개할 도표나 그림을 이용한 자료 정리를 위한 준비 단계로 실행한다.

도수분포표

도수분포표는 자료를 체계적으로 정리·요약하여 특성이나 구조를 파악할 수 있는 가장 간단하면서도 많이 사용하는 방법이다. 수집한 자료를 자료의 특성을 기준으로 일정한 **계급**(class)으로 나눈 다음, 각 계급에 속하는 자료의 **도수**(frequency)를 대응하여 작성한 표를 **도수분포표**(frequency distribution table)라고 한다. 또 각 계급에 속하는 자료의 **상대도수**(relative frequency)를 대응하여 작성한 표를 **상대도수분포표**(relative frequency distribution table)라고 한다. 도수분포표는 자료 자체의 특성이나 구조를 쉽게 파악할 수 있도록 하기 위한 통계 기법으로서, 이를 작성하는 방법은 자료의 특성에 따라 차이가 있다.

범주형 도수분포표

범주형 도수분포표는 자료의 성격을 둘 이상의 범주로 나누어 정리한 도수분포표이다. 즉 근본적으로 처리해야 할 자료의 성격을 전혀 변형하지 않고 자료의 특성을 파악할 수 있지만, 범주수가 증가하면 자료의 특성을 파악하기 어렵다.

모든 질적자료는 범주형 도수분포표로 작성가능하고, 양적자료 중에서는 이산자료만 작성가능하다. 이때 이산자료는 범주의 순서를 되도록 바꾸지 않아야 한다. 범주형 도수분포표를 작성하는 순서는 다음과 같다.

정리 1-1 범주형 도수분포표의 작성 순서

❶ 자료가 집단으로 묶일 수 있도록 범주를 설정한다.

❷ 각 범주에 속하는 도수(f)와 상대도수$\left(\frac{f}{n}\right)$를 표로 정리한다.

- **도수** : 각 범주에 속하는 자료의 수이다.
- **상대도수** : 전체 도수에 대하여 각 범주에 속한 도수의 비율로, 전체 도수를 n, i번째 범주에 속한 도수를 f_i라고 할 때, 다음과 같이 계산한다.

$$(\text{상대도수}) = \frac{f_i}{n} \text{ 또는 } \frac{f_i}{n} \times 100(\%) \quad (i = 1,\ 2,\ \cdots)$$

예제 1-2

스마트폰 회사에서 스마트폰 색상에 대한 선호도를 조사하기 위해 소비자 500명을 임의로 추출하여 설문조사를 진행하였다. 소비자 500명이 선호하는 색상은 각각 화이트 180명, 블랙 60명, 블루 75명, 레드 45명, 그레이 50명, 핑크 90명이었다. 이 자료에 대한 범주형 도수분포표를 작성하라.

풀이

[정리 1-1]에 따라 도수와 상대도수를 구하여 범주형 도수분포표를 작성하면 다음과 같다.

색상	도수	상대도수
화이트	180	0.36
블랙	60	0.12
블루	75	0.15
레드	45	0.09
그레이	50	0.10
핑크	90	0.18
합계	500	1.00

위 표를 통해 화이트에 대한 선호도가 가장 높고, 레드에 대한 선호도가 가장 낮음을 확인할 수 있다.

예제 1-3

다음은 한 학기 동안 실시한 통계학 강의에서 매 수업 시간별 결석자수를 기록한 자료이다. 이 자료에 대한 도수분포표를 작성하라.

(단위 : 명)

0	3	3	1	1	3	0	3	2	3
2	1	1	1	2	4	1	1	1	5
1	2	1	3	2	1	1	0	5	1
0	1	4	2	0	1	2	2	1	0

풀이

위 자료는 이산자료이므로 [정리 1-1]에 따라 범주형 도수분포표를 작성할 수 있다. 이때 양적자료에서 자료값의 크기는 의미가 있으므로, 질적자료처럼 범주의 순서를 바꾸는 것은 피해야 한다. 즉 자료(결석자수)값을 0, 2, 1, 3, 5, 4와 같이 나타내지 않는다. 주어진 자료에 대한 도수분포표는 다음과 같다.

결석자수(명)	도수	상대도수
0	6	0.15
1	16	0.40
2	8	0.20
3	6	0.15
4	2	0.05
5	2	0.05
합계	40	1.00

계급형 도수분포표

관측값을 일정한 간격으로 묶어 구간을 나누고, 각 구간에 속하는 자료의 수를 기록함으로써 의미 있는 도수분포표를 작성할 수 있다. 이와 같은 도수분포표를 **계급형 도수분포표**(또는 도수분포표)라 하고 여기에 해당하는 자료는 양적자료이다.

계급형 도수분포표를 작성할 때 주의할 점은 계급의 수와 간격에 따라 분포 모양이 다르게 나타나므로 계급의 수와 간격 등을 결정하는 기준을 마련하여 계산해야 한다는 것이다. 이때 계급의 수는 자료의 성질, 통계의 이용 목적 등을 고려해서 정해야 한다. 계급의 수가 너무 크면 얻고자 하는 자료의 전체 윤곽을 파악하기 어렵다. 반대로 계급의 수가 너무 작으면 분류의 의미가 없어진다. 따라서 계급의 수는 [정리 1-2]의 수식을 이용하여 정하지만, 편의상 [표 1-2]와 같이 자료의 수에 따라 계급의 수를 정해도 무방하다.

[표 1-2] 자료의 수에 따른 계급의 수

자료의 수	계급의 수
40미만	5 ~ 7
40이상 ~ 45미만	6 ~ 10
45이상 ~ 50미만	7 ~ 12
50이상	10 ~ 20

또한 계급의 간격은 모두 일정해야 하며 중복되는 부분이 없어야 한다. 계급의 양 끝값이 복잡한 소수 형태가 나온다면 계급의 간격을 분명하게 하기 위해서 그 값에 가까운 자연수로 계급의 양 끝값을 근사하여 사용할 수 있다. 계급의 간격이 넓으면 자료가 가진 정보가 손실되고, 반대로 계급의 간격이 좁으면 도수분포표가 복잡해져서 자료의 특성을 파악하기 어렵기 때문에 계급의 간격을 적절하게 선택해야 한다. 즉 동일한 데이터에 대하여 계급의 수, 간격, 구간의 초깃값을 다르게 작성하면 특성이 달라진다.

이제 계급형 도수분포표의 작성 순서를 알아보자. 범주형 도수분포표와 작성 순서가 유사하므로 참고하여 다음 [정리 1-2]를 살펴본다.

정리 1-2 계급형 도수분포표의 작성 순서

❶ 계급을 설정한다.

- 자료의 최댓값($x_{\max}$)과 최솟값($x_{\min}$)의 차로 자료의 범위(R)를 구한다.

$$R = x_{\max} - x_{\min}$$

- 전체 도수 n에 대하여 다음과 같이 자료의 크기에 따라 계급의 수(k)를 결정한다.

$$k = (1 + \log_2 n\text{에 가장 가까운 자연수})$$ [2]

- 계급의 간격(c)이 일정하도록 설정한다.

$$c = \frac{R}{k}$$

❷ 계급값[3] $x_i = \dfrac{(\text{계급의 양 끝값의 합})}{2}$을 구한다.

❸ 각 계급에 속하는 도수(f)와 상대도수$\left(\dfrac{f}{n}\right)$, 누적도수, 누적상대도수를 표로 정리한다.

- **도수** : 실제 관측된 자료로부터 각 계급에 속한 자료의 수를 구한다.
- **상대도수** : 전체 도수에 대하여 각 계급에 속한 도수의 비율로, 전체 도수를 n, i번째 계급에 속한 도수를 f_i라고 할 때, 다음과 같이 계산한다.

$$(\text{상대도수}) = \frac{f_i}{n} \text{ 또는 } \frac{f_i}{n} \times 100(\%) \quad (i = 1,\ 2,\ \cdots)$$

- **누적도수** : i번째 계급까지의 각 도수를 차례로 더한 값으로 다음과 같이 계산한다.

$$(\text{누적도수}) = F_i = f_1 + f_2 + \cdots + f_i = \sum_{v=1}^{i} f_v \quad (i = 1,\ 2,\ \cdots)$$

- **누적상대도수** : 전체 도수에 대한 각 계급의 누적도수의 비율로, 전체 도수를 n, i번째 계급의 누적도수를 F_i라고 할 때, 다음과 같이 계산한다.

$$(\text{누적상대도수}) = \frac{F_i}{n} \text{ 또는 } \frac{F_i}{n} \times 100(\%) \quad (i = 1,\ 2,\ \cdots)$$

---

2 허버트 R. 스터지(Herbert R. Sturge)가 제안하였고, 이 식을 스터지의 공식(Sturge's formula)이라고 한다.

3 계급값이 복잡한 소수 형태로 나온다면 계급의 간격을 분명히 하기 위해 그 값에 가까운 자연수로 계급값을 근사하여 사용할 수 있다.

예제 1-4

다음은 어느 대학에 다니는 학생 40명의 키를 조사한 자료이다. 이 자료에 대한 도수분포표를 작성하라.

(단위 : cm)

184	167	164	155	180	176	168	160	161	157
180	183	170	170	185	170	165	170	168	154
173	152	173	165	163	160	163	178	151	171
168	163	165	178	165	170	168	187	150	174

풀이

먼저 주어진 자료의 최솟값과 최댓값을 조사하면 $x_{min} = 150$, $x_{max} = 187$이다. 따라서 범위는 $R = x_{max} - x_{min} = 187 - 150 = 37$이다. 또한 전체 도수 $n = 40$에 대하여 $1 + \log_2 n = 1 + \log_2 40 \approx 6.32\cdots$이므로 계급의 수는 $k = 6$으로 결정한다.

따라서 계급의 간격은 $c = \frac{R}{k} = \frac{37}{6} = 6.16\cdots$이므로 자료값의 최소 단위인 일의 자리까지 올림하여 계급의 간격을 결정하면 $c = 7$이다. 이때 계급의 시작점은 150이고, 각 계급별로 계급값 $x_i = \frac{(\text{계급의 양 끝값의 합})}{2}$을 구하면 다음 도수분포표를 얻는다.

계급(cm)	계급값	도수	상대도수	누적도수	누적상대도수
150이상 ~ 157미만	153.5	5	0.125	5	0.125
157이상 ~ 164미만	160.5	7	0.175	12	0.300
164이상 ~ 171미만	167.5	15	0.375	27	0.675
171이상 ~ 178미만	174.5	5	0.125	32	0.800
178이상 ~ 185미만	181.5	6	0.150	38	0.950
185이상 ~ 192미만	188.5	2	0.050	40	1.000
합계	-	40	1.000	-	-

예제 1-5

다음은 청소년이 일주일 동안 스마트폰을 사용한 시간을 조사한 자료이다. 이 자료에 대한 도수분포표를 작성하라.

(단위 : 시간)

10	37	22	32	18	15	15	18	22	15
20	25	38	28	25	30	20	22	18	22
22	12	22	26	22	32	22	23	20	23
23	20	25	51	20	25	26	22	26	28
28	20	23	30	12	22	35	11	20	25

풀이

먼저 주어진 자료의 최솟값과 최댓값을 조사하면 $x_{\min}=10$, $x_{\max}=51$이다. 따라서 범위는 $R = x_{\max} - x_{\min} = 51-10=41$이다. 또한 전체 도수 $n=50$에 대하여 $1+\log_2 n = 1+\log_2 50 \approx 6.64\cdots$이므로 계급의 수는 $k=6$으로 결정한다.

따라서 계급의 간격은 $c=\frac{R}{k}=\frac{41}{6}=6.83\cdots$이므로 자료값의 최소 단위인 일의 자리까지 올림하여 계급의 간격을 결정하면 $c=7$이다. 이때 계급의 시작점은 10이고, 각 계급별로 계급값 $x_i = \frac{(\text{계급의 양 끝값의 합})}{2}$을 구하면 다음 도수분포표를 얻는다.

계급(시간)	계급값	도수	상대도수	누적도수	누적상대도수
$10^{\text{이상}} \sim 17^{\text{미만}}$	13.5	7	0.14	7	0.14
$17^{\text{이상}} \sim 24^{\text{미만}}$	20.5	24	0.48	31	0.62
$24^{\text{이상}} \sim 31^{\text{미만}}$	27.5	13	0.26	44	0.88
$31^{\text{이상}} \sim 38^{\text{미만}}$	34.5	4	0.08	48	0.96
$38^{\text{이상}} \sim 45^{\text{미만}}$	41.5	1	0.02	49	0.98
$45^{\text{이상}} \sim 52^{\text{미만}}$	48.5	1	0.02	50	1.00
합계	–	50	1.00	–	–

지금까지 살펴본 도수, 상대도수, 누적도수, 누적상대도수의 관계를 정리하면 [표 1-3]과 같다.

[표 1-3] **도수, 상대도수, 누적도수, 누적상대도수의 관계**

계급	계급값	도수	상대도수	누적도수	누적상대도수
$a_0{}^{\text{이상}} \sim a_1{}^{\text{미만}}$	x_1	f_1	$\frac{f_1}{n}$	$F_1 = f_1$	$\frac{F_1}{n}$
$a_1{}^{\text{이상}} \sim a_2{}^{\text{미만}}$	x_2	f_2	$\frac{f_2}{n}$	$F_2 = f_1 + f_2$	$\frac{F_2}{n}$
⋮	⋮	⋮	⋮	⋮	⋮
$a_{k-1}{}^{\text{이상}} \sim a_k{}^{\text{미만}}$	x_k	f_k	$\frac{f_k}{n}$	$F_k = f_1 + f_2 + \cdots + f_k$	$\frac{F_k}{n}=1$
합계	–	$n=\sum f_i$	$\sum \frac{f_i}{n}=1$	–	–

이때 계급의 간격은 일정해야 하며, 각 계급 구간은 중복되지 않아야 한다. 계급을 읽을 때는 a_i 이상 a_{i+1} 미만과 같이 '이상', '미만'을 붙인다.

1.2 그림을 이용한 자료 정리

통계라고 하면 흔히 많은 수치의 나열 혹은 수치를 모아 놓은 표를 연상한다. 그러나 단순히 수치의 나열이나 표만으로는 그 수치가 의미하는 통계적인 특성을 제대로 파악하기 어렵다. 이때 이러한 수치를 그래프로 나타내면 자료의 속성을 시각적으로 확인할 수 있어 보다 정확히 해석하고 판단할 수 있다. 예를 들어 어느 학교 학생 40명이 선호하는 계절을 조사하였더니 봄 12명, 여름 15명, 가을 7명, 겨울 6명이었다고 할 때, 이 자료에 대한 도수분포표는 [표 1-4]와 같다.

[표 1-4] **선호하는 계절 조사 결과 대한 도수분포표 (단위 : 명)**

선호하는 계절	도수(명)	상대도수	백분율(%)
봄	12	0.300	30
여름	15	0.375	37.5
가을	7	0.175	17.5
겨울	6	0.150	15
합계	40	1.000	100

[그림 1-1]과 같이 [표 1-4]의 내용을 그림으로 표현하면 시각적으로 좀 더 쉽게 이해할 수 있다.

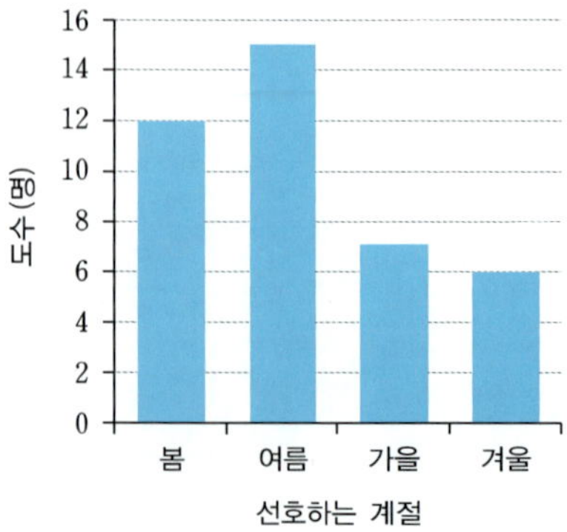

(a) 도수에 대한 막대그래프

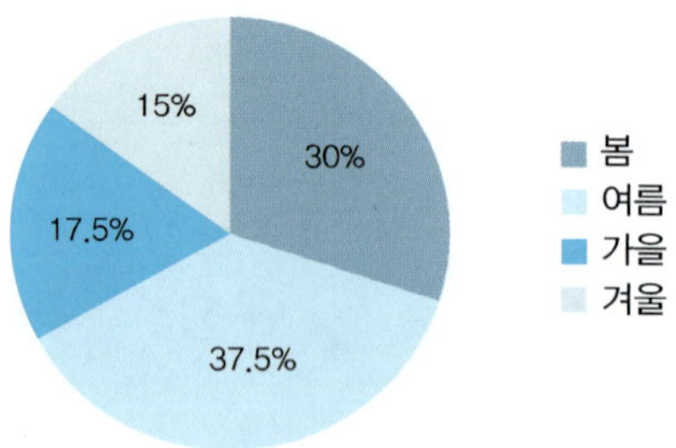

(b) 백분율에 대한 원그래프

[그림 1-1] **선호하는 계절 조사 결과에 대한 그래프**

이제 주어진 자료를 그림으로 나타내는 방법을 알아보자.

막대그래프

질적자료에서 각 범주의 도수를 막대 모양으로 나타낸 그림을 **막대그래프**(bar chart)라고 한다. 막대그래프에서는 각 범주에 속하는 자료의 도수를 그림으로 표현하므로 자료의 분포를 쉽게 파악할 수 있다. 특히 막대를 세로로 나타낸 그래프를 **수직 막대그래프**(vertical bar chart), 가로로 나타낸 그래프를 **수평 막대그래프**(horizontal bar chart)라고 한다. 범주형자료에 대한 도수분포표를 막대그래프로 표현할 때 막대의 높이는 각 범주의 도수를 의미한다. [그림 1−1(a)]는 [표 1−4]의 선호하는 계절 조사 결과에 대한 표를 막대그래프로 나타낸 것이다.

예제 1-6

다음은 자동차 부품 제조회사가 사용하는 산업용 로봇의 보유 대수를 나타낸 표이다. 이 자료를 이용하여 각 자동차 부품 제조회사의 산업용 로봇의 보유 대수를 수직 막대그래프와 수평 막대그래프로 나타내라.

회사명	산업용 로봇의 보유 대수(대)
A	60
B	55
C	120
D	200
E	80

풀이

수직 막대그래프는 가로축에 회사명, 세로축에 로봇의 보유 대수를 기입하여 그린다. 또한 수평 막대그래프는 가로축에 로봇의 보유 대수, 세로축에 회사명을 기입하여 그린다.

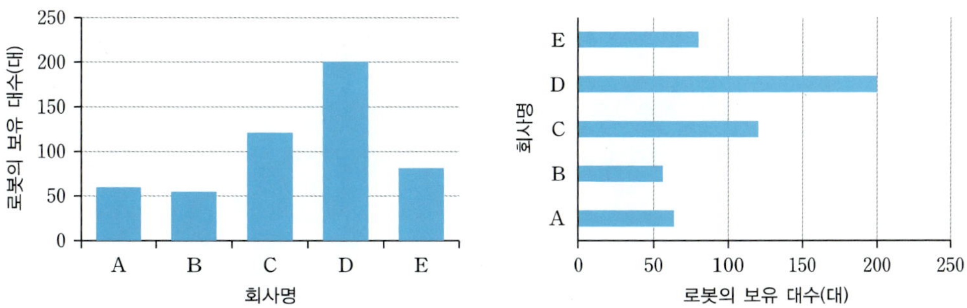

(a) 수직 막대그래프 (b) 수평 막대그래프

히스토그램

양적자료의 도수분포표에서 계급의 간격을 밑변으로 하고 계급의 도수를 높이로 하는 직사각형을 좌표평면에 차례로 나타낸 그래프를 **히스토그램**(histogram)이라 한다. [그림 1-2]는 계급의 간격 변화에 따른 히스토그램이다. 이때 x축은 계급, y축은 도수를 나타낸다.

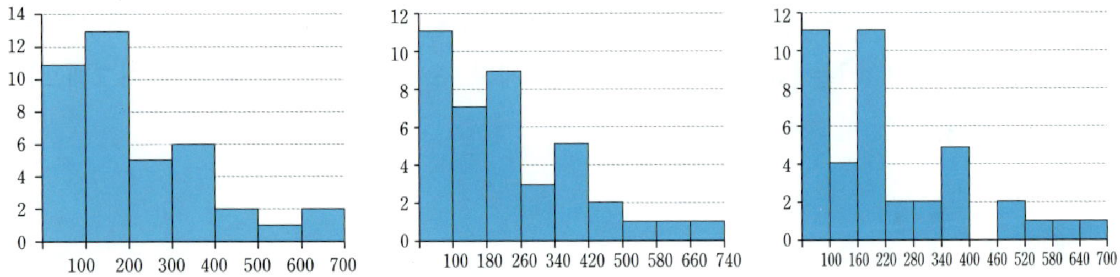

(a) 계급의 간격이 100인 경우 (b) 계급의 간격이 80인 경우 (c) 계급의 간격이 60인 경우

[그림 1-2] **계급의 간격의 변화에 따른 히스토그램 형태 변화**

히스토그램을 통해 자료의 분포 형태를 쉽게 알 수 있다. 그러나 히스토그램은 두 집단 이상을 비교하기에는 적절하지 않다.

예제 1-7

다음은 어느 헬스클럽 회원 30명의 연령을 조사한 자료이다. 계급의 수가 6인 도수분포표를 작성하고 히스토그램으로 나타내라.

(단위 : 세)

31	27	25	24	21	44	36	29	35	28
16	26	21	37	26	22	30	29	40	33
35	26	22	42	25	20	39	30	27	31

풀이

주어진 자료의 최댓값은 44, 최솟값은 16이고 계급의 수가 6이므로 계급의 간격은 $\frac{44-16}{6} = 4.666\cdots$이다. 따라서 계급의 간격을 5로 정하고, 각 계급의 도수와 상대도수를 구하여 도수분포표로 나타내면 다음과 같다.

계급(세)	계급값	도수	상대도수	누적도수	누적상대도수
15이상 ~ 20미만	17.5	1	$\frac{1}{30}$	1	$\frac{1}{30}$
20이상 ~ 25미만	22.5	5	$\frac{5}{30}$	6	$\frac{6}{30}$
25이상 ~ 30미만	27.5	11	$\frac{11}{30}$	17	$\frac{17}{30}$
30이상 ~ 35미만	32.5	5	$\frac{5}{30}$	22	$\frac{22}{30}$
35이상 ~ 40미만	37.5	5	$\frac{5}{30}$	27	$\frac{27}{30}$
40이상 ~ 45미만	42.5	3	$\frac{3}{30}$	30	1
합계	–	30	1	–	–

도수분포표에 따라 가로축에는 계급, 세로축에는 도수를 기입하여 히스토그램을 그리면 다음과 같다. 한편, 이 그래프에서 세로축을 상대도수로 바꿔도 그래프 모양은 변함이 없다.

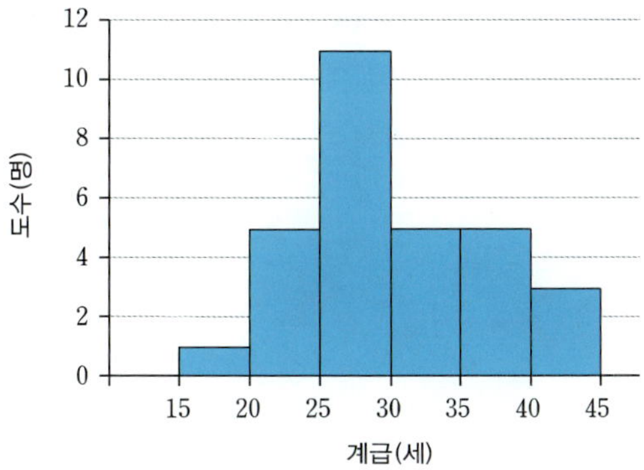

일반적으로 막대그래프와 히스토그램은 혼용해서 사용하기도 하지만 크게 두 가지 차이점이 있다. 첫 번째는 표현하고자 하는 자료의 종류이고, 두 번째는 그리는 방법이다.

막대그래프는 [그림 1–3(a)]와 같이 범주로 구분되는 데이터를 표현하는 데 사용한다. 따라서 막대로 표현하려는 범주의 순서는 의도에 따라 바뀔 수 있으며 막대 사이에 일정한 간격을 유지하여 그린다. 반면에, 히스토그램은 [그림 1–3(b)]와 같이 측정된 연속적인 값으로 나타나는 자료를 표현할 때 사용하므로 막대그래프와 같이 막대의 순서를 마음대로 바꿀 수 없으며, 주로 막대 사이에 간격이 없다.

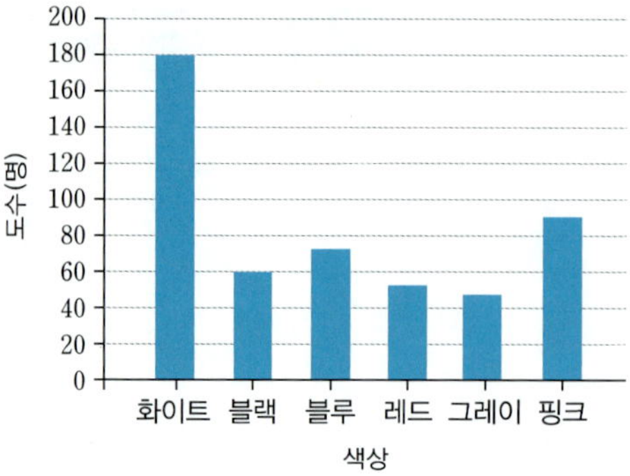

(a) 스마트폰 색상 선호도에 대한 막대그래프

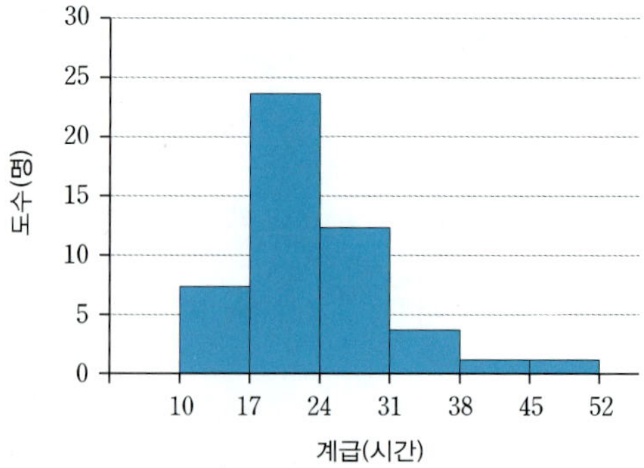

(b) 청소년의 일주일간 스마트폰 사용 시간에 대한 히스토그램

[그림 1-3] **막대그래프와 히스토그램의 차이**

도수분포다각형

히스토그램에서 각 계급 구간에 대한 계급값의 빈도수를 직선으로 연결하여 나타낸 그림을 **도수분포다각형**(frequency distribution polygon)이라 한다. [그림 1-4]는 [그림 1-3(b)]의 히스토그램을 도수분포다각형으로 나타낸 것이다. 도수분포다각형은 히스토그램에서 각 직사각형의 윗변의 중점, 즉 각 계급의 계급값에 해당하는 도수를 선분으로 연결하고, 양 끝은 도수가 0인 계급을 하나씩 추가하여 그 중점을 연결하여 그린 그래프이다.

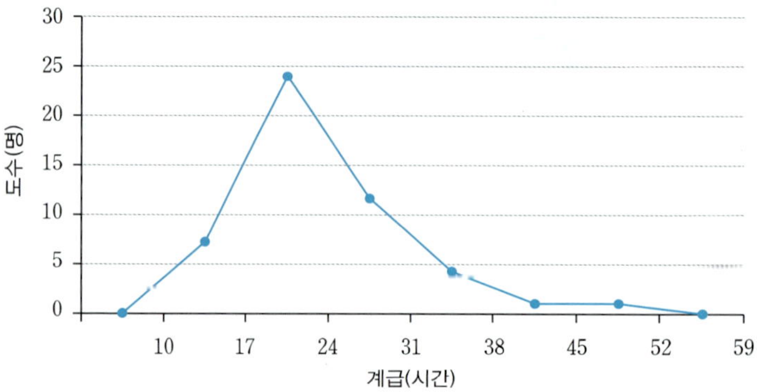

[그림 1-4] **청소년의 일주일간 스마트폰 사용 시간에 대한 도수분포다각형**

도수분포다각형은 두 가지 이상의 자료를 겹쳐 그릴 수 있어서 자료들을 서로 비교하기 편리하다.

예제 1-8

다음 그림은 2만 가구가 사는 A지역과 1만 가구가 사는 B지역에서 각 가구의 하루 평균 인터넷 접속 시간을 조사하여 상대도수분포다각형으로 나타낸 것이다. 두 지역 A, B 중 어느 지역의 하루 평균 인터넷 접속 시간이 더 길다고 할 수 있는지 설명하라.

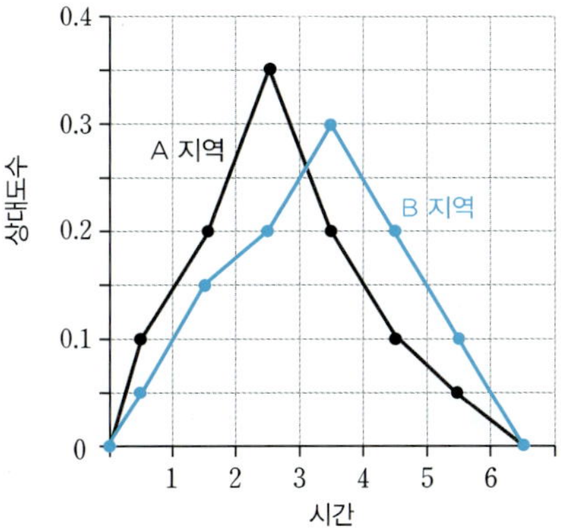

풀이

인터넷 접속 시간이 더 긴 지역을 알아보는 것이므로 접속 시간이 비교적 긴 4시간 이상의 계급에서 두 지역의 상대도수를 비교하면 된다. 계급이 4시간 이상 5시간 미만인 구간에서 A지역과 B지역의 상대도수는 각각 0.1과 0.2이고, 계급이 5시간 이상 6시간 미만인 구간에서 A지역과 B지역의 상대도수는 각각 0.05와 0.1이다. 따라서 B지역의 인터넷 접속 시간이 더 길다는 사실을 알 수 있다.

원그래프

원을 계급의 수나 자료의 범주수만큼 부채꼴 모양의 여러 조각으로 나누어 표현한 그림을 **원그래프**(pie chart)라고 한다. [그림 1−5]는 [표 1−4]의 선호하는 계절 조사 결과에 대한 원그래프를 보여준다.

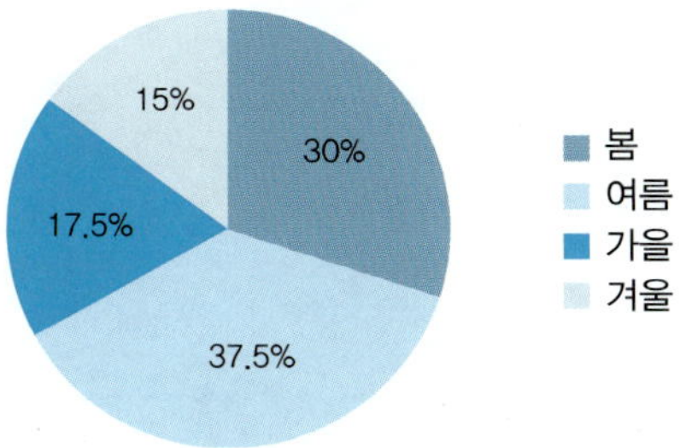

[그림 1−5] 선호하는 계절 조사 결과에 대한 원그래프

원그래프에서 각 부채꼴의 중심각의 크기는 해당 자료의 상대도수에 비례하므로 자료의 분포 형태를 쉽게 파악할 수 있다. 이때 부채꼴의 중심각은 다음과 같이 구한다.

$$(\text{부채꼴의 중심각}) = 360° \times (\text{상대도수})$$

예제 1-9

[예제 1−7]에서 구한 헬스클럽 회원의 연령에 대한 도수분포표를 원그래프로 나타내라.

풀이

먼저 상대도수를 이용하여 각 부채꼴의 중심각을 다음과 같이 구한다.

계급	상대도수	중심각
$15^{\text{이상}} \sim 20^{\text{미만}}$	$\frac{1}{30}$	$360° \times \frac{1}{30} = 12°$
$20^{\text{이상}} \sim 25^{\text{미만}}$	$\frac{5}{30}$	$360° \times \frac{5}{30} = 60°$
$25^{\text{이상}} \sim 30^{\text{미만}}$	$\frac{11}{30}$	$360° \times \frac{11}{30} = 132°$
$30^{\text{이상}} \sim 35^{\text{미만}}$	$\frac{5}{30}$	$360° \times \frac{5}{30} = 60°$
$35^{\text{이상}} \sim 40^{\text{미만}}$	$\frac{5}{30}$	$360° \times \frac{5}{30} = 60°$
$40^{\text{이상}} \sim 45^{\text{미만}}$	$\frac{3}{30}$	$360° \times \frac{3}{30} = 36°$
합계	1	−

원을 그리고 각 부채꼴을 중심각에 맞게 근사적으로 나누면 다음과 같은 원그래프를 얻는다.

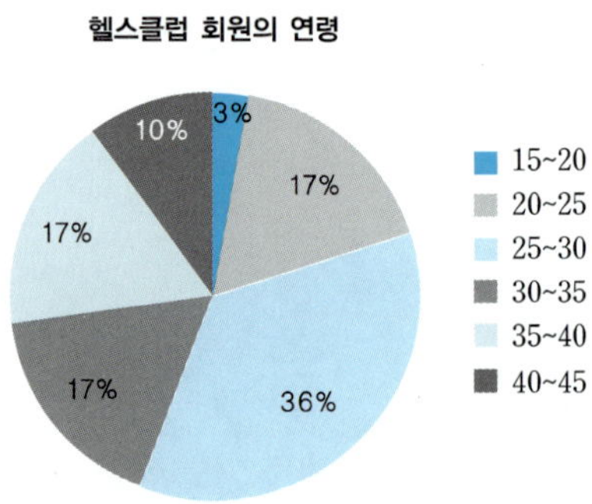

일반적으로 원그래프를 그릴 때 자료의 경계는 시계 방향으로 그린다. 이때 원의 중심각은 360°이므로 1%는 중심각이 3.6°인 부채꼴이다. 원그래프는 전체와 부분 또는 부분과 부분의 비율을 확인할 수 있고, 질적자료와 양적자료에 모두 사용할 수 있다. 특히 백분율(%)로 나타내면 더욱 효과적이다.

줄기-잎 그림

도수분포표나 히스토그램에서는 자료의 분포를 쉽게 파악할 수 있지만, 각 자료의 관측값에 대한 정보는 알 수 없다. 자료의 분포 형태를 쉽게 파악하면서도 각 관측값을 알 수 있는 그림으로 **줄기-잎 그림**(stem-and-leaf plot)이 있다. 줄기-잎 그림은 어떤 자료에 대하여 큰 수의 자릿값은 줄기에, 작은 수의 자릿값은 잎에 써서 나타낸 그림이다. 줄기-잎 그림은 [정리 1-3]과 같은 순서로 작성한다.

정리 1-3 줄기-잎 그림 작성 순서

❶ 변동이 작은 부분은 줄기로 지정하고, 변동이 많은 부분은 잎으로 지정한다.

❷ 줄기 부분은 작은 수부터 차례로 기입하고, 잎 부분은 자료의 관측 순서대로 기입한다.

❸ 잎 부분에 기입한 관측값을 작은 수부터 차례로 정리한다. 잎에 동일한 수가 있다면 반복하여 모두 기입한다.

❹ 전체 자료의 중앙에 위치한 관측값이 있는 행의 맨 앞에 괄호를 넣고, 괄호 안에 해당 행의 잎의 수를 기입한다.

❺ 괄호가 있는 행을 기준으로 위쪽에는 위에서 아래 방향으로 누적도수를 기입하고, 아래쪽에는 아래에서 위 방향으로 누적도수를 기입한다. 그리고 줄기-잎 그림에 최소 단위와 전체 자료의 수를 기입한다.

예제 1-10

다음은 학생 50명의 수학 성적에 대한 자료이다. 이 자료에 대한 줄기-잎 그림을 작성하라.

(단위 : 점)

90	83	60	25	50	94	60	43	97	62	67	84	79
62	78	48	85	52	77	90	28	84	41	34	58	75
83	71	74	68	89	88	76	69	77	89	73	98	75
58	77	69	77	69	65	37	69	79	85	45		

풀이

❶ 십의 자리 수는 변동이 작고 일의 자리 수는 변동이 크므로 십의 자리 수를 줄기, 일의 자리 수를 잎으로 지정한다.

❷ 가장 작은 십의 자리 수인 '2'부터 가장 큰 '9'를 차례로 줄기 부분에 기입하고, 관측 순서대로 일의 자리 수를 잎 부분에 기입한다.

줄기	잎
2	5 8
3	4 7
4	3 8 1 5
5	0 2 8 8
6	0 0 2 7 2 8 9 9 9 5 9
7	9 8 7 5 1 4 6 7 3 5 7 7 9
8	3 4 5 4 3 9 8 9 5
9	0 4 7 0 8

❸ 잎 부분에 기입한 관측값을 작은 수부터 차례로 정리한다. 이때 잎에 동일한 수가 있으면 반복하여 모두 기입한다.

줄기	잎
2	5 8
3	4 7
4	1 3 5 8
5	0 2 8 8
6	0 0 2 2 5 7 8 9 9 9 9
7	1 3 4 5 5 6 7 7 7 7 8 9 9
8	3 3 4 4 5 5 8 9 9
9	0 0 4 7 8

❹ 전체 자료의 수가 50이므로, 중앙에 위치한 관측값은 크기순으로 나열하면 25번째와 26번째 자료이다. 따라서 25번째와 26번째 자료가 속한 줄기 '7'행의 맨 앞에 해당 행의 잎의 수(도수)인 '13'을 괄호 안에 기입한다.

	줄기	잎
	2	5 8
	3	4 7
	4	1 3 5 8
	5	0 2 8 8
	6	0 0 2 2 5 7 8 9 9 9 9
(13)	7	1 3 4 5 5 6 7 7 7 7 8 9 9
	8	3 3 4 4 5 5 8 9 9
	9	0 0 4 7 8

❺ 괄호가 있는 행을 중심으로 괄호를 기입한 열에 누적도수를 위, 아래 방향에 각각 기입하고, 최소 단위 '1'과 전체 자료의 수 '50'을 기입한다.

		줄기	잎	
↓	2	2	5 8	(최소 단위) = 1
↓	4	3	4 7	(자료의 수) = 50
↓	8	4	1 3 5 8	
↓	12	5	0 2 8 8	
↓	23	6	0 0 2 2 5 7 8 9 9 9 9	
	(13)	7	1 3 4 5 5 6 7 7 7 7 8 9 9	
↑	14	8	3 3 4 4 5 5 8 9 9	
↑	5	9	0 0 4 7 8	

최종 완성된 줄기-잎 그림을 왼쪽으로 90° 회전하면, 계급의 간격이 10인 히스토그램 모양이 된다. 또한 각 자료값도 제시되어 있어 최솟값과 최댓값을 바로 알 수 있다. 줄기-잎 그림은 자료가 크기순으로 나열되어 있으므로 중앙에 있는 자료도 쉽게 파악할 수 있다. 이 경우 25번째와 26번째 자료가 중앙에 있는 자료이므로 그 값은 각각 73과 74이다.

[예제 1-10]에서 살펴본 자료의 집중 현상을 좀 더 세분화하여 볼 수 있도록 잎의 자료가 0~4인 경우와 5~9인 경우의 줄기를 각각 '.'와 '*'로 구분해 작성할 수 있다. [그림 1-6]은 [예제 1-10]의 줄기-잎 그림을 계급의 간격이 5인 줄기-잎 그림으로 나타낸 것이다.

	줄기	잎	
2	2*	5 8	(최소 단위) = 1
3	3·	4	(자료의 수) = 50
4	3*	7	
6	4·	1 3	
8	4*	5 8	
10	5·	0 2	
12	5*	8 8	
16	6·	0 0 2 2	
23	6*	5 7 8 9 9 9 9	
(3)	7·	1 3 4	
24	7*	5 5 6 7 7 7 7 8 9 9	
14	8·	3 3 4 4	
10	8*	5 5 8 9 9	
5	9·	0 0 4	
2	9*	7 8	

[그림 1-6] **계급의 간격이 5인 줄기-잎 그림**

예제 1-11

다음은 여러 정유회사에서 생산하는 자동차용 휘발유의 옥탄가(octane rating)를 나타낸 자료이다. 이 자료에 대한 줄기-잎 그림을 작성하라.

88.5	87.8	83.4	86.7	87.5	91.5	88.6	100.3	95.6	93.3
94.7	91.1	91.0	94.2	87.8	89.9	88.3	87.6	84.3	86.7
88.2	90.8	88.3	98.8	94.2	92.7	93.2	94.5	91.0	89.8
84.5	83.8	87.6	92.5	96.5	89.9	87.3	89.2	90.4	91.0
91.6	95.4	89.5	89.4	94.4	92.2	91.0	90.7	90.4	89.8
87.0	86.5	86.1	84.3	89.1	91.3	92.4	97.5	85.0	86.0
92.3	91.5	84.2	90.8	92.5	91.1	93.3	94.5	88.6	87.5

풀이

❶ 자료에서 변동이 작은 정수 부분을 줄기로, 변동이 큰 소수점 아랫부분을 잎으로 지정한다.

❷ 정수 부분의 가장 작은 수 '83'부터 가장 큰 수 '100'까지 차례로 줄기 부분에 기입하고, 관측 순서대로 소수점 아랫부분을 잎에 기입한다.

❸ 잎 부분에 기입한 관측값을 작은 수부터 차례로 정리한다. 이때 잎에 동일한 수가 있으면 반복하여 모두 기입한다.

❹ 전체 자료의 수가 70이므로, 중앙에 위치한 관측값은 크기순으로 나열하면 35번째와 36번째 사이의 자료이다. 따라서 35번째와 36번째 자료가 속한 줄기 '90' 행의 맨 앞에 해당 행의 잎의 수인 '5'를 괄호 안에 기입한다.

❺ 괄호가 있는 행을 중심으로 괄호를 기입한 열에 누적도수를 위, 아래 방향에 각각 기입하고, 최소 단위 '0.1'과 전체 자료의 수 '70'을 기입한다.

	줄기	잎	
2	83	4 8	(최소 단위) = 0.1
6	84	2 3 3 5	(자료의 수) = 70
8	85	1 6	
12	86	0 5 7 7	
20	87	0 3 5 5 6 6 8 8	
26	88	2 3 3 5 6 6	
34	89	1 2 4 5 8 8 9 9	
(5)	90	4 4 7 8 8	
31	91	0 0 0 0 1 1 3 5 5 6	
21	92	2 3 4 5 5 7	
15	93	2 3 3	
12	94	2 2 4 5 5 7	
6	95	4 6	
4	96	5	
3	97	5	
2	98	8	
1	99		
1	100	3	

꺾은선그래프

시간의 경과에 따라 연속으로 관측한 데이터에 대하여 동일한 시간 간격으로 측정한 데이터를 **시계열 데이터**(time series data)라고 한다. 시계열 데이터에는 물가, 실업률, 취업률 등이 있고, 이 데이터는 선분을 이용하여 나타내면 변화 추이를 쉽게 파악할 수 있다. 연속적으로 변화하는 양을 점으로 찍고, 그 점을 선분으로 연결하여 나타낸 그림을 **꺾은선그래프**(graph of broken line)라고 한다.

예를 들어 꺾은선그래프는 물건 가격의 오르내림과 같은 한 가지 지표를 나타내거나 가게의 일별·월별 매상의 증가와 감소 등을 나타내는 데 적당하다. [그림 1-7]은 2023년 1월부터 9월까지 우리나라 소비자 물가지수의 변화를 꺾은선그래프로 나타낸 것이다.

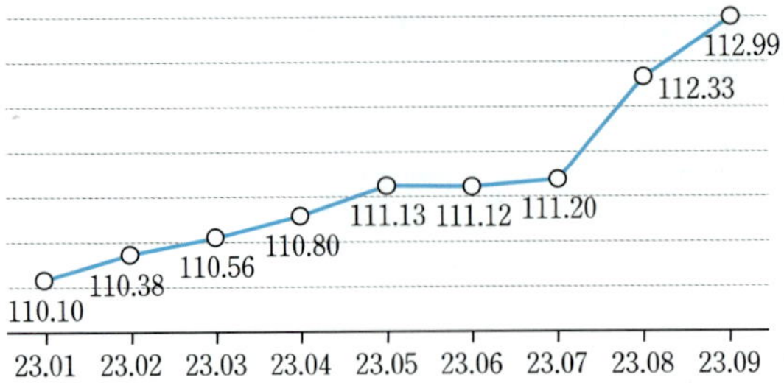

〈출처〉 통계청 「소비자 물가지수」

[그림 1-7] **소비자 물가지수 변화에 대한 꺾은선그래프**

두 개 이상의 자료 집단을 범주에 따라 비교할 때 막대그래프를 이용하면 [그림 1-8(a)]와 같이 막대수가 많아져서 그림이 복잡해진다. 이때 [그림 1-8(b)]와 같이 꺾은선그래프로 나타내면 비교하기 편리하다.

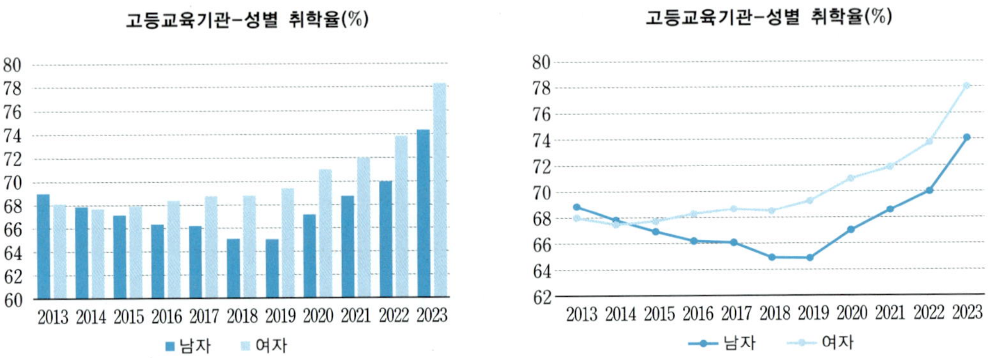

(a) 막대그래프 (b) 꺾은선그래프

〈출처〉 한국교육개발원 「교육기본통계」, 통계청 「장래인구추계」

[그림 1-8] **두 자료 집단의 비교**

특히 꺾은선그래프는 시간의 경과에 따라 연속으로 관측한 자료의 추이를 나타낼 때 많이 사용하며, 수직축(y축)의 척도 간격에 따라 그래프 모양이 달라 보일 수 있다.

예를 들어 [그림 1-9]는 '연도별 경제성장률'이라는 동일한 자료에 대한 꺾은선그래프로, 두 그래프의 y축 척도 간격이 다르다. 척도 간격이 좁은 [그림 1-9(a)]에 비해 척도 간격이 넓은 [그림 1-9(b)]는 그래프 변화가 거의 없는 것처럼 보인다.

(a) 척도 간격이 좁은 경우

(b) 척도 간격이 넓은 경우

〈출처〉 한국은행 「국민계정」

[그림 1-9] y축 척도 간격이 다른 두 꺾은선그래프

예제 1-12

다음은 2011년부터 2022년까지 우리나라 인구성장률을 나타낸 자료이다. 이 자료를 꺾은선그래프로 나타내라.

(단위 : %)

연도	2011	2012	2013	2014	2015	2016	2017	2018	2019	2020	2021	2022
인구성장률	0.77	0.53	0.46	0.63	0.53	0.4	0.28	0.48	0.2	0.14	−0.18	−0.23

풀이

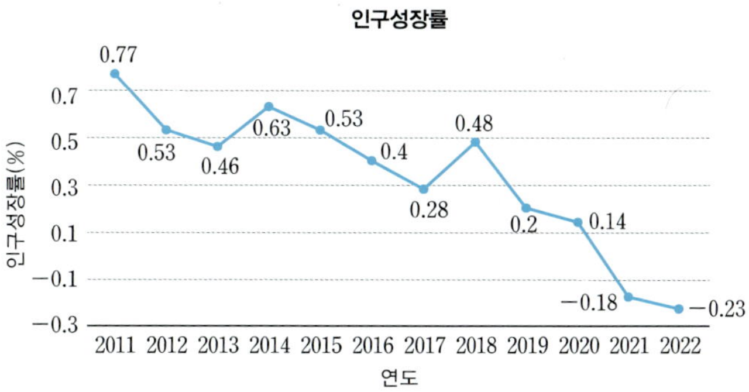

〈출처〉 통계청 「인구총조사」

Note 퍼센트와 퍼센트 포인트

통계에서 비율을 나타낼 때 가장 많이 사용하는 퍼센트(%)와 퍼센트 포인트(%p)에 대하여 간단히 알아보자.

① **퍼센트**(%)

한 수치를 100으로 두고, 다른 수치를 100에 대한 비율로 나타내면 두 수치의 상대적인 크기를 바로 비교할 수 있다. 보통 퍼센트를 %로 표기하며 백분율이라고도 한다.

② **퍼센트 포인트**(%p)

퍼센트는 일반적인 수치처럼 서로 더하거나 뺄 수 없지만, 비교하는 수치의 기준이 동일한 경우에는 가능하다. 두 퍼센트의 차이를 퍼센트 포인트라고 하며 %p로 표기한다. 예를 들어 '2%에서 1%로 감소하였다'는 '1%p가 감소하였다'로 표현한다.

1.3 대푯값

앞에서 수집한 원자료를 정리하고 요약하여 자료의 분포를 도표와 그림으로 표현하는 방법을 알아보았다. 이러한 방법은 자료의 특성을 시각적으로 파악할 수 있다는 장점이 있다. 하지만 보다 정확한 통계분석을 하려면 자료의 명확한 속성을 알 수 있는 특별한 값이 필요하다. 이제 이 특별한 값을 자세히 알아보자.

주어진 자료의 분포 상태를 수치화할 때는 가장 먼저 그 분포의 중심이 어디에 있는지를 살펴봐야 한다. 이때 자료 분포의 중심 위치를 나타내는 값을 **대푯값**(representative value)이라고 한다. 대푯값에는 산술평균, 중앙값, 절사평균, 최빈값 등이 있다.

산술평균

평균(mean)에는 산술평균, 기하평균, 조화평균 등이 있는데, 일반적으로 평균이라고 하면 **산술평균**(arithmetic mean)을 의미한다. 산술평균은 가장 보편적으로 사용하는 자료의 중심 위치를 나타내는 측도이다. 변량 X에 대한 표본 n개의 자료가 $x_1, x_2, \cdots, x_n$으로 주어질 때, 변량 X의 산술평균을 **표본평균**(sample mean)이라 하고 $\bar{x}$로 나타낸다. 변량 X의 표본평균 $\bar{x}$는 다음과 같다.

$$\bar{x} = \frac{1}{n}\sum_{i=1}^{n} x_i = \frac{1}{n}(x_1 + x_2 + \cdots + x_n)$$

그리고 변량 X가 모집단[4]에서 얻은 관측값 $x_1, x_2, \cdots, x_N$으로 주어질 때, 변량 X의 산술평균을 **모평균**(population mean)이라 하고 μ로 나타낸다. 즉 변량 X의 모평균 μ는 다음과 같다.

$$\mu = \frac{1}{N}\sum_{i=1}^{N} x_i = \frac{1}{N}(x_1 + x_2 + \cdots + x_N)$$

4 모집단은 통계분석을 위한 관심 대상이 되는 집단 전체를 의미한다.

변량 X의 자료가 범주형 도수분포표로 주어질 때는 **가중산술평균**(weighted arithmetic mean)을 정의한다. 가중산술평균은 전체 도수를 n, i번째 범주에 속한 도수를 f_i라고 할 때, 다음과 같이 계산한다.

$$\bar{x} = \frac{1}{n}\sum_{i=1}^{k} f_i x_i = \frac{1}{n}(f_1 x_1 + f_2 x_2 + \cdots + f_k x_k)$$

$$(k : \text{범주의 수}, \ \sum_{i=1}^{k} f_i = n)$$

예제 1-13

어느 보험회사의 보험설계사 중 5명을 선택하여 한 달 수입을 조사하였더니 다음과 같았다. 5명의 한 달 수입의 표본평균을 구하라.

(단위 : 만 원)

195, 275, 250, 375, 230

풀이

주어진 자료의 표본평균 $\bar{x}$를 구하면 다음과 같다.

$$\begin{aligned}\bar{x} &= \frac{1}{n}(x_1+x_2+x_3+x_4+x_5) \\ &= \frac{1}{5}(195+275+250+375+230) = \frac{1325}{5} = 265\end{aligned}$$

따라서 선택한 보험설계사 5명의 한 달 평균수입은 265만 원이다.

예제 1-14

다음 범주형 도수분포표를 보고 표본평균을 구하라.

변량(x_i)	도수(f_i)
5	5
15	8
25	3
35	2
45	2
합계	20

풀이

범주형 도수분포표로 정리된 경우 표본평균 $\overline{x}$는 가중산술평균으로 구한다. 이때 $k=5$이고 $n=\sum_{i=1}^{k} f_i = \sum_{i=1}^{5} f_i = 20$이므로 표본평균을 구하면 다음과 같다.

$$\begin{aligned}\overline{x} &= \frac{1}{n}\sum_{i=1}^{5} f_i x_i = \frac{1}{n}(f_1x_1+f_2x_2+f_3x_3+f_4x_4+f_5x_5)\\ &= \frac{1}{20}(5\times5+8\times15+3\times25+2\times35+2\times45)=19\end{aligned}$$

변량 X의 자료가 계급형 도수분포표로 주어질 때는 가중산술평균을 다음과 같이 구한다.

$$\overline{x} = \frac{1}{n}\sum_{i=1}^{k} f_i m_i = \frac{1}{n}(f_1m_1+f_2m_2+\cdots+f_km_k)$$

$$\left(k: \text{계급의 수},\ m_i: i\text{번째 계급의 계급값},\ \sum_{i=1}^{k} f_i = n\right)$$

예제 1-15

다음은 [예제 1-5]에서 구한 청소년이 일주일 동안 스마트폰을 사용한 시간에 대한 계급형 도수분포표의 일부이다. 이 도수분포표를 이용하여 표본평균을 구하라.

계급(시간)	계급값(m_i)	도수(f_i)
10이상 ~ 17미만	13.5	7
17이상 ~ 24미만	20.5	24
24이상 ~ 31미만	27.5	13
31이상 ~ 38미만	34.5	4
38이상 ~ 45미만	41.5	1
45이상 ~ 52미만	48.5	1
합계	–	50

풀이

계급형 도수분포표로 정리한 경우 표본평균 $\overline{x}$는 가중산술평균으로 구한다. 이때 $k=6$이고 $n=\sum_{i=1}^{k} f_i = \sum_{i=1}^{6} f_i = 50$이므로 표본평균을 구하면 다음과 같다.

$$\begin{aligned}\overline{x} &= \frac{1}{n}\sum_{i=1}^{6} f_i m_i = \frac{1}{n}(f_1m_1+f_2m_2+\cdots+f_6m_6)\\ &= \frac{1}{50}(13.5\times7+20.5\times24+27.5\times13+34.5\times4+41.5\times1+48.5\times1)=\frac{1172}{50}=23.44\end{aligned}$$

지금까지 살펴본 산술평균의 성질을 정리하면 다음과 같다.

정리 1-4 산술평균의 성질

(1) 산술평균에 대한 편차[5]의 합은 0이다.

$$\sum_{i=1}^{n}(x_i-\bar{x})=(x_1-\bar{x})+(x_2-\bar{x})+\cdots+(x_n-\bar{x})=0$$

(2) 산술평균은 편차의 제곱의 합을 최소로 한다. 즉 산술평균에 대한 편차의 제곱의 합은 임의의 수에 대한 편차의 제곱의 합보다 크지 않다.

$$\sum_{i=1}^{n}(x_i-\bar{x})^2 \le \sum_{i=1}^{n}(x_i-a)^2 \quad (\text{단, } a\text{는 상수})$$

(3) 산술평균은 주어진 자료를 모두 사용하므로 정보 손실이 없다. 특히 표본들의 평균인 표본평균은 모집단을 추론할 때 유용하게 사용한다.

(4) 산술평균은 양적자료에 대해서만 구할 수 있으며, 대다수의 자료와 멀리 떨어져 있는 값인 **극단값**(outlier)에 매우 민감하게 작용한다(극단값은 **이상점**이라고도 한다).

예를 들어 두 표본 $A=\{10, 20, 30, 40, 50\}$, $B=\{10, 20, 30, 40, 500\}$에 대하여 산술평균을 구해보자.

$$\text{표본 A의 산술평균 : } \bar{x}=\frac{1}{n}(x_1+x_2+\cdots+x_5)$$
$$=\frac{1}{5}(10+20+30+40+50)=\frac{150}{5}=30$$

$$\text{표본 B의 산술평균 : } \bar{y}=\frac{1}{n}(y_1+y_2+\cdots+y_5)$$
$$=\frac{1}{5}(10+20+30+40+500)=\frac{600}{5}=120$$

평균은 모든 데이터를 고려하기 때문에 데이터에 극단값이 포함된 경우에는 그 값에 의해 평균이 왜곡되는 경향이 있다. 이 경우에는 다른 대푯값을 사용하는 것이 바람직하다.

5 편차는 자료의 변량(X_i)에서 평균($\overline{X}$)을 뺀 값으로서 D_i로 표현한다.

중앙값

변량 X의 n개의 자료 $x_1, x_2, \cdots, x_n$을 작은 값부터 크기순으로 배열했을 때, 한가운데에 위치한 값을 **중앙값**(median) 또는 **중위수**라 하고, Me로 표기한다. 중앙값은 양적자료의 중심을 나타내고, 자료의 수가 홀수인지, 짝수인지에 따라 [표 1-5]와 같이 구한다.

[표 1-5] 중앙값 계산

n	중앙값	설명
홀수	$Me = x_{\left(\frac{n+1}{2}\right)}$	$\frac{n+1}{2}$ 번째 값
짝수	$Me = \dfrac{x_{\left(\frac{n}{2}\right)} + x_{\left(\frac{n}{2}+1\right)}}{2}$	$\frac{n}{2}$ 번째 값과 $\left(\frac{n}{2}+1\right)$번째 값의 평균

예제 1-16

다음 표는 A공장의 작업자 6명이 하루 동안 제작하는 물품 수량을 나타낸다. 이 자료의 중앙값을 구하라.

작업자	1	2	3	4	5	6
물품 수량	250	285	230	265	290	800

풀이

먼저 자료(물품 수량)를 크기순으로 배열하면 230, 250, 265, 285, 290, 800이다. 자료에 800이라는 극단값이 있으므로, 평균보다는 중앙값이 대푯값으로 적절하다. 이때 $n=6$, 즉 자료의 수가 짝수이므로 3번째와 4번째 자료의 값의 평균이 중앙값이다. 따라서 중앙값은 다음과 같이 구할 수 있다.

$$Me = \frac{1}{2}(x_3 + x_4) = \frac{1}{2}(265 + 285) = \frac{550}{2} = 275$$

[예제 1-16]에서 극단값 800을 제외하고 중앙값을 구하면 $n=5$, 즉 자료의 수가 홀수이므로 3번째 자료의 값이 중앙값이다. 따라서 중앙값은 다음과 같이 구할 수도 있다.

$$Me = x_3 = 265$$

중앙값은 다음과 같이 편차의 절댓값의 합을 최소로 한다는 성질을 갖는다.

$$\sum_{i=1}^{n} |x_i - Me| \leq \sum_{i=1}^{n} |x_i - a| \quad (\text{단, } a\text{는 상수})$$

중앙값은 자료의 수가 적으면 구하기 쉬우므로 산업 현장에서 사용하기 편리하지만, 자료의 수가 많으면 구하기 쉽지 않다. 또한 중앙값은 극단값에 영향을 받지 않고 자료의 특징을 잘 표현한다는 장점이 있지만, 중앙값 이외의 수를 전혀 이용하지 않으므로 산술평균보다 자료 전체의 정보를 충분히 이용하지 못한다는 단점이 있다. 따라서 극단값이 있는 경우에는 중앙값이 산술평균보다 자료 전체의 특징을 더 잘 나타낸다고 할 수 있다.

Note 산술평균과 중앙값 비교

극단값이 포함된 자료의 산술평균과 중앙값을 비교하자. 예를 들어 10kg, 20kg, 60kg의 추 3개가 있다고 가정한다. 추 3개의 평균 무게는 $\frac{10+20+60}{3} = 30$kg이며, 이는 [그림 1-10(a)]와 같이 추 3개 무게의 균형을 나타내는 무게중심이다. 중앙값은 [그림 1-10(b)]와 같이 추가 3개(홀수)이므로 중앙에 있는 20kg이다. 만약 60kg의 추를 90kg으로 바꾸면 평균은 40kg이 되어 무게중심은 오른쪽으로 이동하지만, 중앙값은 변하지 않고 그대로 20kg이다.

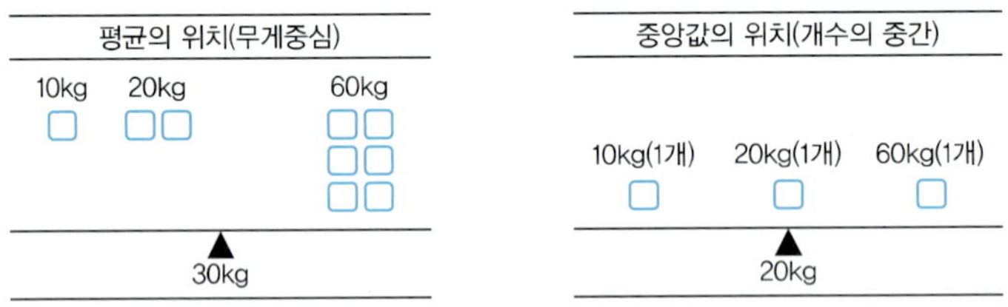

(a) 산술평균 (b) 중앙값

[그림 1-10] **산술평균과 중앙값의 위치**

최빈값

변량 X의 자료 중에서 가장 많이 나타나는 값을 **최빈값**(mode)이라 하고, Mo로 표기한다. 최빈값은 [그림 1-11]과 같은 도수분포곡선에서 최고봉에 해당하는 변량의 값이다. [그림 1-11(a)]의 단봉형 도수분포곡선에서는 최빈값이 35로 한 개이고, [그림 1-11(b)]의 쌍봉형 도수분포곡선에서는 최빈값이 20과 50으로 두 개 존재함을 알 수 있다.

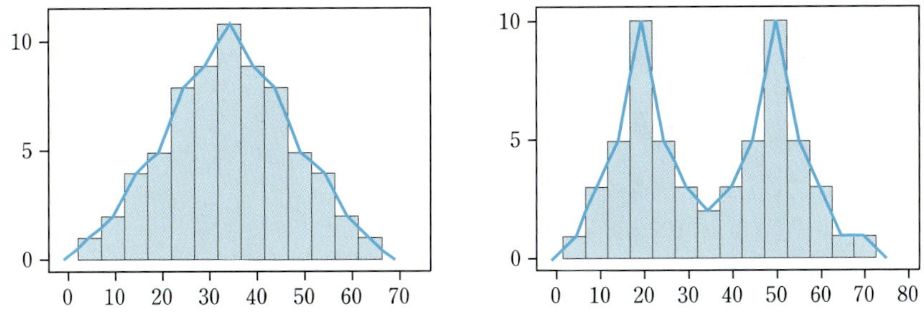

(a) 단봉형 (b) 쌍봉형

[그림 1-11] **도수분포곡선에서의 최빈값**

따라서 최빈값은 변량의 개수가 많거나 변량이 중복되어 나타나는 자료, 또는 가장 좋아하는 운동 종목이나 음식 등과 같이 수치로 나타낼 수 없는 자료의 대푯값으로 유용하다. 또 값이 하나로 정해지는 평균이나 중앙값과는 달리 최빈값은 자료에 따라 두 개 이상일 수도 있고, 없을 수도 있다.

예제 1-17

[예제 1-10]에서 살펴본 학생 50명의 수학 성적 자료에 대한 표본평균, 중앙값, 최빈값을 각각 구하라.

(단위 : 점)

90	83	60	25	50	94	60	43	97	62	67	84	79
62	78	48	85	52	77	90	28	84	41	34	58	75
83	71	74	68	89	88	76	69	77	89	73	98	75
58	77	69	77	69	65	37	69	79	85	45		

풀이

먼저 이 자료의 표본평균을 구하면 다음과 같다.

$$\bar{x} = \frac{1}{50}(90+83+60+25+\cdots+85+45) = 69.32$$

중앙값과 최빈값을 구하기 위해 이 자료의 줄기-잎 그림을 그리면 다음과 같다.

	줄기	잎	
2	2	5 8	(최소 단위) = 1
4	3	4 7	(자료의 수) = 50
8	4	1 3 5 8	
12	5	0 2 8 8	
23	6	0 0 2 2 5 7 8 9 9 9 9	
(13)	7	1 3 4 5 5 6 7 7 7 7 8 9 9	
14	8	3 3 4 4 5 5 8 9 9	
5	9	0 0 4 7 8	

자료의 수가 50이므로 자료를 작은 값부터 크기순으로 나열하면 중앙값은 25번째와 26번째 자료의 평균값이다. 25번째와 26번째 자료가 $x_{25} = 73$, $x_{26} = 74$이므로 중앙값은 다음과 같다.

$$Me = \frac{(73+74)}{2} = 73.5$$

또한 자료에서 가장 빈도가 높은 자료의 값은 69와 77로, 각각 4번씩 나온다. 따라서 최빈값은 다음과 같다.

$$Mo = 69,\ 77$$

이를 통해 최빈값이 항상 하나만 존재하는 것은 아님을 확인할 수 있다.

Note 도수분포곡선

도수분포다각형에서 자료의 수를 늘리고 계급의 간격을 좁게 하여 계급 구간의 수를 늘리면 도수분포다각형이 곡선 형태로 수렴하는데, 이 곡선을 **도수분포곡선**(frequency distri bution curve)이라고 한다. [예제 1-7]의 자료에 대한 도수분포다각형과 도수분포곡선은 다음과 같이 그릴 수 있다.

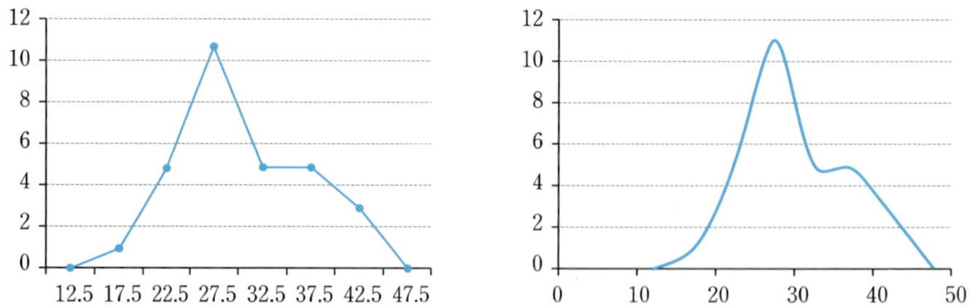

(a) 도수분포다각형 (b) 도수분포곡선

[그림 1-12] 도수분포다각형과 도수분포곡선

산술평균, 중앙값, 최빈값 사이의 관계

도수분포곡선이 단봉형으로 나타나고 극히 비대칭이 아닌 자료 집단의 경우에는 표본평균($\overline{x}$), 중앙값(Me), 최빈값(Mo) 사이에 다음과 같은 '**피어슨(Pearson)의 실험 공식**'이 성립한다.

$$\overline{x} - Mo \approx 3(\overline{x} - Me)$$

또한 도수분포곡선의 모양에 따른 $\overline{x}$, Me, Mo 사이의 관계를 살펴보면 다음과 같다.

[표 1-6] **도수분포곡선 모양에 따른 산술평균, 중앙값, 최빈값 사이의 관계**

분류	도수분포곡선	관계
도수분포가 완전히 대칭인 경우	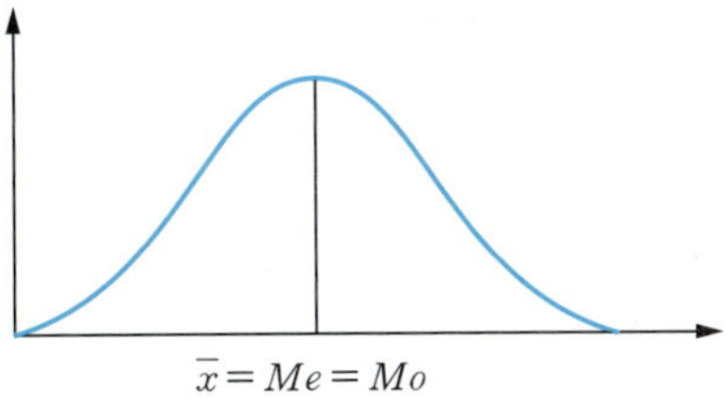	$\overline{x} = Me = Mo$
도수분포가 오른쪽으로 치우친 경우	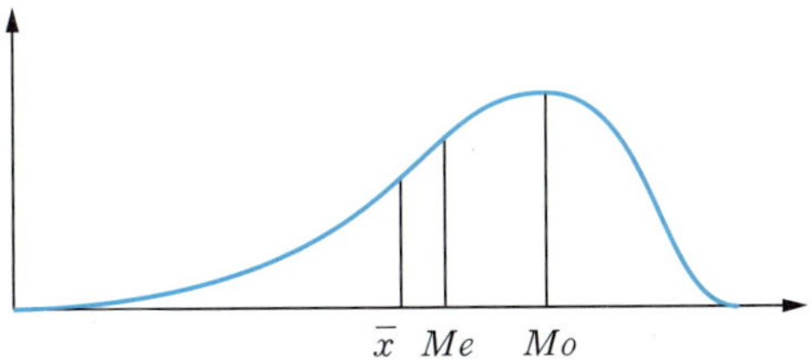	$\overline{x} < Me < Mo$
도수분포가 왼쪽으로 치우친 경우	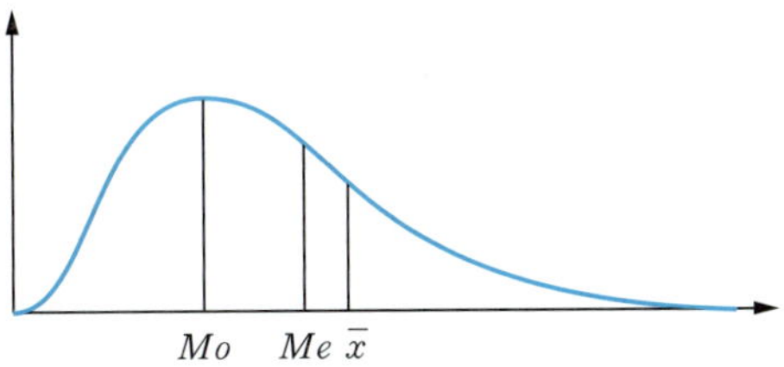	$Mo < Me < \overline{x}$

예제 1-18

[예제 1-7]의 헬스클럽 회원 30명의 연령 자료에 대한 산술평균, 중앙값, 최빈값 사이의 관계를 설명하라.

풀이

먼저 헬스클럽 회원의 연령에 대한 히스토그램을 그리면 다음과 같다.

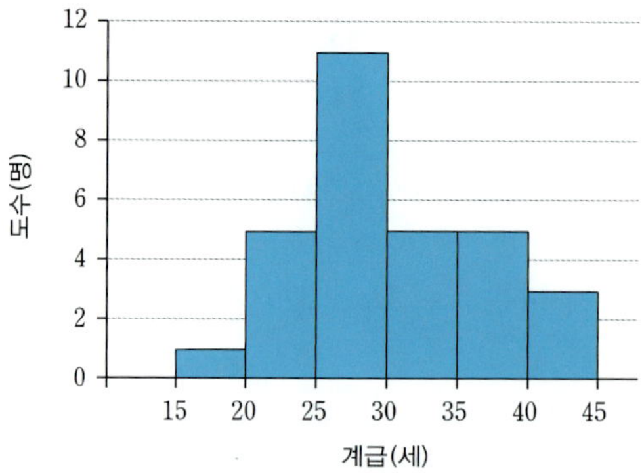

이 히스토그램을 보면 약간 왼쪽으로 치우쳤음을 확인할 수 있다. 이 자료의 산술평균, 중앙값, 최빈값은 각각 $\bar{x}=29.5$, $Me=28.5$, $Mo=26$이다. 따라서 $Mo < Me < \bar{x}$이고 피어슨의 실험 공식을 어느 정도 따른다고 볼 수 있다.

백분위수와 사분위수

변량 X의 n개의 자료를 작은 값부터 크기순으로 배열했을 때, $0 \le p \le 1$인 p에 대하여 전체 자료를 $100p\%$와 $100(1-p)\%$로 나눈 값을 **제100p 백분위수**(100pth percentile)라고 한다. 자료수가 n개일 때, 제100p 백분위수는 그 값보다 작거나 같은 자료수가 np개 이상이고, 그 값보다 크거나 같은 자료수가 $n(1-p)$개 이상인 값이다.

자료 1, 2, 3, 4, 5를 생각해보자. 이 자료의 제30 백분위수는 전체 자료를 $(100\times0.3)\%$와 $(100\times0.7)\%$로 나눈 값으로, 그 값보다 작거나 같은 자료수가 $5\times0.3=1.5$개 이상이어야 하고, 그 값보다 크거나 같은 자료수가 $5\times0.7=3.5$개 이상이어야 한다. 이때 2보다 작거나 같은 자료가 2개이고, 2보다 크거나 같은 자료가 4개이므로 제30 백분위수는 2이다.

그러나 제40 백분위수는 그 값보다 작거나 같은 자료수가 $5\times0.4=2$개 이상이어야 하고, 그 값보다 크거나 같은 자료수가 $5\times0.6=3$개 이상이어야 한다. 이때 2와 3 사이의 값은 그 값보다 작은 자료가 2개이고 크거나 같은 자료가 3개이므로, 2와 3 사이의 모든 값이 제40 백분위수가 될 수 있다. 따라서 백분위수는 어떻게 정의하느냐에 따라 다양하게 표현할 수 있다. 여기서는 다음과 같은 방법으로 백분위수를 구하기로 한다.

정리 1-5 제100p 백분위수 구하는 방법

❶ 자료를 작은 값부터 크기순으로 배열한다.

❷ 자료수 n에 p를 곱하여 다음과 같은 기준으로 제100p 백분위수를 결정한다.

- np가 정수이면, np번째로 큰 자료와 $(np+1)$번째로 큰 자료의 평균을 택한다.
- np가 정수가 아니면, np의 정수 부분에 1을 더한 값 m을 구하고 m번째로 큰 자료를 택한다. 자료와 멀리 떨어진 값인 극단값에 매우 민감하게 작용한다.

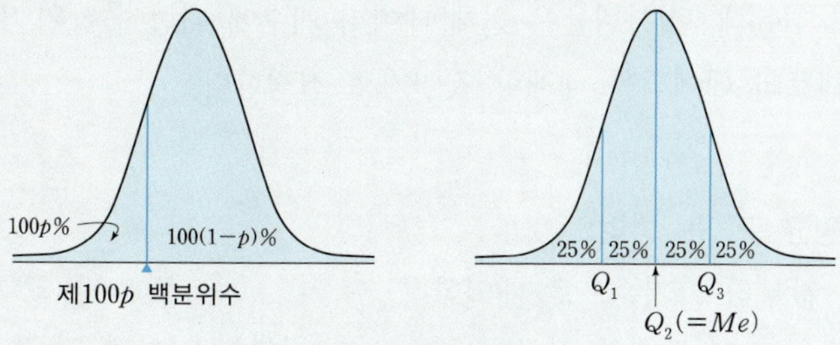

백분위수와 사분위수

특히 제25, 50, 75백분위수는 자료를 4등분하는 위치에 있는 값으로, 이 값을 **사분위수**(quartile)라고 한다. 사분위수를 각각 Q_1, Q_2, Q_3로 표기하며, Q_1을 제1사분위수, Q_2를 제2사분위수(중앙값), Q_3를 제3사분위수라고 한다.

예제 1-19

다음 자료에서 제50백분위수와 제25백분위수를 구하라.

16, 25, 4, 18, 11, 13, 20, 8, 11, 9

풀이

주어진 자료를 다음과 같이 작은 값부터 크기순으로 배열한다.

4, 8, 9, 11, 11, 13, 16, 18, 20, 25

제50백분위수에 대하여 $n=10$, $p=0.5$이므로 $np=5$이다. np가 정수이므로 다음과 같이 제50백분위수는 5번째 값과 6번째 값의 평균이다.

$$\frac{(11+13)}{2}=12$$

또한 제25백분위수에 대하여 $np=10\times 0.25=2.5$는 정수가 아니므로 정수 부분인 2에 1을 더한다. 따라서 제25백분위수는 $(2+1)$번째 값, 즉 3번째 값인 9이다.

절사평균

절사평균(trimmed mean)은 평균의 장점과 중앙값의 장점을 모두 고려한 대푯값으로 극단값을 제외하고 구한 평균이다. 절사평균을 가장 많이 활용하는 분야는 심판의 채점으로 등수를 판정하는 운동경기이다. 예를 들어 체조, 다이빙, 피겨스케이팅 등에서 심판의 주관적인 편견을 배제하기 위해 가장 높은 점수와 가장 낮은 점수를 제외(중앙값의 장점)한 나머지 심판의 점수에 대한 평균(평균의 장점)으로 판정한다. 절사평균을 계산하려면 절사비율(%)을 결정해야 하는데, 절사비율은 전체 데이터 개수에 대하여 상위 몇 퍼센트의 데이터와 하위 몇 퍼센트의 데이터를 배제할 것인가로 결정한다.

정리 1-6 절사평균 구하는 방법

❶ 자료를 작은 값부터 크기순으로 배열한다.

❷ $0 \le \alpha \le 0.5$인 α에 대하여 자료수 n에 α를 곱하여 다음과 같은 기준으로 자료수를 제거한다.

- αn이 정수이면, 이 정수에 해당하는 자료수만큼 양 끝에서 제거한다.
- αn이 정수가 아니면, αn을 넘지 않는 최대 정수에 해당하는 자료수만큼 양 끝에서 제거한다.

❸ 제거하고 남은 자료에 대하여 산술평균을 구한다.

예제 1-20

다음 자료에서 15% 절사평균을 구하라.

68, 70, 67, 10, 72, 68, 70, 71

풀이

자료를 다음과 같이 작은 값부터 크기순으로 배열한다.

10, 67, 68, 68, 70, 70, 71, 72

자료수가 $n=8$, $\alpha=0.15$이므로 $\alpha n = 0.15 \times 8 = 1.2$이다. 이때 αn이 정수가 아니므로 1.2를 넘지 않는 최대 정수에 해당하는 1개의 자료를 각각 양 끝에서 제거한다.

67, 68, 68, 70, 70, 71

이들의 산술평균을 구하면 $\frac{67+68+68+70+70+71}{6} = 69$이므로 주어진 자료에 대한 15% 절사평균은 69이다.

1.4 산포도

자료의 분포 상태를 알기 위해서는 자료의 중심 위치뿐만 아니라 자료가 흩어진 정도를 함께 고려해야 한다. 이와 같이 자료가 흩어진 정도를 **산포도**(measure of dispersion)라고 한다.

[표 1-7]과 같이 수학 성적의 평균이 69.3점으로 동일한 두 그룹 A, B를 살펴보자. 두 그룹의 점수의 중앙값은 각각 82.5점과 70점으로 약 12점 정도의 차이가 나지만, 최댓값과 최솟값의 차는 B그룹(23점)보다 A그룹(75점)이 3배 이상 크다.

[표 1-7] **평균이 같은 두 그룹**

그룹	수학 성적	총점	평균
A	95, 87, 20, 80, 95, 85, 95, 45, 21, 70	693	69.3
B	60, 65, 70, 75, 70, 70, 70, 65, 65, 83	693	69.3

[그림 1-13]과 같이 가로축의 점수에 해당하는 점을 찍어 나타내는 점도표로 비교하면, 두 그룹의 점수 분포에는 분명히 큰 차이가 있음을 확인할 수 있다.

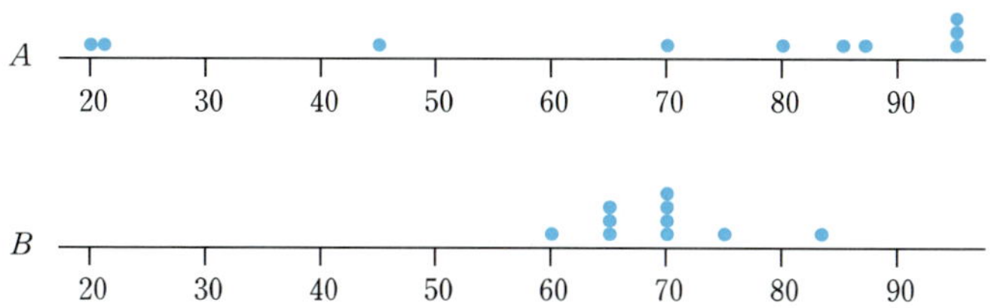

[그림 1-13] **A그룹과 B그룹의 점도표**

B그룹의 점수는 평균 69.3점을 중심으로 밀집되어 있지만, A그룹의 점수는 최고 점수와 최저 점수의 차가 매우 크며 점수도 다양하다. 두 그룹 점수의 중심 위치만 알고 있다면 두 그룹이 유사한 점수 분포를 갖는다고 결론지을 수 있으나, 실제 두 그룹의 점수 분포는 명확한 차이가 있다. 즉 대푯값만으로는 각 자료의 정보를 충분히 제공하지 못한다.

대푯값은 자료 전체의 특징을 나타내긴 하지만 자료가 흩어진 정도를 나타내기엔 충분하지 않다. 따라서 대푯값 말고도 자료가 어느 정도 흩어져 있는지를 나타내는 산포도를 고려해야 한다.

이제 범위, 사분위수 범위, 평균편차, 분산, 표준편차, 변동계수 등과 같이 많이 사용하는 산포도의 척도를 살펴보자.

범위

변량 X의 자료가 $x_1, x_2, \cdots, x_n$일 때, X의 **범위**(range)는 이들 자료의 최댓값(x_{max})과 최솟값(x_{min})의 차를 의미하며 보통 R로 표기한다.

$$R = x_{max} - x_{min}$$

범위는 가장 쉽게 구할 수 있는 산포도로, 자료수가 많지 않을 때는 산포에 대한 유용한 추정치가 되므로 품질관리 등 산업 현장에서 많이 사용한다. 그러나 범위는 극단값의 영향을 많이 받으므로 매우 불안정한 산포도이다.

예제 1-21

다음 자료의 범위를 구하라.

2, 3, 7, 12, 10, 14, 14, 9, 6

풀이

주어진 자료를 다음과 같이 작은 값부터 크기순으로 배열한다.

2, 3, 6, 7, 9, 10, 12, 14, 14

따라서 자료의 범위는 $R = x_{max} - x_{min} = 14 - 2 = 12$이다.

사분위수 범위

범위는 자료의 두 극단값의 차이만을 나타내기 때문에 자료의 산포를 나타내기에 불충분하다. 이러한 단점을 일부 보완한 산포도가 **사분위수 범위**(interquartile range, IQR)이다. 변량 X의 n개의 자료를 작은 값부터 크기순으로 배열했을 때, 사분위수는 자료를 4등분하는 척도이다. 제1사분위수 Q_1은 전체의 $\frac{1}{4}$ 위치에 있는 수이고, 제2사분위수 $Q_2(=Me)$는 전체의 $\frac{1}{2}$ 위치에 있는 수이며, 제3사분위수 Q_3는 전체의 $\frac{3}{4}$ 위치에 있는 수이다. 사분위수 범위는 다음과 같이 제3사분위수와 제1사분위수의 차이로 정의한다.

$$\text{IQR(사분위수 범위)} = Q_3 - Q_1$$

사분위수 범위를 응용한 자료 표현의 방법으로는 상자그림이 있다. 상자그림에 대한 자세한 내용은 1.5절에서 살펴본다.

예제 1-22

[예제 1－19]를 참고하여 다음 자료에 대한 제1사분위수 Q_1, 제3사분위수 Q_3, 사분위수 범위를 각각 구하라.

16, 25, 4, 18, 11, 13, 20, 8, 11, 9

풀이

주어진 자료를 다음과 같이 작은 값부터 크기순으로 배열한다.

4, 8, 9, 11, 11, 13, 16, 18, 20, 25

제1사분위수 Q_1은 제25백분위수이므로 [예제 1－19]에 의해 9이다. 제3사분위수 Q_3는 제75백분위수이다. $n=10$, $p=0.75$에 대하여 $np=7.5$는 정수가 아니므로 정수 부분인 7에 1을 더한다. 따라서 제3사분위수 Q_3는 $(7+1)$번째 값, 즉 8번째 값인 18이다. 따라서 사분위수 범위는 다음과 같다.

$$\text{IQR}(\text{사분위수 범위}) = Q_3 - Q_1 = 18 - 9 = 9$$

분산과 표준편차

평균을 중심으로 각 변량이 흩어진 정도를 알기 위해 각 편차의 제곱의 합을 변량의 개수로 나눈 값, 즉 편차의 제곱의 평균인 **분산**(variance)을 이용한다. 이때 분산의 양의 제곱근을 **표준편차**(standard deviation)라고 한다. 평균이 같은 자료를 비교할 때 분산 또는 표준편차가 작을수록 변량이 평균 주위에 모여 있음을 의미하고, 분산 또는 표준편차가 클수록 변량이 평균으로부터 넓게 흩어져 있음을 의미한다. 분산과 표준편차는 산포의 척도로 가장 많이 쓰이며, 자료가 모집단이냐 표본이냐에 따라 다르게 정의한다.

■ 분산

변량 X의 자료가 N개의 원소 $x_1, x_2, \cdots, x_N$으로 이루어진 모집단일 때, 모집단의 분산인 **모분산**(population variance)은 σ^2으로 표기하며 다음과 같이 정의한다. 여기에서 μ는 모평균이다.

$$\sigma^2 = \frac{1}{N}\sum_{i=1}^{N}(x_i - \mu)^2$$

또한 변량 X의 자료가 n개의 원소 $x_1, x_2, \cdots, x_n$으로 이루어진 모집단의 한 표본일 때, X의 **표본분산**(sample variance)은 S^2으로 표기하며 다음과 같이 정의한다. 여기에서 $\overline{x}$는 표본평균이다.

$$S^2 = \frac{1}{n-1}\sum_{i=1}^{n}(x_i - \overline{x})^2$$

X의 자료가 도수분포표로 주어질 때의 표본분산은 다음과 같이 구한다.

$$S^2 = \frac{1}{n-1}\sum_{i=1}^{k}f_i(x_i - \overline{x})^2, \quad \sum_{i=1}^{k}f_i = n$$

(k : 계급의 수, f_i : i번째 계급에 속한 도수, $\overline{x} = \frac{1}{n}\sum_{i=1}^{k}f_i x_i$: 표본평균)

분산을 계산할 때 다음 [표 1-8]과 같은 간편식을 이용하면 편리하다.

[표 1-8] 모분산과 표본분산의 간편식

	모분산	표본분산
정의식	$\sigma^2 = \frac{1}{N}\sum_{i=1}^{N}(x_i - \mu)^2$	$S^2 = \frac{1}{n-1}\sum_{i=1}^{n}(x_i - \overline{x})^2$
간편식	$\sigma^2 = \frac{1}{N}\sum_{i=1}^{N}x_i^2 - \mu^2$	$S^2 = \frac{1}{n-1}\left(\sum_{i=1}^{n}x_i^2 - n\overline{x}^2\right)$

■ 표준편차

모분산의 양의 제곱근인 σ를 **모표준편차**(population standard deviation), 표본분산의 양의 제곱근인 S를 **표본표준편차**(sample standard deviation)라고 하고 각각 다음과 같이 정의한다.

$$\sigma = \sqrt{\frac{1}{N}\sum_{i=1}^{N}(x_i - \mu)^2}, \quad S = \sqrt{\frac{1}{n-1}\sum_{i=1}^{n}(x_i - \overline{x})^2}$$

또한 X의 자료가 도수분포표로 주어질 때의 표준편차는 다음과 같다.

$$S = \sqrt{\frac{1}{n-1}\sum_{i=1}^{k}f_i(x_i - \overline{x})^2}, \quad \sum_{i=1}^{k}f_i = n$$

(k : 계급의 수, f_i : i번째 계급에 속한 도수, $\overline{x} = \frac{1}{n}\sum_{i=1}^{k}f_i x_i$: 표본평균)

분산은 자료값을 제곱하여 얻으므로 그 값이 큰 반면에, 표준편차는 분산에 제곱근을 취한 것이므로 그 값이 분산보다는 작다. 따라서 표준편차가 분산보다 다루기 쉽다. 또한 분산의 단위는 자료의 측정 단위의 제곱인 반면에, 표준편차는 자료의 측정 단위와 같으므로 산포도를 측정할 때는 분산보다 표준편차를 주로 사용한다.

Note 표본표준편차

표본표준편차 S는 크기가 n인 하나의 표본에 속한 자료값의 표준편차이다. 따라서 표본의 크기 n이 충분히 크면 모집단의 크기와 비슷해지므로 표본표준편차를 모표준편차(표준편차) 대신 쓸 수 있다. 여기서는 모표준편차를 대신하여 표본표준편차를 쓰기로 한다.

예제 1-23

주어진 자료에 대하여 다음 물음에 답하라.

10, 11, 12, 13, 12, 14, 13, 11, 13, 12, 12, 11

(a) 범위를 구하라.
(b) 사분위수 범위를 구하라.
(c) 표본분산과 표본표준편차를 각각 구하라.

풀이

(a) 최댓값은 $x_{\max} = 14$, 최솟값은 $x_{\min} = 10$이므로 범위 R은 다음과 같다.

$$R = x_{\max} - x_{\min} = 14 - 10 = 4$$

(b) 12개의 자료를 작은 값부터 크기순으로 배열하면 다음과 같다.

10, 11, 11, 11, 12, 12, 12, 12, 13, 13, 13, 14

이때 제1사분위수 Q_1에 대하여 $np = 12 \times 0.25 = 3$이므로, Q_1은 3번째로 큰 자료와 4번째로 큰 자료의 평균인 11이다. 그리고 제3사분위수 Q_3에 대하여 $np = 12 \times 0.75 = 9$이므로, Q_3는 9번째로 큰 자료와 10번째로 큰 자료의 평균인 13이다. 따라서 사분위수 범위는 다음과 같다.

$$\text{IQR}(\text{사분위수 범위}) = Q_3 - Q_1 = 13 - 11 = 2$$

(c) 표본평균을 구하면 다음과 같다.

$$\bar{x} = \frac{1}{12}(10 + 11 + \cdots + 11) = 12$$

따라서 표본분산 S^2과 표본표준편차 S를 구하면 다음과 같다.

$$S^2 = \frac{1}{12-1}\{(10-12)^2+(11-12)^2+\cdots+(11-12)^2\} = \frac{14}{11} \fallingdotseq 1.273$$

$$S \fallingdotseq \sqrt{1.273} \fallingdotseq 1.128$$

변동계수

범위, 사분위수 범위, 분산과 표준편차 등은 자료의 흩어진 정도를 나타내는 척도이다. 그러나 두 자료의 흩어진 정도를 비교할 때 측정 단위가 서로 다른 자료를 비교하는 것은 적절하지 않다. 또한 측정 단위는 같지만 평균의 차이가 큰 두 자료의 경우에 이러한 척도만으로 흩어진 정도를 비교하는 것도 적절하지 않다. 이와 같은 경우에 평균을 중심으로 상대적으로 흩어진 정도를 측정하는 척도를 사용하는데, 이를 **변동계수**(coefficient of variation)라 하고 보통 CV로 표기하며 다음과 같이 정의한다.

$$CV = \frac{(\text{표준편차})}{(\text{평균})} \times 100\,(\%)$$

변동계수가 크다는 것은 상대적으로 변동 폭이 크다는 사실을 의미하며, 변동계수는 보통 백분율로 나타낸다. 변동계수의 제곱은 **상대분산**(relative variance)이라고 한다.

예제 1-24

다음 표는 배구선수의 키와 몸무게를 조사한 결과이다. 이 자료에 대한 변동계수를 구하고, 두 자료에 대하여 상대적으로 흩어진 정도를 분석하라.

(단위 : 키(cm), 몸무게(kg))

키	170	182	193	193	231	182	185	193	193	198
몸무게	76	81	73	79	88	72	83	79	81	83

풀이

키와 몸무게에 대한 산술평균을 각각 $\overline{x_h}$, $\overline{x_w}$, 표준편차를 각각 S_h, S_w 라고 하자. 두 자료의 산술평균을 구하면 다음과 같다.

$$\overline{x_h} = \frac{170+182+193+\cdots+193+198}{10} = 192$$

$$\overline{x_w} = \frac{76+81+73+\cdots+81+83}{10} = 79.5$$

그리고 키와 몸무게에 대한 분산과 표준편차를 구하면 다음과 같다.

$$S_h^2 = \frac{1}{9}\sum_{i=1}^{n}(x_i - 192)^2 \fallingdotseq 254.889,\quad S_h = \sqrt{254.889} \fallingdotseq 15.965$$

$$S_w^2 = \frac{1}{9}\sum_{i=1}^{n}(x_i - 79.5)^2 = 23.611,\quad S_w = \sqrt{23.611} \fallingdotseq 4.859$$

따라서 배구선수의 키와 몸무게에 대한 변동계수는 다음과 같다.

$$CV_h = \frac{S_h}{\overline{\overline{x}}_h} \times 100 = \frac{15.965}{192} \times 100 = 8.315(\%)$$

$$CV_w = \frac{S_w}{\overline{\overline{x}}_w} \times 100 = \frac{4.859}{79.5} \times 100 = 6.112(\%)$$

두 자료의 키와 몸무게 분포를 표준편차로 비교하면 $S_h > S_w$ 이므로 키가 몸무게보다 더 넓게 분포한다고 할 수 있다. 그러나 이는 키와 몸무게의 절대적인 비교이다. 따라서 키와 몸무게의 상대적인 비교를 위해 변동계수 척도로 비교하면 $CV_h > CV_w$ 이므로 배구선수의 몸무게가 키보다 변동 폭이 더 작다고 할 수 있다.

자료의 5점 요약 표시

주어진 자료의 중앙값 Me, 제1사분위수 Q_1, 제3사분위수 Q_3, 최댓값 $x_{\max}$, 최솟값 $x_{\min}$을 구하여 다음과 같이 5개의 통계량 조합으로 나타내는 방법을 **5점 요약 표시**(5-number summary)라고 한다. 이 방법은 줄기-잎 그림과 더불어 자료를 요약할 때 유용하게 사용한다.

$$[x_{\min},\ Q_1,\ Me,\ Q_3,\ x_{\max}]$$

예제 1-25

다음 자료를 5점 요약 표시로 나타내라.

60, 64, 72, 80, 92, 64, 68, 72, 76, 80, 84, 84, 76, 88, 88, 92, 96, 88, 92, 76

풀이

주어진 20개의 자료를 작은 값부터 크기순으로 배열하면 다음과 같다.

60, 64, 64, 68, 72, 72, 76, 76, 76, 80, 80, 84, 84, 88, 88, 88, 92, 92, 92, 96

최댓값과 최솟값은 각각 $x_{\max} = 96$, $x_{\min} = 60$이다. 자료수 20이 짝수이므로 중앙값은 $\frac{20}{2}$번째 값과 $\left(\frac{21}{2}+1\right)$번째 값의 평균, 즉 10번째 값과 11번째 값의 평균으로 다음과 같다.

$$Me = \frac{1}{2}(80 + 80) = 80$$

또한 제1사분위수 Q_1에 대하여 $np = 20 \times 0.25 = 5$이므로, Q_1은 5번째로 큰 자료와 6번째로 큰 자료의 평균인 72이다. 그리고 제3사분위수 Q_3에 대하여 $np = 20 \times 0.75 = 15$이므로, Q_3는 15번째로 큰 자료와 16번째로 큰 자료의 평균인 88이다. 따라서 주어진 자료를 5점 요약 표시로 나타내면 다음과 같다.

$$[x_{\min}, Q_1, Me, Q_3, x_{\max}] = [60, 72, 80, 88, 96]$$

왜도와 첨도

변량 X의 산술평균 $\overline{x}$ 나 표준편차 S의 값만으로는 X의 분포 형태를 완전하게 결정할 수 없다. 왜냐하면 평균이 같고 표준편차가 같아도 분포 형태가 전혀 다를 수 있기 때문이다. 이러한 부분을 보완하기 위해 다음과 같이 왜도와 첨도를 사용한다.

■ 왜도

분포의 대칭이나 비대칭 정도를 나타내는 척도를 **왜도**(skewness) 또는 **비대칭도**라고 한다. 변량 X의 분포에 대한 왜도는 α로 표기하며, 다음과 같이 정의한다.[6]

$$\alpha = \frac{\sum_{i=1}^{n}\left\{(x_i - \overline{x})/S\right\}^3}{n-1} = \frac{\frac{1}{n-1}\sum_{i=1}^{n}(x_i - \overline{x})^3}{S^3} = \frac{\mu_3}{S^3}$$

(n : 표본의 수, S : 표본표준편차,

$\overline{x}$: 표본평균, $\mu_k = \frac{1}{n-1}\sum_{i=1}^{n}(x_i - \overline{x})^k$: k차 적률[7])

이때 α값에 따라 분포 형태가 달라지며, α의 절댓값이 클수록 비대칭 정도가 심하다.

- $\alpha = 0$이면 대칭분포이다.[8]
- $\alpha > 0$이면 왼쪽으로 치우친 분포이다.
- $\alpha < 0$이면 오른쪽으로 치우친 분포이다.

6 α에 대한 식의 분모는 $n-1$ 대신 n을 사용하는 경우도 있으나, 여기서는 $n-1$을 사용하기로 한다.
7 적률에 대한 자세한 내용은 3장에서 살펴본다.
8 평균을 중심으로 대칭인 분포로서, 4장에서 배울 정규분포와 t-분포가 대칭분포에 해당한다.

■ 첨도

뾰족함의 정도를 나타내는 척도를 **첨도**(kurtosis)라고 한다. 변량 X의 분포에 대한 첨도는 β로 표기하며 다음과 같이 정의한다.

$$\beta = \frac{\sum_{i=1}^{n}\left\{(x_i - \overline{x})/S\right\}^4}{n-1} = \frac{\frac{1}{n-1}\sum_{i=1}^{n}(x_i - \overline{x})^4}{S^4} = \frac{\mu_4}{S^4}$$

(n : 표본의 수, S : 표본표준편차, $\overline{x}$: 표본평균, μ_4 : 4차 적률)

이때 β값에 따라 분포 형태가 달라진다.

- $\beta = 3$이면 뾰족한 정도가 표준정규분포[9]와 같다.
- $\beta > 3$이면 표준정규분포보다 정점이 높고 뾰족하다.
- $\beta < 3$이면 표준정규분포보다 정점이 낮고 완만하다.

예제 1-26

다음 자료에 대한 왜도와 첨도를 각각 구하고, 이를 통해 자료의 분포 형태를 파악하라.

1, 3, 2, 0, 1, 1, 2, 3, 2, 4, 3

풀이

왜도를 구하기 위해 먼저 산술평균 $\overline{x}$와 분산 S^2을 구하면 다음과 같다.

$$\overline{x} = \frac{1}{11}(1+3+2+\cdots+4+3) = 2$$

$$S^2 = \frac{1}{10}\{(1-2)^2+(3-2)^2+\cdots+(3-2)^2\} = 1.4$$

이때 $\mu_3 = \frac{1}{10}\{(1-2)^3+(3-2)^3+\cdots+(3-2)^3\} = 0$이므로 왜도는 다음과 같다.

$$\alpha = \frac{0}{S^3} = 0$$

또한 $\mu_4 = \frac{1}{10}\{(1-2)^4+(3-2)^4+\cdots+(3-2)^4\} = 3.8$이므로 첨도는 다음과 같다.

$$\beta = \frac{3.8}{(1.4)^2} \fallingdotseq 1.9388$$

왜도가 $\alpha = 0$이므로 분포는 대칭을 이루며, 첨도가 $\beta < 3$이므로 표준정규분포보다 정점이 낮고 완만한 형태를 이룬다.

9 평균이 0, 분산이 1인 정규분포를 표준정규분포라고 한다. 표준정규분포에 대해서는 4장에서 자세하게 다룬다.

1.5 상자그림

줄기-잎 그림은 자료의 분포 형태나 범위, 자료의 집중 현상 등의 정보를 주지만, 분포의 대칭성, 자료의 중심 위치, 산포도(또는 흩어진 정도), 분포의 꼬리 부분에서의 집중 정도 등을 파악하는 데 어려움이 있다. 이러한 내용을 파악하려면 또 다른 그림이 필요하다.

기술통계학에서 **상자그림**(box plot)은 수치 자료를 표현하는 그래프이다. 이 그래프는 가공하지 않은 자료 그대로를 이용하여 그리는 것이 아니라 자료로부터 얻은 통계량인 최댓값, 최솟값, 중앙값 Me, 제1사분위수 Q_1, 제2사분위수 Q_2, 제3사분위수 Q_3를 이용하여 그린다. 히스토그램이나 줄기-잎 그림과는 달리 집단이 여러 개인 경우에도 한 공간에 쉽게 나타낼 수 있다는 장점이 있다.

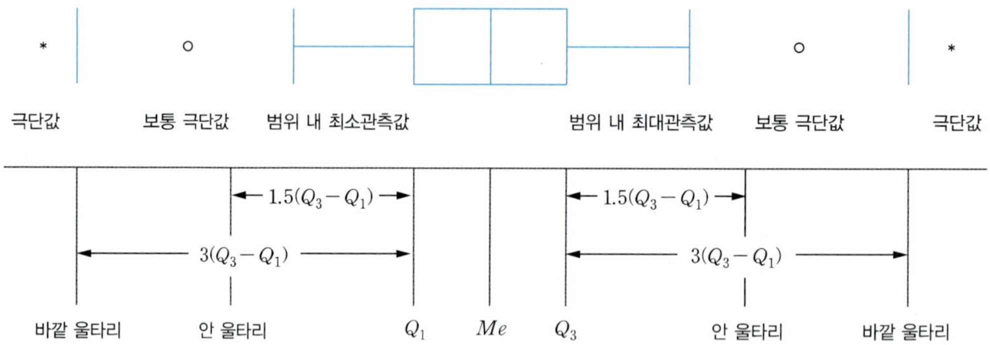

[그림 1-14] **상자그림**

상자그림은 다음과 같은 순서로 작성한다.

정리 1-7 상자그림 작성 순서

❶ 사분위수의 값 Q_1, Q_3와 중앙값 Me를 결정한다.

❷ Q_1과 Q_3를 상자 형태로 연결하고, 중앙값 Me의 위치에 선을 표시한다.

❸ 사분위수 범위 $(Q_3 - Q_1)$을 계산하고, Q_1과 Q_3로부터 각각 오른쪽, 왼쪽으로 $1.5(Q_3 - Q_1)$ 크기 범위 내의 인접값을 실선으로 연결하여 표시한다.

❹ 안 울타리로부터 $1.5(Q_3 - Q_1)$ 크기의 범위를 바깥 울타리로 표시한다. 안 울타리와 바깥 울타리 사이의 값을 **보통 극단값**이라 하고, 그 값이 존재하면 ○로 표시한다.

❺ 바깥 울타리 경계를 벗어난 값을 *로 표시하고, 이 점을 극단값으로 판정한다.

이제 상자그림의 작성 순서에 따라 [그림 1−14]의 상자그림을 그려보자.

❶ 제1사분위수 Q_1과 제3사분위수 Q_3를 상자 형태로 연결하여 나타내고, 중앙값 Me의 위치에 선을 그린다.

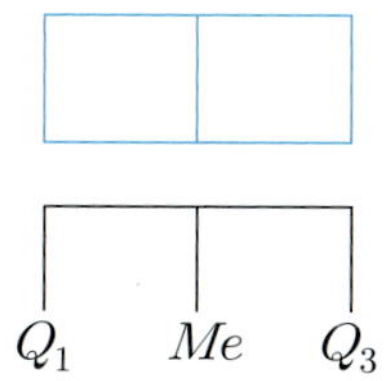

❷ Q_3보다 큰 수는 Q_3를 나타내는 선으로부터 $Q_3 + 1.5(Q_3 - Q_1)$을 넘지 않는 최대의 수(인접값)까지 실선으로 연결하여 나타낸다. 그리고 이보다 큰 수는 중심으로부터 멀리 떨어진 값, 즉 극단값으로 보고 값을 *로 나타낸다.

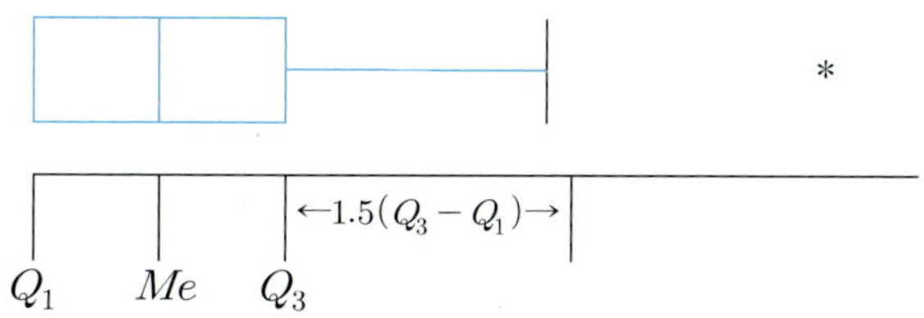

❸ Q_1보다 작은 수도 Q_1을 나타내는 선으로부터 $Q_1 - 1.5(Q_3 - Q_1)$보다 작지 않은 최소의 수(인접값)까지 실선으로 연결하여 나타낸다. 그리고 이보다 작은 수는 중심으로부터 멀리 떨어진 값, 즉 극단값으로 보고 값을 *로 나타낸다.

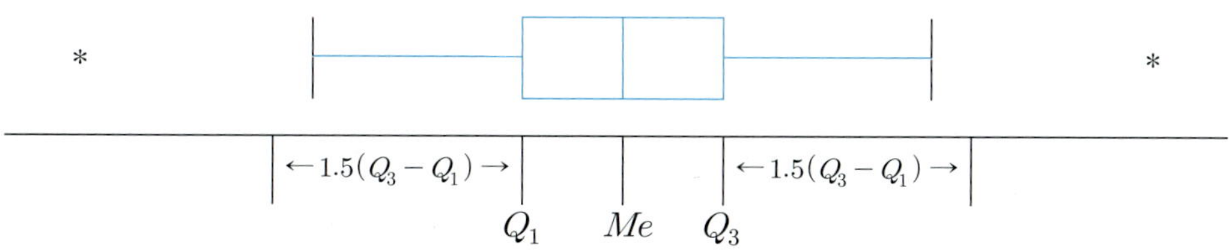

이때 사분위수 Q_1과 Q_3에서 $1.5(Q_3 - Q_1)$만큼 떨어져 있는 값을 **안 울타리**(inner fence)라 하고, 왼쪽과 오른쪽 안 울타리는 각각 다음과 같이 구한다.

- 왼쪽 안 울타리 : $f_l = Q_1 - 1.5(Q_3 - Q_1)$
- 오른쪽 안 울타리 : $f_u = Q_3 + 1.5(Q_3 - Q_1)$

또한 사분위수 Q_1과 Q_3에서 $3(Q_3 - Q_1)$만큼 떨어져 있는 값을 **바깥 울타리**(outer fence)라 하고, 왼쪽과 오른쪽 바깥 울타리는 각각 다음과 같이 구한다.

- 왼쪽 바깥 울타리 : $f_L = Q_1 - 3(Q_3 - Q_1)$
- 오른쪽 바깥 울타리 : $f_U = Q_3 + 3(Q_3 - Q_1)$

❹ 왼쪽 안 울타리보다 작고 왼쪽 바깥 울타리보다 큰 수 또는 오른쪽 안 울타리보다 크고 오른쪽 바깥 울타리보다 작은 수는 각각 ○로 나타낸다.

❺ 왼쪽 바깥 울타리보다 작거나 오른쪽 바깥 울타리보다 큰 수는 각각 *로 나타낸다. 바깥 울타리 외부에 놓이는 값을 극단값이라고 한다. 이와 같은 방법으로 상자그림을 완성하면 [그림 1-14]와 같다.

예제 1-27

다음 자료에 대한 상자그림을 그려라.

83, 90, 60, 20, 50, 94, 60, 62, 97, 43, 67, 84, 79, 62, 78

풀이

주어진 자료를 작은 값부터 크기순으로 배열하면 다음과 같다.

20, 43, 50, 60, 60, 62, 62, 67, 78, 79, 83, 84, 90, 94, 97

❶ 제1사분위수 Q_1에 대하여 $np = 15 \times 0.25 = 3.75$이므로 Q_1은 4번째 자료인 60이다. 그리고 제3사분위수 Q_3에 대하여 $np = 15 \times 0.75 = 11.25$이므로 Q_3는 12번째 자료인 84이다. 또한 자료가 15개이므로 중앙값 Me는 8번째 자료인 67이다.

❷ Q_1과 Q_3를 상자 형태로 연결하고, 중앙값의 위치에 선을 표시한다.

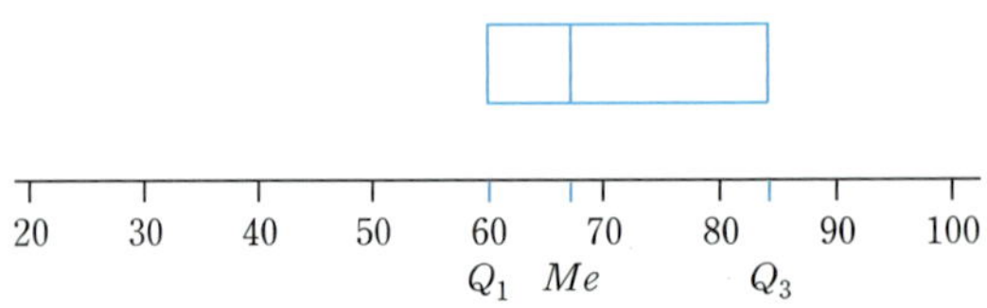

❸ 사분위수 범위를 구하면 $Q_3 - Q_1 = 84 - 60 = 24$이므로 안 울타리를 구하면 다음과 같다.

$$f_l = Q_1 - 1.5(Q_3 - Q_1) = 60 - 36 = 24$$
$$f_u = Q_3 + 1.5(Q_3 - Q_1) = 84 + 36 = 120$$

안 울타리와 Q_1, Q_3, 인접값을 연결한다. 이때 인접값은 각각 43과 97이다. 인접값까지 실선으로 표시한다.

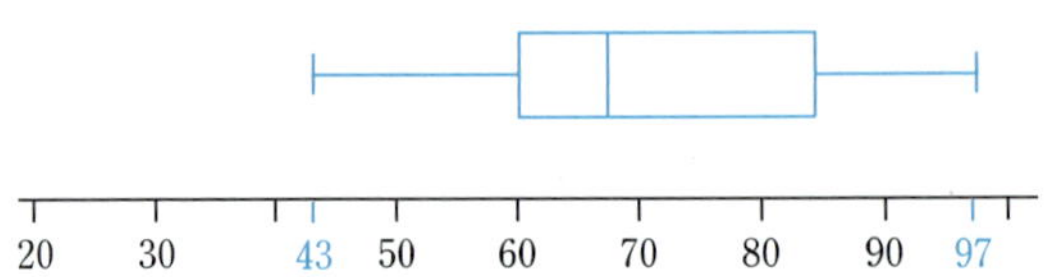

❹ 바깥 울타리를 구한다. 주어진 자료의 최솟값이 20, 최댓값이 97이므로 극단값은 없다. 따라서 이 경우에는 왼쪽, 오른쪽 바깥 울타리가 모두 존재하지 않는다.

$$f_L = Q_1 - 3\times(Q_3 - Q_1) = 60 - 72 = -12$$
$$f_U = Q_3 + 3\times(Q_3 - Q_1) = 84 + 72 = 156$$

❺ 마지막으로 보통 극단값과 극단값을 표시한다. 극단값은 없지만 보통 극단값은 20으로 하나 존재한다.

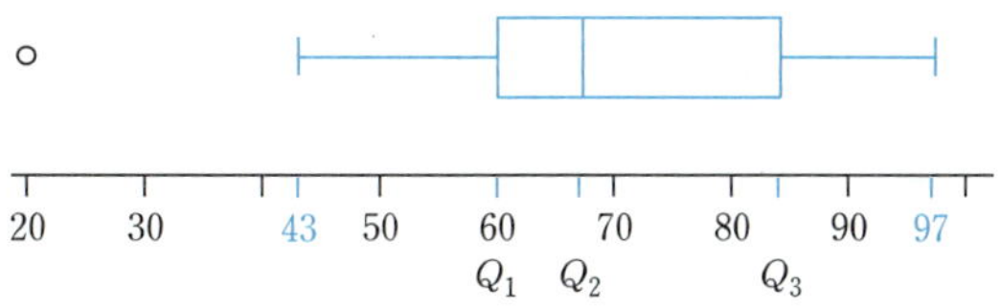

참고로 [예제 1-27]에서 완성한 상자그림을 살펴보면 Q_1과 Me 사이가 Me와 Q_3 사이보다 좁게 나타난다. 이는 Q_1과 Me 사이에 자료값이 많이 밀집되어 있음을 의미한다. 즉 자료가 좀 더 넓게 포진하고 있음을 알 수 있다. 따라서 다음 그림의 곡선 모양과 같이 주어진 자료는 중앙값을 중심으로 대칭성을 약간 벗어나는 형태임을 알 수 있다.

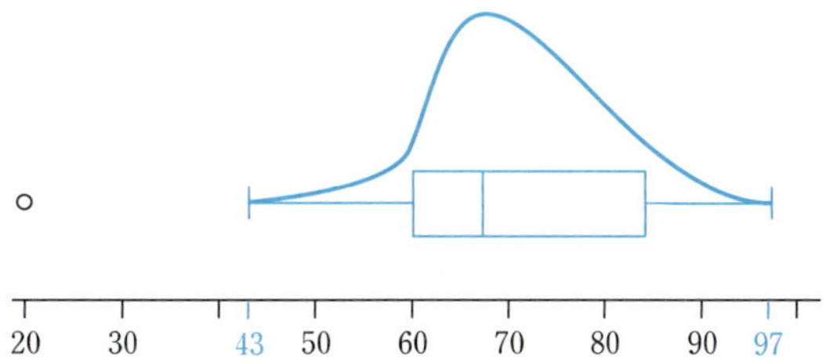

예제 1-28

다음은 어느 대학교 남녀 신입생의 키에 대한 자료이다. 이 자료에 대한 상자그림을 그리고, 각 분포를 비교하라.

(단위 : cm)

남학생	181	170	179	183	178	171	177	174	163	167	163	173	178	170
	167	177	176	180	169	178	173	173	171	171	170	174	180	
여학생	161	160	158	169	162	163	158	160	160	158	160	165	170	152
	160	162	167	168	166	164	158	160	160	159				

풀이

남학생은 자료수가 27이고 $27\times0.25=6.75$, $27\times0.75=20.25$이므로, 자료를 작은 값부터 크기순으로 배열하면 Q_1은 7번째 자료인 170, Me는 14번째 자료인 173, Q_3는 21번째 자료인

178이다. 따라서 사분위수 범위는 8이고, 안 울타리는 다음과 같이 구한다.

$$f_l = Q_1 - 1.5 \times (Q_3 - Q_1) = 170 - 1.5 \times 8 = 158$$
$$f_u = Q_3 + 1.5 \times (Q_3 - Q_1) = 178 + 1.5 \times 8 = 190$$

이때 자료의 최솟값과 최댓값이 각각 163과 183이므로 보통 극단값과 극단값이 모두 없다.

여학생은 자료수가 24이고 $24 \times 0.25 = 6$, $24 \times 0.75 = 18$이므로, 자료를 작은 값부터 크기순으로 배열하면 Q_1은 6번째와 7번째 자료의 평균인 159.5, Me는 12번째와 13번째 자료의 평균인 160, Q_3는 18번째와 19번째 자료의 평균인 164.5이다. 따라서 사분위수 범위는 5이고, 안 울타리는 각각 $f_l = 152$, $f_u = 172$이다. 또한 모든 자료는 이 범위 안에 있으므로 보통 극단값과 극단값이 모두 없다. 남학생과 여학생의 키에 대한 상자그림을 그리면 다음과 같다.[10]

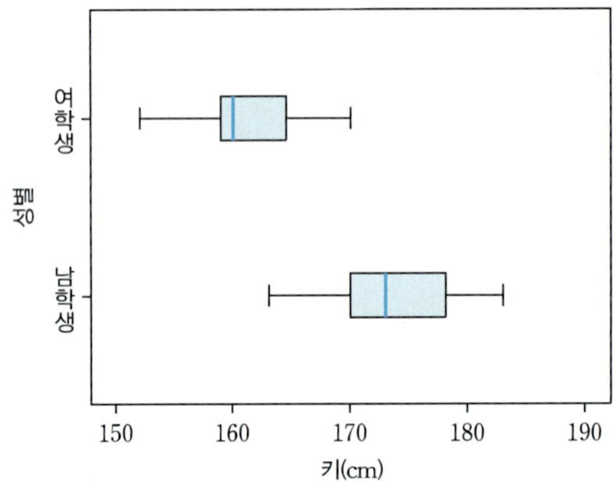

이 상자그림으로부터 남학생이 여학생보다 평균 10cm 정도 크다는 사실을 알 수 있다. 그리고 사분위수 범위는 남학생이 여학생보다 크지만, 전체 범위는 남학생과 여학생이 거의 같음을 알 수 있다. 또한 남학생의 키는 비교적 대칭에 가까운 반면에, 여학생의 키는 제1사분위수와 중앙값 사이가 좁게 밀집된 모양으로 분포가 대칭이 아니라 중앙값을 중심으로 작은 쪽에 집중되어 있음을 확인할 수 있다.

10 Excel에서는 구현할 수 없어서 편의상 SPSS를 이용하여 상자그림을 그렸다.

Chapter 01 연습문제

1.1 주어진 자료에 대하여 다음을 구하라.

1, 3, 2, 2, 3, 9, 5, 5, 8, 9, 5, 8

(a) 산술평균 (b) 중앙값 (c) 최빈값
(d) 사분위수 (e) 사분위수 범위 (f) 분산과 표준편차
(g) 변동계수 (h) 왜도 (i) 첨도
(j) 5점 요약 표시

1.2 자료 $x_1, x_2, \cdots, x_n$의 산술평균을 $\overline{x}$ 라고 할 때, 각 자료에 상수 a를 곱한 값 $ax_1, ax_2, \cdots, ax_n$의 산술평균을 구하라.

1.3 다음 자료는 고구려 왕조 28대 왕의 재위 기간을 나타낸 표이다. 이 자료에 대한 줄기-잎 그림을 작성하라.

(단위 : 년)

왕	재위 기간	왕	재위 기간	왕	재위 기간	왕	재위 기간
동명성왕	18	신대왕	14	미천왕	31	안장왕	12
유리명왕	37	고국천왕	18	고국원왕	40	안원왕	14
대무신왕	26	신상왕	30	소수림왕	13	양원왕	14
민중왕	4	동천왕	21	고국양왕	7	평원왕	31
모본왕	5	중천왕	22	광개토대왕	21	영양왕	28
태조대왕	93	서천왕	22	장수왕	79	영류왕	24
차대왕	18	봉상왕	8	문자명왕	28	보장왕	26

1.4 오른쪽 표는 40대 여자와 10대 여자의 체중을 보여준다. 어느 쪽의 산포도가 더 큰지 설명하라.

여자	평균 체중(kg)	표준편차
40대	51	5
10대	26.5	3.7

1.5 다음과 같이 주어진 자료에 대하여 물음에 따라 상자그림을 그려라.

21.6	21.9	21.4	26.8	22.1	21.4	22.0	24.7	15.8	22.3
22.7	24.4	6.4	17.3	32.6	6.4	22.3	24.7	24.4	22.1
22.8	81.5	27.6	33.2	20.5	27.6	19.0	21.2	81.5	12.0

(a) 사분위수 Q_1, Q_2, Q_3를 구하라.

(b) 사분위수 범위를 구하라.

(c) 안 울타리 f_l, f_u를 구하라.

(d) 극단값이 있으면 그 자료값을 구하고, 극단값의 위치를 ○ 또는 *로 나타내라.

(e) 상자그림을 그려라.

1.6 주어진 자료는 초등학생 30명의 몸무게이다. 다음 물음에 답하라.

33	22	18	21	28	41	17	24	17	39
48	11	19	22	27	19	22	22	24	27
16	21	16	37	32	18	33	15	33	36

(a) 줄기-잎 그림을 작성하라.

(b) 줄기-잎 그림에 대응하는 상자그림을 그려라.

(c) 평균, 중앙값, 최빈값을 각각 구하라.

(d) 사분위수를 구하고 제20, 80백분위수를 구하라.

1.7 주어진 자료에 대하여 다음 물음에 답하라.

2.5	1.5	1.8	1.3	1.7

(a) 편차 $(x_i - \overline{x})$의 합이 0임을 보여라.

(b) 분산과 표준편차를 구하라.

1.8 다음은 잔류 흙의 용적밀도를 나타내는 히스토그램이다. 이때 용적밀도의 평균, 표준편차를 각각 구하라.

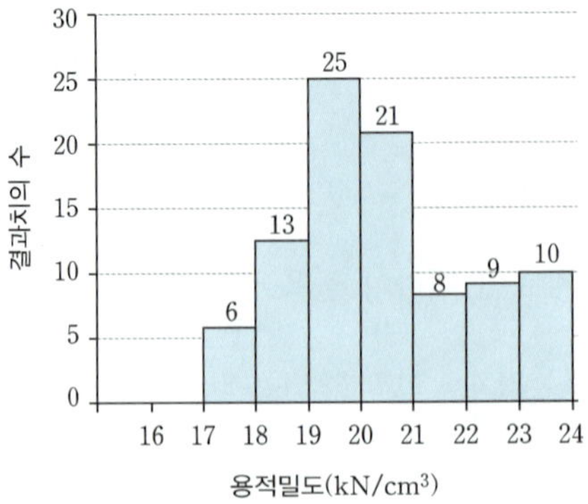

1.9 주어진 자료는 어느 기업 연수생 40명의 적성검사 점수이다. 다음 물음에 답하라.

(단위 : 점)

81	80	76	72	79	99	64	68	68	55
97	74	67	64	73	81	86	91	62	66
78	82	89	45	92	85	95	64	83	91
57	85	76	79	67	67	79	15	82	67

(a) 계급의 수가 6인 도수분포표를 작성하라.

(b) (a)의 도수분포표를 이용하여 히스토그램을 그려라.

(c) 주어진 자료의 평균과 분산을 각각 구하라.

1.10 다음 표는 최근 몇 년 동안 현재 삶의 만족도를 보여주는 지표[11]이다. 연도별 남자와 여자의 삶의 만족도에 대한 꺾은선그래프와 막대그래프를 그려라.

(단위 : %)

연도		2013	2014	2015	2016	2017	2018	2019	2020	2021	2022
전체		47.3	50.7	52.9	57.2	60.2	63.7	60.7	61.6	72.4	75.4
성별	남자	44.3	49.5	51.7	57.3	60.5	62.6	59.5	61.0	72.9	75.1
	여자	50.3	51.9	54.1	57.2	60.0	65.0	62.0	62.1	71.9	75.8

1.11 오른쪽 표는 30년 동안 연간 누적강수량을 나타낸 도수분포표이다. 다음 물음에 답하라.

(a) 연간 누적강수량의 사분위수는 각각 어떤 구간에 있는지 구하라.

(b) 연간 누적강수량의 평균과 표준편차를 각각 구하라.

계급(mm)	도수
38이상 ~ 42미만	3
42이상 ~ 46미만	7
46이상 ~ 50미만	5
50이상 ~ 54미만	6
54이상 ~ 58미만	3
58이상 ~ 62미만	3
62이상 ~ 66미만	1
66이상 ~ 70미만	2

11 <출처> 한국행정연구원 「사회통합실태조사」

1.12 다음이 성립함을 보여라.

(a) $\sigma^2 = \dfrac{1}{N}\sum_{i=1}^{N}(x_i - \mu)^2 = \dfrac{1}{N}\sum_{i=1}^{N}x_i^2 - \mu^2$

(b) $S^2 = \dfrac{1}{n-1}\sum_{i=1}^{n}(x_i - \overline{x})^2 = \dfrac{1}{n-1}\left(\sum_{i=1}^{n}x_i^2 - n\overline{x}^2\right)$

1.13 컴퓨터 실습 다음 자료는 2022년 10월부터 2023년 3월까지의 월별 주가지수를 나타낸 표이다. Excel을 이용하여 꺾은선그래프를 그려라.

(단위 : pt)

월	2022년 10월	2022년 11월	2022년 12월	2023년 1월	2023년 2월	2023년 3월
코스피지수	2,293.61	2,472.53	2,236.40	2,425.08	2,412.84	2,476.86
코스닥지수	695.33	729.54	679.29	740.49	791.59	847.52

1.14 컴퓨터 실습 다음 자료는 29년 동안의 강우강도를 기록한 표이다. Excel을 이용하여 이 자료에 대한 도수분포표를 작성하고, 히스토그램과 도수분포다각형을 그려라.

연도	강우강도(in)	연도	강우강도(in)	연도	강우강도(in)
1	43.30	11	54.49	21	58.71
2	53.02	12	47.38	22	42.96
3	63.52	13	40.78	23	55.77
4	45.98	14	45.05	24	41.31
5	48.26	15	50.37	25	58.83
6	50.51	16	54.91	26	48.21
7	49.57	17	51.28	27	44.67
8	43.93	18	39.91	28	67.72
9	46.77	19	53.29	29	43.11
10	59.12	20	67.59	–	–

1.15 컴퓨터 실습 다음은 어느 정유회사에서 생산하는 자동차용 휘발유의 옥탄가 자료이다. Excel을 이용하여 평균, 분산, 표준편차, 첨도, 왜도를 구하라. 그리고 이 자료의 분포 형태를 설명하라.

90.7	90.0	92.2	91.0	88.5	87.8	83.4	82.1	88.6	100.2
95.6	93.3	88.2	91.0	92.7	93.2	91.0	93.4	85.3	88.6
96.1	98.9	89.9	89.8	91.1	89.7	88.2	93.7	84.3	97.9
87.9	90.1	88.3	93.3	95.4	91.6	88.9	92.6	97.4	87.4
86.7	90.4	91.1	92.6	88.8	89.3	89.8	89.2	88.6	89.0
96.1	95.6	92.2							

1.16 컴퓨터 실습 어느 전자회사의 서비스센터에서는 고객 만족도를 조사하여 서비스 개선을 위해 다음과 같은 5점 척도로 설문조사를 실시하였다.

① 매우 만족한다. ② 만족한다. ③ 보통이다.
④ 불만족한다. ⑤ 매우 불만족한다.

응답자의 응답 결과가 다음과 같을 때 Excel을 이용하여 위 설문에 대한 도수분포표를 작성하고, 이 자료에 대한 원그래프와 막대그래프를 그려라.

2	2	3	2	3	4	1	2	3	2
1	1	3	3	3	4	5	4	1	3
2	2	3	3	2	2	5	1	3	3
2	1	4	3	4	2	4	3	2	3
1	4	4	3	3	3	2	3	1	3

1.17 컴퓨터 실습 아래 자료는 어느 하천의 수질 오염도를 측정하기 위해 지역별 생화학적 산소요구량(BOD)을 측정한 것이다. (단위는 mg/L이다.)

3.5	9.4	6.6	1.4	6.0	5.7	3.8	5.4	3.5	5.6
7.4	8.0	11.2	4.7	4.2	6.0	4.1	5.8	1.7	1.6
2.0	3.7	3.1	3.8	4.4	3.9	2.5	3.0	3.4	1.0
6.5	3.5	7.7	4.7	3.5	3.9	8.8	8.2	2.5	4.6
5.7	9.7	1.6	2.5	4.0	4.4	4.8	5.1	5.9	2.7

(a) Excel을 이용하여 히스토그램과 도수분포다각형을 그려라.
(b) Excel을 이용하여 자료의 평균, 중앙값, 표준편차, 왜도, 첨도를 구하라.

Chapter 02
확률

CONTENTS

학습목표

- 표본공간과 사건의 개념을 이해할 수 있다.
- 확률의 개념과 성질을 이해하고, 이를 활용할 수 있다.
- 조건부 확률의 의미를 이해하고, 이를 활용할 수 있다.
- 사건의 독립과 종속의 의미와 베이즈 정리를 이해할 수 있다.

우리는 기상청이 발표하는 일기예보를 통해 비가 올 확률을 확인한다. “비가 올 확률이 60%이면 정말 비가 올까? 아침에 우산을 가지고 가야 하나?” 이처럼 우리는 일상생활에서 확률에 기초하여 불확실한 상황을 추정하고 예측하며, 그에 따라 의사결정한다. 이러한 상황은 ‘~일 것이다’라는 가능성을 내포한 사건으로 그러한 가능성의 정도가 바로 확률이다.

날짜	오늘(29일 금)				내일(30일 토)								모레(31일 일)								
시각	12	15	18	21	24	03	06	09	12	15	18	21	24	03	06	09	12	15	18	21	00
날씨																					
강수확률(%)	0	0	0	0	30	30	60	30	10	0	0	0	0	30	30	30	30	30	30	60	
강수량(mm) 적설(cm)	- -		- -		- -		1mm미만 1~4cm		- -		- -		- -		- -		- -		1mm미만 -		
최저/최고(℃)	-/-4				-5/7								-3/8								
기온(℃)	-7	-4	-5	-7	-7	-5	-4	-2	5	6	2	-1	-2	-3	-3	0	5	8	6	6	6
풍향/ 풍속(km/h)	↘ 18	↘ 14	↘ 7	↘ 4	← 4	↖ 7	↖ 11	↑ 7	↘ 7	→ 7	↗ 4	↑ 4	← 4	↖ 7	↖ 7	↖ 7	↖ 7	↖ 7	↖ 7	↑ 11	↑ 7
습도(%)	35	30	30	40	45	45	65	75	65	50	65	70	75	75	75	60	50	60	75	85	90

〈출처〉 기상청 날씨누리

확률은 사건이 일어날 가능성을 잘 설명하므로 현재와 같은 불확실성 시대에 매우 필요한 분야이다. 확률은 일상생활뿐만 아니라 경제학, 의학, 정보통신학, 과학, 공학 분야에서도 자주 쓰인다. 예를 들어 어느 공장의 품질관리부서에서 납품된 제품의 하자 여부를 조사할 때, 담당자가 모든 제품을 조사할 수는 없다. 그러므로 일부를 조사하여 제품 전체의 하자 여부에 대한 결론을 내리는데, 이 경우에도 확률의 의미가 부여된다.

엔지니어에게 공학 문제에서 발생할 수 있는 모든 불확실성의 존재를 인식하는 것은 매우 중요하다. 불확실성이 공학시스템의 설계와 계획에 미치는 영향이 매우 크기 때문이다. 따라서 불확실성을 정량화하고 성능과 설계에 미치는 영향을 평가하기 위해 확률 개념을 적절하게 적용해야 한다. 즉 공학 분야에서는 주어진 문제에 대해 과학적이고 합리적인 해결 방안을 찾기 위해 불확실성을 측정하는 확률이 매우 중요하다. 이 장에서는 여러 유형의 표본공간과 사건의 개념을 살펴보고, 확률의 정의와 성질을 알아본다. 또한 조건부 확률과 독립사건 및 베이즈 정리를 알아본다.

2.1 표본공간과 사건

어떤 실험 또는 시행[1]에서 일어날 수 있는 모든 가능한 결과의 집합을 그 시행에 의한 **표본공간**(sample space)이라 하고, 표본공간의 임의의 부분집합을 **사건**(event)이라 한다. 그리고 표본공간을 구성하는 개개의 원소를 **표본점**(sample point)이라 한다. n개의 표본점 $w_1, w_2, \cdots, w_n$으로 구성된 표본공간 Ω는 다음과 같이 나타낸다.

$$\Omega = \{ w_1, w_2, \cdots, w_n \}$$

이때 표본공간의 부분집합 중에서 한 원소만으로 이루어진 사건 $\{w_1\}, \{w_2\}, \cdots, \{w_n\}$을 **근원사건**(elementary event)이라 하고, 표본공간의 모든 원소를 포함하는 사건을 **전사건**(certain event)이라 하며 Ω로 표기한다. 그리고 표본점을 하나도 포함하지 않는 사건을 **공사건**(empty event)이라 하고 $\varnothing$으로 표기한다.

예를 들어 한 개의 주사위를 던지는 시행에서 일어날 수 있는 결과는 1, 2, 3, 4, 5, 6이므로 표본공간 Ω는 집합 기호를 사용하여 $\Omega = \{1, 2, 3, 4, 5, 6\}$으로 나타낼 수 있고, 짝수 눈이 나오는 사건을 A라고 하면 $A = \{2, 4, 6\}$이다.

이산 표본공간과 연속 표본공간

표본공간은 표본공간을 이루는 원소의 개수에 따라 이산 표본공간과 연속 표본공간으로 분류한다. 표본공간에 속하는 원소가 유한개인 경우 또는 비록 원소 개수가 무한히 많지만 수학적으로 셀 수 있는(countable) 경우, 즉 표본공간에 속하는 원소 개수가 유한하거나 그 수를 셀 수 있는 경우를 **이산 표본공간**(discrete sample space)이라고 한다. 예를 들어 주사위를 던지는 확률실험에서의 관측값, 어떤 공정에서 발생하는 불량품 개수 등의 집합은 이산 표본공간이다.

반면에, 표본공간에 속한 원소가 실수 구간으로 이루어진 경우와 같이 수학적으로 셀 수 없는(uncountable) 경우를 **연속 표본공간**(continuous sample space)이라고 한다. 예를 들어 어떤 공정에서 처음으로 불량품이 관측되는 시각, 전구의 평균 수명 등의 집합은 연속 표본공간이다.

1 동일한 조건에서 여러 번 반복할 수 있으며, 그 결과가 우연에 의해 달라질 수 있는 실험 또는 관찰을 의미한다.

예제 2-1

주사위의 눈이 짝수가 나올 때까지 반복해서 던지는 실험에서 주사위를 던진 횟수에 대한 표본공간을 구하라.

풀이

처음 주사위를 던졌을 때 2나 4 또는 6의 눈이 바로 나오는 경우에는 주사위를 던진 횟수가 한 번이다. 처음에는 홀수 눈이 나오고 두 번째로 짝수 눈이 나오면 주사위를 던진 횟수는 두 번이다. 이러한 작업을 반복하면 주사위를 던진 횟수를 나타내는 표본점은 1, 2, 3, ⋯ 이므로 표본공간은 $\Omega = \{1, 2, 3, \cdots\}$이다.

예제 2-2

동전 1개를 반복해서 두 번 던지는 실험에 대한 표본공간을 구하고, 서로 다른 면이 나오는 사건 A를 구하라.

풀이

동전 1개를 반복해서 두 번 던질 때 나올 수 있는 경우는 다음과 같다.

(앞면, 앞면), (앞면, 뒷면), (뒷면, 앞면), (뒷면, 뒷면)

이때 동전이 그림인 경우를 앞면 H(Head), 숫자인 경우를 뒷면 T(Tail)라고 표시하면, 구하고자 하는 표본공간은 다음과 같다.

$$\Omega = \{(H, H), (H, T), (T, H), (T, T)\}$$

이때 서로 다른 면이 나오는 사건은 $A = \{(H, T), (T, H)\}$이다.

예제 2-3

어느 공장에서 생산한 전구의 수명을 측정하는 실험을 할 때, 전구의 수명에 대한 표본공간을 구하라. 또한 전구의 수명이 100시간 이상 200시간 미만일 사건 A를 구하라.

풀이

표본공간은 전구를 소켓에 꽂은 후 전기를 공급하는 순간부터 전구의 필라멘트가 끊어질 때까지 측정가능한 시간을 나타내므로 다음과 같이 나타낼 수 있다.

$$\Omega = \{x \mid 0 \le x < \infty\}$$

또한 전구의 수명이 100시간 이상 200시간 미만일 사건 A는 다음과 같다.

$$A = \{x \mid 100 \le x < 200\}$$

예제 2-4

아래 그림과 같이 지름이 각각 50cm, 40cm, 30cm, 20cm, 10cm인 동심원에 대하여 점수가 각각 1점, 2점, 3점, 4점, 5점인 양궁 표적지가 있다. 다음 물음에 답하라.

(a) 어떤 선수가 이 표적지에 화살을 쏘아 맞힌 점수로 이루어진 표본공간 Ω_S를 구하라.

(b) 화살이 꽂힌 지점의 자취를 xy평면 위에 나타낸다고 할 때, 화살의 자취에 대한 표본공간 Ω_R을 구하라. (단, 모든 화살은 가장 큰 원의 내부에 꽂힌다.)

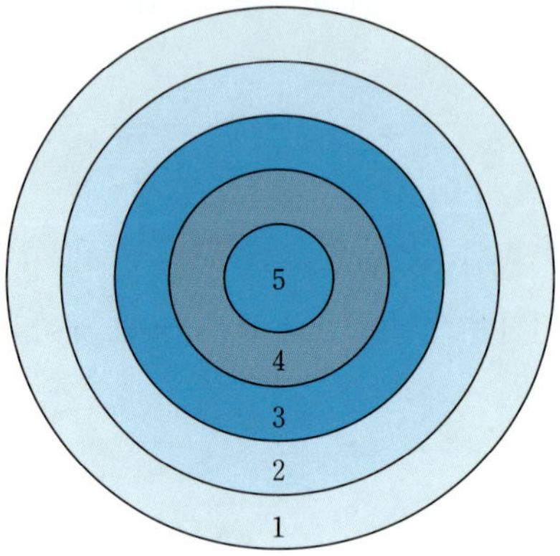

풀이

(a) 표적지에 화살을 쏘아 맞힐 수 있는 점수는 1점부터 5점까지이므로 표본공간은 다음과 같다.

$$\Omega_S = \{1, 2, 3, 4, 5\}$$

(b) 발사된 모든 화살은 지름이 50cm인 동심원 형태의 표적지에 꽂히므로, 화살의 자취에 대한 표본공간은 다음과 같다.

$$\Omega_R = \{(x, y) \mid x^2 + y^2 \le 25^2\}$$

사건의 연산

표본공간 Ω의 임의의 두 사건 A, B에 대하여 두 사건의 연산은 다음과 같다.

정리 2-1 사건의 연산

(1) **합사건**(union event)

임의의 두 사건 A, B 중 적어도 한 사건이 일어나는 사건을 A와 B의 합사건이라 하며, 다음과 같이 나타낸다.

$$A \cup B = \{w \mid w \in A \text{ 또는 } w \in B\}$$

(2) **곱사건**(product event)

임의의 두 사건 A, B가 동시에 일어나는 사건을 A와 B의 곱사건이라 하며, 다음과 같이 나타낸다.

$$A \cap B = \{w \mid w \in A \text{ 그리고 } w \in B\}$$

(3) **여사건**(complement event)

임의의 사건 A가 일어나지 않는 사건을 A의 여사건이라 하며, 다음과 같이 나타낸다.

$$A^c = \{w \mid w \notin A\}$$

(4) **배반사건**(exclusive event)

임의의 두 사건 A와 B가 동시에 일어나지 않을 때, 즉 $A \cap B = \varnothing$일 때 두 사건 A, B는 서로 배반사건이다.

또한 표본공간 Ω의 임의의 세 사건 A, B, C에 대하여 다음과 같은 연산 법칙이 성립한다.

정리 2-2 사건의 연산 법칙[2]

(1) **교환법칙**(commutative law)

$$A \cup B = B \cup A, \quad A \cap B = B \cap A$$

(2) **결합법칙**(associative law)

$$A \cup (B \cup C) = (A \cup B) \cup C, \quad A \cap (B \cap C) = (A \cap B) \cap C$$

(3) **분배법칙**(distributive law)

$$A \cap (B \cup C) = (A \cap B) \cup (A \cap C), \quad A \cup (B \cap C) = (A \cup B) \cap (A \cup C)$$

(4) **드 모르간의 법칙**(De Morgan's law)

$$(A \cup B)^c = A^c \cap B^c, \quad (A \cap B)^c = A^c \cup B^c$$

2 [정리 2-2]의 증명은 집합의 성질을 이용하므로 여기서는 생략한다.

예제 2-5

주사위 1개를 던지는 시행에서 짝수 눈이 나오는 사건을 A, 홀수 눈이 나오는 사건을 B, 3 이상의 눈이 나오는 사건을 C라 할 때, 다음 물음에 답하라.

(a) 표본공간 Ω를 정의하라.

(b) 근원사건, 전사건, 공사건을 각각 구하라.

(c) $A\cup B$와 $B\cap C$를 각각 구하라.

(d) A^c을 구하라.

(e) A와 B가 서로 배반사건인지 아닌지를 판별하라.

(f) $A\cap(B\cup C)=(A\cap B)\cup(A\cap C)$가 성립함을 보여라.

(g) $(A\cap B)^c=A^c\cup B^c$이 성립함을 보여라.

풀이

(a) $\Omega=\{1, 2, 3, 4, 5, 6\}$

(b) 근원사건 : $\{1\}, \{2\}, \{3\}, \{4\}, \{5\}, \{6\}$
전사건 : $\{1, 2, 3, 4, 5, 6\}$
공사건 : $\varnothing$

(c) $A=\{2, 4, 6\}$, $B=\{1, 3, 5\}$, $C=\{3, 4, 5, 6\}$이므로 다음과 같다.

$$A\cup B=\{2, 4, 6\}\cup\{1, 3, 5\}=\{1, 2, 3, 4, 5, 6\}$$
$$B\cap C=\{1, 3, 5\}\cap\{3, 4, 5, 6\}=\{3, 5\}$$

(d) $A^c=\{1, 3, 5\}=B$

(e) $A\cap B=\{2, 4, 6\}\cap\{1, 3, 5\}=\varnothing$이므로 A와 B는 서로 배반사건이다.

(f) $B\cup C=\{1, 3, 4, 5, 6\}$, $A\cap C=\{4, 6\}$이므로 다음이 성립한다.

$$A\cap(B\cup C)=\{2, 4, 6\}\cap\{1, 3, 4, 5, 6\}=\{4, 6\}$$
$$(A\cap B)\cup(A\cap C)=\varnothing\cup\{4, 6\}=\{4, 6\}$$

따라서 $A\cap(B\cup C)=(A\cap B)\cup(A\cap C)$, 즉 분배법칙이 성립함을 알 수 있다.

(g) $A\cap B=\varnothing$이므로 다음이 성립한다.

$$(A\cap B)^c=\varnothing^c=\{1, 2, 3, 4, 5, 6\}$$
$$A^c\cup B^c=\{1, 3, 5\}\cup\{2, 4, 6\}=\{1, 2, 3, 4, 5, 6\}$$

따라서 $(A\cap B)^c=A^c\cup B^c$, 즉 드 모르간의 법칙이 성립한다.

예제 2-6

[예제 2-4]에서 살펴본 표적지의 중심으로부터 12시 방향에서 3시 방향까지, 3시 방향에서 6시 방향까지, 6시 방향에서 9시 방향까지, 그리고 9시 방향에서 12시 방향까지의 표적에 해당하는 사건을 각각 R_1, R_2, R_3, R_4라 하고, 화살이 표적지에 꽂혀서 기록된 점수 $i\,(i=1, 2, \cdots, 5)$에 대한 사건을 S_i라고 하자. 두 사건 S_3와 R_1의 합사건과 곱사건을 구하고 이를 그림으로 나타내라.

풀이

두 사건 S_3와 R_1의 합사건과 곱사건은 다음과 같다.

$$S_3 \cup R_1 = \{(x, y) \mid (10^2 < x^2 + y^2 \le 15^2) \text{ 또는 } (0 \le x,\ 0 \le y)\}$$
$$S_3 \cap R_1 = \{(x, y) \mid (10^2 < x^2 + y^2 \le 15^2) \text{ 그리고 } (0 \le x,\ 0 \le y)\}$$

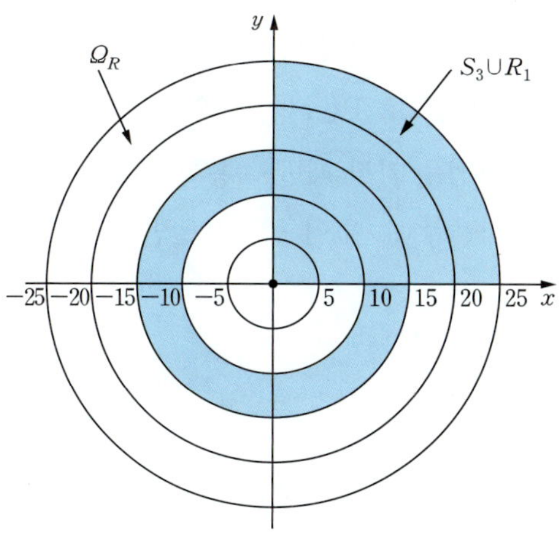

합사건 $S_3 \cup R_1$

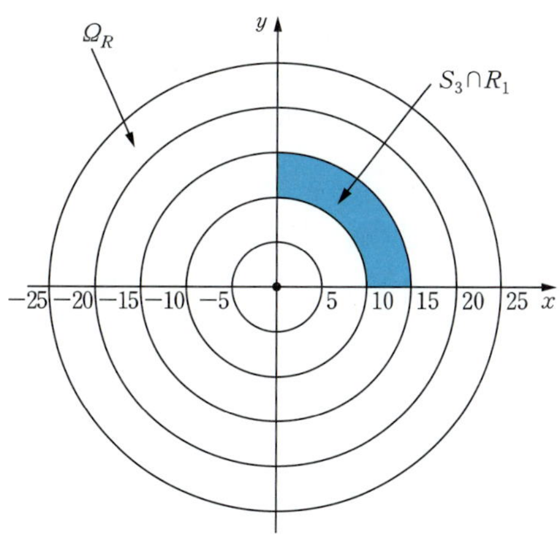

곱사건 $S_3 \cap R_1$

2.2 확률

확률을 정의하는 방법에는 라플라스(Laplace)의 고전적인 방법과 콜모고로프(Kolmogorov)의 확률의 공리에 의한 방법이 있다. 일반적으로 1회의 시행에서 일어날 수 있는 경우의 수가 N인 표본공간에서 각 근원사건이 발생할 가능성이 같을 경우, 사건 A가 일어나는 경우의 수를 n이라고 하면 사건 A의 확률은 다음과 같이 정의할 수 있다. 이를 **라플라스의 확률**(수학적 확률)이라고 한다.

$$\mathrm{P}(A) = \frac{n}{N}$$

예를 들어 주사위에서 각각의 근원사건이 나올 확률은 $\frac{1}{6}$로 같다. 이때 짝수가 나오는 사건 A의 확률 $\mathrm{P}(A)$를 구할 때, $N=6$이고 $n=3$이므로 $\mathrm{P}(A)=\frac{1}{2}$임을 알 수 있다. 그러나 라플라스의 확률은 표본공간이 유한개의 표본점을 가질 때만 적용할 수 있으며, 각 근원사건이 일어날 가능성이 같지 않은 경우에는 사용할 수 없어 좀 더 일반적인 확률의 정의가 필요하였다.

확률의 공리

콜모고로프는 시행을 반복하면 한 사건이 일어나는 상대도수가 일정한 극한값에 수렴한다는 **통계적 확률**(경험적 확률)을 설명하였다. 그리고 각 근원사건이 일어날 가능성이 다른 경우와 주관에 따라 정하는 주관적 확률의 개념도 수용할 수 있는 **확률의 공리**(axiom of probability)를 정의하였다.

정리 2-3 확률의 공리적 정의

다음 세 가지 조건을 만족하는 $\mathrm{P}(A)$를 사건 A의 **확률**(probability)이라고 한다.

(1) 표본공간 Ω에서 임의의 사건 A에 대하여 $0 \le \mathrm{P}(A) \le 1$이다.
(2) $\mathrm{P}(\Omega) = 1$이다.
(3) $A_1, A_2, \cdots$가 각각 서로 배반사건($A_i \cap A_j = \varnothing\ (i \ne j,\ i, j = 1, 2, \cdots)$)이면 다음이 성립한다.

$$\mathrm{P}(A_1 \cup A_2 \cup \cdots) = \mathrm{P}(A_1) + \mathrm{P}(A_2) + \cdots$$

이와 같이 정의된 확률은 수학적 확률처럼 구체적인 식으로 정의되는 것이 아니라 확률이 만족해야 할 기본적인 공리를 제공하므로 공리적 정의로는 확률을 구할 수 없다. 표본공간이 유한집합이고 각 원소가 일어날 가능성이 서로 같을 것으로 기대되면 수학적 확률이 위 공리를 만족하므로 확률을 수학적 확률로 구하고, 그렇지 않으면 통계적 확률로 구한다.

정리 2-4 확률의 성질

확률의 공리로부터 유도되는 확률의 성질을 정리하면 다음과 같다.

(1) $P(\varnothing) = 0$ (공사건의 확률)

(2) $P(A^c) = 1 - P(A)$ (여사건의 확률)

(3) 임의의 사건 A, B에 대하여 $A \subset B$이면 $P(A) \leq P(B)$이다.

(4) 임의의 사건 A, B에 대하여 다음과 같은 **덧셈정리**(addition theorem)가 성립한다.

$$P(A \cup B) = P(A) + P(B) - P(A \cap B)$$

(5) 임의의 사건 A, B에 대하여 $P(A \cup B) \leq P(A) + P(B)$이다.

Note 통계적 확률과 기하학적 확률

같은 시행을 n번 반복했을 때 사건 A가 일어난 횟수를 r_n이라 하면 n이 한없이 커짐에 따라 상대도수 $\frac{r_n}{n}$이 일정한 값 p에 가까워짐이 알려져 있다. 이 p값을 사건 A의 **통계적 확률**(statistical probability)이라고 한다.

$$P(A) = \lim_{n \to \infty} \frac{r_n}{n} = p$$

그러나 시행횟수 n을 한없이 크게 할 수 없으므로 n이 충분히 클 때의 상대도수 $\frac{r_n}{n}$으로 통계적 확률을 정한다. 한편, 표본공간과 사건 A가 무한집합이어서 그 수를 셈할 수 없는 경우에는 다음과 같이 **기하학적 확률**(geometrical probability)을 적용하여 구한다.

$$(\text{사건 } A\text{가 일어날 기하학적 확률}) = \frac{(\text{사건 } A\text{가 일어날 영역의 크기})}{(\text{일어날 수 있는 전 영역의 크기})}$$

예제 2-7

다음 표는 동전 1개를 던지는 시행을 여러 번 반복할 때, 앞면이 나온 횟수를 조사하여 그 상대도수를 나타낸 것이다. 이때 앞면이 나올 통계적 확률을 구하라.

시행횟수(n)	100	200	400	600	800	1000
앞면이 나온 횟수(r_n)	47	93	204	303	402	501
상대도수($\frac{r_n}{n}$)	0.470	0.465	0.510	0.505	0.5025	0.501

풀이

이 표에서 시행횟수 n이 커짐에 따라 동전의 앞면이 나오는 상대도수가 0.5에 가까워짐을 확인할 수 있다. 따라서 동전을 던질 때 앞면이 나올 통계적 확률은 0.5라고 할 수 있다.

예제 2-8

동전 1개를 한 번 던지는 시행에 대하여 다음 물음에 답하라.

(a) 앞면과 뒷면이 나올 가능성이 동일하다고 할 때, 앞면과 뒷면이 나올 확률을 각각 구하고 확률의 공리를 모두 만족함을 보여라.

(b) 앞면이 나올 가능성이 뒷면이 나올 가능성의 2배인 일그러진 동전이라 가정할 때, 앞면과 뒷면이 나올 확률을 각각 구하라.

풀이

(a) 앞면이 나오는 사건을 H, 뒷면이 나오는 사건을 T라 하면 $\mathrm{P}(H)=\mathrm{P}(T)=\frac{1}{2}$이다. 각 사건의 확률은 0보다 크거나 같고 1보다 작거나 같으며 두 사건은 서로 배반이고 $H \cup T$는 전사건이므로 $\mathrm{P}(H \cup T)=\mathrm{P}(H)+\mathrm{P}(T)=1$임을 확인할 수 있다. 따라서 확률의 공리를 모두 만족한다.

(b) $\mathrm{P}(H)=\frac{2}{3}$, $\mathrm{P}(T)=\frac{1}{3}$이다. 이 경우 역시 확률의 공리를 모두 만족한다.

예제 2-9

52장의 카드에서 한 장의 카드를 임의로 뽑을 때, 다음 사건의 확률을 구하라.

(a) 숫자 '5' 카드가 나올 사건 A
(b) 다이아몬드 카드가 나올 사건 B
(c) 숫자가 아닌 A, K, Q, J 카드가 나올 사건 C
(d) 다이아몬드 그림의 A, K, Q, J 카드가 나올 사건 D

풀이

52장의 카드와 사건 A, B, C, D를 나타내면 다음과 같다.

D			C							A				
◆	A	K	Q	J	10	9	8	7	6	5	4	3	2	B
♠	A	K	Q	J	10	9	8	7	6	5	4	3	2	
♥	A	K	Q	J	10	9	8	7	6	5	4	3	2	
♣	A	K	Q	J	10	9	8	7	6	5	4	3	2	

$A = \{$◆5, ♠5, ♥5, ♣5$\}$
$B = \{$◆A, ◆K, ◆Q, ◆J, ◆10, ◆9, ◆8, ◆7, ◆6, ◆5, ◆4, ◆3, ◆2$\}$
$C = \{$◆A, ◆K, ◆Q, ◆J, ♠A, ♠K, ♠Q, ♠J, ♥A, ♥K, ♥Q, ♥J, ♣A, ♣K, ♣Q, ♣J$\}$
$D = B \cap C = \{$◆A, ◆K, ◆Q, ◆J$\}$

(a) 사건 A의 확률은 $\mathrm{P}(A) = \frac{4}{52} = \frac{1}{13}$이다.
(b) 사건 B의 확률은 $\mathrm{P}(B) = \frac{13}{52} = \frac{1}{4}$이다.
(c) 사건 C의 확률은 $\mathrm{P}(C) = \frac{16}{52} = \frac{4}{13}$이다.
(d) 사건 D의 확률은 $\mathrm{P}(D) = \frac{4}{52} = \frac{1}{13}$이다.

예제 2-10

주사위 2개를 던져서 나오는 눈의 수를 순서쌍 (X_1, X_2)로 나타낼 때, 임의의 두 사건 A와 B가 다음을 만족한다. 주어진 확률을 구하라.

$$A = \{(X_1, X_2) \mid X_1 + X_2 = 10\}, \quad B = \{(X_1, X_2) \mid X_1 > X_2\}$$

(a) $\mathrm{P}(A)$
(b) $\mathrm{P}(B)$
(c) $\mathrm{P}(A \cap B)$
(d) $\mathrm{P}(A \cup B)$
(e) $\mathrm{P}(A^c)$

풀이

(a) 표본공간과 사건 A를 구하면 다음과 같다.

$$\Omega = \{(1, 1), (1, 2), \cdots, (6, 5), (6, 6)\} : 36\text{가지}$$
$$A = \{(X_1, X_2) \mid X_1 + X_2 = 10\} = \{(4, 6), (5, 5), (6, 4)\} : 3\text{가지}$$

따라서 $\mathrm{P}(A) = \frac{3}{36} = \frac{1}{12}$ 이다.

(b) 사건 B를 구하면 다음과 같다.

$$\begin{aligned} B &= \{(X_1, X_2) \mid X_1 > X_2\} \\ &= \{(2, 1), (3, 1), (3, 2), (4, 1), (4, 2), (4, 3), (5, 1), (5, 2), \\ &\quad (5, 3), (5, 4), (6, 1), (6, 2), (6, 3), (6, 4), (6, 5)\} : 15\text{가지} \end{aligned}$$

따라서 $\mathrm{P}(B) = \frac{15}{36} = \frac{5}{12}$ 이다.

(c) $A \cap B = \{(X_1, X_2) \mid X_1 + X_2 = 10$이고 $X_1 > X_2\} = \{(6, 4)\}$이므로 $\mathrm{P}(A \cap B) = \frac{1}{36}$ 이다.

(d) $\mathrm{P}(A \cup B) = \mathrm{P}(A) + \mathrm{P}(B) - \mathrm{P}(A \cap B) = \frac{1}{12} + \frac{5}{12} - \frac{1}{36} = \frac{17}{36}$

(e) $\mathrm{P}(A^c) = 1 - \mathrm{P}(A) = 1 - \frac{1}{12} = \frac{11}{12}$

예제 2-11

실수 a가 $-2 \le a \le 6$을 만족할 때, x에 대한 방정식 $x^2 + ax + a = 0$이 실근을 가질 확률을 구하라.

풀이

이차방정식의 판별식을 이용하면

$$D = a^2 - 4a \ge 0 \Rightarrow a(a-4) \ge 0$$

이므로 $a \le 0$ 또는 $a \ge 4$이다. 주어진 방정식에 대한 실수 a의 조건은 다음을 만족한다.

$$-2 \le a \le 0, \ 4 \le a \le 6$$

따라서 구하고자 하는 확률은 다음과 같다.

$$\frac{\text{실근을 가질 } a \text{ 범위의 길이}}{a \text{ 범위의 길이}} = \frac{4}{6-(-2)} = \frac{1}{2}$$

예제 2-12

[예제 2-6]에서 살펴본 두 사건 S_3와 R_1의 합사건과 곱사건에 대한 확률을 각각 구하라.

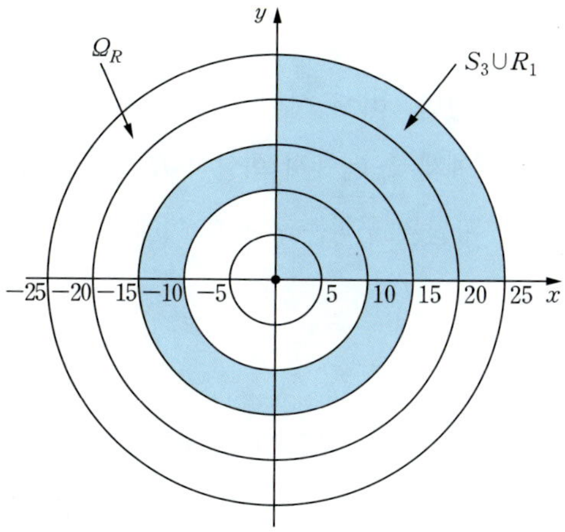

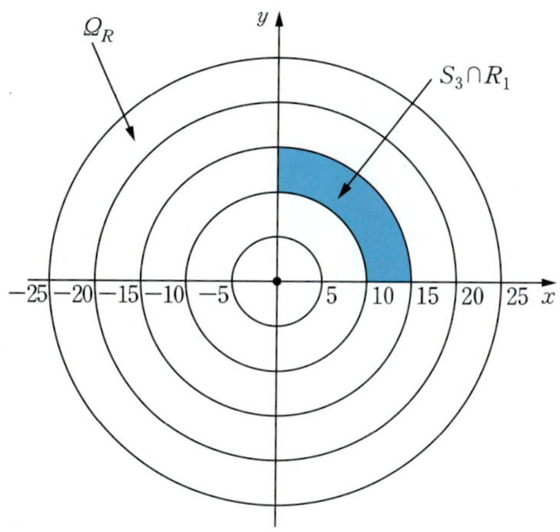

풀이

표본공간에서 사건의 기하학적 확률은 표본공간에 대한 사건의 상대적인 '넓이'를 의미한다. 표본공간의 전체 넓이를 구하면 다음과 같다.

$$(\text{표본공간의 전체 넓이}) = 25^2\pi = 625\pi$$

따라서 구하고자 하는 사건 S_3의 확률은 다음과 같다.

$$P(S_3) = \frac{(\text{사건 } S_3\text{의 넓이})}{(\text{표본공간의 전체 넓이})} = \frac{125\pi}{625\pi} = \frac{1}{5}$$

같은 방법으로 사건 R_1의 확률을 구하면 다음과 같다.

$$P(R_1) = \frac{1}{4}$$

두 사건 S_3와 R_1의 곱사건 $S_3 \cap R_1$의 확률은 다음과 같다.

$$P(S_3 \cap R_1) = \frac{1}{5} \times \frac{1}{4} = \frac{1}{20}$$

따라서 두 사건 S_3와 R_1의 합사건 $S_3 \cup R_1$의 확률은 다음과 같다.

$$P(S_3 \cup R_1) = P(S_3) + P(R_1) - P(S_3 \cap R_1) = \frac{1}{5} + \frac{1}{4} - \frac{1}{20} = \frac{2}{5}$$

2.3 조건부 확률

지금까지 표본공간에서의 사건에 대한 확률을 살펴보았다. 이제 어떤 특정한 조건 아래서 어느 사건이 발생할 확률을 생각해보자. 예를 들어 [예제 2-6]에서 화살이 R_1으로 치우쳐서 표적에 맞는다고 할 때, 3점을 획득할 사건(S_3)의 확률을 구하는 경우가 이에 해당한다.

조건부 확률

두 개의 생산라인을 갖고 있는 TV 공장에서 만든 100대의 완제품이 있다고 하자. 각 완제품에는 어느 생산라인에서 만든 제품인지 표시되어 있으며, 이 중 일부는 불량품이다. 완제품의 생산라인과 불량 여부를 하나씩 세밀하게 조사한 결과가 [표 2-1]과 같다.

[표 2-1] 생산라인과 불량 여부 분류표

	생산라인 A	생산라인 B	합계
불량품	7	3	10
양품	60	30	90
합계	67	33	100

이 분류표를 상대도수로 나타내면 [표 2-2]와 같다. [표 2-2]에 따라 100대의 완제품 가운데 임의로 1대를 추출할 때, 그 제품이 불량품일 확률과 양품일 확률은 각각 0.10과 0.90이고, 생산라인 A, B에서 생산했을 확률은 각각 0.67과 0.33임을 알 수 있다.

[표 2-2] 생산라인과 불량 여부에 대한 상대도수 분류표

	생산라인 A	생산라인 B	합계
불량품	0.07	0.03	0.10
양품	0.60	0.30	0.90
합계	0.67	0.33	1.00

완제품에서 임의로 1대를 추출했을 때, 추출한 제품이 불량품이라 하자. 추출한 불량품을 생산라인 A에서 생산했을 확률은 어떻게 구할까?

이미 불량품을 추출한 상태이므로 불량품 그룹 중 생산라인 A에서 생산한 것을 찾으면 된다. 즉 표본공간이 불량품 그룹으로 제한된다. 따라서 불량품 전체 10대 중 생산라인 A에서 생산한 것은 7대이므로 구하고자 하는 확률은 $\frac{7}{10}$이다. 여기서 '10'은 전체 불량품의 대수이고, '7'은 생산라인 A에서 생산한 불량품의 대수, 즉 생산라인 A 집단과 불량품 집단의 공통부분을 나타낸다. 따라서 확률 $\frac{7}{10}$을 다음과 같이 표현할 수 있다.

$$\frac{7}{10} = \frac{\mathrm{P}(\text{생산라인 A} \cap \text{불량품})}{\mathrm{P}(\text{불량품})}$$

그러므로 불량품을 추출했다(B)는 조건 아래에서 추출한 불량품을 생산라인 A에서 생산(A)했을 확률을 구하면 다음과 같다.

$$\frac{\mathrm{P}(A \cap B)}{\mathrm{P}(B)} = \frac{0.07}{0.10} = \frac{7}{10}$$

이와 같이 사건 B가 일어났다는 조건 아래에서 사건 A가 일어날 확률을 사건 B에 대한 사건 A의 **조건부 확률**(conditional probability)이라 하며, $\mathrm{P}(A \mid B)$로 표기하고 다음과 같이 정의한다.

$$\mathrm{P}(A \mid B) = \frac{\mathrm{P}(A \cap B)}{\mathrm{P}(B)}, \quad \mathrm{P}(B) \neq 0$$

즉 조건부 확률은 [그림 2-1]에서 B 영역에 대한 $A \cap B$ 영역의 비율을 의미한다.

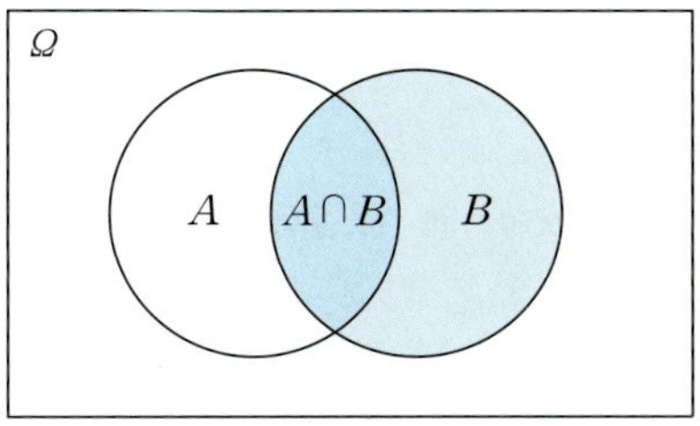

[그림 2-1] **조건부 확률** $\mathrm{P}(A \mid B)$

이때 조건부 확률의 공리를 살펴보자.

정리 2-5 조건부 확률의 공리

$P(B) \neq 0$인 사건 B에 대하여 다음이 성립한다.

(1) 임의의 사건 A에 대하여 $0 \leq P(A \mid B) \leq 1$이다.
(2) $P(B \mid B) = 1$이다.
(3) $A_1 \cap A_2 = \varnothing$이면 $P(A_1 \cup A_2 \mid B) = P(A_1 \mid B) + P(A_2 \mid B)$이다.

조건부 확률은 표본공간이 Ω인 원래의 실험으로부터 Ω의 일부인 새로운 표본공간으로 축소한 실험에서의 확률을 의미한다.

곱사건의 확률 $P(A \cap B)$와 조건부 확률 $P(A \mid B)$의 의미를 살펴보자. $P(A \cap B)$는 원래 표본공간 Ω에서 곱사건 $A \cap B$가 일어날 확률이므로 다음이 성립한다.

$$P(A \cap B) = \frac{P(A \cap B)}{P(\Omega)} = \frac{P(A \cap B)}{1}$$

한편, $P(A \mid B)$는 사건 B를 새로운 표본공간으로 생각했을 때, 곱사건 $A \cap B$가 일어날 확률이므로 다음과 같다.

$$P(A \mid B) = \frac{P(A \cap B)}{P(B)}$$

그러므로 구하고자 하는 확률이 $P(A \cap B)$인지 $P(A \mid B)$인지 혼동될 때에는 표본공간을 정의하여 구별하면 편리하다.

예제 2-13

주사위 1개를 두 번 던지는 시행에서 첫 번째로 나온 눈의 수가 짝수일 때, 두 번째로 나온 눈의 수가 3일 확률을 구하라.

풀이

주사위 1개를 두 번 던졌을 때 첫 번째로 나온 눈이 짝수일 사건을 A라 하면 다음과 같다.

$$\begin{aligned} A = \{&(2, 1), (2, 2), (2, 3), (2, 4), (2, 5), (2, 6), \\ &(4, 1), (4, 2), (4, 3), (4, 4), (4, 5), (4, 6), \\ &(6, 1), (6, 2), (6, 3), (6, 4), (6, 5), (6, 6)\} \end{aligned}$$

또한 두 번째로 나온 눈이 3일 사건을 B라 하면 다음과 같다.

$$B = \{(1, 3), (2, 3), (3, 3), (4, 3), (5, 3), (6, 3)\}$$

따라서 $A \cap B = \{(2, 3), (4, 3), (6, 3)\}$이다. 이때 각 사건의 확률을 구하면 다음과 같다.

$$\mathrm{P}(A) = \frac{18}{36} = \frac{1}{2}, \quad \mathrm{P}(B) = \frac{6}{36} = \frac{1}{6}, \quad \mathrm{P}(A \cap B) = \frac{3}{36} = \frac{1}{12}$$

그러므로 구하고자 하는 조건부 확률은 다음과 같다.

$$\mathrm{P}(B \mid A) = \frac{\mathrm{P}(A \cap B)}{\mathrm{P}(A)} = \frac{\frac{1}{12}}{\frac{1}{2}} = \frac{1}{6}$$

예제 2-14

초록색 주사위와 빨간색 주사위를 던지는 시행에서 초록색 주사위의 눈이 3이 나왔을 때, 두 주사위의 눈의 합이 7 이상일 확률을 구하라.

풀이

다음과 같이 사건을 정의하자.

G : 초록색 주사위의 눈이 3인 사건
R : 두 주사위 눈의 합이 7 이상인 사건

그러면 두 사건 G와 R은 다음과 같다.

$$G = \{(3, 1), (3, 2), (3, 3), (3, 4), (3, 5), (3, 6)\}$$

$$\begin{aligned} R = \{&(1, 6), (2, 5), (2, 6), (3, 4), (3, 5), (3, 6), (4, 3), (4, 4), \\ &(4, 5), (4, 6), (5, 2), (5, 3), (5, 4), (5, 5), (5, 6), (6, 1), \\ &(6, 2), (6, 3), (6, 4), (6, 5), (6, 6)\} \end{aligned}$$

따라서 초록색 주사위의 눈이 3이면서 두 주사위의 눈의 합이 7 이상인 사건은 다음과 같다.

$$G \cap R = \{(3, 4), (3, 5), (3, 6)\}$$

이때 각 사건의 확률을 구하면 다음과 같다.

$$\mathrm{P}(G) = \frac{6}{36} = \frac{1}{6}, \quad \mathrm{P}(R) = \frac{21}{36} = \frac{7}{12}, \quad \mathrm{P}(G \cap R) = \frac{3}{36} = \frac{1}{12}$$

따라서 구하고자 하는 조건부 확률은 다음과 같다.

$$\mathrm{P}(R \mid G) = \frac{\mathrm{P}(G \cap R)}{\mathrm{P}(G)} = \frac{\frac{1}{12}}{\frac{1}{6}} = \frac{1}{2}$$

예제 2-15

기상청에서 오늘 눈이 내릴 확률은 70%, 내일 눈이 내릴 확률은 60%, 오늘과 내일 이틀 동안 눈이 내릴 확률은 50%라고 발표하였다. 오늘 눈이 내렸을 때 내일 눈이 내릴 확률을 구하라.

풀이

오늘 눈이 내릴 사건을 A, 내일 눈이 내릴 사건을 B라 하면 $\mathrm{P}(A) = 0.7$이고 $\mathrm{P}(B) = 0.6$이다. 또한 $\mathrm{P}(A \cap B) = 0.5$이므로 오늘 눈이 내렸다는 조건 아래에서 내일 눈이 내릴 확률은 다음과 같다.

$$\mathrm{P}(B \mid A) = \frac{\mathrm{P}(A \cap B)}{\mathrm{P}(A)} = \frac{0.5}{0.7} = \frac{5}{7}$$

예제 2-16

두 사건 A, B에 대하여 $\mathrm{P}(A) = \frac{1}{2}$, $\mathrm{P}(B) = \frac{3}{8}$, $\mathrm{P}(A \cap B) = \frac{1}{8}$일 때, $\mathrm{P}(B^c \mid A^c)$을 구하라.

풀이

두 사건 A, B의 합사건 $A \cup B$의 확률은 다음과 같다.

$$\mathrm{P}(A \cup B) = \mathrm{P}(A) + \mathrm{P}(B) - \mathrm{P}(A \cap B) = \frac{1}{2} + \frac{3}{8} - \frac{1}{8} = \frac{3}{4}$$

따라서 구하고자 하는 조건부 확률은 다음과 같다.

$$\begin{aligned} \mathrm{P}(B^c \mid A^c) &= \frac{\mathrm{P}(A^c \cap B^c)}{\mathrm{P}(A^c)} \\ &= \frac{1 - \mathrm{P}(A \cup B)}{1 - \mathrm{P}(A)} = \frac{1 - \frac{3}{4}}{1 - \frac{1}{2}} = \frac{1}{2} \end{aligned}$$

곱셈정리

조건부 확률의 정의를 이용하여 '사건 B가 일어났을 때, 사건 A가 일어날 확률'과 '사건 A가 일어났을 때, 사건 B가 일어날 확률'을 나타내면 각각 다음과 같다.

$$\mathrm{P}(A \mid B) = \frac{\mathrm{P}(A \cap B)}{\mathrm{P}(B)}, \quad \mathrm{P}(B) > 0$$

$$\mathrm{P}(B \mid A) = \frac{\mathrm{P}(A \cap B)}{\mathrm{P}(A)}, \quad \mathrm{P}(A) > 0$$

이때 두 식을 정리하면 다음과 같은 **곱셈정리**(multiplication theorem)를 얻을 수 있다.

$$\begin{aligned} P(A \cap B) &= P(B)\,P(A \mid B) \\ &= P(A)\,P(B \mid A) \end{aligned}$$

일반적으로 사건 $A_1, A_2, \cdots, A_n$에 대하여 다음이 성립한다.

$$\begin{aligned} P(A_1 \cap A_2 \cap \cdots \cap A_n) = {} & P(A_1)\,P(A_2 \mid A_1)\,P(A_3 \mid A_1 \cap A_2) \\ & \cdots P(A_n \mid A_1 \cap A_2 \cap \cdots \cap A_{n-1}) \end{aligned}$$

예제 2-17

주머니 안에 같은 크기의 흰 구슬 7개와 검은 구슬 3개가 들어 있다. 주머니 안에서 2개의 구슬을 1개씩 차례로 꺼낼 때, 처음에 흰 구슬이 나오고 나중에 검은 구슬이 나올 확률을 구하라. (단, 꺼낸 구슬은 다시 주머니에 넣지 않는다.)

풀이

흰 구슬이 나올 사건을 A, 검은 구슬이 나올 사건을 B라 하자. 처음에 흰 구슬이 나올 확률은 $P(A) = \frac{7}{10}$이다. 나중에 검은 구슬이 나올 확률은 처음에 뽑힌 흰 구슬을 제외한 나머지 9개의 구슬에서 검은 구슬이 나올 확률이므로 $P(B \mid A) = \frac{3}{9}$이다. 따라서 구하고자 하는 확률은 다음과 같다.

$$P(A \cap B) = P(A)\,P(B \mid A) = \frac{7}{10} \times \frac{3}{9} = \frac{7}{30}$$

예제 2-18

흰 바둑돌 4개와 검은 바둑돌 6개가 들어 있는 주머니에서 임의로 3개의 바둑돌을 꺼낸다고 할 때, 다음 물음에 답하라. (단, 꺼낸 바둑돌은 다시 주머니에 넣지 않는다.)

(a) 처음 2개의 바둑돌이 모두 검은 바둑돌일 확률

(b) 3개의 바둑돌이 모두 검은 바둑돌일 확률

풀이

사건 $A_i\,(i = 1, 2, 3)$가 i번째로 꺼낸 바둑돌이 검은 바둑돌일 사건이라고 하면 사건 A_i에 대한 확률은 다음과 같다.

$$P(A_1) = \frac{6}{10},\quad P(A_2 \mid A_1) = \frac{5}{9},\quad P(A_3 \mid A_1 \cap A_2) = \frac{4}{8}$$

(a) 처음 2개의 바둑돌이 모두 검은 바둑돌일 확률은 곱셈정리에 의해 다음과 같이 구한다.

$$P(A_1 \cap A_2) = P(A_1)\, P(A_2 \mid A_1) = \frac{6}{10} \times \frac{5}{9} = \frac{1}{3}$$

(b) 3개의 바둑돌이 모두 검은 바둑돌이려면 처음 2개의 바둑돌이 검은 바둑돌이고, 세 번째로 꺼낸 바둑돌도 검은 바둑돌이어야 하므로 곱셈정리에 의해 다음과 같이 구한다.

$$\begin{aligned} P(A_1 \cap A_2 \cap A_3) &= P(A_1)\, P(A_2 \mid A_1)\, P(A_3 \mid A_1 \cap A_2) \\ &= \frac{6}{10} \times \frac{5}{9} \times \frac{4}{8} = \frac{1}{6} \end{aligned}$$

예제 2-19

검은 돌 3개와 흰 돌 4개가 들어 있는 주머니에서 2개의 돌을 꺼낸다고 할 때, 다음 확률을 구하라.

(a) 처음에 검은 돌을 꺼내고, 두 번째에 흰 돌을 꺼낼 확률
(단, 꺼낸 돌은 다시 주머니에 넣지 않는다.)
(b) 처음에 검은 돌을 꺼내고, 두 번째에 흰 돌을 꺼낼 확률
(단, 꺼낸 돌은 다시 주머니에 넣는다.)

풀이

처음에 검은 돌을 꺼내는 사건을 A, 두 번째에 흰 돌을 꺼내는 사건을 B라고 하자.

(a) ❶ 처음에 검은 돌을 꺼낼 확률은 $P(A) = \frac{3}{7}$이다.

❷ 꺼낸 돌은 다시 주머니에 넣지 않으므로 두 번째에 흰 돌을 꺼낼 확률은 $P(B \mid A) = \frac{4}{6} = \frac{2}{3}$이다. 따라서 구하고자 하는 확률은 다음과 같다

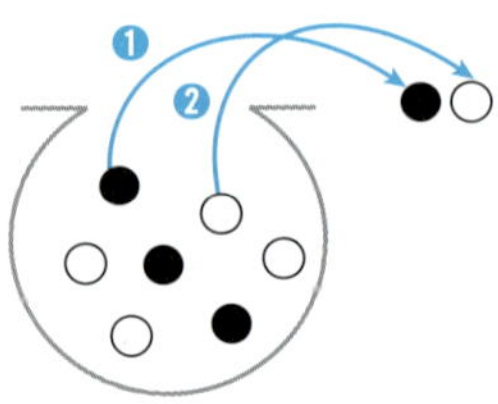

$$P(A \cap B) = P(A)\, P(B \mid A) = \frac{3}{7} \times \frac{2}{3} = \frac{2}{7}$$

(b) ❶ 처음에 검은 돌을 꺼낼 확률은 $P(A) = \frac{3}{7}$이다. 이때 처음에 나온 검은 돌을 주머니 안에 다시 넣는다.

❷ 주머니에는 처음과 동일하게 검은 돌 3개와 흰 돌 4개가 남아 있으므로 두 번째에 흰 돌을 꺼낼 확률은 $P(B \mid A) = \frac{4}{7}$이다. 따라서 구하고자 하는 확률은 다음과 같다.

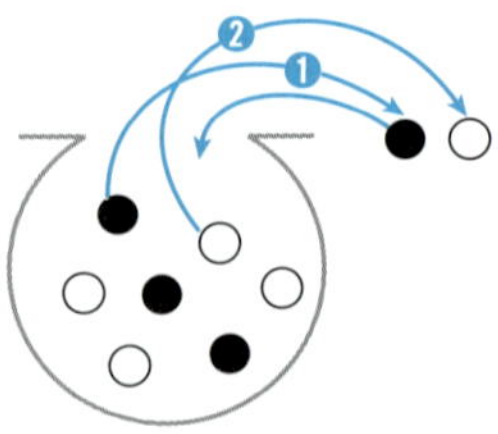

$$P(A \cap B) = P(A)\, P(B \mid A) = \frac{3}{7} \times \frac{4}{7} = \frac{12}{49}$$

2.4 독립사건

검은 돌 3개와 흰 돌 4개가 들어 있는 주머니에서 2개의 돌을 꺼낸다고 하자. 꺼낸 돌이 검은색일 사건을 A, 흰색일 사건을 B라 하면 처음 꺼낸 돌이 흰색일 확률은 $\mathrm{P}(B)=\frac{4}{7}$이다. 그리고 꺼낸 돌을 다시 넣지 않고(비복원추출) 두 번째 돌을 꺼낼 때, 또 흰색을 꺼낼 확률은 처음 나온 돌이 흰색이라는 조건 아래 다시 흰색을 꺼낼 확률이므로 $\mathrm{P}(B \mid B)=\frac{3}{6}=\frac{1}{2}$이다. 반면, 처음 꺼낸 돌이 검은색일 확률은 $\mathrm{P}(A)=\frac{3}{7}$이고, 비복원추출로 두 번째로 꺼낸 돌이 흰색일 확률은 $\mathrm{P}(B \mid A)=\frac{4}{6}=\frac{2}{3}$이다. 즉 비복원추출에서는 처음 꺼낸 돌이 검은색인지 흰색인지에 따라 두 번째 돌이 흰색일 확률이 다르게 나타난다.

그러나 꺼낸 돌을 다시 넣는(복원추출) 경우에는 처음에 꺼낸 돌이 검은색이든 흰색이든 두 번째로 꺼낸 돌이 흰색일 확률은 $\mathrm{P}(B \mid A)=\mathrm{P}(B \mid B)=\frac{4}{7}$로 동일하다. 즉 복원추출에서는 처음 꺼낸 돌의 색깔이 두 번째로 꺼낸 돌이 흰색일 확률에 아무런 영향을 미치지 않는다.

이와 같이 두 사건 A, B에 대하여 어느 한 사건이 일어나는 데 다른 사건이 아무런 영향을 미치지 않는다면, 두 사건 A, B는 서로 **독립**(independent)이라 하고 다음과 같이 정의한다.

$$\mathrm{P}(A)=\mathrm{P}(A \mid B) \quad \text{또는} \quad \mathrm{P}(B)=\mathrm{P}(B \mid A)$$

따라서 두 사건 A, B가 독립사건이면 곱셈정리에 의해 다음과 같이 쓸 수 있다.

$$\begin{aligned}\mathrm{P}(A \cap B) &= \mathrm{P}(A)\,\mathrm{P}(B \mid A) \\ &= \mathrm{P}(B)\,\mathrm{P}(A \mid B) \\ &= \mathrm{P}(A)\,\mathrm{P}(B)\end{aligned}$$

정리 2-6 독립사건과 종속사건

두 사건 A, B가 다음을 만족하면 두 사건 A, B는 **독립사건**이라고 한다.

$$\mathrm{P}(A \cap B)=\mathrm{P}(A)\,\mathrm{P}(B)$$

그리고 독립이 아닌 두 사건을 **종속**(dependent)**사건**이라고 한다.

한편, $\mathrm{P}(A)>0$, $\mathrm{P}(B)>0$인 두 사건 A, B가 서로 독립사건이면 다음이 성립하고, 그 역 또한 성립한다.

$$\mathrm{P}(A\cap B^c)=\mathrm{P}(A)\,\mathrm{P}(B^c)$$
$$\mathrm{P}(A^c\cap B)=\mathrm{P}(A^c)\,\mathrm{P}(B)$$
$$\mathrm{P}(A^c\cap B^c)=\mathrm{P}(A^c)\,\mathrm{P}(B^c)$$

따라서 배반사건과 독립사건, 종속사건에 대하여 다음과 같은 결론을 얻을 수 있다.

- 두 사건 A, B가 서로 배반사건이면, A와 B는 서로 종속사건이다.
- 두 사건 A, B가 서로 독립사건이면, A와 B는 결코 서로 배반사건이 아니다.
- 두 사건 A, B가 서로 종속사건이면, A와 B는 서로 배반사건일 수도 있고 아닐 수도 있다.

또한 세 사건 A, B, C에 대해 다음 조건이 성립할 때, 사건 A, B, C는 서로 독립사건이라고 한다.

$$\mathrm{P}(A\cap B)=\mathrm{P}(A)\,\mathrm{P}(B)$$
$$\mathrm{P}(A\cap C)=\mathrm{P}(A)\,\mathrm{P}(C)$$
$$\mathrm{P}(B\cap C)=\mathrm{P}(B)\,\mathrm{P}(C)$$
$$\mathrm{P}(A\cap B\cap C)=\mathrm{P}(A)\,\mathrm{P}(B)\,\mathrm{P}(C)$$

예제 2-20

표본공간 $\Omega=\{1, 2, 3, 4, 5, 6, 7, 8\}$과 사건 $A=\{2, 5, 7\}$, $B=\{2, 4, 8\}$에 대하여 다음 물음에 답하라.

(a) 두 사건 A와 B는 서로 배반사건인가?
(b) 두 사건 A와 B는 서로 독립사건인가?

풀이

(a) $A\cap B=\{2\}(\neq\varnothing)$이므로 두 사건 A와 B는 서로 배반사건이 아니다.

(b) $\mathrm{P}(A\cap B)=\dfrac{1}{8}$이고 $\mathrm{P}(A)=\mathrm{P}(B)=\dfrac{3}{8}$이므로 $\mathrm{P}(A\cap B)\neq\mathrm{P}(A)\,\mathrm{P}(B)$이다.
따라서 두 사건 A와 B는 서로 종속사건이다.

예제 2-21

주사위 1개를 던져 2의 배수가 나오는 사건을 A, 3의 배수가 나오는 사건을 B라고 할 때, 두 사건 A와 B가 서로 독립사건인지 설명하라. 또한 두 사건 A와 B^c이 서로 독립사건인지 설명하라.

풀이

$A=\{2, 4, 6\}$, $B=\{3, 6\}$, $A\cap B=\{6\}$이므로 각 사건의 확률을 구하면 다음과 같다.

$$\mathrm{P}(A)=\frac{3}{6},\ \mathrm{P}(B)=\frac{2}{6},\ \mathrm{P}(A\cap B)=\frac{1}{6}$$

이때 $\mathrm{P}(A)\,\mathrm{P}(B)=\frac{3}{6}\times\frac{2}{6}=\frac{1}{6}$이므로 다음이 성립한다.

$$\mathrm{P}(A\cap B)=\mathrm{P}(A)\,\mathrm{P}(B)$$

그러므로 두 사건 A와 B는 서로 독립사건이다.

한편, $B^c=\{1, 2, 4, 5\}$, $A\cap B^c=\{2, 4\}$이므로 $\mathrm{P}(B^c)=\frac{4}{6}$, $\mathrm{P}(A\cap B^c)=\frac{2}{6}$이다. 따라서 다음이 성립한다.

$$\mathrm{P}(A)\,\mathrm{P}(B^c)=\frac{3}{6}\times\frac{4}{6}=\frac{1}{3}=\mathrm{P}(A\cap B^c)$$

그러므로 두 사건 A와 B^c은 서로 독립사건이다.

예제 2-22

상자 속에 1, 2, 3, 4, 5, 6이 적힌 공 6개가 있다. 상자 속에서 1개의 공을 임의로 꺼낼 때, 사건 A, B, C가 다음과 같다고 하자. 주어진 물음에 답하라.

$$A=\{1, 3, 5\},\ B=\{2, 3, 5\},\ C=\{1, 2, 3, 6\}$$

(a) 두 사건 A와 B는 서로 독립사건인가?
(b) 두 사건 A와 C는 서로 독립사건인가?
(c) 두 사건 B와 C는 서로 독립사건인가?
(d) 세 사건 A, B, C는 서로 독립사건인가?

풀이

각 사건의 확률을 구하면 $\mathrm{P}(A)=\mathrm{P}(B)=\frac{1}{2}$, $\mathrm{P}(C)=\frac{2}{3}$이다.

(a) $A\cap B=\{3, 5\}$이므로 $\mathrm{P}(A\cap B)=\frac{1}{3}$이고, $\mathrm{P}(A\cap B)=\frac{1}{3}\neq\frac{1}{4}=\mathrm{P}(A)\,\mathrm{P}(B)$이므로 두 사건 A와 B는 서로 종속사건이다.

(b) $A \cap C = \{1, 3\}$ 이므로 $P(A \cap C) = \frac{1}{3}$ 이고, $P(A \cap C) = \frac{1}{3} = P(A)\,P(C)$ 이므로 두 사건 A와 C는 서로 독립사건이다.

(c) $B \cap C = \{2, 3\}$ 이므로 $P(B \cap C) = \frac{1}{3}$ 이고, $P(B \cap C) = \frac{1}{3} = P(B)\,P(C)$ 이므로 두 사건 B와 C는 서로 독립사건이다.

(d) $A \cap B \cap C = \{3\}$이므로 $P(A \cap B \cap C) = \frac{1}{6}$ 이고, $P(A \cap B \cap C) = \frac{1}{6} = P(A)\,P(B)\,P(C)$ 이므로 세 사건 A, B, C는 서로 독립사건이다.

Note 복원추출과 비복원추출

추출에는 복원추출과 비복원추출이 있다. **복원추출**(sampling with replacement)은 추출한 대상을 원래 자리에 다시 돌려놓고 다음 대상을 추출하는 방법이고, **비복원추출**(sampling without replacement)은 추출한 대상을 원래 자리에 다시 돌려놓지 않고 다음 대상을 추출하는 방법이다. 따라서 두 개 이상의 표본을 추출하는 경우, 비복원추출이라면 같은 표본을 중복해서 뽑을 수 없다. 실제로 표본을 추출하는 경우 대부분 비복원추출을 한다.

예를 들어 주머니에서 흰색 바둑돌을 꺼냈을 때, [그림 2-2(a)]와 같이 처음 꺼낸 검은색 바둑돌을 주머니에 다시 넣고 두 번째로 흰색 돌을 꺼내는 경우가 복원추출이다. 또한 [그림 2-2(b)]와 같이 처음 꺼낸 검은색 바둑돌을 주머니에 넣지 않고 두 번째로 흰색 돌을 꺼내는 경우가 비복원추출이다.

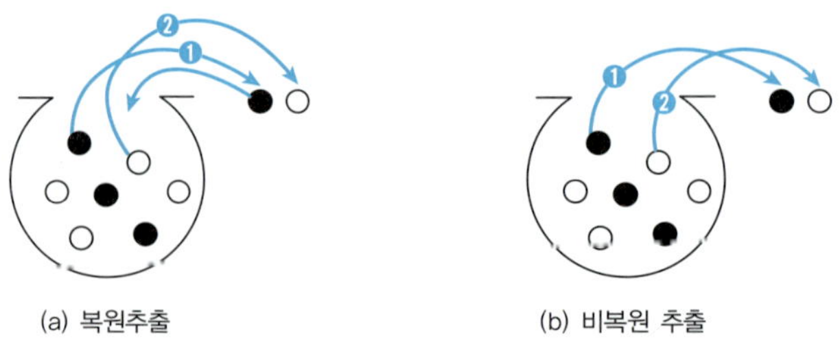

[그림 2-2] 복원추출과 비복원추출

2.5 베이즈 정리

18세기 영국의 수학자인 토머스 베이즈(Thomas Bayes)는 확률이 항상 일정하다는 당시 이론에서 벗어나, 확률은 상황에 따라 변할 수 있다고 생각하고 이를 공식으로 나타냈다. 그가 사망한 후인 1763년에 친구인 철학자 리처드 프라이스(Richard Price)가 베이즈의 연구 결과를 정리하여 책으로 내면서 이 공식을 베이즈 정리라고 부르게 되었다. 베이즈 정리는 주어진 조건에서 어떤 사건이 실제로 일어날 확률을 산출하는 기법을 정리한 것으로, 불확실한 상황에서 의사결정 문제를 다룰 때 중요하게 사용한다. 베이즈 정리를 알아보기 전에 먼저 표본공간의 분할 개념을 생각해보자.

공집합이 아닌 어떤 집합 A에 대하여 집합 A의 부분집합 $A_1, A_2, \cdots, A_n$을 원소로 하는 **집합족**(family of set) $\{A_1, A_2, \cdots, A_n\}$이 다음을 만족할 때, $\{A_1, A_2, \cdots, A_n\}$을 집합 A의 **분할**(partition)이라고 한다.

- $A_i \subset A \ (i = 1, 2, \cdots, n)$
- $A_i \cap A_j = \varnothing \ (i \neq j, \ i, j = 1, 2, \cdots, n)$
- $A_1 \cup A_2 \cup \cdots \cup A_n = A$

사건 $A_1, A_2, \cdots, A_n$이 표본공간 Ω의 분할을 이룬다고 하자. 즉 사건 A_i들이 서로 배반사건이고, 이들 모두의 합사건이 표본공간 Ω와 같다고 하자. 이때 B를 임의의 사건이라 하면 다음이 성립한다.

$$\begin{aligned} B = \Omega \cap B &= (A_1 \cup A_2 \cup \cdots \cup A_n) \cap B \\ &= (A_1 \cap B) \cup (A_2 \cap B) \cup \cdots \cup (A_n \cap B) \end{aligned}$$

이때 $A_i \cap B \ (i = 1, 2, \cdots, n)$는 서로 배반사건이다. 따라서 다음이 성립한다.

$$\mathrm{P}(B) = \mathrm{P}(A_1 \cap B) + \mathrm{P}(A_2 \cap B) + \cdots + \mathrm{P}(A_n \cap B) \tag{2.1}$$

한편, 확률의 곱셈정리에 의하여 식 (2.1)은 다음과 같은 식으로 표현할 수 있는데 이를 **전확률**(total probability)이라고 한다.

$$\begin{aligned} P(B) &= P(A_1)P(B \mid A_1) + \cdots + P(A_n)P(B \mid A_n) \\ &= \sum_{k=1}^{n} P(A_k)P(B \mid A_k) \end{aligned} \tag{2.2}$$

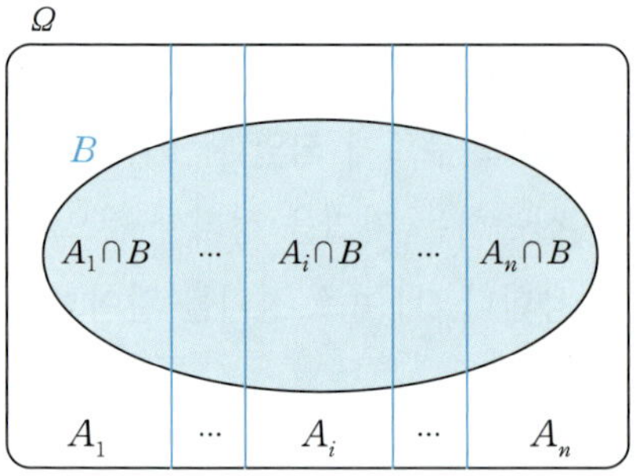

[그림 2-3] 전확률과 베이즈 정리

또한 임의의 사건 A_i에 대한 사건 B의 조건부 확률 $P(B \mid A_i)$의 정의로부터 다음 식을 얻을 수 있다.

$$P(A_i \cap B) = P(A_i)P(B \mid A_i) \tag{2.3}$$

이때 식 (2.2)와 식 (2.3)으로부터 다음과 같은 **베이즈 정리**(Bayes' theorem)를 얻을 수 있다.

정리 2-7 베이즈 정리

사건 $A_1, A_2, \cdots, A_n$이 표본공간 Ω의 분할이고 $P(A_i) > 0$, $P(B) > 0$이면 다음이 성립한다.

$$P(A_i \mid B) = \frac{P(A_i \cap B)}{P(B)} = \frac{P(A_i)P(B \mid A_i)}{\sum_{k=1}^{n} P(A_k)P(B \mid A_k)} \quad (i = 1, 2, \cdots, n)$$

베이즈 정리에서 $P(A_i)$를 사건 A_i의 **사전확률**(prior probability)이라 하고, $P(A_i \mid B)$를 사건 A_i의 **사후확률**(posterior probability)이라 한다. 베이즈 정리는 초기의 적은 정보로 사전확률 $P(A_i)$를 추측했지만, 이용가능한 더 많은 정보를 수집할 수 있으므로 컴퓨터공학 및 이론 통계학 분야에서 폭넓게 이용된다.

예제 2-23

아래 그림과 같이 4개의 상자에 각각 흰 공과 검은 공이 들어 있다. 다음과 같은 방식으로 상자 중 하나를 선택하여 임의로 공을 꺼낼 때, 꺼낸 공이 흰 공일 확률을 구하라.

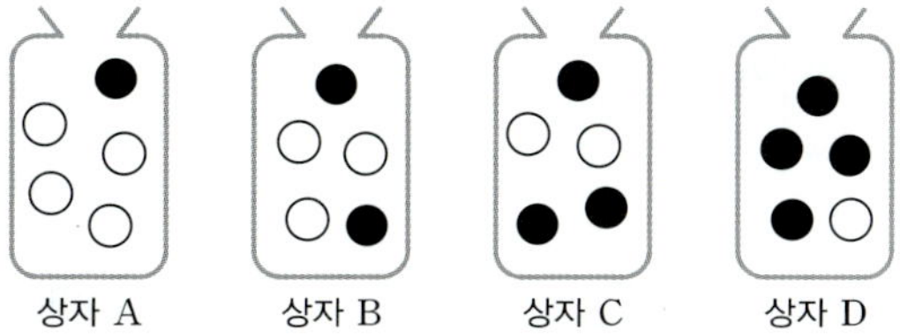

(a) 각 상자를 선택할 기회가 모두 동일한 경우

(b) [예제 2-6]에서 임의로 발사한 화살이 표적지의 S_5에 맞으면 상자 A, S_4에 맞으면 상자 B, S_3에 맞으면 상자 C, S_2에 맞으면 상자 D를 선택하고, S_1에 맞으면 상자를 선택하지 않는 경우

풀이

(a) 각 상자를 선택할 확률은 모두 동일하므로 $\frac{1}{4}$이다. 이때 흰 공을 꺼낼 사건을 E, 각 상자를 선택할 사건을 A, B, C, D라고 하면 전확률 공식 (2.2)에 의하여 흰 공을 꺼낼 확률은 다음과 같다.

$$\begin{aligned} P(E) &= P(A)\,P(E \mid A) + P(B)\,P(E \mid B) + P(C)\,P(E \mid C) + P(D)\,P(E \mid D) \\ &= \frac{1}{4} \times \frac{4}{5} + \frac{1}{4} \times \frac{3}{5} + \frac{1}{4} \times \frac{2}{5} + \frac{1}{4} \times \frac{1}{5} = \frac{1}{2} \end{aligned}$$

(b) [예제 2-6]에서 임의로 발사한 화살이 표적지의 S_5, S_4, S_3, S_2, S_1에 맞을 확률을 각각 구하면 다음과 같다.

$$P(S_5) = \frac{25\pi}{625\pi} = \frac{1}{25},\ P(S_4) = \frac{(100-25)\pi}{625\pi} = \frac{3}{25},\ P(S_3) = \frac{(225-100)\pi}{625\pi} = \frac{1}{5},$$

$$P(S_2) = \frac{(400-225)\pi}{625\pi} = \frac{7}{25},\ P(S_1) = \frac{(625-400)\pi}{625\pi} = \frac{9}{25}$$

화살이 S_1에 맞으면 상자를 선택하지 않으므로 각 상자를 선택할 확률은 다음과 같다.

$$P(A) = \frac{1}{25},\ P(B) = \frac{3}{25},\ P(C) = \frac{1}{5},\ P(D) = \frac{7}{25}$$

따라서 전확률 공식 (2.2)에 의하여 흰 공을 꺼낼 확률은 다음과 같다.

$$\begin{aligned} P(E) &= P(A)\,P(E \mid A) + P(B)\,P(E \mid B) + P(C)\,P(E \mid C) + P(D)\,P(E \mid D) \\ &= \frac{1}{25} \times \frac{4}{5} + \frac{3}{25} \times \frac{3}{5} + \frac{1}{5} \times \frac{2}{5} + \frac{7}{25} \times \frac{1}{5} = \frac{6}{25} \end{aligned}$$

예제 2-24

세 곳의 스마트폰 제조공장 A_1, A_2, A_3에서 스마트폰을 각각 전체의 60%, 30%, 10%씩 생산하고 있다. 이때 각 제조공장에서 생산한 스마트폰의 불량률은 각각 4%, 2%, 1%이다. 어떤 소비자가 구입한 스마트폰 1개가 불량품이었을 때, 이 불량품이 A_1공장의 제품일 확률을 반올림하여 소수 셋째 자리까지 구하라.

풀이

구입한 스마트폰 1개가 A_i 공장의 제품인 사건을 A_i로 나타내고, 스마트폰이 불량품인 사건을 B로 나타내면 $\Omega = A_1 \cup A_2 \cup A_3$, $B = (A_1 \cap B) \cup (A_2 \cap B) \cup (A_3 \cap B)$이다. 이때 각 사건의 확률을 구하면 다음과 같다.

$$\mathrm{P}(A_1) = 0.6,\ \mathrm{P}(A_2) = 0.3,\ \mathrm{P}(A_3) = 0.1$$
$$\mathrm{P}(B \mid A_1) = 0.04,\ \mathrm{P}(B \mid A_2) = 0.02,\ \mathrm{P}(B \mid A_3) = 0.01$$

따라서 베이즈 정리에 의하여 구하고자 하는 확률은 다음과 같다.

$$\begin{aligned}\mathrm{P}(A_1 \mid B) &= \frac{\mathrm{P}(A_1)\,\mathrm{P}(B \mid A_1)}{\mathrm{P}(A_1)\,\mathrm{P}(B \mid A_1) + \mathrm{P}(A_2)\,\mathrm{P}(B \mid A_2) + \mathrm{P}(A_3)\,\mathrm{P}(B \mid A_3)} \\ &= \frac{0.6 \times 0.04}{0.6 \times 0.04 + 0.3 \times 0.02 + 0.1 \times 0.01} \\ &= \frac{24}{31} \fallingdotseq 0.774\end{aligned}$$

예제 2-25

어느 대학교 통계학과 학생의 학년별 비율을 살펴보았더니 1학년이 35%, 2학년이 30%, 3학년이 20%, 4학년이 15%였다. 이 학생들을 대상으로 전공 만족도를 조사하였더니 1학년의 40%, 2학년이 50%, 3학년의 70%, 4학년의 90%가 전공에 만족한다고 응답하였다. 통계학과 학생 1명을 뽑았더니 이 학생이 전공에 만족한다고 응답했을 때, 이 학생이 3학년일 확률을 반올림하여 소수 셋째 자리까지 구하라.

풀이

뽑힌 학생이 1, 2, 3, 4학년인 각 사건을 각각 B_1, B_2, B_3, B_4라 하고, 전공에 만족한다는 사건을 A라 하자. 먼저 확률 $\mathrm{P}(A)$를 구하면 다음과 같다.

$$\begin{aligned}\mathrm{P}(A) &= \mathrm{P}(B_1)\,\mathrm{P}(A \mid B_1) + \mathrm{P}(B_2)\,\mathrm{P}(A \mid B_2) + \mathrm{P}(B_3)\,\mathrm{P}(A \mid B_3) + \mathrm{P}(B_4)\,\mathrm{P}(A \mid B_4) \\ &= 0.35 \times 0.40 + 0.30 \times 0.50 + 0.20 \times 0.70 + 0.15 \times 0.90 \\ &= 0.565\end{aligned}$$

뽑힌 학생이 전공에 만족하면서 3학년일 확률은 다음과 같다.

$$\begin{aligned} P(A \cap B_3) &= P(B_3)\, P(A \mid B_3) \\ &= 0.20 \times 0.70 = 0.140 \end{aligned}$$

따라서 구하고자 하는 확률, 즉 전공에 만족하는 학생이 3학년일 확률은 베이즈 정리를 이용하여 다음과 같이 구한다.

$$\begin{aligned} P(B_3 \mid A) &= \frac{P(B_3)\, P(A \mid B_3)}{P(B_1)\, P(A \mid B_1) + P(B_2)\, P(A \mid B_2) + P(B_3)\, P(A \mid B_3) + P(B_4)\, P(A \mid B_4)} \\ &= \frac{0.140}{0.565} \fallingdotseq 0.248 \end{aligned}$$

Chapter 02 연습문제

2.1 두 사건 A, B에 대하여 $\mathrm{P}(A)=\frac{1}{2}$, $\mathrm{P}(B)=\frac{1}{3}$, $\mathrm{P}(A\cap B)=\frac{1}{4}$일 때, 다음 확률을 구하라.

(a) $\mathrm{P}(A\cup B)$

(b) $\mathrm{P}(A\mid B)$

(c) $\mathrm{P}(B\mid A)$

(d) $\mathrm{P}(B^c\mid A^c)$

2.2 임의의 두 사건 A, B에 대하여 다음이 성립함을 보여라.

(a) $\mathrm{P}(A\cup B)=\mathrm{P}(A)+\mathrm{P}(B)-\mathrm{P}(A\cap B)$

(b) $A\subset B$이면 $\mathrm{P}(A)\le \mathrm{P}(B)$

2.3 주사위 1개를 두 번 던지는 시행에 대하여 다음 확률을 구하라.

(a) 주사위 눈의 수의 합이 3 이하일 확률

(b) 첫 번째로 던진 주사위 눈의 수와 두 번째로 던진 주사위 눈의 수가 같을 확률

(c) 첫 번째로 던진 주사위 눈의 수와 두 번째로 던진 주사위 눈의 수의 합이 8이면서 둘 중 한 번은 주사위 눈의 수가 4일 확률

(d) 첫 번째로 던진 주사위 눈의 수와 두 번째로 던진 주사위 눈의 수의 합이 8일 때, 두 주사위의 눈의 수가 같을 확률

2.4 동전 1개를 두 번 던질 때, 두 번 모두 앞면이 나오거나 두 번 모두 뒷면이 나올 확률을 구하라.

2.5 어떤 동전을 여러 번 던졌더니 앞면이 나올 확률이 뒷면이 나올 확률의 2배였다. 이때 동전의 앞면과 뒷면이 나올 확률을 각각 구하라.

2.6 어떤 실험의 결과는 세 가지 a_1, a_2, a_3만 나타난다고 가정하자. a_1이 일어날 가능성은 a_2가 일어날 가능성의 3배, a_2가 일어날 가능성은 a_3가 일어날 가능성의 3배라 가정할 때, a_2가 일어날 확률을 구하라.

2.7 두 사건 A, B가 서로 배반사건이고, $\mathrm{P}(A) = 0.4$, $\mathrm{P}(A \cup B) = 0.6$일 때, $\mathrm{P}(B)$를 구하라.

2.8 주사위 1개를 100번 던졌을 때, 각각의 눈의 수가 나온 횟수가 다음과 같다. 주어진 물음에 답하라.

눈의 수	1	2	3	4	5	6
횟수	14	17	20	18	15	16

(a) 짝수 눈이 나온 사건을 A라 할 때, $\mathrm{P}(A)$를 구하라.
(b) 3 또는 5의 눈이 나올 확률을 구하라.

2.9 두 집합 A, B에 대하여 A가 B의 부분집합일 때, $\mathrm{P}(B \mid A)$를 구하라.

2.10 표본공간 $\Omega = \{a, b, c, d, e, f\}$에 대하여 사건 A, B, C가 다음과 같다.

$$A = \{a, b, c, e\}, \quad B = \{c, d, e, f\}, \quad C = \{b, c, f\}$$

$\mathrm{P}(\{a\}) = \frac{1}{16}$, $\mathrm{P}(\{b\}) = \frac{1}{16}$, $\mathrm{P}(\{c\}) = \frac{2}{16}$, $\mathrm{P}(\{d\}) = \frac{3}{16}$, $\mathrm{P}(\{e\}) = \frac{4}{16}$, $\mathrm{P}(\{f\}) = \frac{5}{16}$라고 할 때, 다음 확률을 구하라.

(a) $\mathrm{P}(A \mid B)$　　　　(b) $\mathrm{P}(A^c \mid C)$

2.11 $\mathrm{P}(A) = 0.4$, $\mathrm{P}(B) = 0.2$이고 $\mathrm{P}(A \mid B) = 0.6$일 때, $\mathrm{P}(B \mid A)$를 구하라.

2.12 사건 A가 일어났을 때 사건 B가 일어날 확률은 $\mathrm{P}(B \mid A) = 0.3$이고, 사건 B가 일어났을 때 사건 A가 일어날 확률은 $\mathrm{P}(A \mid B) = 0.6$이다. 사건 B가 일어날 확률 $\mathrm{P}(B)$의 범위를 구하라.

2.13 1부터 10까지의 숫자가 적힌 10장의 카드에서 한 장을 꺼낼 때, 나오는 수가 짝수인 사건을 A, 5의 배수인 사건을 B라 하자. 두 사건 A와 B는 서로 독립사건인가?

2.14 두 사건 A, B가 독립일 때, 두 사건 A^c, B^c이 서로 독립사건임을 보여라.

2.15 $P(A)=\frac{1}{4}$, $P(A \cup B)=\frac{1}{3}$, $P(B)=p$이고 두 사건 A, B가 서로 독립사건일 때, p값을 구하라.

2.16 경마에 참가한 3마리의 말 A, B, C가 있다. 이때 A가 이길 확률은 B가 이길 확률의 2배이며, B가 이길 확률은 C가 이길 확률의 2배이다. 말 A, B, C가 경마에서 이길 확률을 각각 구하라. (단, 무승부는 없다.)

2.17 단지에 빨간 구슬 7개와 흰 구슬 3개가 있다. 구슬 1개를 임의로 꺼내는 시행을 비복원추출로 3번 반복할 때 빨간 구슬 2개와 흰 구슬 1개를 뽑을 확률을 구하라.

2.18 통계학과의 남녀 학생 구성비가 각각 60%, 40%이다. 이 중 남학생의 70%와 여학생의 10%가 각각 외국으로 배낭여행을 다녀온 것으로 알려져 있다. 통계학과 학생 중 임의로 선택한 학생 한 명이 외국으로 배낭여행을 다녀온 학생일 때, 이 학생이 여학생일 확률을 구하라.

2.19 어떤 상자 속에 진공관이 10개 들어 있고 이 중 4개는 불량품이다. 이 상자 속에서 진공관 3개를 임의로 추출할 때, 다음 확률을 구하라.

(a) 불량품이 하나도 나오지 않을 확률
(b) 불량품이 2개 포함될 확률

2.20 두 개의 부품으로 이루어진 제품 생산공정에서 A는 20%, B는 30%의 불량률을 가질 때, 부품을 선별하지 않고 생산한 A와 B의 결합부품의 불량률을 구하라.

2.21 상자 A에는 불량품 3개와 양품 7개가 들어 있고, 상자 B에는 불량품 1개와 양품 9개가 들어 있다. 임의로 두 상자 중 한 상자를 택한 다음, 그 상자에서 임의로 1개를 꺼냈더니 불량품이었다. 꺼낸 불량품이 상자 A에서 나왔을 확률을 구하라.

2.22 어떤 회사에서는 각각 10W, 25W, 50W의 출력을 갖는 고성능 앰프를 판매한다. 그런데 매장에 있는 10W 앰프 100대 중 15%, 25W 앰프 70대 중 10%, 50W 앰프 30대 중 10%가 성능에 결함이 있다고 한다. 다음 물음에 답하라.

(a) 매장에서 판매하는 10W 앰프가 성능에 결함이 있을 확률을 구하라.
(b) 각 출력의 앰프가 팔릴 가능성이 동일할 때, 임의로 택한 앰프가 50W이면서 성능에 결함이 있을 확률을 구하라.
(c) 판매하는 앰프 중 임의로 선택한 앰프가 성능에 결함이 있을 확률을 구하라.

2.23 20개의 퓨즈가 들어 있는 퓨즈 상자에는 불량 퓨즈가 5개 들어 있다. 이 상자에서 임의로 1개의 퓨즈를 꺼내는 시행을 두 번 반복할 때, 꺼낸 퓨즈 2개가 모두 불량일 확률을 구하라. (단, 꺼낸 퓨즈는 다시 상자에 넣지 않는다.)

2.24 빨간 공 3개, 흰 공 5개, 검은 공 2개가 들어 있는 주머니에서 임의로 1개의 공을 꺼내는 시행을 세 번 반복할 때, 순서대로 흰 공, 검은 공, 빨간 공이 나올 확률을 구하라. (단, 꺼낸 공은 다시 주머니에 넣지 않는다.)

2.25 3,000명 중 한 명 꼴로 감염되는 어떤 바이러스에 감염되었는지를 판정하는 자가검사키트의 정확도는 90%라고 한다. 이 자가검사키트의 검사에서 양성 반응을 보인 사람이 실제로 바이러스에 감염된 사람일 확률을 구하라.

Chapter 03
확률변수와 확률분포

CONTENTS

학습목표

- 확률변수의 정의를 이해하고, 이산확률변수와 연속확률변수를 구분할 수 있다.
- 이산확률분포와 연속확률분포의 정의를 이해하고, 확률변수의 기댓값과 분산을 구할 수 있다.
- 결합확률분포의 정의를 이해하고, 결합확률밀도함수를 구할 수 있다.
- 결합확률분포의 공분산과 상관계수를 구하고, 상관관계를 이해할 수 있다.

통계조사나 실험을 통해 얻는 자료에는 성적, 신장, 체중, 수명 등과 같이 양적인 측정값을 갖는 양적자료와 특정 정책에 대한 선호도, 성별, 혈액형, 순위 등과 같은 범주로 나타나는 질적자료가 있다. 다음은 질적자료의 예로, 대학교에서 실시하는 과목별 강의평가 문항을 보면 '⑤ 매우 그렇다, ④ 그렇다, ③ 보통이다, ② 아니다, ① 매우 아니다' 중 하나를 선택해서 답을 하도록 구성되어 있다.

문항	구분	설문 내용	매우 그렇다	그렇다	보통이다	아니다	매우 아니다
1	학생 자신에 대한 평가	나는 지난 한 학기 동안 이 강의에 성실한 자세로 임했다.	⑤	④	③	②	①
2	학생 자신에 대한 평가	나는 강의계획서를 자세히 읽은 다음 이 강의의 수강을 신청했다.	⑤	④	③	②	①
3	학생 자신에 대한 평가	나는 이 강의를 통해서 원하는 분야의 지식을 갖추기 위해 노력을 많이 했다.	⑤	④	③	②	①
4	학생 자신에 대한 평가	나는 이 강의의 교수님이 내주신 과제를 충실하게 수행했다.	⑤	④	③	②	①

이와 같은 실험의 결괏값은 예상할 수 없다. 이런 의미에서 랜덤(random)이라는 용어를 사용하며, 각 사건은 개개의 확률로 출현하므로 하나의 변수(variable)라고 볼 수 있다. 그래서 각 출현의 빈도나 등급 등을 수치로 대응하면 전체 실험에 대한 형태를 쉽게 파악할 수 있다.

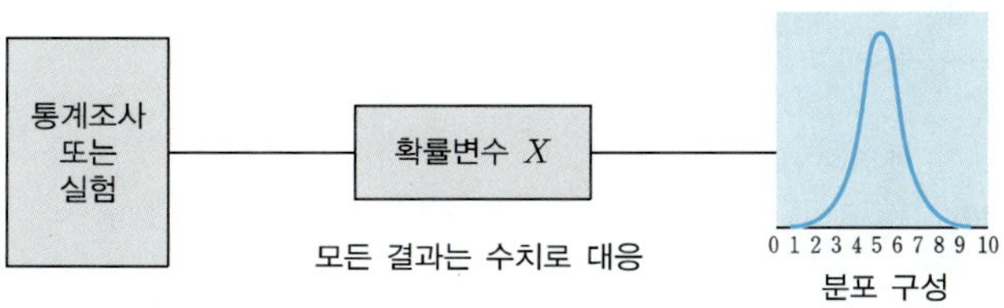

통계학에서는 변수가 가질 수 있는 모든 값이 확률적으로 움직인다고 가정하고, 이들 특성을 확률변수(random variable)로 취급한다. 이 장에서는 이러한 확률변수의 정의와 성질을 살펴본다.

3.1 확률변수

자연현상 또는 사회현상을 과학적으로 분석하기 위해서는 관심 대상이 되는 어떤 특성을 수학적으로 모형화해야 한다. 동전을 던지는 시행에서 앞면이 나올 사건, 품질 검사에서 불량품이 나올 사건 등에 대한 확률을 수학적으로 모형화하기 위해서는 그 사건에서의 실험 결과를 각각 확률변수로 대응해야 한다. 이 절에서는 확률변수의 정의를 먼저 살펴보고, 확률변수에 따른 확률분포를 알아본다.

확률변수의 정의

표본공간은 통계실험의 결과로 이루어지기 때문에 추상적으로 표현되는 경우가 많다. 따라서 표본공간을 쉽게 이해하는 데 어려움이 있으므로 표본공간의 각 원소에 수치를 대응하여 수학적으로 다루기 편리하게 만들어야 한다.

예를 들어 동전을 던지는 시행에서 동전의 앞면(H)이 나오면 숫자 1에 대응하고, 뒷면(T)이 나오면 숫자 0에 대응하는 함수 X를 생각해보자. 그러면 X는 표본공간 $\Omega=\{H, T\}$가 정의역이고 $X(T)=0$, $X(H)=1$의 대응 관계를 갖는 함수로, 치역은 $\{x\in\mathbb{R} \mid x=0, 1\}$이다. 이처럼 어떤 시행에서 표본공간 Ω의 각 원소에 하나의 실숫값을 대응하는 함수 X를 **확률변수**(random variable)라고 한다.

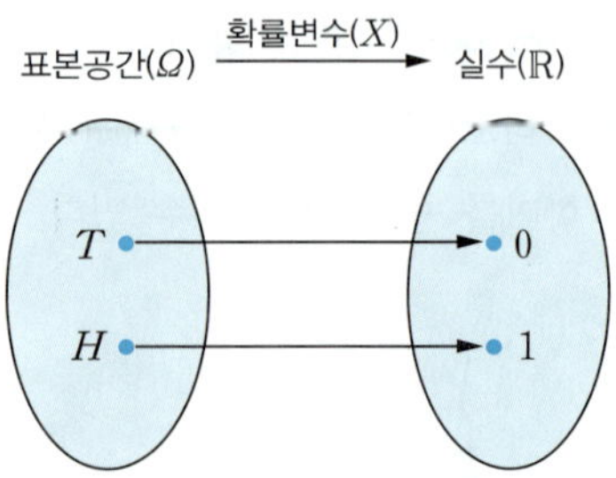

[그림 3-1] **확률변수의 정의**

확률변수에는 이산확률변수와 연속확률변수가 있다. 다음 예를 통해 두 개념을 살펴보자. 주사위의 눈 1이 나올 때까지 반복해서 던지는 통계실험에서 1의 눈이 나오면 ●, 1이 아닌 다른 눈이 나오면 ○로 나타내자. 그러면 표본공간은 다음과 같다.

$$\Omega=\{●, ○●, ○○●, ○○○●, \cdots\}$$

원소의 개수가 무한하므로 출현가능한 모든 경우를 표본점으로 나타내기는 곤란하다. 이때 X를 1의 눈이 나올 때까지 주사위를 반복해서 던진 횟수라 하면, 확률변수 X의 치역은 $X(\Omega)=\{1, 2, 3, 4, \cdots\}$, 즉 자연수 전체 집합임을 알 수 있다. 이와 같이 확률변수 X의 치역이 셀 수 있는 이산 값으로 주어지는 확률변수 X를 **이산확률변수**(discrete random variable)라 하고, 확률변수 X가 갖는 각 값 x를 **이산점**(discrete point)이라고 한다.

이번에는 반지름이 10cm씩 커지는 동심원 10개로 구성된 원판에 양궁 선수가 화살을 쏘는 경우를 생각해보자. 화살이 꽂힌 2차원 평면상의 위치를 표본공간으로 나타내기는 상당히 어려워 보인다. 그러나 X를 원판의 중심으로부터 떨어진 거리로 정의하면, X의 치역은 다음과 같은 실수 집합으로 나타낼 수 있다.

$$X(\Omega)=\{x \in \mathbb{R},\ 0 \le x \le 100\}$$

이와 같이 어떤 연속하는 범위 안에서 모든 실숫값을 가지는 확률변수 X를 **연속확률변수**(continuous random variable)라고 한다.

확률질량함수

이산확률변수 X에 대하여 X가 임의의 실수 x를 취할 확률에 대응하는 다음 함수를 이산확률변수 X의 **확률질량함수**(probability mass function)라고 한다.

$$f(x)=\mathrm{P}(X=x)$$

이산확률변수 X의 치역, 즉 이산점 x에 대하여 $f(x)=\mathrm{P}(X=x)$는 그 이산점에서의 확률을 의미하므로 $0 \le f(x) \le 1$이다. 또 $\mathrm{P}(X=x)$는 발생하리라 기대되는 사건의 확률이므로 모든 x에 대하여 $f(x)$의 합은 1이어야 한다.

정리 3-1 확률질량함수의 성질

이산확률변수 X의 확률질량함수 $f(x)$에 대하여 다음 성질이 성립한다.

(1) 모든 실수 x에 대하여 $0 \le f(x) \le 1$이다.

(2) $\sum_{x \in \mathbb{R}} f(x)=1$이다.

(3) 임의의 $A \subset \mathbb{R}$에 대하여 $\mathrm{P}(X \in A)=\sum_{x \in A} f(x)$이다.

예제 3-1

동전 1개를 두 번 던지는 실험에서 앞면이 나온 횟수를 확률변수 X라 하자. 이때 확률변수 X가 가질 수 있는 값, 즉 이산점을 모두 구하고 X가 각 이산점 x를 가질 확률을 구하라.

풀이

확률변수 X를 앞면이 나온 횟수라 하면 X가 가질 수 있는 값은 $0, 1, 2$뿐이다. 이때 앞면이 나오는 사건을 H, 뒷면이 나오는 사건을 T라고 하면 각각의 경우에 대응하는 사건은 다음과 같다.

$$X=0 \Longleftrightarrow A=\{(T, T)\}$$
$$X=1 \Longleftrightarrow B=\{(H, T), (T, H)\}$$
$$X=2 \Longleftrightarrow C=\{(H, H)\}$$

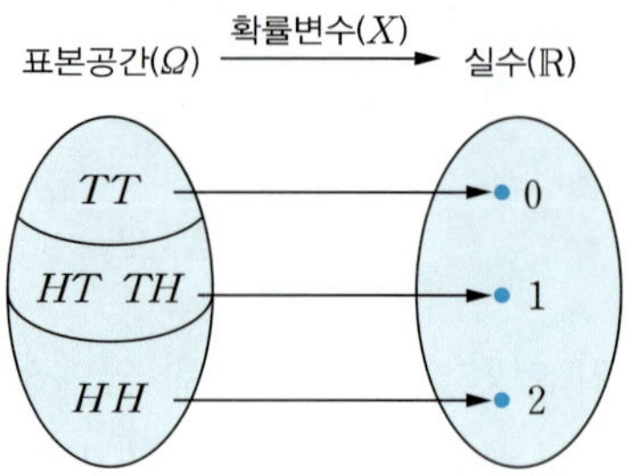

[그림 3-2] 동전을 두 번 던질 때의 확률변수

따라서 각 이산점에 대한 확률은 다음 표와 같다.

X	0	1	2
$P(X=x)$	$\frac{1}{4}$	$\frac{1}{2}$	$\frac{1}{4}$

여기서 $P(X=x)$를 $f(x)$라고 하면 확률변수 X의 확률질량함수 $f(x)$는 다음과 같다.

$$f(x)=\begin{cases} \frac{1}{4} & (x=0 \text{ 또는 } x=2) \\ \frac{1}{2} & (x=1) \\ 0 & (x\text{는 } 0, 1, 2\text{가 아닌 실수}) \end{cases}$$

확률질량함수 $f(x)$의 성질을 확인해보면 모든 x에 대하여 $f(x)=P(X=x) \geq 0$이고 다음이 성립한다.

$$\sum_{x=0}^{2} f(x)=f(0)+f(1)+f(2)=\frac{1}{4}+\frac{1}{2}+\frac{1}{4}=1$$

A가 앞면이 1회 이상 나올 사건이라 하면 사건 A가 일어날 확률은 다음과 같다.

$$P(A)=\sum_{x=1}^{2} f(x)=f(1)+f(2)=\frac{1}{2}+\frac{1}{4}=\frac{3}{4}$$

예제 3-2

확률변수 X가 가질 수 있는 값이 1, 2, 3이고 $\mathrm{P}(X=1)=0.2$, $\mathrm{P}(X=2)=0.4$일 때, $\mathrm{P}(X=3)$을 구하라.

풀이

확률질량함수의 성질에 따라 다음이 성립한다.

$$\mathrm{P}(X=1)+\mathrm{P}(X=2)+\mathrm{P}(X=3)=1$$

따라서 $\mathrm{P}(X=3)$은 다음과 같이 구한다.

$$\mathrm{P}(X=3)=1-\{\mathrm{P}(X=1)+\mathrm{P}(X=2)\}=1-(0.2+0.4)=0.4$$

예제 3-3

주사위를 던져서 1의 눈이 나오면 성공하는 통계실험이 있다. 이 통계실험을 무한히 반복한다고 할 때, 확률변수 X를 실험이 성공할 때까지의 시행횟수라 하자. 다음 물음에 답하라.

(a) 확률변수 X가 가질 수 있는 값, 즉 모든 이산점을 구하라.
(b) 확률변수 X의 확률질량함수를 구하고, 확률질량함수의 성질을 만족함을 보여라.

풀이

(a) 확률변수 X를 실험이 성공할 때까지의 시행횟수라고 했으므로 이산점은 다음과 같다.

$$X(\Omega)=\{1, 2, 3, \cdots\}=\{x \mid x\text{는 모든 자연수}\}$$

(b) 1의 눈이 나오면 성공이므로 한 번 던졌을 때 성공할 확률은 $\frac{1}{6}$이고 실패할 확률은 $\frac{5}{6}$이다. 따라서 확률변수 X의 확률질량함수는 다음과 같다.

$$f(x)=\left(\frac{1}{6}\right)\left(\frac{5}{6}\right)^{x-1} \quad (x=1, 2, 3, \cdots)$$

그러므로 $0<f(x)<1$이고 $\sum_{x=1}^{\infty} f(x)=\sum_{x=1}^{\infty}\left(\frac{1}{6}\right)\left(\frac{5}{6}\right)^{x-1}$이다. 이는 공비가 $\frac{5}{6}$이고 초항이 $\frac{1}{6}$인 무한등비급수이므로 다음과 같이 구한다.

$$\sum_{x=1}^{\infty} f(x)=\sum_{x=1}^{\infty}\left(\frac{1}{6}\right)\left(\frac{5}{6}\right)^{x-1}=\frac{\frac{1}{6}}{1-\frac{5}{6}}=1$$

또한 3회 이하로 시행하여 실험이 성공하는 사건을 A라 하면 $\mathrm{P}(A)$는 다음과 같다.

$$\mathrm{P}(A)=\sum_{x=1}^{3} f(x)=\sum_{x=1}^{3}\left(\frac{1}{6}\right)\left(\frac{5}{6}\right)^{x-1}$$

이는 공비가 $\frac{5}{6}$이고 초항이 $\frac{1}{6}$인 등비수열의 첫째 항부터 셋째 항까지의 합이므로 다음과 같이 구한다.

$$\mathrm{P}(A)=\frac{\frac{1}{6}\left\{1-\left(\frac{5}{6}\right)^{3}\right\}}{1-\frac{5}{6}}=\frac{91}{1080}$$

따라서 함수 $f(x)$는 확률질량함수의 모든 성질을 만족한다.

예제 3-4

자유투 성공률이 80%인 농구선수가 자유투를 10번 던진다고 하자. 이 농구선수가 10번 던져서 성공한 자유투의 수를 확률변수 X라고 할 때, 다음 물음에 답하라.

(a) 확률변수 X가 가질 수 있는 값, 즉 모든 이산점을 구하라.

(b) 확률변수 X의 확률질량함수를 구하고, 확률질량함수의 성질 (1), (2)를 만족함을 보여라.

(c) 확률질량함수의 성질 (3)을 이용하여 확률 $\mathrm{P}(X>8)$, $\mathrm{P}(6 \le X \le 8)$을 구하라. (이때 복잡한 계산은 공학용 계산기를 이용할 수 있다.)

풀이

(a) 확률변수 X는 10번 던져서 성공한 자유투의 수이므로 이산점은 다음과 같다.

$$X(\Omega)=\{0, 1, 2, \cdots, 10\}=\{x \mid x\text{는 } 0 \le x \le 10\text{인 자연수}\}$$

(b) 성공률이 0.8이므로 실패할 확률은 0.2이다. 또한 확률변수 X가 10번 던져서 성공한 자유투의 수이므로 확률질량함수는 다음과 같다.

$$f(x)=\mathrm{P}(X=x)={}_{10}\mathrm{C}_{x}(0.8)^{x}(0.2)^{10-x} \quad (x=0, 1, 2, \cdots, 10)$$

따라서 $0<f(x)<1$이므로 확률질량함수의 성질 (1)을 만족한다. 또한 이항정리에 의해 다음과 같이 확률질량함수의 성질 (2)를 만족함을 확인할 수 있다.

$$\sum_{x=0}^{10} {}_{10}\mathrm{C}_{x}(0.8)^{x}(0.2)^{10-x}=(0.8+0.2)^{10}=1$$

(c) 각각의 확률을 구하면 다음과 같다.

$$\begin{aligned}P(X>8) &= \sum_{x=9}^{10} {}_{10}C_x (0.8)^x (0.2)^{10-x} \\ &= {}_{10}C_9 (0.8)^9 (0.2)^1 + {}_{10}C_{10} (0.8)^{10} (0.2)^0 \\ &\fallingdotseq 0.2684 + 0.1074 = 0.3758\end{aligned}$$

$$\begin{aligned}P(6 \le X \le 8) &= {}_{10}C_6 (0.8)^6 (0.2)^4 + {}_{10}C_7 (0.8)^7 (0.2)^3 + {}_{10}C_8 (0.8)^8 (0.2)^2 \\ &\fallingdotseq 0.0881 + 0.2013 + 0.3020 = 0.5914\end{aligned}$$

확률밀도함수

연속확률변수 X에 대하여 $a \le X \le b$일 확률을 다음과 같이 표현할 때, 확률변수 X는 연속확률분포를 따른다고 한다.

$$P(a \le X \le b) = \int_a^b f(x)\,dx$$

이때 연속함수 $f(x)$를 확률변수 X의 **확률밀도함수**(probability density function)라고 한다.

정리 3-2 확률밀도함수의 성질

연속확률변수 X의 확률밀도함수 $f(x)$에 대하여 다음 성질이 성립한다.

(1) 모든 실수 x에 대하여 $f(x) \ge 0$이다.

(2) $\int_{-\infty}^{\infty} f(x)\,dx = 1$이다.

(3) $P(a \le X \le b) = \int_a^b f(x)\,dx$이다.

연속확률변수 X가 a와 b 사이에 있을 확률 $P(a \le X \le b)$는 [그림 3-3]에서 볼 수 있듯이 $x = a$와 $x = b$, 그리고 연속함수 $f(x)$의 그래프와 x축으로 둘러싸인 영역의 넓이와 같다. 따라서 연속확률변수 X에 대하여 다음이 성립함을 알 수 있다.

- $P(X = a) = \int_a^a f(x)\,dx = 0$
- $P(a \le x \le b) = P(a \le x < b) = P(a < x \le b) = P(a < x < b)$

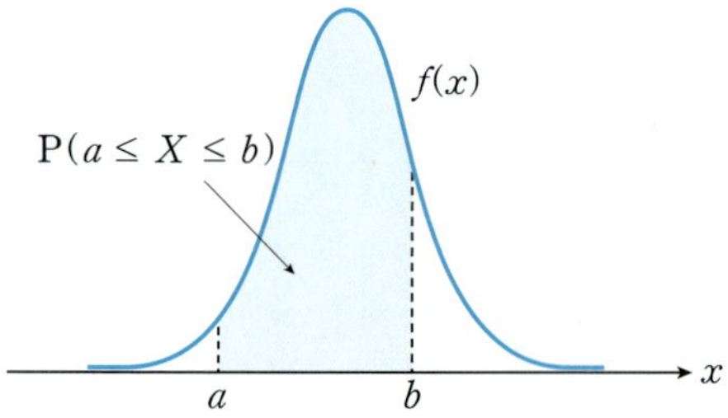

[그림 3-3] **연속확률변수 X의 확률 $\mathrm{P}(a \le X \le b)$**

예제 3-5

연속확률변수 X의 확률밀도함수가 다음과 같을 때, 주어진 물음에 답하라.

$$f(x) = \begin{cases} c(1-x) & (0 < x < 1) \\ 0 & (\text{그 외}) \end{cases}$$

(a) 상수 c를 구하라.

(b) 확률 $\mathrm{P}\left(0 < X < \frac{1}{2}\right)$을 구하라.

풀이

(a) 확률밀도함수의 성질에 따라 다음이 성립한다.

$$\int_0^1 c(1-x)\,dx = c\left[x - \frac{1}{2}x^2\right]_0^1 = \frac{c}{2} = 1$$

따라서 $c = 2$이다.

(b) $\mathrm{P}\left(0 < X < \frac{1}{2}\right) = \int_0^{\frac{1}{2}} 2(1-x)\,dx = 2\left[x - \frac{1}{2}x^2\right]_0^{\frac{1}{2}} = \frac{3}{4}$

3.2 확률분포

이 절에서는 이산확률변수의 확률분포인 **이산확률분포**(discrete probability distribution)와 연속확률변수의 확률분포인 **연속확률분포**(continuous probability distribution)를 살펴보자.

이산확률분포

이산확률변수 X가 가지는 값을 $x_1, x_2, \cdots, x_n$이라 할 때, X의 확률질량함수가 다음과 같다고 하자.

$$f(x) = \mathrm{P}(X = x) \quad (x = x_1, x_2, \cdots, x_n) \tag{3.1}$$

이산확률변수 X의 확률분포 상태를 쉽게 파악하기 위하여 확률분포를 그래프로 나타내는 경우가 많은데, 이러한 이산확률분포의 그래프는 보통 막대그래프나 **확률 히스토그램**(probability histogram)으로 나타낸다. 예를 들어 [예제 3-4]로부터 자유투 성공률이 80%인 농구선수가 자유투를 10개 던져서 성공한 자유투의 수가 8개 이하일 확률을 구하면 다음과 같다.

$$\begin{aligned}\mathrm{P}(X \le 8) &= \sum_{x=0}^{8} {}_{10}\mathrm{C}_x (0.8)^x (0.2)^{10-x} \\ &= 1 - \mathrm{P}(X > 8) \\ &= 1 - 0.3758 = 0.6242\end{aligned}$$

따라서 X가 8 이하일 확률은 X가 8보다 작거나 같을 확률을 모두 누적한 값과 같다. 이와 같이 확률변수의 유형에 관계없이 이런 누적확률의 일반적인 표현 방법이 필요하다. 이때 도입되는 새로운 표현 방법이 **분포함수**(distribution function)이다. 다음과 같은 함수 $F(x)$를 확률변수 X의 분포함수라고 한다.

$$F(x) = \mathrm{P}(X \le x)$$

즉 이산확률변수 X의 분포함수는 임의의 실수 x에 대하여 이산확률변수 X가 x보다 작거나 같은 값을 취하는 확률로 정의하므로 분포함수 $F(x)$를 **누적분포함수**(cumulative distribution function)라고도 한다. 만일 확률변수 X가 식 (3.1)과 같은 확률질량함수 $f(x)$를 갖는 이산확률변수라면 분포함수 $F(x)$는 다음과 같다.

$$F(x) = \sum_{x_i \le x} f(x_i)$$

정리 3-3 분포함수의 성질

분포함수 $F(x)$에 대하여 다음 성질이 성립한다.

(1) 모든 실수 x에 대하여 $0 \le F(x) \le 1$이다.

(2) $F(x)$는 증가함수이다.

(3) $F(\infty) = \lim_{x \to \infty} F(x) = 1$, $F(-\infty) = \lim_{x \to -\infty} F(x) = 0$이다.

(4) X가 이산확률변수인 경우 $P(X=x) = F(x) - F(x-1)$이다.

예제 3-6

확률변수 X의 분포함수가 다음과 같을 때, 확률 $P(30 \le X \le 50)$을 구하라.

$$F(x) = P(X \le x) = \begin{cases} 0 & (x < 0) \\ 0.15 & (0 \le x < 10) \\ 0.35 & (10 \le x < 30) \\ k & (30 \le x < 50) \\ 1 & (50 \le x) \end{cases}$$

풀이

구하고자 하는 확률은 분포함수의 성질로부터 다음과 같이 구할 수 있다.

$$P(30 \le X \le 50) = P(X \le 50) - P(X < 30) = 1 - 0.35 = 0.65$$

다른 방법으로 풀기 위해 분포함수를 그리면 다음과 같다.

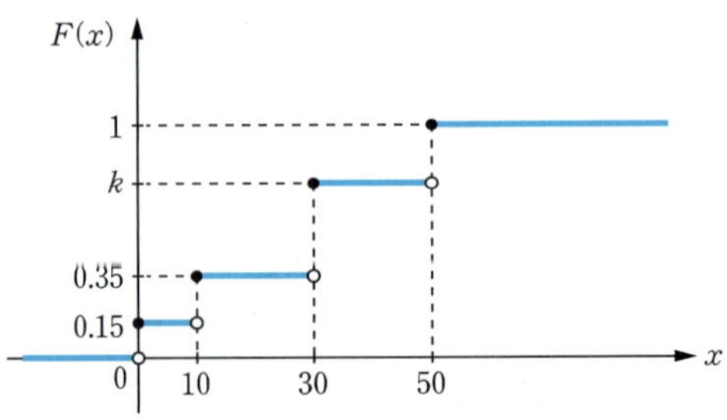

즉 확률변수 X의 이산점은 $\{0, 10, 30, 50\}$이고, 확률분포표는 다음과 같다.

X	0	10	30	50	합계
$P(X=x)$	0.15	0.20	$k-0.35$	$1-k$	1

따라서 구하고자 하는 확률은 다음과 같다.

$$\begin{aligned} P(30 \le X \le 50) &= P(X=30) + P(X=50) \\ &= (k-0.35) + (1-k) = 0.65 \end{aligned}$$

예제 3-7

서로 다른 동전 2개를 동시에 던지는 실험에서 앞면이 나오는 횟수를 확률변수 X라고 할 때, 주어진 물음에 답하라.

(a) 확률변수 X의 분포함수를 구하라.
(b) 확률변수 X의 확률질량함수를 막대그래프와 확률 히스토그램으로 표현하라.
(c) 확률변수 X의 분포함수를 그래프로 표현하라.

풀이

(a) 앞면이 나오는 사건을 H, 뒷면이 나오는 사건을 T라 할 때, 서로 다른 동전 2개를 동시에 던지는 사건은 다음과 같다.

$$(H, H),\ (H, T),\ (T, H),\ (T, T)$$

따라서 확률변수 X의 분포함수 $F(x)$를 구하면 다음과 같다.

$$F(x) = P(X \le x) = \begin{cases} 0 & (x < 0) \\ \dfrac{1}{4} & (0 \le x < 1) \\ \dfrac{3}{4} & (1 \le x < 2) \\ 1 & (x \ge 2) \end{cases}$$

(b) 확률변수 X의 확률질량함수 $f(x)$를 막대그래프와 확률 히스토그램으로 나타내면 다음과 같다.

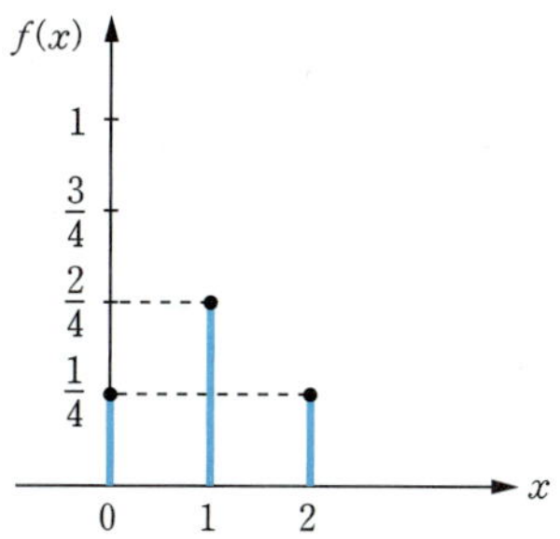

막대그래프

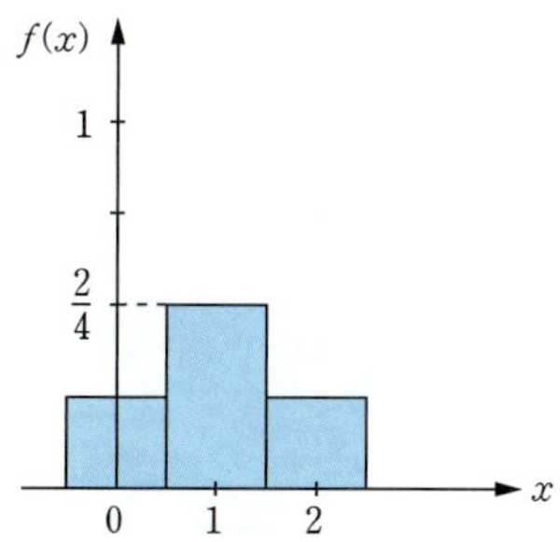

확률 히스토그램

(c) (a)에서 구한 확률변수 X의 분포함수 $F(x)$를 그래프로 나타내면 다음과 같다.[1]

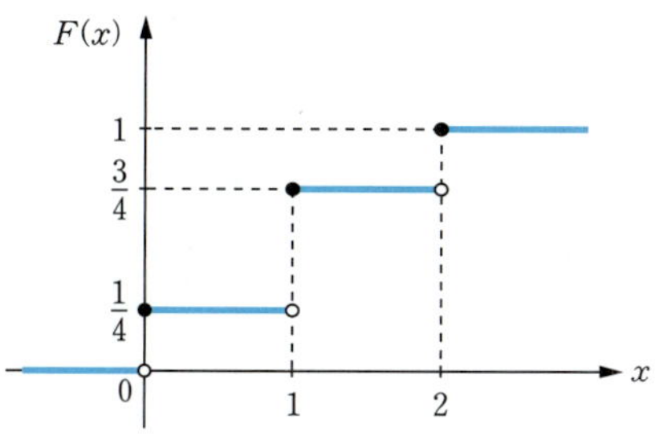

1 함수 $F(x)$의 그래프를 보면 계단 모양인데 이러한 함수를 **계단함수**(step function)라고 한다.

예제 3-8

드론을 생산하는 스마트 팩토리 업체에서 촬영 장비로 드론을 구입하려고 한다. 비슷한 드론에 대한 과거의 경험을 바탕으로 추정했을 때, 이 업체에서 생산한 촬영용 드론은 1년 동안 작동 가능한 상태로 남아있을 가능성이 50%라고 한다. 새로운 영화 촬영을 위해 이 업체에서 생산한 촬영용 드론 3대를 구입했을 때, 1년 후에도 작동 가능한 드론의 수를 확률변수 X라고 하자. 주어진 물음에 답하라.

(a) 확률변수 X의 확률분포표를 작성하라.

(b) 확률변수 X의 분포함수를 구하고, 그 그래프를 그려라.

풀이

(a) 1년 후에 촬영용 드론이 작동 가능한 상태를 s, 작동 불가능한 상태를 f라 하고, 이를 그림으로 나타내면 다음과 같다.

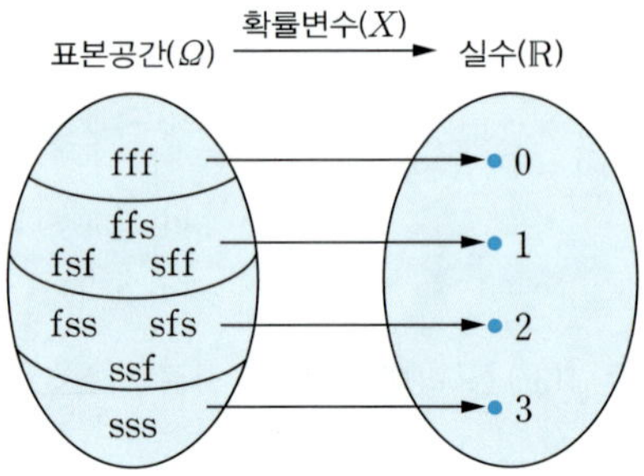

여기서 fff는 3대 모두가 작동 불가능한 상태, sff는 처음 1대는 작동 가능하고 나머지 2대는 작동 불가능한 상태를 의미한다. 따라서 확률분포표는 다음과 같다.

X	0	1	2	3	합계
$P(X=x)$	$\frac{1}{8}$	$\frac{3}{8}$	$\frac{3}{8}$	$\frac{1}{8}$	1

(b) (a)에서 구한 확률분포표를 이용하면 확률변수 X의 분포함수와 그 그래프는 다음과 같다.

$$F(x)=\begin{cases} 0 & (x<0) \\ \frac{1}{8} & (0\le x<1) \\ \frac{1}{2} & (1\le x<2) \\ \frac{7}{8} & (2\le x<3) \\ 1 & (3\le x) \end{cases}$$

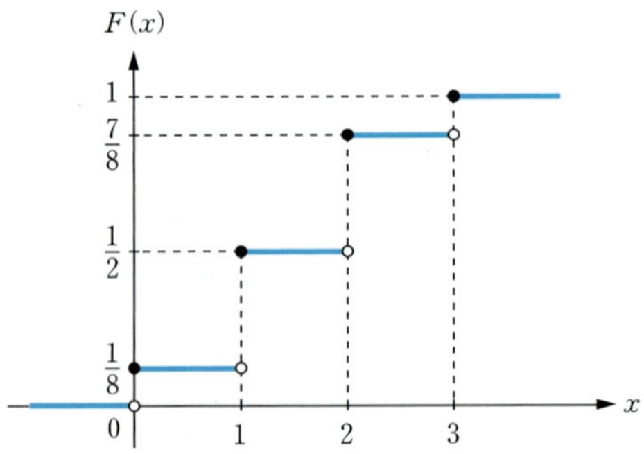

연속확률분포

한편, $f(x)$가 연속확률변수 X의 확률밀도함수일 때 확률변수 X의 분포함수 $F(x)$는 다음과 같다. 분포함수는 확률 $P(X \le x)$와 같으므로 다음이 성립한다.

$$F(x) = P(X \le x) = \int_{-\infty}^{x} f(t)\,dt$$

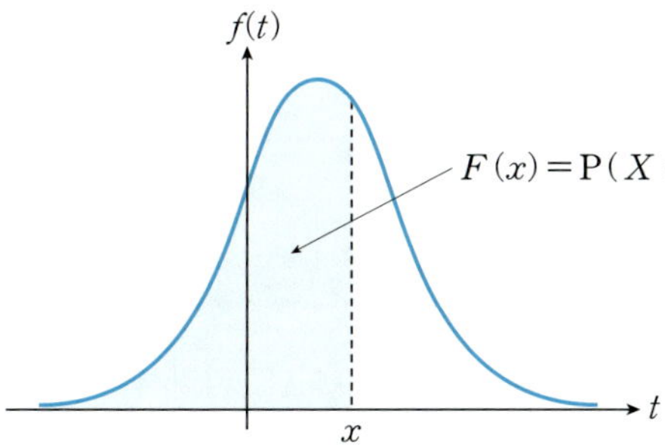

[그림 3-4] **연속확률변수 X의 분포함수 $F(x)$**

분포함수의 정의와 미분적분학의 기본정리에 의해 연속확률변수 X의 분포함수 $F(x)$는 다음을 만족한다.

$$f(x) = \frac{dF(x)}{dx}$$

예를 들어 분포함수가 $F(x) = \frac{x}{10}\ (0 < x < 10)$이면 이를 x에 대해 미분하여 연속확률변수 X의 확률밀도함수 $f(x)$를 얻는다.

$$f(x) = \frac{d}{dx}F(x) = \left(\frac{x}{10}\right)' = \frac{1}{10}\ (0 < x < 10)$$

다음과 같이 분포함수를 이용하여 연속확률변수 X가 구간에 있을 확률을 구할 수 있다.

$$P(a \le X \le b) = P(X \le b) - P(X < a) = F(b) - F(a) = \int_a^b f(x)\,dx$$

예제 3-9

확률변수 X의 확률밀도함수가 다음과 같을 때, 주어진 물음에 답하라.

$$f(x) = \begin{cases} \frac{1}{8} + \frac{3}{8}x & (0 \le x \le 2) \\ 0 & (x < 0 \text{ 또는 } x > 2) \end{cases}$$

(a) $P(1 \le X \le 1.5)$

(b) $P(X > 1)$

풀이

(a) $\mathrm{P}(1 \le X \le 1.5) = F(1.5) - F(1)$

$$= \int_1^{1.5} f(x)\,dx = \int_1^{1.5} \left(\frac{1}{8} + \frac{3}{8}x\right) dx = \left[\frac{1}{8}x + \frac{3}{16}x^2\right]_1^{1.5} = \frac{19}{64}$$

(b) $\mathrm{P}(X > 1) = 1 - \mathrm{P}(X \le 1) = 1 - F(1) = 1 - \int_{-\infty}^{1} f(x)\,dx$

$$= 1 - \int_0^1 \left(\frac{1}{8} + \frac{3}{8}x\right) dx = 1 - \left[\frac{1}{8}x + \frac{3}{16}x^2\right]_0^1 = 1 - \frac{5}{16} = \frac{11}{16}$$

Note 확률변수에 따른 $\mathrm{P}(X=x)$

이산확률변수 X의 경우 각 이산점 x에서의 확률이 존재하며 그 값은 $f(x)$이다. 따라서 확률변수 X의 확률질량함수 $f(x)$에 대하여 $0 \le f(x) \le 1$을 만족한다. 반면, 연속확률변수 X가 한 점 x를 가질 확률은 항상 0이다.

확률변수 X의 확률밀도함수 $f(x)$에 대하여 $\mathrm{P}(X=x) \ne f(x)$이므로 실제로 $f(x)$는 1보다 큰 값을 가질 수 있다. 따라서 확률변수 X가 한 점 x를 가질 확률 $\mathrm{P}(X=x)$는 X가 연속확률변수가 아닌 이산확률변수일 때에만 확률질량함수를 통해 정의됨을 알 수 있다.

예제 3-10

실수 c에 대하여 확률변수 X의 확률밀도함수가 다음과 같을 때, 주어진 물음에 답하라.

$$f(x) = \begin{cases} cx & (0 \le x \le 2) \\ 0 & (x < 0 \text{ 또는 } x > 2) \end{cases}$$

(a) 상수 c를 구하라.
(b) 확률변수 X의 분포함수를 구하라.
(c) $\mathrm{P}(-2 < X < 1)$을 구하라.
(d) 확률변수 X의 분포함수의 그래프를 그려라.

풀이

(a) $\int_0^2 cx\,dx = \left[\frac{1}{2}cx^2\right]_0^2 = \frac{c}{2} \times 2^2 = 1$이므로 $c = \frac{1}{2}$ 이다.

(b) $\int_{-\infty}^0 f(x)\,dx = 0$이므로 확률변수 X의 분포함수 $F(x)$는 다음과 같다.

$$F(x) = \int_0^x \frac{1}{2}t\,dt = \frac{1}{2}\left[\frac{1}{2}t^2\right]_0^x = \frac{1}{4}x^2$$

따라서 분포함수 $F(x)$는 다음과 같이 정리할 수 있다.

$$F(x)=\begin{cases}0 & (x<0)\\ \dfrac{1}{4}x^2 & (0\le x\le 2)\\ 1 & (x>2)\end{cases}$$

(c) $\mathrm{P}(-2<x<1)=\mathrm{P}(0<X<1)=F(1)-F(0)=\dfrac{1}{4}-0=\dfrac{1}{4}$

(d) (b)에서 구한 확률변수 X의 분포함수를 그래프로 나타내면 다음과 같다.

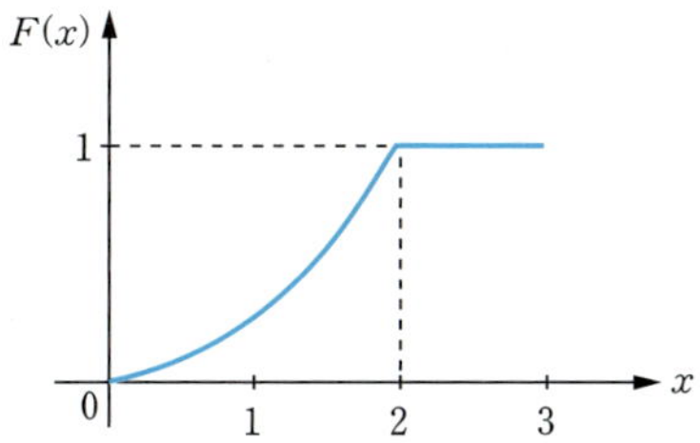

예제 3-11

다음 그림과 같이 길이가 100m이며 양 끝을 A와 B가 지탱하고 있는 고른 재질의 교량 위에 무게가 1000kg인 자동차가 놓여 있다고 하자. 자동차가 놓인 위치를 확률변수 X라고 할 때, X의 확률밀도함수와 분포함수를 각각 구하라.

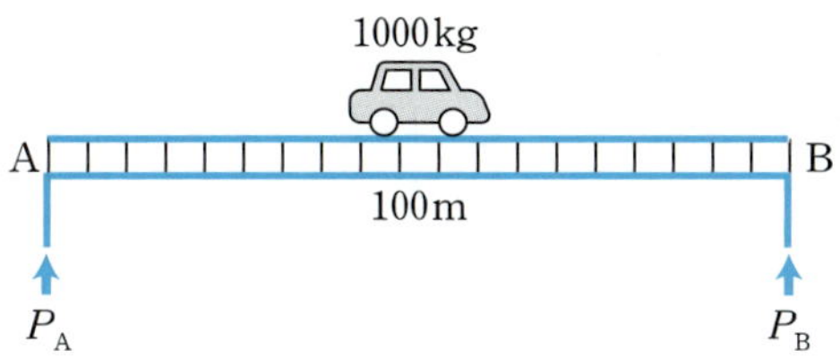

풀이

자동차가 놓인 위치 X에 대한 확률밀도함수 $f(x)$는 다음과 같다.

$$f(x)=\begin{cases}k & (0\le x\le 100)\\ 0 & (x<0 \text{ 또는 } x>100)\end{cases}$$

여기서 k는 상수이고, $f(x)$는 확률변수 X의 확률밀도함수이므로 $\int_0^{100} k\,dx=1$이다. 따라서 $k=\dfrac{1}{100}$이므로 확률변수 X의 분포함수 $F(x)$는 다음과 같다.

$$F(x)=\begin{cases}\displaystyle\int_0^x \frac{1}{100}\,dt\left(=\frac{x}{100}\right) & (0\le x<100)\\ 1 & (100\le x)\end{cases}$$

확률변수 X의 확률밀도함수 $f(x)$와 분포함수 $F(x)$의 그래프는 다음과 같다.

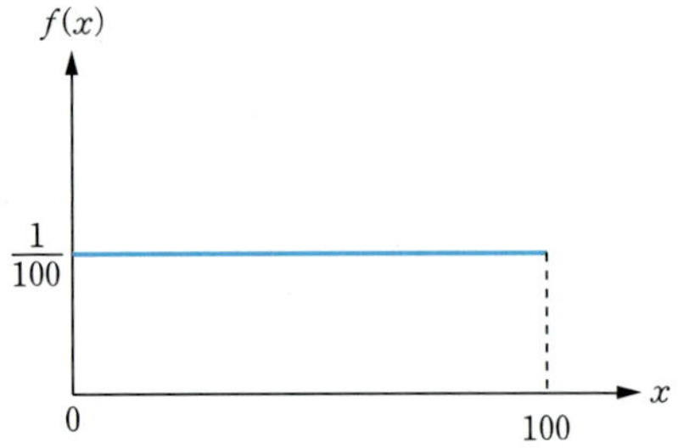

확률변수 X의 확률밀도함수 $f(x)$

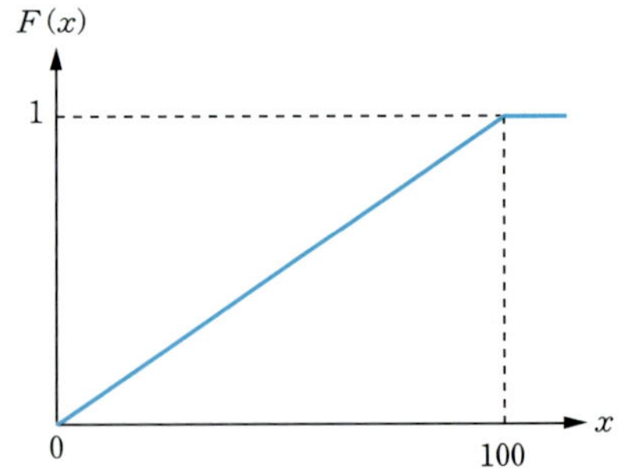

확률변수 X의 분포함수 $F(x)$

예제 3-12

어떤 부품이 고장 나기까지 걸리는 시간을 확률변수 X라고 하자. 확률분포 X의 분포함수가 다음과 같을 때, 주어진 물음에 답하라.

$$F(x)=\begin{cases} 0 & (x \le 0) \\ 1-e^{-x} & (x > 0) \end{cases}$$

(a) 확률변수 X의 분포함수를 이용하여 $\mathrm{P}(3 < X < 5)$를 구하라.

(b) 확률변수 X의 확률밀도함수를 이용하여 $\mathrm{P}(3 < X < 5)$를 구하라.

풀이

(a) X가 연속확률변수이므로 구하고자 하는 확률은 다음과 같다.

$$\begin{aligned} \mathrm{P}(3 < X < 5) &= \mathrm{P}(X < 5) - \mathrm{P}(X \le 3) \\ &= (1-e^{-5}) - (1-e^{-3}) = e^{-3} - e^{-5} \end{aligned}$$

(b) 확률변수 X의 확률밀도함수는 다음과 같다.

$$f(x) = \frac{d}{dx}F(x) = \frac{d}{dx}(1-e^{-x}) = e^{-x} \quad (x \ge 0)$$

따라서 구하고자 하는 확률은 다음과 같다.

$$\mathrm{P}(3 < X < 5) = \int_3^5 e^{-x}\,dx = e^{-3} - e^{-5}$$

3.3 확률변수의 기댓값과 분산

자료의 중심 위치와 산포도를 각각 그 자료의 평균과 분산을 구하여 알 수 있는 것처럼 확률분포의 중심 위치와 산포도도 각각 그 확률변수의 기댓값과 분산을 구하여 알 수 있다. 여기서는 확률변수의 기댓값과 분산을 알아보자.

확률변수의 기댓값

서로 다른 동전 2개를 동시에 던지는 실험에서 앞면이 나온 횟수를 확률변수 X라고 하자. 그러면 확률변수 X의 확률질량함수는 다음과 같다.

$$f(x) = \begin{cases} \dfrac{1}{4} \, (x=0 \text{ 또는 } x=2) \\ \dfrac{1}{2} \, (x=1) \end{cases}$$

이 실험을 1,000번 실시한다면 앞면이 두 번 나오는 경우가 250번, 앞면이 한 번 나오는 경우가 500번, 그리고 앞면이 나오지 않는 경우가 250번이 되리라는 것을 쉽게 알 수 있다. 따라서 확률변수 X의 평균은 다음과 같이 구한다.

$$\begin{aligned} \frac{(\text{측정값의 합})}{1000} &= \frac{0\times 250 + 1\times 500 + 2\times 250}{1000} \\ &= 0\times \frac{250}{1000} + 1\times \frac{500}{1000} + 2\times \frac{250}{1000} \\ &= 0\times \frac{1}{4} + 1\times \frac{1}{2} + 2\times \frac{1}{4} = 1 \end{aligned}$$

한편, 확률변수 X의 평균을 계산한 식에서

$$0\times \frac{1}{4} + 1\times \frac{1}{2} + 2\times \frac{1}{4}$$

은 확률변수 X가 가지는 값 $x=0, 1, 2$와 각 x값에 대응하는 확률 $f(0)$, $f(1)$, $f(2)$의 곱을 합한 다음 결과와 같다.

$$0\times f(0) + 1\times f(1) + 2\times f(2)$$

즉 확률변수 X의 평균을 μ라 하면 다음이 성립한다.

$$\mu = 0 \times f(0) + 1 \times f(1) + 2 \times f(2) = 1$$

이는 서로 다른 동전을 2개 던지는 통계실험을 계속 반복할 때 평균적으로 관측되리라 기대되는 값이 1임을 의미한다. 이와 같이 구한 평균을 **기댓값**(expected value)이라고 한다. 확률변수 X의 기댓값 μ는 X의 확률분포에서 중심 위치를 의미하고 $\mathrm{E}(X)$로 나타낸다.

일반적으로 이산확률변수 X가 이산점 $x_1, x_2, \cdots, x_n$을 가지고, 각 이산점에서의 확률이 $f(x_1), f(x_2), \cdots, f(x_n)$이라고 하면 기댓값은 각 이산점과 이에 대응하는 확률을 곱하여 모두 합한 값이다. 또한 연속확률변수인 경우에는 합하는 대신 적분함으로써 기댓값을 구할 수 있다.

정리 3-4 확률변수 X의 기댓값

확률변수 X의 기댓값 $\mathrm{E}(X)$는 다음과 같이 정의한다.

$$\mathrm{E}(X) = \begin{cases} \displaystyle\sum_{x=x_1}^{x_n} x\,f(x) & (X : \text{이산확률변수}) \\ \displaystyle\int_{-\infty}^{\infty} x\,f(x)\,dx & (X : \text{연속확률변수}) \end{cases}$$

예제 3-13

다음 표는 어느 프로야구선수가 한 경기에서 치는 안타수 X와 그에 대한 확률을 조사하여 나타낸 것이다. 이 선수가 한 경기에서 안타를 어느 정도 칠 것으로 기대할 수 있는지 설명하라.

X	0	1	2	3	4	합계
$\mathrm{P}(X=x)$	0.30	0.35	0.20	0.10	0.05	1

풀이

확률변수 X의 기댓값을 구하면 다음과 같다.

$$\mu = \mathrm{E}(X) = 0 \times 0.30 + 1 \times 0.35 + 2 \times 0.20 + 3 \times 0.10 + 4 \times 0.05 = 1.25$$

따라서 이 선수는 한 경기에서 평균적으로 1.25개의 안타를 칠 것으로 기대된다.

기댓값을 일반화하여 확률변수 X의 함수 $g(X)$에 대한 기댓값을 다음과 같이 표현할 수 있다.

$$\mathrm{E}\{g(X)\} = \begin{cases} \displaystyle\sum_{x=x_1}^{x_n} g(x)f(x) & (X : \text{이산확률변수}) \\ \displaystyle\int_{-\infty}^{\infty} g(x)f(x)\,dx & (X : \text{연속확률변수}) \end{cases}$$

정리 3-5 기댓값의 성질

X와 Y를 확률변수라 하고 k, k_1, k_2를 임의의 실수라 할 때, 다음 성질이 성립한다.

(1) $\mathrm{E}(k) = k$

(2) $\mathrm{E}(kX) = k\mathrm{E}(X)$

(3) $\mathrm{E}(X+k) = \mathrm{E}(X) + k$

(4) $\mathrm{E}(k_1 X + k_2 Y) = k_1 \mathrm{E}(X) + k_2 \mathrm{E}(Y)$

예제 3-14

확률변수 X의 확률분포표가 다음과 같을 때, 확률변수 X와 $2X-1$의 기댓값을 구하라.

X	1	2	3	4	합계
$\mathrm{P}(X=x)$	$\frac{1}{10}$	$\frac{2}{10}$	$\frac{3}{10}$	$\frac{4}{10}$	1

풀이

먼저 확률변수 X의 기댓값을 구하면 다음과 같다.

$$\mathrm{E}(X) = 1 \times \frac{1}{10} + 2 \times \frac{2}{10} + 3 \times \frac{3}{10} + 4 \times \frac{4}{10} = 3$$

$2X-1$의 기댓값은 기댓값의 성질을 이용하여 구하면 다음과 같다.

$$\mathrm{E}(2X-1) = 2\mathrm{E}(X) - 1 = 2 \times 3 - 1 = 5$$

예제 3-15

확률변수 X의 확률밀도함수가 다음과 같을 때, 주어진 물음에 답하라.

$$f(x)=\begin{cases}2(1-x) & (0<x<1)\\ 0 & (x\le 0 \text{ 또는 } x\ge 1)\end{cases}$$

(a) 확률변수 X의 기댓값을 구하라.

(b) 확률변수 X^2과 $\left(X-\frac{1}{3}\right)^2$의 기댓값을 각각 구하라.

풀이

(a) 주어진 확률밀도함수를 이용하여 확률변수 X의 기댓값을 구하면 다음과 같다.

$$\begin{aligned}E(X)&=\int_0^1 x f(x)\,dx=\int_0^1 2x(1-x)\,dx\\&=\left[x^2-\frac{2}{3}x^3\right]_0^1=1-\frac{2}{3}=\frac{1}{3}\end{aligned}$$

(b) 확률변수 X^2의 기댓값을 구하면 다음과 같다.

$$E(X^2)=\int_0^1 2x^2(1-x)\,dx=\left[\frac{2}{3}x^3-\frac{1}{2}x^4\right]_0^1=\frac{1}{6}$$

앞에서 계산한 결과를 이용하여 $\left(X-\frac{1}{3}\right)^2$의 기댓값을 구하면 다음과 같다.

$$\begin{aligned}E\left\{\left(X-\frac{1}{3}\right)^2\right\}&=E\left(X^2-\frac{2}{3}X+\frac{1}{9}\right)\\&=E(X^2)-\frac{2}{3}E(X)+\frac{1}{9}\\&=\frac{1}{6}-\frac{2}{3}\times\frac{1}{3}+\frac{1}{9}=\frac{1}{18}\end{aligned}$$

확률변수의 분산

1장의 [정리 1-4]에서 변량 X_i와 평균 $\overline{X}$의 차를 편차 D_i라 하고, 이 편차의 합은 항상 0임을 살펴보았다. 그리고 1.4절에서는 자료의 흩어진 정도를 알아보기 위한 척도로 이 편차를 제곱한 값 $(X_i-\overline{X})^2$의 평균을 사용하며, 이를 분산이라고 정의하였다. 이 사실을 확률변수와 확률분포로 확장하면 확률변수 X와 기댓값 $E(X)$의 차 $D=X-E(X)$가 편차이고, D의 기댓값은 항상 $E(D)=0$이므로 D의 기댓값은 확률분포의 흩어진 정도를 나타내는 산포도를 나타낼 수 없다. 따라서 자료의 경우와 마찬가지로 확률변수와 기댓값의 차를 제곱한 $\{X-\mathrm{E}(X)\}^2$ 의 기댓값을 생각해야 하는데, 이를 확률변수 X의 **분산**(variance)이라 하고, 다음과 같이 $\mathrm{Var}(X)$로 나타낸다.

$$\mathrm{Var}(X)=\mathrm{E}[\{X-\mathrm{E}(X)\}^2]$$

정리 3-6 확률변수의 분산

$\mu=\mathrm{E}(X)$라고 할 때, 확률변수 X의 분산을 다음과 같이 정의한다.

$$\mathrm{Var}(X)=\mathrm{E}\{(X-\mu)^2\}=\begin{cases}\displaystyle\sum_{x=x_1}^{x_n}(x-\mu)^2 f(x) & (X : \text{이산확률변수}) \\ \displaystyle\int_{-\infty}^{\infty}(x-\mu)^2 f(x)\,dx & (X : \text{연속확률변수})\end{cases}$$

그리고 X의 표준편차는 σ_X로 표기하며 다음과 같이 정의한다.

$$\sigma_X=\sqrt{\mathrm{Var}(X)}$$

예제 3-16

[예제 3-13]의 확률분포에 대한 분산과 표준편차를 구하라.

풀이

확률변수 X의 분산은 다음과 같다.

$$\begin{aligned}\mathrm{Var}(X)&=\mathrm{E}\{(X-\mu)^2\}=\sum_{x=0}^{4}(x-\mu)^2 f(x)\\&=(0-1.25)^2\times 0.30+(1-1.25)^2\times 0.35+(2-1.25)^2\times 0.20\\&\quad+(3-1.25)^2\times 0.10+(4-1.25)^2\times 0.05=1.2875\end{aligned}$$

따라서 X의 표준편차는 $\sigma_X=\sqrt{\mathrm{Var}(X)}=\sqrt{1.2875}\fallingdotseq 1.135$이다.

분산 $\mathrm{Var}(X)$를 계산할 때, 기댓값의 성질을 활용하여 다음과 같이 사용하면 편리하다.

$$\mathrm{Var}(X)=\mathrm{E}\{(X-\mu)^2\}=\mathrm{E}(X^2)-\mu^2$$

정리 3-7 분산의 성질

확률변수 X와 임의의 실수 k에 대하여 다음 성질이 성립한다.

(1) $\mathrm{Var}(k) = 0$

(2) $\mathrm{Var}(X \pm k) = \mathrm{Var}(X)$

(3) $\mathrm{Var}(kX) = k^2 \mathrm{Var}(X)$

예제 3-17

어느 게임 개발업체에서는 매주 다음과 같이 상금이 걸린 게임대회를 개최한다. 이 게임대회에는 매주 1,000명이 참가한다고 할 때, 주어진 물음에 답하라.

구분	인원(명)	상금(만 원)
1등	1	1,000
2등	5	100
3등	20	10
4등	100	5
등 외	874	0

(a) 대회 참가자 중 임의로 선택된 한 명이 받는 상금을 X라 할 때, 확률변수 X의 기댓값을 구하라.

(b) 확률변수 X의 분산을 구하라.

(c) 확률변수 X의 표준편차를 구하라.

풀이

(a) $\mathrm{E}(X) = 1000 \times \dfrac{1}{1000} + 100 \times \dfrac{5}{1000} + 10 \times \dfrac{20}{1000} + 5 \times \dfrac{100}{1000} + 0 \times \dfrac{874}{1000} = 2.2$(만 원)

(b) $\mathrm{Var}(X) = \mathrm{E}(X^2) - \{\mathrm{E}(X)\}^2$이므로 먼저 $\mathrm{E}(X^2)$을 구하면 다음과 같다.

$$\mathrm{E}(X^2) = 1000^2 \times \frac{1}{1000} + 100^2 \times \frac{5}{1000} + 10^2 \times \frac{20}{1000} + 5^2 \times \frac{100}{1000} + 0^2 \times \frac{874}{1000} = 1054.5$$

따라서 분산을 구하면 다음과 같다.

$$\mathrm{Var}(X) = 1054.5 - (2.2)^2 = 1049.66 \text{(만 원)}$$

(c) $\sigma_X = \sqrt{1049.66} \fallingdotseq 32.398$(만 원)

예제 3-18

[예제 3-8]에서 1년 후에 작동 가능한 촬영용 드론 대수의 기댓값과 분산을 각각 구하라.

풀이

[예제 3-8]에 따라 확률변수 X의 확률분포표는 다음과 같다.

X	0	1	2	3	합계
$P(X=x)$	$\frac{1}{8}$	$\frac{3}{8}$	$\frac{3}{8}$	$\frac{1}{8}$	1

따라서 확률변수 X의 기댓값은 다음과 같다.

$$E(X)=0\times\frac{1}{8}+1\times\frac{3}{8}+2\times\frac{3}{8}+3\times\frac{1}{8}=1.5$$

즉 X의 기댓값은 1.5이므로 1년 후에 작동 가능한 촬영용 드론의 평균 대수는 1대 또는 2대로 볼 수 있다. 또한 확률변수 X의 분산은 다음과 같다.

$$\mathrm{Var}(X)=(0-1.5)^2\times\frac{1}{8}+(1-1.5)^2\times\frac{3}{8}+(2-1.5)^2\times\frac{3}{8}+(3-1.5)^2\times\frac{1}{8}=0.75$$

예제 3-19

어떤 전자제품의 수명은 정확하게 예측하기 어렵지만 확률밀도함수가 다음과 같다고 한다. 전자제품 한 대의 수명을 X라 할 때, 확률변수 X의 기댓값과 분산을 구하라. (단, λ는 양수이다.)

$$f(x)=\begin{cases}\lambda e^{-\lambda x} & (x\geq 0)\\ 0 & (x<0)\end{cases}$$

풀이

확률변수 X의 기댓값을 구하면 다음과 같다.

$$\begin{aligned}E(X)&=\int_0^\infty x\cdot\lambda e^{-\lambda x}\,dx\\&=\left[-e^{-\lambda x}\cdot x\right]_0^\infty-\int_0^\infty(-e^{-\lambda x})\,dx\\&=0+\int_0^\infty e^{-\lambda x}\,dx\\&=\left[-\frac{1}{\lambda}e^{-\lambda x}\right]_0^\infty=-\left(-\frac{1}{\lambda}\right)=\frac{1}{\lambda}\end{aligned}$$

또한 확률변수 X의 분산은 다음과 같다.

$$\begin{aligned}
\mathrm{Var}(X) &= \int_0^\infty \left(x-\frac{1}{\lambda}\right)^2 \cdot \lambda e^{-\lambda x}\,dx \\
&= \int_0^\infty \left(x^2\lambda e^{-\lambda x} - 2xe^{-\lambda x} + \frac{1}{\lambda}e^{-\lambda x}\right)dx \\
&= \left\{\left[-e^{-\lambda x}\cdot x^2\right]_0^\infty - \int_0^\infty \left(-e^{-\lambda x}\cdot 2x\right)dx\right\} - 2\int_0^\infty xe^{-\lambda x}\,dx + \frac{1}{\lambda}\int_0^\infty e^{-\lambda x}\,dx \\
&= 0 + 2\int_0^\infty xe^{-\lambda x}\,dx - 2\int_0^\infty xe^{-\lambda x}\,dx + \frac{1}{\lambda}\int_0^\infty e^{-\lambda x}\,dx \\
&= \left[-\frac{1}{\lambda^2}e^{-\lambda x}\right]_0^\infty = 0 - \left(-\frac{1}{\lambda^2}\right) = \frac{1}{\lambda^2}
\end{aligned}$$

적률생성함수

확률변수 X의 특별한 함수 $g(X) = e^{tX}\ (h>0,\ |t|<h)$의 기댓값을 생각해보자. 이때 범위 $-h<t<h$에서 $\mathrm{E}(e^{tX})$이 존재한다고 하자. 이 기댓값을 확률변수 X의 **적률생성함수**(moment generating function)라고 하며 $M_X(t)$로 표기한다.

정리 3-8 적률생성함수

확률변수 X의 함수 $g(X) = e^{tX}\ (h>0,\ |t|<h)$의 기댓값을 적률생성함수 $M_X(t)$라고 한다. 이때 범위 $-h<t<h$에서 $\mathrm{E}(e^{tX})$이 존재한다.

$$M_X(t) = \mathrm{E}(e^{tX}) = \begin{cases} \sum e^{tx} f(x) & (X : \text{이산확률변수}) \\ \int_{-\infty}^{\infty} e^{tx} f(x)\,dx & (X : \text{연속확률변수}) \end{cases}$$

모든 확률분포가 적률생성함수를 갖는 것은 아니다. 그러나 적률생성함수가 존재하면 그 적률생성함수는 유일하고 완전하게 확률변수의 확률분포를 결정한다. 따라서 적률생성함수 $M_X(t)$가 존재하면 $M_X(t)$로부터 확률분포의 성질을 직접 얻을 수 있다.

$M_X(t)$를 t에 대해 한 번 미분하면 $M_X{}'(t) = \dfrac{dM_X(t)}{dt} = \mathrm{E}(Xe^{tX})$이다. 이 식에 $t=0$을 대입하면 $M_X{}'(0) = \mathrm{E}(X)$이고, 이를 X의 1차 적률이라고 한다. 같은 방법으로 반복

하여 미분하면 다음 결과를 얻는다.

$$M_X'(0) = \mathrm{E}(X) \ : 1\text{차 적률}$$
$$M_X''(0) = \mathrm{E}(X^2) : 2\text{차 적률}$$
$$\vdots$$
$$M_X^{(r)}(0) = \mathrm{E}(X^r) : r\text{차 적률}$$

이런 의미에서 $M_X(t) = \mathrm{E}(e^{tX})$을 적률생성함수라고 한다. 또한 적률생성함수를 이용하여 확률변수 X의 평균과 분산을 다음과 같이 구할 수 있다.

$$\mathrm{E}(X) = M_X'(0)$$
$$\begin{aligned}\mathrm{Var}(X) &= \mathrm{E}(X^2) - \{\mathrm{E}(X)\}^2 \\ &= M_X''(0) - \{M_X'(0)\}^2\end{aligned}$$

한편, 확률변수 X_1과 X_2가 서로 독립이면 다음이 성립한다.

$$M_{X_1+X_2}(t) = M_{X_1}(t)\,M_{X_2}(t)$$

일반적으로 서로 독립인 확률변수 $X_1, X_2, \cdots, X_n$에 대하여 다음이 성립한다.

$$M_{X_1+X_2+\cdots+X_n}(t) = M_{X_1}(t)\,M_{X_2}(t)\cdots M_{X_n}(t) = \prod_{i=1}^{n} M_{X_i}(t)$$

Note 확률변수 X와 Y의 독립성

모든 x_i, y_j에 대하여 확률변수 X가 x_i를 가지는 사건 $\{X=x_i\}$와 확률변수 Y가 y_j를 가지는 사건 $\{Y=y_j\}$가 서로 독립이면 두 확률변수 X와 Y는 서로 독립이라고 한다. 즉 다음이 성립한다.

$$\mathrm{P}(X=x_i,\ Y=y_j) = \mathrm{P}(X=x_i) \times \mathrm{P}(Y=y_j)$$

예제 3-20

다음은 확률변수 X의 확률밀도함수 $f(x)$이다. 이때 확률변수 X의 적률생성함수와 $\mathrm{E}(X)$, $\mathrm{Var}(X)$를 구하라.

$$f(x) = \frac{1}{2}e^{-|x|} \quad (-\infty < x < \infty)$$

풀이

확률변수 X의 적률생성함수를 구하면 다음과 같다.

$$\begin{aligned} M_X(t) = \mathrm{E}(e^{tX}) &= \int_{-\infty}^{\infty} e^{tx} f(x)\,dx \\ &= \int_{-\infty}^{0} e^{tx}\frac{1}{2}e^{-(-x)}\,dx + \int_{0}^{\infty} e^{tx}\frac{1}{2}e^{-x}\,dx \\ &= \frac{1}{2}\int_{-\infty}^{0} e^{(t+1)x}\,dx + \frac{1}{2}\int_{0}^{\infty} e^{(t-1)x}\,dx \\ &= \frac{1}{2}\times\frac{1}{t+1} - \frac{1}{2}\times\frac{1}{t-1} \\ &= \frac{1}{1-t^2} \quad (|t|<1) \end{aligned}$$

적률생성함수 $M_X(t)$를 미분하여 1차 적률과 2차 적률을 구하면 다음과 같다.

$$M_X'(t) = \frac{2t}{(1-t^2)^2}, \quad M_X''(t) = \frac{2(1+3t^2)}{(1-t^2)^3}$$

따라서 $\mathrm{E}(X) = M_X'(0) = 0$이고, $\mathrm{Var}(X) = M_X''(0) - \{M_X'(0)\}^2 = 2 - 0^2 = 2$이다.

3.4 결합확률분포

통계실험에서는 두 개 이상의 확률변수가 필요한 상황이 많이 발생한다. 이 절에서는 두 개 이상의 확률변수에 대한 확률분포와 그 성질을 알아본다. 여기서는 변수가 두 개인 경우만 다루기로 한다.

결합확률질량함수

동전 1개와 주사위 1개를 동시에 던지는 통계실험을 한다고 하자. 동전의 앞면과 주사위의 눈을 관찰한다면 동전 앞면의 수를 나타내는 확률변수(X)와 주사위 눈의 수를 나타내는 확률변수(Y)가 필요하다. 이때 두 확률변수 X와 Y를 다음과 같이 정의한다.

$$X = \begin{cases} 0 & (\text{동전 뒷면이 나온 경우}) \\ 1 & (\text{동전 앞면이 나온 경우}) \end{cases}$$

$$Y = (\text{주사위 눈의 수})$$

그러면 X가 가질 수 있는 값은 0, 1이고, Y가 가질 수 있는 값은 1, 2, 3, 4, 5, 6이므로, 두 확률변수 X와 Y의 모든 순서쌍 (X, Y)는 다음과 같다.

$$\{(0,1), (0,2), (0,3), (0,4), (0,5), (0,6), \\ (1,1), (1,2), (1,3), (1,4), (1,5), (1,6)\}$$

이때 동전이 앞면이고 주사위 눈의 수가 홀수인 사건 A는 '$X=1$이고 $Y=$(홀수)'인 사건으로 $A = \{(1,1), (1,3), (1,5)\}$를 의미한다. 한편, (X, Y)의 각 표본점이 나타날 가능성은 동일하므로 다음이 성립한다.

$$\mathrm{P}(X=i,\ Y=j) = \frac{1}{12} \quad (i=0, 1,\ \ j=1, 2, \cdots, 6)$$

따라서 $\mathrm{P}(A) = \frac{1}{4}$이다. 이 결과를 확률분포표로 나타내면 [표 3-1]과 같다.

[표 3-1] 확률변수 X, Y의 결합확률분포표

X \ Y	1	2	3	4	5	6	$P(X=x)$
0	$\frac{1}{12}$	$\frac{1}{12}$	$\frac{1}{12}$	$\frac{1}{12}$	$\frac{1}{12}$	$\frac{1}{12}$	$\frac{1}{2}$
1	$\frac{1}{12}$	$\frac{1}{12}$	$\frac{1}{12}$	$\frac{1}{12}$	$\frac{1}{12}$	$\frac{1}{12}$	$\frac{1}{2}$
$P(Y=y)$	$\frac{1}{6}$	$\frac{1}{6}$	$\frac{1}{6}$	$\frac{1}{6}$	$\frac{1}{6}$	$\frac{1}{6}$	1

확률질량함수에서 다룬 것처럼 사건 $\{X=x,\ Y=y\}$에 대한 확률을 나타내는 함수 $f(x, y) = P(X=x,\ Y=y)$는 다음과 같이 정의할 수 있다.

$$f(x, y) = P(X=x,\ Y=y) = \frac{1}{12} \quad (x=0, 1,\ y=1, 2, \cdots, 6)$$

이산확률변수 X와 Y가 가지는 값 $x_1, x_2, \cdots, x_n$과 $y_1, y_2, \cdots, y_m$에 대하여 확률 $P(X=x,\ Y=y)$에 대응하는 함수

$$f(x, y) = P(X=x,\ Y=y) \quad (x=x_1, x_2, \cdots, x_n,\ y=y_1, y_2, \cdots, y_m)$$

를 두 확률변수 X와 Y의 **결합확률질량함수**(joint probability mass function)라 하고, 이를 나타낸 표를 **결합확률분포표**라고 한다.

이산확률변수 X와 Y의 결합확률질량함수 $f(x, y)$가 주어지면 확률변수 X만의(1차원) 확률분포에 대한 함수 $h(x)$와 확률변수 Y만의(1차원) 확률분포에 대한 함수 $g(y)$를 구할 수 있는데, 이를 각각 X와 Y의 **주변확률질량함수**(marginal probability mass function)라고 하며 다음과 같이 구한다.

$$h(x) = P(X=x) = \sum_{y=y_1}^{y_m} f(x, y), \quad g(y) = P(Y=y) = \sum_{x=x_1}^{x_n} f(x, y)$$

두 이산확률변수 X, Y에 대하여 X, Y의 결합확률질량함수 $f(x, y)$가 음이 아닌 함수라고 하자. 모든 x, y에 대하여 다음을 만족하는 $F(x, y)$를 **결합분포함수**(joint distribution function)라고 한다.

$$F(x, y) = \sum_{u \le x} \sum_{v \le y} f(u, v)$$

정리 3-9 결합확률질량함수의 성질

각각 $x_1, x_2, \cdots, x_n$과 $y_1, y_2, \cdots, y_m$을 가지는 두 이산확률변수 X와 Y의 결합확률질량함수에 대하여 다음 성질이 성립한다.

(1) $f(x, y) \geq 0 \ \ (x = x_1, x_2, \cdots, x_n, \ y = y_1, y_2, \cdots, y_m)$

(2) $\displaystyle\sum_{x=x_1}^{x_n} \sum_{y=y_1}^{y_m} f(x, y) = 1$

(3) $\displaystyle P(a < X < b, c < Y < d) = \sum_{a<x<b} \sum_{c<y<d} f(x, y)$

예제 3-21

크기가 같은 파란색 공 3개와 빨간색 공 2개, 초록색 공 3개가 한 주머니 안에 들어 있다. 이 주머니에서 임의로 공 2개를 꺼낼 때, 꺼낸 공 중 파란색 공의 수를 X, 빨간색 공의 수를 Y라고 하자. 주어진 물음에 답하라.

(a) 두 확률변수 X와 Y의 결합확률질량함수를 구하라.
(b) 두 확률변수 X와 Y의 결합확률분포표를 작성하라.
(c) $P(X+Y \leq 1)$을 구하라.
(d) 확률변수 X의 주변확률질량함수를 표로 작성하라.
(e) 확률변수 Y의 주변확률질량함수를 표로 작성하라.
(f) $P(X \leq 1)$을 구하라.
(g) $P(Y \leq 1)$을 구하라.

풀이

(a) $f(x, y) = \dfrac{{}_3C_x \times {}_2C_y \times {}_3C_{2-x-y}}{{}_8C_2} \quad (x = 0, 1, 2, \ y = 0, 1, 2, \ 0 \leq x+y \leq 2)$

(b) 확률변수 X, Y에 대하여 각각의 확률을 구하면 다음과 같다.

$$P(X=0, Y=0) = \frac{{}_3C_0 \times {}_2C_0 \times {}_3C_2}{{}_8C_2} = \frac{3}{28}$$

$$P(X=0, Y=1) = \frac{{}_3C_0 \times {}_2C_1 \times {}_3C_1}{{}_8C_2} = \frac{6}{28} = \frac{3}{14}$$

$$P(X=1, Y=1) = \frac{{}_3C_1 \times {}_2C_1 \times {}_3C_0}{{}_8C_2} = \frac{6}{28} = \frac{3}{14}$$

$$\vdots$$

따라서 구하고자 하는 결합확률분포표는 다음과 같다.

X \ Y	0	1	2	P(X=x)
0	$\frac{3}{28}$	$\frac{3}{14}$	$\frac{1}{28}$	$\frac{5}{14}$
1	$\frac{9}{28}$	$\frac{3}{14}$	0	$\frac{15}{28}$
2	$\frac{3}{28}$	0	0	$\frac{3}{28}$
P(Y=y)	$\frac{15}{28}$	$\frac{3}{7}$	$\frac{1}{28}$	1

(c) $P(X+Y\leq 1)=f(0,0)+f(0,1)+f(1,0)=\frac{3}{28}+\frac{3}{14}+\frac{9}{28}=\frac{9}{14}$

(d) 확률변수 X의 주변확률질량함수를 표로 나타내면 다음과 같다.

X	0	1	2	합계
P(X=x)	$\frac{5}{14}$	$\frac{15}{28}$	$\frac{3}{28}$	1

(e) 확률변수 Y의 주변확률질량함수를 표로 나타내면 다음과 같다.

Y	0	1	2	합계
P(Y=y)	$\frac{15}{28}$	$\frac{3}{7}$	$\frac{1}{28}$	1

(f) $P(X\leq 1)=P(X=0)+P(X=1)=\frac{5}{14}+\frac{15}{28}=\frac{25}{28}$

(g) $P(Y\leq 1)=P(Y=0)+P(Y=1)=\frac{15}{28}+\frac{3}{7}=\frac{27}{28}$

결합확률밀도함수

연속확률변수 X와 Y에 대하여 다음을 만족하는 함수 $f(x, y)$를 두 연속확률변수 X와 Y의 **결합확률밀도함수**(joint probability density function)라고 한다.

- 모든 x, y에 대하여 $f(x, y)\geq 0$
- $\int_{-\infty}^{\infty}\int_{-\infty}^{\infty} f(x, y)\,dx\,dy=1$
- $P\{(X, Y)\in A\}=\int_{a}^{b}\int_{c}^{d} f(x, y)\,dy\,dx,\ \ A=\{(x, y)\mid a\leq x\leq b,\ c\leq y\leq d\}$

이때 $\int_a^b \int_c^d f(x, y)\,dy\,dx$의 값은 xy평면의 영역 A와 함수 $f(x, y)$로 만들어지는 입체의 부피를 의미한다. 또한 연속확률변수 X, Y의 **주변확률밀도함수**(marginal probability density function) $f_X(x)$와 $f_Y(y)$를 각각 다음과 같이 정의한다.

$$f_X(x) = \int_{-\infty}^{\infty} f(x, y)\,dy, \quad f_Y(y) = \int_{-\infty}^{\infty} f(x, y)\,dx$$

두 연속확률변수 X, Y에 대하여 X와 Y의 결합확률밀도함수 $f(x, y)$가 음이 아닌 함수라고 하자. 모든 실수 x, y에 대하여 다음을 만족하는 $F(x, y)$를 **결합분포함수**(joint distribution function)라고 한다.[2]

$$F(x, y) = \int_{-\infty}^{x} \int_{-\infty}^{y} f(u, v)\,du\,dv$$

정리 3-10 결합확률밀도함수의 성질

두 연속확률변수 X와 Y의 결합확률밀도함수에 대하여 다음 성질이 성립한다.

(1) 모든 x, y에 대하여 $f(x, y) \ge 0$

(2) $\int_{-\infty}^{\infty} \int_{-\infty}^{\infty} f(x, y)\,dx\,dy = 1$

(3) $\mathrm{P}(a < X < b,\ c < Y < d) = \int_c^d \int_a^b f(x, y)\,dx\,dy$

예제 3-22

두 연속확률변수 X와 Y의 결합확률밀도함수가 다음과 같을 때, 주어진 물음에 답하라.

$$f(x, y) = \begin{cases} ae^{-x-y} & (x \ge 0,\ y \ge 0) \\ 0 & (\{(x, y) \mid x \ge 0,\ y \ge 0\}^c) \end{cases}$$

(a) 상수 a를 구하라.

(b) 확률변수 X의 주변확률밀도함수 $f_X(x)$를 구하라.

(c) 확률변수 Y의 주변확률밀도함수 $f_Y(y)$를 구하라.

(d) $\mathrm{P}(0 \le X \le 1,\ 0 \le Y \le 1)$을 구하라.

(e) $\mathrm{P}(0 \le X \le 1)$을 구하라.

(f) $\mathrm{P}(0 \le Y \le 1)$을 구하라.

2 결합확률밀도함수, 주변확률밀도함수, 결합분포함수의 계산은 고등 미분적분학의 계산이 필요하므로 여기서는 간단히 소개한다.

풀이

(a) $\int_{-\infty}^{\infty}\int_{-\infty}^{\infty} f(x, y)\,dx\,dy = 1$에 의해 다음이 성립한다.

$$\int_0^{\infty}\int_0^{\infty} ae^{-x-y}dx\,dy = a\int_0^{\infty} e^{-x}dx\int_0^{\infty} e^{-y}dy$$
$$= a[-e^{-x}]_0^{\infty}[-e^{-y}]_0^{\infty} = a$$

따라서 $a = 1$ 임을 알 수 있다. 그러므로 두 확률변수 X와 Y의 결합확률밀도함수는 다음과 같다.

$$f(x, y) = \begin{cases} e^{-x-y} & (x \geq 0,\ y \geq 0) \\ 0 & (\{(x, y) \mid x \geq 0,\ y \geq 0\}^c) \end{cases}$$

(b) $f_X(x) = \int_{-\infty}^{\infty} f(x, y)\,dy = \int_0^{\infty} e^{-x-y}dy = e^{-x}\int_0^{\infty} e^{-y}dy = e^{-x}$

(c) $f_Y(y) = \int_{-\infty}^{\infty} f(x, y)\,dx = \int_0^{\infty} e^{-x-y}dx = e^{-y}\int_0^{\infty} e^{-x}dx = e^{-y}$

(d) $$\mathrm{P}(0 \leq X \leq 1,\ 0 \leq Y \leq 1) = \int_0^1\int_0^1 e^{-x-y}dx\,dy$$
$$= \int_0^1 e^{-x}dx\int_0^1 e^{-y}dy$$
$$= [-e^{-x}]_0^1[-e^{-y}]_0^1$$
$$= (1-e^{-1})(1-e^{-1}) = (1-e^{-1})^2$$

(e) $\mathrm{P}(0 \leq X \leq 1) = \int_0^1 f_X(x)\,dx = \int_0^1 e^{-x}dx = [-e^{-x}]_0^1 = 1-e^{-1}$

(f) $\mathrm{P}(0 < Y \leq 1) = \int_0^1 f_Y(y)\,dy = \int_0^1 e^{-y}dy = [-e^{-y}]_0^1 = 1-e^{-1}$

한편, 두 확률변수 X, Y의 결합확률질량함수(또는 결합확률밀도함수) $f(x, y)$, $(x, y) \in A$에 대하여 $g(x, y)$의 기댓값을 다음과 같이 정의한다.

$$\mathrm{E}\{g(X, Y)\} = \begin{cases} \sum_x\sum_y g(x, y)f(x, y) & (X, Y: \text{이산확률변수}) \\ \iint_A g(x, y)f(x, y)\,dx\,dy & (X, Y: \text{연속확률변수}) \end{cases}$$

3.5 공분산과 상관계수

공분산

두 확률변수 X와 Y가 가지는 값이 동일한 방향으로 변화하는지, 혹은 반대 방향으로 변화하는지에 대한 결합 산포 정도를 나타내는 척도를 **공분산**(covariance)이라고 한다.

정리 3-11 공분산

확률변수 X와 Y의 기댓값을 각각 μ_X, μ_Y라 하면, X와 Y의 공분산 $\mathrm{Cov}(X, Y)$는 다음과 같다.

$$\mathrm{Cov}(X, Y) = \mathrm{E}\{(X-\mu_X)(Y-\mu_Y)\} = \mathrm{E}(XY) - \mu_X\mu_Y$$

X가 μ_X보다 클 때 Y도 μ_Y보다 크고, X가 μ_X보다 작을 때 Y도 μ_Y보다 작은 경향이 있다면 $(X-\mu_X)(Y-\mu_Y)$는 양의 값을 가질 확률이 크므로 $\mathrm{Cov}(X, Y)$는 양의 값을 가질 것이다. 반대로 X가 μ_X보다 클 때 Y는 μ_Y보다 작거나, X가 μ_X보다 작을 때 Y는 μ_Y보다 큰 경향이 있다면 $(X-\mu_X)(Y-\mu_Y)$는 음의 값을 가질 확률이 크므로, $\mathrm{Cov}(X, Y)$는 음의 값을 가질 것이다.

또한 $a, b, c, d\ (a, c \neq 0)$가 실수일 때, $aX+b$와 $cY+d$의 공분산은 다음과 같다.

$$\mathrm{Cov}(aX+b, cY+d) = ac\,\mathrm{Cov}(X, Y)$$

상관계수

두 확률변수 X와 Y의 공분산은 확률변수의 단위에 따라 크기가 다르게 나타나므로 공분산을 이용하여 두 자료를 비교하기 곤란할 수 있다. 따라서 단위와 무관하게 두 자료를 비교하기 위한 척도로 **상관계수**(correlation coefficient)를 사용한다.

정리 3-12 상관계수

확률변수 X와 Y의 기댓값을 각각 μ_X와 μ_Y라 하고 표준편차를 σ_X, σ_Y라고 하면, X와 Y의 상관계수는 ρ_{XY} 또는 $\mathrm{Corr}(X, Y)$로 표기하며 다음과 같다.

$$\rho_{XY} = \mathrm{Corr}(X, Y) = \frac{\mathrm{Cov}(X, Y)}{\sigma_X \sigma_Y}$$

$\rho_{XY} > 0$이면 두 확률분포는 **양의 상관관계**가 있다고 하고, $\rho_{XY} < 0$이면 **음의 상관관계**가 있다고 한다. 또한 $\rho_{XY} = 0$이면 두 확률분포는 **상관관계가 없다**고 한다. 특히 $\rho_{XY} = 1$이면 **완전 양의 상관관계**이고, $\rho_{XY} = -1$이면 **완전 음의 상관관계**이다.

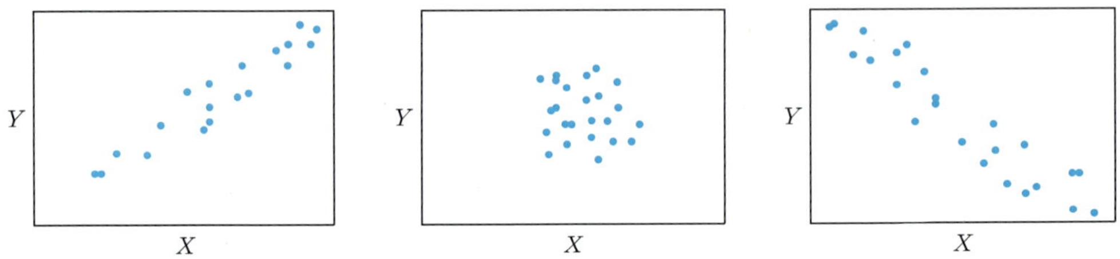

[그림 3-5] 상관관계

정리 3-13 상관계수의 성질

상관계수 $\mathrm{Corr}(X, Y)$에 대하여 다음 성질이 성립한다.

(1) $\mathrm{Corr}(X, Y) = \mathrm{Corr}(Y, X)$

(2) $-1 \le \mathrm{Corr}(X, Y) \le 1$

(3) $\mathrm{Corr}(X, X) = 1$, $\mathrm{Corr}(X, -X) = -1$

(4) $\mathrm{Corr}(aX + b, cY + d) = \begin{cases} \mathrm{Corr}(X, Y) & (ac > 0) \\ -\mathrm{Corr}(X, Y) & (ac < 0) \end{cases}$

예제 3-23

아침과 저녁으로 2교대 근무를 하는 공장이 있다. X를 아침 교대 시 결근자의 수, Y를 저녁 교대 시 결근자의 수라고 할 때, X와 Y는 다음과 같은 결합확률분포를 갖는다고 한다. 주어진 물음에 답하라.

Y \ X	0	1	2	3	$P(Y=y)$
0	$\frac{1}{8}$	$\frac{1}{4}$	$\frac{1}{8}$	0	$\frac{1}{2}$
1	0	$\frac{1}{8}$	$\frac{1}{4}$	$\frac{1}{8}$	$\frac{1}{2}$
$P(X=x)$	$\frac{1}{8}$	$\frac{3}{8}$	$\frac{3}{8}$	$\frac{1}{8}$	1

(a) $E(X)$와 $Var(X)$를 각각 구하라.

(b) $E(Y)$와 $Var(Y)$를 각각 구하라.

(c) $E(XY)$를 구하라.

(d) $Cov(X, Y)$를 구하라.

(e) $Corr(X, Y)$를 구하라.

풀이

(a) 확률변수 X와 X^2의 기댓값을 각각 구하면 다음과 같다.

$$\mu_X = E(X) = 0 \times \frac{1}{8} + 1 \times \frac{3}{8} + 2 \times \frac{3}{8} + 3 \times \frac{1}{8} = \frac{3}{2}$$

$$E(X^2) = 0^2 \times \frac{1}{8} + 1^2 \times \frac{3}{8} + 2^2 \times \frac{3}{8} + 3^2 \times \frac{1}{8} = 3$$

따라서 확률변수 X의 분산은 다음과 같다.

$$Var(X) = E(X^2) - \{E(X)\}^2 = 3 - \frac{9}{4} = \frac{3}{4}$$

(b) 확률변수 Y와 Y^2의 기댓값을 각각 구하면 다음과 같다.

$$\mu_Y = E(Y) = 0 \times \frac{1}{2} + 1 \times \frac{1}{2} = \frac{1}{2}$$

$$E(Y^2) = 0^2 \times \frac{1}{2} + 1^2 \times \frac{1}{2} = \frac{1}{2}$$

따라서 확률변수 Y의 분산은 다음과 같다.

$$Var(Y) = E(Y^2) - \{E(Y)\}^2 = \frac{1}{2} - \frac{1}{4} = \frac{1}{4}$$

(c) 확률변수 XY의 기댓값을 구하면 다음과 같다.

$$\begin{aligned}\mu_{XY} = E(XY) = &\ 0 \times 0 \times \frac{1}{8} + 0 \times 1 \times 0 + 1 \times 0 \times \frac{1}{4} \\ &+ 1 \times 1 \times \frac{1}{8} + 2 \times 0 \times \frac{1}{8} + 2 \times 1 \times \frac{1}{4} \\ &+ 3 \times 0 \times 0 + 3 \times 1 \times \frac{1}{8} = 1\end{aligned}$$

(d) 앞의 결과를 이용하여 확률변수 X와 Y의 공분산을 구하면 다음과 같다.

$$\mathrm{Cov}(X,\ Y) = \mathrm{E}(XY) - \mathrm{E}(X)\mathrm{E}(Y) = 1 - \frac{3}{2} \times \frac{1}{2} = \frac{1}{4}$$

(e) 앞의 결과를 이용하여 확률변수 X와 Y의 상관계수를 구하면 다음과 같다.

$$\mathrm{Corr}(X,\ Y) = \frac{\mathrm{Cov}(X,\ Y)}{\sigma_X \sigma_Y} = \frac{\frac{1}{4}}{\sqrt{\frac{3}{4}}\sqrt{\frac{1}{4}}} = \frac{1}{\sqrt{3}}$$

확률변수의 독립

두 확률변수 X와 Y가 이산확률변수인 경우, 두 변수가 서로 독립이라는 말은 모든 x_i와 y_j에 대하여 $\{X = x_i\}$인 사건과 $\{Y = y_j\}$인 사건이 서로 독립임을 의미한다. 주변확률질량함수가 각각 $h(x)$, $g(y)$인 두 확률변수 X와 Y의 결합확률분포에서 모든 $(x_i,\ y_j)$에 대하여 다음이 성립하면, 두 확률변수 X와 Y는 **서로 독립**(mutually independent)이라고 한다.

$$\mathrm{P}(X = x_i,\ Y = y_j) = \mathrm{P}(X = x_i)\mathrm{P}(Y = y_j)$$

또는 다음과 같이 나타낼 수 있다.

$$f(x_i,\ y_j) = h(x_i)g(y_j)$$

두 확률변수 X와 Y가 연속확률변수인 경우, 두 확률변수 X와 Y의 결합확률분포에서 모든 $x \in X$, $y \in Y$에 대하여 다음이 성립하면 두 확률변수 X와 Y는 서로 독립이다.

$$f(x,\ y) = h(x)g(y)$$

두 확률변수 X와 Y가 서로 독립이 아니면 **서로 종속**(mutually dependent)이라고 한다.

정리 3-14 확률변수의 독립에 관한 성질

두 확률변수 X, Y가 서로 독립일 때, 다음이 성립한다.

(1) $\mathrm{E}(XY) = \mathrm{E}(X)\mathrm{E}(Y)$

(2) $\mathrm{Var}(X + Y) = \mathrm{Var}(X) + \mathrm{Var}(Y)$

(3) $\text{Cov}(X, Y) = 0$
(4) $\text{Corr}(X, Y) = 0$

[정리 3-14]의 (2)와 관련하여 일반적으로 확률변수 $X_1, X_2, \cdots, X_n$ 이 서로 독립이면 다음이 성립한다.

$$\text{Var}(X_1 + X_2 + \cdots + X_n) = \text{Var}(X_1) + \text{Var}(X_2) + \cdots + \text{Var}(X_n)$$

또한 [정리 3-14]의 (3), (4)로부터 확률변수 X와 Y가 서로 독립이면 공분산과 상관계수가 0임을 알 수 있다. 그러나 그 역은 일반적으로 성립하지 않는다. 즉 두 확률변수의 공분산과 상관계수가 0이라 하더라도 서로 독립이 아닐 수 있다.

예제 3-24

두 확률변수 X와 Y의 결합확률질량함수가 다음과 같을 때, 주어진 물음에 답하라.

$$f(x, y) = \begin{cases} \dfrac{1}{3} & ((x, y) = (0, 0), (1, 1), (2, 0)) \\ 0 & ((x, y) = (0, 1), (1, 0), (2, 1)) \end{cases}$$

(a) 두 확률변수 X와 Y의 결합확률분포표를 작성하라.
(b) $\text{E}(X)$와 $\text{E}(Y)$를 각각 구하라.
(c) $\text{Var}(X)$와 $\text{Var}(Y)$를 각각 구하라.
(d) $\text{Cov}(X, Y)$를 구하라.
(e) $\text{Corr}(X, Y)$를 구하라.
(f) 두 확률변수 X와 Y가 서로 독립인지의 여부를 확인하라.

풀이

(a) X와 Y의 결합확률분포표를 작성하면 다음과 같다.

X \ Y	0	1	$\text{P}(X=x)$
0	$\frac{1}{3}$	0	$\frac{1}{3}$
1	0	$\frac{1}{3}$	$\frac{1}{3}$
2	$\frac{1}{3}$	0	$\frac{1}{3}$
$\text{P}(Y=y)$	$\frac{2}{3}$	$\frac{1}{3}$	1

(b) 확률변수 X, Y의 기댓값을 각각 구하면 다음과 같다.

$$E(X)=0\times\frac{1}{3}+1\times\frac{1}{3}+2\times\frac{1}{3}=1$$

$$E(Y)=0\times\frac{2}{3}+1\times\frac{1}{3}=\frac{1}{3}$$

(c) 확률변수 X, Y의 분산을 각각 구하면 다음과 같다.

$$\mathrm{Var}(X)=0^2\times\frac{1}{3}+1^2\times\frac{1}{3}+2^2\times\frac{1}{3}-1^2=\frac{2}{3}$$

$$\mathrm{Var}(Y)=0^2\times\frac{2}{3}+1^2\times\frac{1}{3}-\left(\frac{1}{3}\right)^2=\frac{2}{9}$$

(d) $E(XY)=\sum_{x=1}^{3}\sum_{y=1}^{2}xyf(x,\ y)=0\times0\times\frac{1}{3}+1\times1\times\frac{1}{3}+2\times0\times\frac{1}{3}=\frac{1}{3}$이므로, $\mathrm{Cov}(X,\ Y)$는 다음과 같이 구한다.

$$\mathrm{Cov}(X,\ Y)=E(XY)-E(X)E(Y)=\frac{1}{3}-1\times\frac{1}{3}=0$$

(e) $\mathrm{Corr}(X,\ Y)=\dfrac{\mathrm{Cov}(X,\ Y)}{\sigma_X\sigma_Y}=\dfrac{0}{\sqrt{\frac{2}{3}}\sqrt{\frac{2}{9}}}=0$

(f) $P(X=0,\ Y=0)=\frac{1}{3}$, $P(X=0)=\frac{1}{3}$, $P(Y=0)=\frac{2}{3}$이므로 다음과 같다.

$$P(X=0,\ Y=0)\neq P(X=0)\,P(Y=0)$$

따라서 두 확률변수 X와 Y는 서로 종속이다. 이는 '$\mathrm{Cov}(X,\ Y)=0$, $\mathrm{Corr}(X,\ Y)=0$이면 두 확률변수 X와 Y는 서로 독립'이라는 명제의 반례 중 하나이다.

Chapter 03 연습문제

3.1 확률변수 X의 값이 0, 1, 2, 3이고 각각에 대한 확률이 다음과 같을 때, $a+b$의 값을 구하라.

X	0	1	2	3
$P(X=x)$	a	$\frac{1}{8}$	$\frac{1}{4}$	b

3.2 확률변수 X의 값이 0, 1, 2이고, 각각에 대한 확률이 $\frac{1}{3}$, $\frac{1}{6}$, $\frac{1}{2}$일 때, 주어진 물음에 답하라.

(a) 확률분포표를 작성하라.
(b) 확률변수 X의 분포함수 $F(x)$를 구하라.
(c) $P(X \le 1.5)$를 구하라.
(d) $P(1 \le X < 4)$를 구하라.
(e) $E(X)$를 구하라.
(f) $Y = 10X + 5$의 기댓값을 구하라.
(g) $Var(X)$를 구하라.
(h) 확률변수 $Y = 2X + 1$의 분산을 구하라.

3.3 확률변수 X의 확률밀도함수가 다음과 같을 때, 주어진 물음에 답하라.

$$f(x) = \begin{cases} kx^2 & (0 \le x \le 2) \\ 0 & (x < 0 \text{ 또는 } x > 2) \end{cases}$$

(a) 상수 k를 구하라.
(b) 확률변수 X의 분포함수 $F(x)$를 구하라.
(c) $P(0 < X < 1)$을 구하라.
(d) $E(X)$를 구하라.
(e) $Var(X)$를 구하라.

3.4 다음 확률분포표는 주사위 눈의 수가 6이 나올 때까지 던진 실험 결과이다. 이때 확률변수 X는 주사위 눈의 수가 6이 나올 때까지 던진 횟수이다. 짝수 번째일 때 주사위 눈의 수가 6이 나올 확률을 구하라.

X	1	2	3	$\cdots$
$P(X=x)$	$\frac{1}{6}$	$\frac{5}{6}\times\frac{1}{6}$	$\left(\frac{5}{6}\right)^2\times\frac{1}{6}$	$\cdots$

3.5 다음과 같은 확률분포를 가지는 확률변수 X가 있다. X의 기댓값이 $E(X)=2$, X의 분산이 $Var(X)=\frac{1}{2}$일 때, $P(X=2)$를 구하라.

X	1	2	3
$P(X=x)$	a	b	c

3.6 두 확률변수 X와 Y의 결합확률함수 $f(x_i, y_j)$의 결합확률분포표가 다음과 같을 때, 주어진 물음에 답하라.

X \ Y	4	10	$P(X=x)$
1	$\frac{1}{4}$	$\frac{1}{4}$	$\frac{1}{2}$
3	$\frac{1}{4}$	$\frac{1}{4}$	$\frac{1}{2}$
$P(Y=y)$	$\frac{1}{2}$	$\frac{1}{2}$	1

(a) 확률변수 X의 주변확률분포표를 작성하라.
(b) 확률변수 Y의 주변확률분포표를 작성하라.
(c) 확률변수 X의 기댓값과 분산을 각각 구하라.
(d) 확률변수 Y의 기댓값과 분산을 각각 구하라.
(e) $E(XY)$를 구하라.
(f) 두 확률변수 X와 Y의 공분산 $Cov(X, Y)$를 구하라.
(g) 두 확률변수 X와 Y의 상관계수 $Corr(X, Y)$를 구하라.
(h) 두 확률변수 X와 Y가 서로 독립인지의 여부를 확인하라.

3.7 빨간색 공 3개, 흰색 공 4개가 들어 있는 단지에서 공 2개를 임의로 추출한다고 할 때, 흰색 공의 수 x를 확률변수 X라고 하자. 이때 확률변수 X가 가질 수 있는 값을 모두 구하고, 확률분포표를 작성하라.

3.8 행운복권 100장을 발매했는데, 이 중에는 100만 원 당첨권이 1장, 50만 원 당첨권이 4장, 10만 원 당첨권이 5장, 1만 원 당첨권이 10장 들어 있다고 한다. 이 복권 1장을 구매한 사람의 당첨 금액을 X라고 할 때, 확률변수 X의 확률분포표를 작성하라.

3.9 어떤 기금 모금 행사에 1달러, 5달러, 10달러의 상품이 각각 25개, 5개, 1개 들어 있는 추첨함이 있다. 돈을 지불하면 추첨 기회가 한 번 주어진다고 할 때, 지불한 금액과 같은 값의 상품을 얻으려면 얼마를 지불하면 되는지 구하라.

3.10 주사위 1개를 던져 나온 수의 제곱을 점수로 얻을 때, 점수의 기댓값을 구하라.

3.11 어떤 학급에서 시험을 본 결과 평균이 24점, 표준편차가 3점이었다. 성적이 좋지 않아 학급의 모든 학생에게 원래 성적의 두 배에 10점을 더해 주었다고 할 때, 이 학급 시험 점수의 평균과 표준편차를 각각 구하라.

3.12 확률변수 X의 확률분포표가 다음과 같다. $Y = X^2$이라고 할 때, 확률변수 Y의 확률질량함수를 구하라.

X	-2	-1	1	2	합계
$P(X=x)$	$\frac{1}{4}$	$\frac{1}{4}$	$\frac{1}{4}$	$\frac{1}{4}$	1

3.13 확률변수 X에 대하여 $E(X)=3$, $E(X^2)=10$일 때, 다음 물음에 답하라.

(a) $\mathrm{Var}(X)$를 구하라.
(b) 확률변수 $Y = -2X+1$의 평균과 분산을 구하라.

3.14 두 확률변수 X, Y의 결합확률밀도함수 $f(x, y)$가 다음과 같을 때, 주어진 물음에 답하라.

$$f(x, y) = \begin{cases} \frac{1}{210}(2x+y) & (2<x<6 \text{ 또는 } 0<y<5) \\ 0 & (\text{그 외}) \end{cases}$$

(a) 확률변수 X의 주변확률밀도함수 $f(x)$를 구하라.
(b) 확률변수 Y의 주변확률밀도함수 $g(y)$를 구하라.

3.15 확률변수 X와 Y의 결합확률분포가 다음과 같을 때, 주어진 물음에 답하라.

X \ Y	−1	0	1
−1	0.09	0.1	0.11
0	0.14	0.16	0.1
1	0.07	0.14	0.09

(a) 확률변수 X와 Y의 주변확률분포표를 각각 작성하라.
(b) 두 확률변수 X와 Y가 서로 독립인지의 여부를 확인하라.
(c) 확률 $P(X-Y=2, X+Y=0)$을 구하라.

3.16 어떤 건설회사의 과거 기록에 의하면 수행했던 공사 중 60%가 계획대로 완공되었다고 한다. 이 기록을 신뢰할 수 있다고 하고 장래 6건의 공사 중 계획대로 완공할 수 있는 공사 건수를 확률변수 X라고 할 때, 다음 물음에 답하라.

(a) 확률변수 X의 확률질량함수를 구하라.
(b) 확률변수 X의 평균과 분산을 각각 구하라.
(c) 변동계수를 구하라.

3.17 기댓값을 이용하여 왜도 θ와 첨도 κ를 다음과 같이 구할 수 있다. 이때 μ_X는 X의 평균, σ는 X의 표준편차이다.

$$\theta = \frac{E(X-\mu_X)^3}{\sigma^3}, \quad \kappa = \frac{E(X-\mu_X)^4}{\sigma^4}$$

여기서 왜도 θ의 부호가 (+)이면 확률분포가 왼쪽으로 치우치고, (−)이면 오른쪽으로 치우침을 알 수 있다. 또한 첨도 κ가 3보다 클 경우에는 표준정규분포보다 뾰족하고, 3보다 작을 경우에는 표준정규분포보다 평평하다. [연습문제 3.16]에 대한 왜도를 구하고 치우친 정도를 파악하라.

3.18 어느 쇼핑몰의 판매 수익에 대한 확률밀도함수 $f(x)$가 다음과 같을 때, 주어진 물음에 답하라.

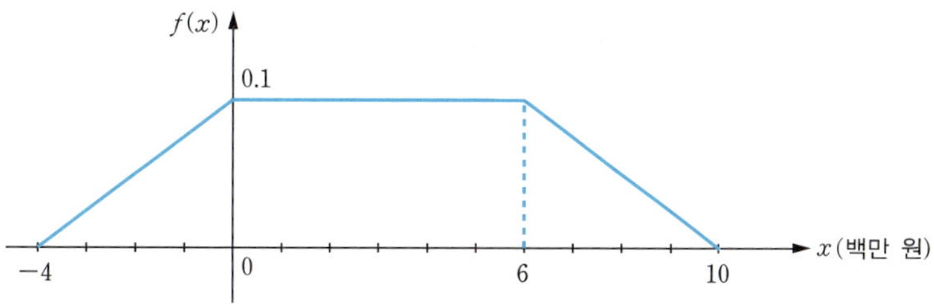

(a) 쇼핑몰에서 7백만 원 이상 이익을 얻을 확률을 구하라.
(b) 이 쇼핑몰이 손실을 입을 확률을 구하라.

3.19 댐의 수심을 나타내는 확률변수 X의 확률밀도함수는 다음과 같다.

$$f(x) = \frac{1}{13.5} e^{-x/13.5} \; (x \geq 0)$$

수심이 40.6m가 넘지 않도록 댐의 상부에는 비상 배수로가 있고, 비상 배수로보다 32.0m 아래에는 물을 수력발전기로 공급하는 관이 있다. 관의 직경은 무시한다고 할 때, 주어진 물음에 답하라.

(a) 물이 비상 배수로로 흘러 나갈 확률을 구하라.
(b) 물이 비상 배수로로 흘러 나가지 않을 때, 수력발전기가 작동할 수 있는 물을 유지할 확률을 구하라.
(c) 수위가 너무 낮아서 수력발전기가 작동하지 못할 확률을 구하라.

3.20 어느 생산라인에서는 규격이 760mm로 설계된 볼트를 만든다. 생산된 볼트를 테스트하는 장비는 볼트의 길이가 650mm보다 짧거나 920mm보다 길면 불량품으로 판정하여 폐기한다고 한다. 테스트를 통과한 볼트만 판매할 수 있으며, 테스트를 통과한 볼트의 길이를 나타내는 확률변수 X가 650 이상, 920 이하의 값을 가질 확률은 $P(a \le X \le b) = \frac{b-a}{920-650}$이다. 어떤 구매자가 규격에서 ±5%의 허용오차로 생산될 수 있는 볼트를 주문하였다고 할 때, 주어진 물음에 답하라.

(a) 생산된 볼트가 판매 가능할 확률을 구하라.
(b) 테스트 장비를 통과한 볼트의 평균 길이를 구하라.
(c) 판매된 볼트의 길이에 대한 표준편차를 구하라.
(d) 판매된 볼트의 몇 %가 평균 길이의 표준편차 이내에 들어가는가?
(e) 판매된 볼트의 평균 길이가 760mm가 되기 위해서는 몇 %의 허용오차값이 요구되는가?

3.21 주 단위로 표시한 어느 시스템의 수명을 나타내는 확률변수 X의 확률밀도함수가 다음과 같다고 할 때, 주어진 물음에 답하라.

$$f(x) = \frac{x}{200} e^{-x^2/400} \ (x \ge 0)$$

(a) 이 시스템의 수명이 1주를 넘기지 못할 확률을 구하라.
(b) 이 시스템의 수명이 1년을 넘길 확률을 구하라.
(c) 시스템이 20주 동안 작동했다고 할 때, 이 시스템의 기대 수명을 구하라.

3.22 스카이다이버가 원 모양의 정해진 목표지점에 착륙할 때, 목표지점의 중심으로부터 벗어난 거리를 나타내는 확률변수 X의 확률밀도함수는 다음과 같다.

$$f(x) = \frac{1}{400} x e^{-x^2/800} \ (x \ge 0)$$

착륙 목표지점은 반지름의 길이가 50m인 원이고, 그 안에 반지름의 길이가 10m인 중심원이 있다고 할 때, 주어진 물음에 답하라.

(a) 스카이다이버가 목표지점에 착륙했다고 할 때, 중심원 안에 착륙할 확률을 구하라.
(b) 스카이다이버가 목표지점의 중심원에 착륙하면 전문가라 하고, 목표지점의 중심원 바깥에 착륙하였으나 반지름의 길이가 25m인 원 안에 착륙하면 연습생이라고 한다. 스카이다이버가 전문가는 아니지만 목표지점에 착륙하여 연습생이 될 확률을 구하라.

3.23 컴퓨터 실습 Excel을 이용하여 다음 자료에 대한 확률분포와 기댓값, 분산, 표준편차를 구하라.

X	0	1	2	3	합계
$P(X=x)$	$\frac{1}{8}$	$\frac{3}{8}$	$\frac{3}{8}$	$\frac{1}{8}$	1

3.24 컴퓨터 실습 통계학 수업에서 어느 날 결석하는 학생을 조사하였다. X를 남학생 결석자의 수, Y를 여학생 결석자의 수라고 할 때, X와 Y는 다음과 같은 결합확률분포를 갖는다고 한다. $\mathrm{Cov}(X, Y)$와 $\mathrm{Corr}(X, Y)$를 Excel을 이용하여 구하라.

X \ Y	0	1	2	3	합계
0	0.05	0.05	0.10	0	0.20
1	0.05	0.10	0.25	0.10	0.50
2	0	0.15	0.10	0.05	0.30
합계	0.10	0.30	0.45	0.15	1

3.25 컴퓨터 실습 어느 라면 공장에서 생산한 주력 상품에 대해 지역별 매출액과 광고비를 조사한 결과가 다음과 같다. Excel을 이용하여 매출액과 광고비에 대한 산점도를 그리고, 상관계수를 구하라.

매출액	광고비
2,500	220
2,100	210
1,500	170
1,200	180
650	70
540	45
480	52
220	10
150	8
125	9

Chapter 04
여러 가지 확률분포

CONTENTS

학습목표

- 대표적인 이산확률분포를 알아보고, 그 성질을 이해할 수 있다.
- 대표적인 연속확률분포를 알아보고, 그 성질을 이해할 수 있다.
- 확률분포 사이의 근사 관계를 이해할 수 있다.

오른쪽과 같은 놀이 기구를 생각해보자. 상층부에 구슬을 넣으면 주어진 경로를 따라 핀의 좌우로 나뉘어 내려가는데, 이때 구슬이 핀의 좌 또는 우로 흘러갈 확률은 각각 $\frac{1}{2}$이다. 여러 개의 핀을 거쳐 내려간 구슬은 아래의 각 칸에 쌓이는데, 가장자리에 쌓이는 구슬의 개수는 적고 중앙으로 올수록 구슬의 개수가 많아짐을 알 수 있다. 이러한 현상을 수학적으로는 '분포를 이룬다'고 한다.

수학자들은 분포에 대해 오래전부터 연구했는데, 다니엘 베르누이(Daniel Bernoulli), 아브라함 드 무아브르(Abraham de Moivre), 카를 프리드리히 가우스(Carl Friedrich Gauss) 등이 대표적이다. 특히 가우스는 '태양 주위로 움직이는 행성 운동 이론'이라는 논문에서 행성 궤도를 확률 개념으로 접근하여 처음으로 정규분포를 제시했는데, 이때 사용한 곡선을 정규분포곡선 또는 가우스 곡선이라고 한다. 이 곡선은 현대 통계학의 통계적 추론에서 없어서는 안 될 가장 기본적인 확률분포곡선이다.

독일에서는 천재 수학자 가우스를 기리기 위해 정규분포곡선과 함께 가우스 초상화를 화폐의 도안으로 사용하였다.

통계학에서 주어진 확률변수에 대한 확률분포를 구하는 것은 매우 중요하다. 왜냐하면 모집단의 특성은 모집단의 확률분포로부터 알 수 있기 때문이다. 확률분포는 확률변수의 형태에 따라 이산확률분포와 연속확률분포로 나뉘는데, 이 장에서는 통계적 추론에 필요한 대표적인 이산확률분포와 연속확률분포를 살펴본다.

4.1 이산확률분포

3장에서 확률변수 X의 치역이 셀 수 있는 집합인 경우의 확률변수 X를 이산확률변수라고 정의하였다. 이 절에서는 이산확률변수의 분포 중 통계 이론에서 자주 사용하는 대표적인 이산확률분포를 살펴본다.

이산균등분포

이산균등분포는 이산확률분포 중 가장 간단한 확률분포이다. 예를 들어 주사위를 한 번 던져 나오는 눈의 수를 확률변수 X라 하고, 확률변수 X의 확률분포를 살펴보자. 확률변수 X의 확률분포표는 [표 4-1]과 같다.

[표 4-1] **주사위를 한 번 던져 나오는 눈의 수에 대한 확률분포표**

X	1	2	3	4	5	6	합계
$P(X=x)$	$\frac{1}{6}$	$\frac{1}{6}$	$\frac{1}{6}$	$\frac{1}{6}$	$\frac{1}{6}$	$\frac{1}{6}$	1

[표 4-1]을 그래프로 나타내면 [그림 4-1]의 분포와 같다. 이처럼 확률변수 X가 가지는 값(이산점)의 확률이 모두 같은 확률분포를 **이산균등분포**(discrete uniform distribution)라고 한다.

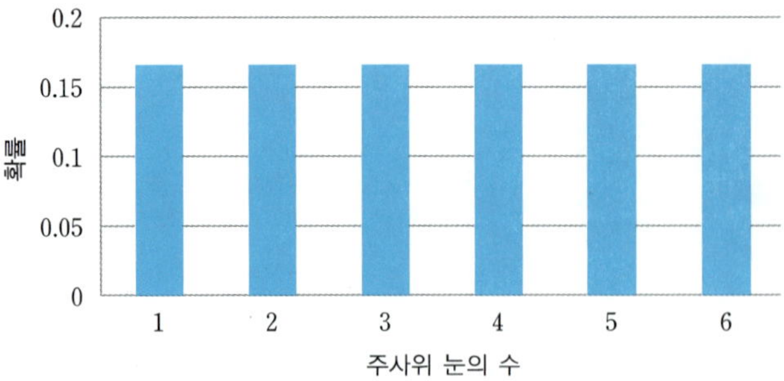

[그림 4-1] **이산균등분포의 예**

이산균등분포의 평균과 분산은 다음과 같이 구할 수 있다.

정리 4-1 이산균등분포의 평균과 분산

확률변수 X가 가지는 값 $1, 2, \cdots, n$에 대하여 확률질량함수가 다음과 같은 이산균등분포가 있다고 하자.

$$f(x) = \frac{1}{n} \ (x = 1, 2, \cdots, n)$$

확률변수 X의 평균과 분산은 다음과 같다.

(1) 평균 : $\mathrm{E}(X) = \sum_{x=1}^{n} x f(x) = \sum_{x=1}^{n} \frac{x}{n} = \frac{1}{n} \times \frac{n(n+1)}{2} = \frac{n+1}{2}$

(2) 분산 : $\mathrm{Var}(X) = \sum_{x=1}^{n} x^2 f(x) - \{\mathrm{E}(X)\}^2 = \sum_{x=1}^{n} \frac{x^2}{n} - \left(\frac{n+1}{2}\right)^2$

$$= \frac{1}{n} \times \frac{n(n+1)(2n+1)}{6} - \left(\frac{n+1}{2}\right)^2 = \frac{n^2-1}{12}$$

[표 4-1]의 확률질량함수는 $f(x) = \frac{1}{6}(x = 1, 2, \cdots, 6)$이므로 주사위를 한 번 던져 나오는 눈의 수에 대한 평균과 분산은 다음과 같다.

$$\mathrm{E}(X) = \frac{6+1}{2} = \frac{7}{2}, \quad \mathrm{Var}(X) = \frac{6^2-1}{12} = \frac{35}{12}$$

예제 4-1

어떤 사람이 태어난 달을 확률변수 X라 할 때, 확률변수 X의 확률질량함수와 평균 및 분산을 구하라.

풀이

확률변수 X의 값은 태어난 달을 나타내므로 1부터 12까지의 값을 가지며, 이때 각각의 확률은 동등하게 $\frac{1}{12}$이다. 따라서 확률변수 X의 확률질량함수는 다음과 같다.

$$f(x) = \frac{1}{12} \ (x = 1, 2, \cdots, 12)$$

확률변수 X의 평균과 분산은 다음과 같다.

$$\mathrm{E}(X) = \frac{12+1}{2} = \frac{13}{2}, \quad \mathrm{Var}(X) = \frac{12^2-1}{12} = \frac{143}{12}$$

베르누이분포

우리는 실험의 결과가 두 가지로만 나오는 경우를 흔히 볼 수 있다. 예를 들어 '동전을 던지면 앞면 또는 뒷면이 나온다', '제품 검사를 하여 합격품 또는 불합격품으로 분류한다', '곤충의 성별은 암수로 구분한다' 등이 있다. 이와 같이 어떤 시행을 독립적으로 반복할 때, 발생할 수 있는 결과가 오직 두 가지뿐인 경우에 대하여 다음 사항을 만족하는 시행을 **베르누이시행**(Bernoulli trial)이라고 한다.

- 각 시행의 결과는 반드시 '성공(S)'과 '실패(F)' 중 하나로 나타난다.
- 각 시행에서 성공할 확률은 $\mathrm{P}(S)=p$이고, 실패할 확률은 $\mathrm{P}(F)=q$이다. (단, $p+q=1$)
- 각 시행은 독립이다. 즉 어떤 시행 결과는 그 이후의 결과에 전혀 영향을 미치지 않는다.

베르누이시행에서 성공이면 1, 실패면 0으로 대응하는 확률변수를 X라 하면 확률변수 X의 확률분포는 다음과 같다.

$$\mathrm{P}(X=1)=p$$
$$\mathrm{P}(X=0)=q=1-p$$

따라서 확률변수 X에 대한 확률질량함수는 다음과 같다.

$$f(x)=p^x(1-p)^{1-x}\ (x=0,\ 1)$$

이와 같은 확률질량함수를 갖는 확률변수 X의 확률분포를 **베르누이분포**(Bernoulli distribution)라 하고, $\mathrm{B}(1,\ p)$로 나타낸다. 베르누이분포를 그래프로 나타내면 [그림 4-2]와 같다.

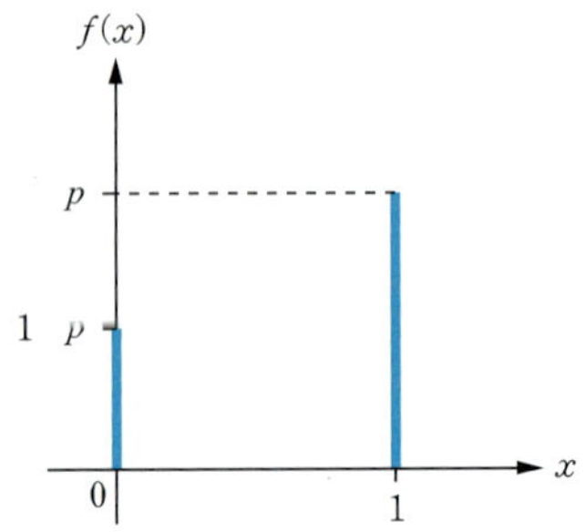

[그림 4-2] 베르누이분포

베르누이분포를 따르는 확률변수 X의 평균과 분산은 다음과 같이 구할 수 있다.

정리 4-2 베르누이분포의 평균과 분산

확률변수 X가 베르누이분포 $\mathrm{B}(1,\ p)$를 따를 때, 확률변수 X의 평균과 분산은 다음과 같다.

(1) 평균 : $\mathrm{E}(X)=1\times p+0\times q=p$

(2) 분산 : $\mathrm{Var}(X)=\mathrm{E}(X^2)-\{\mathrm{E}(X)\}^2=1\times p+0\times q-p^2=p-p^2=p(1-p)$

예제 4-2

10개의 제품 중 3개가 불량품인 로트(lot)가 있다. 여기서 1개의 제품을 뽑아 조사한 후 되돌려 놓고, 이 로트에서 다시 뽑아 조사하는 복원추출을 반복하여 시행한다고 하자. 이때 뽑힌 제품이 불량품일 확률을 구하고, 이때 추출하는 시행을 무엇이라고 하는지 설명하라.

풀이

10개의 제품 중 3개가 불량품이므로 불량품이 뽑힐 확률은 $\frac{3}{10}$, 양품이 뽑힐 확률은 $\frac{7}{10}$이다. 이때 추출하는 시행은 불량품이 뽑힐 확률이 $\frac{3}{10}$ 또는 양품이 뽑힐 확률이 $\frac{7}{10}$인 베르누이시행이다.

예제 4-3

주사위를 한 번 던지는 시행에서 1의 눈이 나오면 확률변수 X의 값은 1이고, 그 밖의 다른 눈이 나오면 X의 값은 0이라고 하자. 다음 물음에 답하라.

(a) 확률변수 X의 확률질량함수를 구하라.
(b) 확률변수 X의 기댓값과 분산을 구하라.

풀이

확률변수 X는 베르누이분포 $\mathrm{B}\left(1, \frac{1}{6}\right)$을 따른다.

(a) $f(x) = \left(\frac{1}{6}\right)^x \left(\frac{5}{6}\right)^{1-x} \quad (x = 0, 1)$

(b) $\mathrm{E}(X) = \frac{1}{6}$, $\mathrm{Var}(X) = \frac{1}{6} \times \frac{5}{6} = \frac{5}{36}$

이항분포

성공률이 p인 n회의 베르누이시행에서 성공횟수를 X라 할 때, 확률변수 X의 확률분포를 **이항분포**(binomial distribution)라 하고, 기호로 $\mathrm{B}(n, p)$와 같이 나타낸다. 일반적으로 성공률이 p인 n회의 베르누이시행에서 x회 성공했다면 $(n-x)$회는 실패한다. 이러한 경우의 수는 ${}_n\mathrm{C}_x$가지이며, 각 경우의 확률은 $p^x q^{n-x}$이다. 따라서 이항분포의 확률질량함수는 다음과 같다.

$$f(x) = {}_n\mathrm{C}_x\, p^x (1-p)^{n-x} \quad (x = 0, 1, \cdots, n)$$

이때 ${}_n\mathrm{C}_x$를 **이항계수**(binomial coefficient)라 한다. 이항계수는 $(a+b)^n$의 이항전개에서

$a^{n-x}b^{x}$의 계수에 해당한다. 이러한 이항분포는 평균 불량률이 p인 공정에서 추출한 n개의 제품 중 불량품의 개수 등을 다루는 품질관리에서 자주 사용한다.

이항분포 $\mathrm{B}(n, p)$를 따르는 확률변수 X의 확률분포를 표로 나타내면 다음과 같다.

[표 4-2] 이항분포 $\mathrm{B}(n, p)$를 따르는 확률변수 X의 확률분포표

X	0	1	2	⋯	x	⋯	n	합계
$\mathrm{P}(X=x)$	${}_n\mathrm{C}_0 p^0 q^n$	${}_n\mathrm{C}_1 p^1 q^{n-1}$	${}_n\mathrm{C}_2 p^2 q^{n-2}$	⋯	${}_n\mathrm{C}_x p^x q^{n-x}$	⋯	${}_n\mathrm{C}_n p^n q^0$	1

[표 4-2]에서 각 확률은 $(p+q)^n$을 이항정리하여 전개한 다음 식의 각 항과 같다.

$$\begin{aligned}(p+q)^n &= \sum_{x=0}^{n} {}_n\mathrm{C}_x p^x q^{n-x} \\ &= {}_n\mathrm{C}_0 p^0 q^n + {}_n\mathrm{C}_1 p^1 q^{n-1} + {}_n\mathrm{C}_2 p^2 q^{n-2} + \cdots + {}_n\mathrm{C}_x p^x q^{n-x} + \cdots + {}_n\mathrm{C}_n p^n q^0\end{aligned}$$

이때 $p+q=1$이므로 $\sum_{x=0}^{n} {}_n\mathrm{C}_x p^x q^{n-x} = 1$임을 알 수 있다.

예를 들어 $n=4$인 경우를 생각해보자. 네 번의 베르누이시행이 독립적으로 이루어지므로 모든 가능한 경우의 수는 $2\times2\times2\times2 = 2^4 = 16$가지이다. 이때 성공($S$)과 실패($F$)를 표로 나타내면 [표 4-3]과 같다.

[표 4-3] $n=4$인 경우에 대한 결과표

X	0	1	2	3	4
가능한 결과	*FFFF*	*SFFF* *FSFF* *FFSF* *FFFS*	*SSFF* *SFSF* *SFFS* *FSSF* *FSFS* *FFSS*	*SSSF* *SSFS* *SFSS* *FSSS*	*SSSS*
경우의 수	${}_4\mathrm{C}_0 = 1$가지	${}_4\mathrm{C}_1 = 4$가지	${}_4\mathrm{C}_2 = 6$가지	${}_4\mathrm{C}_3 = 4$가지	${}_4\mathrm{C}_4 = 1$가지
각 경우의 확률	q^4	pq^3	p^2q^2	p^3q	p^4

따라서 $n=4$인 경우, 확률변수 X의 확률분포표는 [표 4-4]와 같이 나타낼 수 있다.

[표 4-4] $n=4$인 경우 확률변수 X에 대한 확률분포표(단, $p+q=1$)

X	0	1	2	3	4	합계
$\mathrm{P}(X=x)$	${}_4\mathrm{C}_0 p^0 q^4$	${}_4\mathrm{C}_1 p^1 q^3$	${}_4\mathrm{C}_2 p^2 q^2$	${}_4\mathrm{C}_3 p^3 q^1$	${}_4\mathrm{C}_4 p^4 q^0$	1

[표 4-4]를 통해 확률변수 X의 확률질량함수가 다음과 같음을 알 수 있다.

$$f(x) = {}_4C_x\, p^x q^{4-x} \quad (x = 0,\ 1,\ 2,\ 3,\ 4)$$

확률변수 X가 이항분포 $B(n,\ p)$를 따르면 확률변수 X의 분포함수 $F(x)$는 다음과 같다.

$$F(x) = P(X \le c) = \sum_{x=0}^{c} {}_nC_x\, p^x (1-p)^{n-x}$$

이때 n, p, c 값에 따라 확률변수 X의 분포함수의 값을 계산하여 나타낸 표를 **이항분포표**라고 한다. 이항분포표는 [부록 A.2]를 참고하기 바란다. [부록 A.2]를 이용하면 이항분포를 따르는 확률변수에 대한 여러 가지 확률을 간단히 구할 수 있다.

이항분포의 평균과 분산은 다음과 같이 구할 수 있다.

정리 4-3 이항분포의 평균과 분산

확률변수 X가 이항분포 $B(n,\ p)$를 따를 때, 확률변수 X의 평균과 분산은 다음과 같다.

(1) 평균 : $E(X) = np$

(2) 분산 : $Var(X) = np(1-p)$

예제 4-4

어떤 부품이 충격 실험에서 충격을 견딜 확률이 $\frac{3}{4}$이라고 한다. 5개의 제품으로 실험했을 때 정확하게 2개가 충격을 견딜 확률을 구하라.

풀이

각 실험은 독립적이고, 각 실험에서 부품이 충격을 견딜 확률은 $\frac{3}{4}$이다. 따라서 충격 실험에서 부품이 충격을 견딘 횟수를 X라 하면, 확률변수 X는 시행횟수가 5이고 성공률이 $\frac{3}{4}$인 이항분포 $B\left(5,\ \frac{3}{4}\right)$을 따른다. 그러므로 구하고자 하는 확률은 다음과 같다.

$$P(X=2) = {}_5C_2\left(\frac{3}{4}\right)^2\left(\frac{1}{4}\right)^3 = \frac{5\times 4}{2}\times\frac{3^2}{4^5} = \frac{45}{512}$$

예제 4-5

어떤 공장에서 생산하는 제품은 5%의 비율로 불량품이 발생한다고 한다. 이 공장에서 생산하는 제품에서 10개를 무작위로 추출했을 때의 불량품 개수를 X라 하자. 확률변수 X의 확률질량함수를 구하고, 확률 $P(2 \le X \le 4)$를 반올림하여 소수 넷째 자리까지 구하라.

풀이

확률변수 X는 $n=10$, $p=0.05$인 이항분포 $\mathrm{B}(10, 0.05)$를 따른다. 따라서 확률변수 X의 확률질량함수는 다음과 같다.

$$f(x) = {}_{10}\mathrm{C}_x(0.05)^x(0.95)^{10-x}\ (x=0, 1, 2, \cdots, 10)$$

따라서 구하고자 하는 확률은 다음과 같다.

$$\begin{aligned}\mathrm{P}(2 \le X \le 4) &= f(2)+f(3)+f(4)\\ &= {}_{10}\mathrm{C}_2(0.05)^2(0.95)^8 + {}_{10}\mathrm{C}_3(0.05)^3(0.95)^7 + {}_{10}\mathrm{C}_4(0.05)^4(0.95)^6\\ &\fallingdotseq 0.0861\end{aligned}$$

예제 4-6

평균 불량률이 10%인 공장에서 생산한 제품 중 10개를 추출할 때, 그 안에 포함된 불량품의 개수를 X라 하자. 다음 물음에 답하라. (단, (a), (b)의 결과는 반올림하여 소수 넷째 자리까지 구하라.)

(a) 불량품이 2개 나올 확률을 구하라.
(b) 이항분포표를 이용하여 불량품이 최소한 3개일 확률을 구하라.
(c) 확률변수 X의 기댓값과 분산을 구하라.

풀이

확률변수 X는 $n=10$, $p=0.1$인 이항분포 $\mathrm{B}(10, 0.1)$을 따른다. 따라서 확률변수 X의 확률질량함수는 다음과 같다.

$$f(x) = {}_{10}\mathrm{C}_x(0.1)^x(0.9)^{10-x}\ (x=0, 1, \cdots, 10)$$

(a) $f(2) = {}_{10}\mathrm{C}_2(0.1)^2(0.9)^8 \fallingdotseq 0.1937$

(b) $$\begin{aligned}\mathrm{P}(X \ge 3) &= \sum_{x=3}^{10} {}_{10}\mathrm{C}_x(0.1)^x(0.9)^{10-x}\\ &= 1-\sum_{x=0}^{2} {}_{10}\mathrm{C}_x(0.1)^x(0.9)^{10-x}\\ &\fallingdotseq 1-0.9298 = 0.0702\end{aligned}$$

(c) $\mathrm{E}(X) = 10 \times 0.1 = 1$, $\mathrm{Var}(X) = 10 \times 0.1 \times 0.9 = 0.9$

정리 4-4 이항분포표를 이용한 확률 계산

확률변수 X가 이항분포를 따를 때, 두 자연수 a, b에 대하여 다음이 성립한다.

(1) $\mathrm{P}(a \le X \le b) = \mathrm{P}(X \le b) - \mathrm{P}(X \le a-1)$

(2) $\mathrm{P}(X = a) = \mathrm{P}(X \le a) - \mathrm{P}(X \le a-1)$

(3) $\mathrm{P}(X \ge a) = 1 - \mathrm{P}(X \le a-1)$

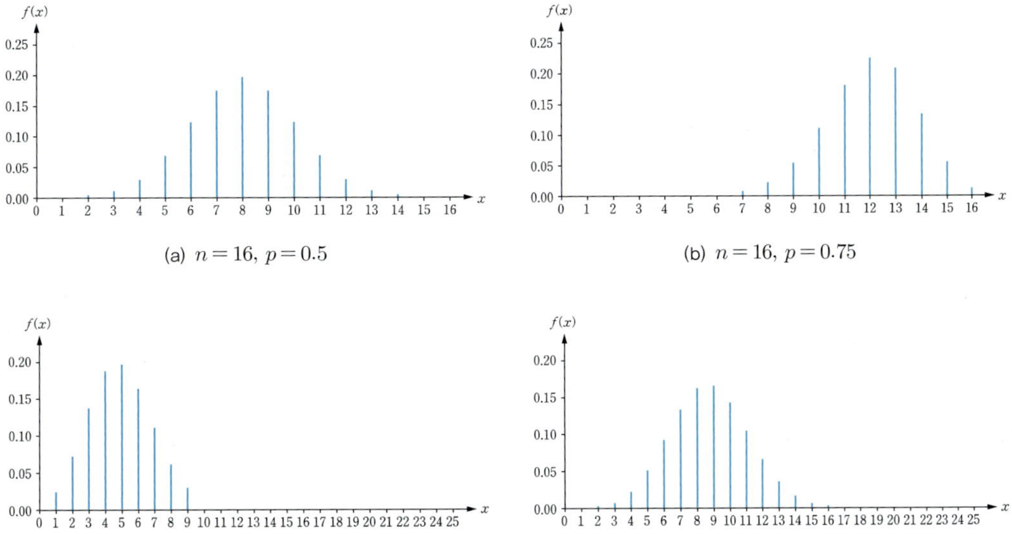

(a) $n=16,\ p=0.5$

(b) $n=16,\ p=0.75$

(c) $n=25,\ p=0.2$

(d) $n=25,\ p=0.35$

[그림 4-3] n, p값의 변화에 따른 이항분포의 확률질량함수 그래프

[그림 4-3]은 이항분포 $\mathrm{B}(n, p)$를 따르는 확률변수 X의 확률질량함수에서 n과 p를 변화시키며 그래프로 표현한 것이다. [그림 4-3]을 보면 이항분포의 그래프는 p값이 0.5일 때 대칭형 분포를 따르고, p값이 0.5보다 크거나 작아짐에 따라 비대칭형 분포를 보임을 알 수 있다. 또한 n이 증가하면 p값에 관계없이 이항분포 그래프가 나타내는 곡선이 평균을 중심으로 좌우대칭에 더 가까워짐을 알 수 있다.

초기하분포

무한 모집단에서 표본을 비복원추출하거나 유한 모집단에서 복원추출하는 경우에는 베르누이시행의 조건을 만족하므로 이항분포를 사용할 수 있다. 그러나 유한 모집단에서 비복원추출할 때는 각 시행이 서로 독립이 아니므로 베르누이시행의 조건을 만족하지 못한다. 따라서 이런 경우에는 이항분포를 사용할 수 없다.

예를 들어 크기가 N인 유한 모집단에 특정한 성질을 지닌 원소가 M개 있다고 하자. 여기서 n개의 표본을 비복원추출하는 실험을 초기하실험이라고 하는데, 초기하실험은 다음과 같은 성질을 갖는다.

- 크기가 N인 유한 모집단에서 크기가 n인 확률표본을 취한다.
- N개 중 특정한 성질을 지닌 M개는 성공, 나머지 $(N-M)$개는 실패로 분류할 수 있다.

초기하실험에서 추출한 성공 개수를 X라 하면, 확률변수 X는 **초기하분포**(hypergeometric distribution)를 이룬다고 하고 $\mathrm{H}(N, M, n)$으로 표기한다. 이때 확률변수 X의 확률질량함수는 다음과 같다. 여기서 $0 \le x \le M$, $0 \le n-x \le N-M$이다.

$$f(x) = \frac{{}_M\mathrm{C}_x \cdot {}_{N-M}\mathrm{C}_{n-x}}{{}_N\mathrm{C}_n}$$

초기하분포의 평균과 분산은 다음과 같이 구할 수 있다.

정리 4-5 초기하분포의 평균과 분산

확률변수 X가 초기하분포 $\mathrm{H}(N, M, n)$을 따를 때, 확률변수 X의 평균과 분산은 다음과 같다.

(1) 평균 : $\mathrm{E}(X) = n\dfrac{M}{N}$

(2) 분산 : $\mathrm{Var}(X) = n\dfrac{M}{N}\left(1-\dfrac{M}{N}\right)\left(\dfrac{N-n}{N-1}\right)$

분산에 대한 식의 $\dfrac{N-n}{N-1}$을 **유한 모집단 수정계수**(finite population correction coefficient)라 하며, N이 커질수록 이 값은 1에 접근한다.[1] 따라서 어떤 고정된 n에 대하여 $N \to \infty$일 때 유한 모집단 수정계수는 $\dfrac{N-n}{N-1} \to 1$이다. 그러므로 N이 충분히 클 때, $\dfrac{M}{N} = p$로 일정하다면 초기하분포를 이항분포로 근사할 수 있다.

초기하분포 $\mathrm{H}(N, M, n)$을 따르는 확률변수의 M을 변화시키면서 확률질량함수를 그래프로 나타내면 [그림 4-4]와 같이 평균이 8에서 12로 이동함을 확인할 수 있다.

1 크기가 N인 유한 모집단에서 비복원추출을 하면, 다음 추출 단계에서는 항상 남아 있는 모집단에서 요소를 추출한다. 이로 인해 추출 확률이 계속 변하므로 추출한 요소는 다른 요소의 추출 확률에 영향을 미친다. 즉 각 추출 단계는 서로 독립적이지 않고 각 단계마다 분산이 달라진다. 따라서 유한 모집단 수정계수를 곱하여 표본평균의 수정된 분산을 구해야 한다.

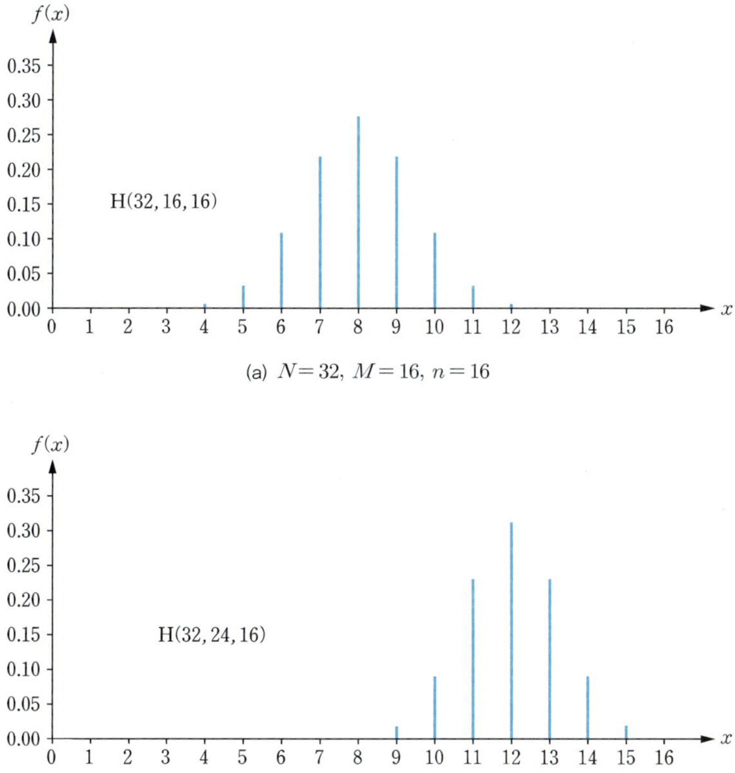

(a) $N=32,\ M=16,\ n=16$

(b) $N=32,\ M=24,\ n=16$

[그림 4-4] **초기하분포**

초기하분포는 품질관리에서 주로 사용한다. 예를 들어 동일 조건에서 생산한 제품 N개에서 표본 n개를 추출할 때 그 안에 포함된 불량품 개수가 미리 정해진 c개 이하이면 합격이라고 하자. 그 제품이 합격할 확률은 다음과 같다.

$$\sum_{x=0}^{c} \frac{{}_M C_x \cdot {}_{N-M} C_{n-x}}{{}_N C_n}$$

이는 제품의 불량률 $p=\dfrac{M}{N}$에 대한 함수이다. 그러므로 이 함수를 $\mathrm{OC}(p)$로 나타낼 때, 이 곡선을 **검사특성곡선**(Operating Characteristic curve) 또는 **OC 곡선**이라고 한다.

예를 들어 마이크로칩을 생산하는 어느 전자회사에서는 25개의 칩을 1개의 상자에 넣어 판매하는데, 각 상자에는 결함이 있는 몇 개의 칩이 포함된다고 한다. 이 칩을 구매하는 회사는 각 상자에서 비복원추출로 $n=5$개의 칩을 추출하여 검사하며, 이 검사에서 5개의 칩 모두가 결함이 없는 것으로 판정되면 그 상자를 구매하기로 결정하는 **합격 판정 샘플링 검사**(acceptance sampling plan)를 시행한다. 이 검사에서 칩 표본 5개에 포함되어 결함이 있는 칩의 수를 확률변수 X라고 하면 X는 초기하분포를 따른다.

그러나 상자 속에 포함된 불량 칩의 수 M은 알려져 있지 않으므로 구매하는 회사는 M이 매우 작으면 칩 상자를 구매할 확률인 $P(X=0)$이 클 것이라고 기대한다. 이때 검사특성곡선은 M 또는 $p=\frac{M}{25}$에 대한 함수이다. 즉 검사특성곡선은 다음과 같다.

$$OC(p)=P(X=0)=\frac{{}_{M}C_0 \cdot {}_{25-M}C_5}{{}_{25}C_5}$$

여기서 $p=\frac{M}{25}$이다. $M=0, 1, 2, \cdots$라 하면 $p=0.00, 0.04, 0.08, \cdots$이므로 [부록 A.1]의 이항계수표를 이용하면 다음과 같은 확률을 얻는다.

$$OC(0.00)=\frac{{}_{0}C_0 \cdot {}_{25}C_5}{{}_{25}C_5}=1.00, \quad OC(0.04)=\frac{{}_{1}C_0 \cdot {}_{24}C_5}{{}_{25}C_5}=0.800$$

$$OC(0.08)=\frac{{}_{2}C_0 \cdot {}_{23}C_5}{{}_{25}C_5}\fallingdotseq 0.633, \quad OC(0.12)=\frac{{}_{3}C_0 \cdot {}_{22}C_5}{{}_{25}C_5}\fallingdotseq 0.496$$

$$OC(0.16)=\frac{{}_{4}C_0 \cdot {}_{21}C_5}{{}_{25}C_5}\fallingdotseq 0.383$$

검사특성곡선 $OC(p)$에서 $N=1000$, $n=30$으로 고정했을 때, p와 x의 여러 가지 경우에 대해 불량품이 나타날 확률을 계산하면 [표 4-5]와 같다.

[표 4-5] **불량품이 나타날 확률($N=1000$, $n=30$)**

x \ p	0.05	0.10	0.15	0.20
0	0.210	0.040	0.007	0.001
1	0.342	0.139	0.039	0.009
2	0.263	0.229	0.102	0.032
3	0.123	0.240	0.171	0.077
4	0.044	0.180	0.210	0.132
5	0.011	0.102	0.187	0.174

[표 4-5]의 결과를 이용하여 다음과 같은 샘플링 검사 방식을 생각해보자. 크기가 $N=1000$인 로트에서 크기가 $n=30$인 시료를 무작위로 채취하여 조사하고, 시료에 포함된 불량품이 3개 이하이면 로트를 합격으로, 불량품이 4개 이상이면 불합격으로 처리하는 이러한 샘플링 검사 방식을

"$N=1000$인 경우의 $(n=30, c=3)$ 샘플링"

이라고 한다. 여기서 c를 **합격 판정 개수**(acceptance number)라고 한다. 시료 중 불량품 개수 x가 $x \le c$이면 로트를 합격으로 판정하고, 반대로 $x > c$이면 불합격으로 판정한다. 이러한 샘플링 검사 방식에서는 $x = 0,\ 1,\ 2,\ 3$의 어느 경우에도 로트가 합격이므로, 로트를 합격으로 판정할 확률 $OC(p)$는 $x = 0,\ 1,\ 2,\ 3$이 나오는 확률의 합으로 계산한다. 즉 [표 4-6]과 같이 구한다.

[표 4-6] **로트를 합격으로 판정할 확률($N = 1000$, $n = 30$, $c = 3$)**

p	$OC(p) = \sum_{x=0}^{3} \frac{{}_{1000p}C_x \cdot {}_{1000-1000p}C_{30-x}}{{}_{1000}C_{30}}$
0.05	0.938
0.10	0.648
0.15	0.319
0.20	0.119

예를 들어 $p = 0.05$인 경우에는 다음과 같이 계산한다.

$$OC(p) = \sum_{x=0}^{3} f(x) = 0.210 + 0.342 + 0.263 + 0.123 = 0.938$$

[표 4-6]으로부터 가로축은 로트의 불량률 p, 세로축은 로트를 합격으로 판정할 확률 $OC(p)$로 나타내면 [그림 4-5]와 같은 곡선을 얻을 수 있다.

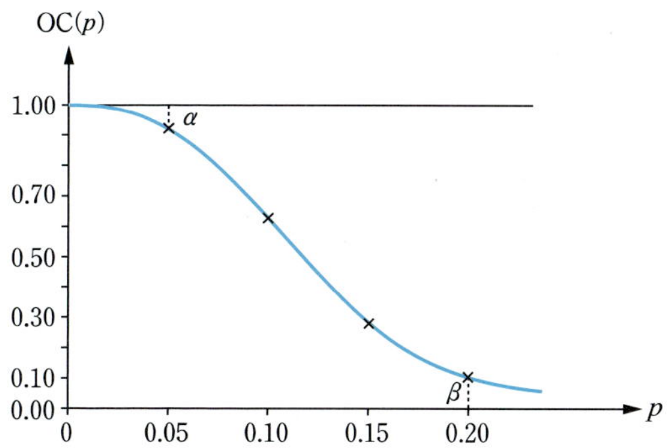

[그림 4-5] **$N = 1000$, $n = 30$, $c = 3$인 경우의 OC 곡선**

[그림 4-5]를 살펴보면 불량률이 0.05인 로트는 0.062의 확률로 불합격(즉 0.938의 확률로 합격)할 수 있고, 불량률이 0.20인 로트는 0.119의 확률로 합격할 수 있다. 즉 불량률이 낮은 로트라도 불합격할 수 있고 불량률이 높은 로트라도 합격할 수 있다. 이때 전자의 경우는 생산자가 좋은 로트를 생산하고도 불합격 판정을 받는 위험을 가지므로 **생산자 위험**

(producer's risk)이라 하고, 후자의 경우에는 나쁜 로트를 합격 판정하여 소비자가 불량품을 사용할 위험을 가지므로 **소비자 위험**(consumer's risk)이라 하며, 각각 α, β로 나타낸다.

예제 4-7

불량품 3개와 양품 5개가 들어 있는 상자에서 2개의 제품을 비복원추출한다고 하자. 이때 불량품 개수에 대한 확률질량함수를 구하라.

풀이

상자에는 총 8개의 제품이 들어 있고, 그중 2개를 추출하는 경우의 수는 ${}_8C_2 = 28$가지이다. 이때 불량품 개수를 X라고 하면 확률변수 X는 초기하분포 $H(8, 3, 2)$를 따른다. 따라서 확률변수 X의 확률질량함수는 다음과 같다.

$$f(x) = P(X = x) = \frac{{}_3C_x \cdot {}_5C_{2-x}}{{}_8C_2} \quad (x = 0, 1, 2)$$

예제 4-8

크기가 100인 로트에 불량품이 10개 들어 있다. 이 로트에서 크기가 5인 표본을 비복원추출했을 때, 불량품 개수를 X라 하자. 다음 물음에 답하라.

(a) 불량품이 1개 들어 있을 확률을 구하라.
(b) 불량품이 1개 이상 들어 있을 확률을 구하라.
(c) 확률변수 X의 기댓값과 분산을 구하라.
(d) 확률변수 X를 이항분포로 근사하여 앞에서 구한 확률과 비교하라.

풀이

확률변수 X는 초기하분포 $H(100, 10, 5)$를 따르므로 확률변수 X의 확률질량함수는 다음과 같다.

$$f(x) = P(X = x) = \frac{{}_{10}C_x \cdot {}_{90}C_{5-x}}{{}_{100}C_5} \quad (x = 0, 1, 2, 3, 4, 5)$$

(a) $P(X = 1) = \dfrac{{}_{10}C_1 \cdot {}_{90}C_4}{{}_{100}C_5} \fallingdotseq 0.339$

(b) $P(X \geq 1) = 1 - P(X = 0) = 1 - \dfrac{{}_{10}C_0 \cdot {}_{90}C_5}{{}_{100}C_5} \fallingdotseq 1 - 0.584 = 0.416$

(c) 확률변수 X의 기댓값과 분산은 다음과 같다.

$$E(X)=\frac{5\times 10}{100}=0.5$$

$$Var(X)=\frac{100-5}{100-1}\times 5\times \frac{10}{100}\times\left(1-\frac{10}{100}\right)\fallingdotseq 0.432$$

(d) $N=100$이고 $\frac{M}{N}=0.1$이므로 확률변수 X는 초기하분포 $H(100, 10, 5)$를 이항분포 $B(5, 0.1)$로 근사한다고 할 수 있다. 따라서 이항분포표로부터 다음을 구할 수 있다.

$$P(X=1)\fallingdotseq 0.328,\quad P(X\geq 1)=1-P(X=0)\fallingdotseq 1-0.590=0.410$$

또한 평균과 분산은 각각 0.5, 0.45이다. 앞에서 계산한 확률과는 약간의 차이가 있으나 대략 근사함을 알 수 있다.

푸아송분포

주어진 시간 내에 전화가 걸려 오는 횟수, 어떤 지역에서의 1일 교통사고 사망자 수, 하루 동안 고장 나는 기계 수, 일정량의 혈액 속에 있는 적혈구 수 등에 대한 실험 결과가 다음 조건을 만족하면 근사 푸아송 과정과 관련한 확률변수라고 할 수 있다.

정리 4-6 근사 푸아송 과정의 조건

주어진 연속 구간에서 발생하는 사건 수가 다음 조건을 만족하면 그 사건은 모수 $m>0$을 갖는 **근사 푸아송 과정**(approximate Poisson process)을 따른다.

(1) 겹치지 않는 구간에서 발생하는 사건은 서로 독립이다(독립성).

(2) 구간의 길이 h가 충분히 작은 구간에서 정확히 하나의 사건이 발생할 확률은 거의 mh이다(비례성).

(3) 충분히 작은 길이의 구간에서 사건이 두 번 이상 발생할 확률은 거의 0이다(비집락성).

근사 푸아송 과정을 만족하는 확률실험을 생각해보자. 길이가 1인 구간에서 발생하는 사건 수를 확률변수 X라 하자. 이 실험에서 확률 $P(X=x)$에 대한 근사 확률을 구하기 위해 길이가 1인 구간을 n등분한다고 하자. 그러면 $P(X=x)$는 n개의 구간 중 정확히 x개의 구간에서 사건이 발생할 근사 확률이 될 것이다. 또한 길이가 $\frac{1}{n}$인 어떤 한 소구간에서 사건이 발생할 확률은 [정리 4-6]의 조건 (2)에 의해 $m\left(\frac{1}{n}\right)$이다. 그리고 어떤 한 소구간에서 사건이 두 번 이상 발생할 확률은 조건 (3)에 의해 0이다.

따라서 각 소구간에서 정확히 한 번의 사건이 발생할 확률은 근사적으로 $m\left(\frac{1}{n}\right)$이고, 각 소구간에서 일어나는 사건은 베르누이시행으로 생각할 수 있다. 그러므로 이는 베르누이시행을 n회 시행하고 성공률이 $\frac{m}{n}$인 이항분포로 생각할 수 있다. 따라서 다음이 성립한다.

$$\mathrm{P}(X=x)=\frac{n!}{x!(n-x)!}\left(\frac{m}{n}\right)^{x}\left(1-\frac{m}{n}\right)^{n-x}$$

여기서 n은 한없이 크고, p는 한없이 작을 때 근사적인 확률질량함수는 다음과 같다.

$$f(x)=\frac{e^{-m}m^{x}}{x!}\ (x=0,\ 1,\ 2,\ \cdots)$$

이를 모수 m을 갖는 **푸아송분포**(Poisson distribution)라 하고 $\mathrm{P}(m)$으로 표기한다. 이때 n이 크고 p가 작되 $np<5$이면 이항분포를 푸아송분포로 근사할 수 있다. 즉 시행횟수 n이 아주 크고 사건이 일어날 확률 p가 매우 작은 경우에 푸아송분포는 이항분포의 근사분포로 사용하며, 이러한 푸아송분포는 이항분포의 **극한분포**(limiting distribution)로 설명할 수 있다.

확률변수 X가 모수 m인 푸아송분포를 따르면 확률변수 X의 분포함수는 다음과 같다.

$$\mathrm{P}(X\le c)=\sum_{x=0}^{c}\frac{e^{-m}m^{x}}{x!}$$

또한 푸아송분포의 평균과 분산은 다음과 같이 구할 수 있다.

정리 4-7 푸아송분포의 평균과 분산

확률변수 X가 푸아송분포 $\mathrm{P}(m)$을 따를 때, 확률변수 X의 평균과 분산은 다음과 같다.

(1) 평균 : $\mathrm{E}(X)=m$ (2) 분산 : $\mathrm{Var}(X)=m$

예제 4-9

어느 학생은 평균적으로 1시간에 1통의 전화를 받는다고 한다. 이 학생에게 걸려 오는 전화횟수가 푸아송분포를 따른다면, 1시간에 2통의 전화를 받을 확률을 구하라. (단, $e^{-1}\fallingdotseq 0.368$)

풀이

이 학생에게 걸려 오는 전화횟수를 확률변수 X라 하면, 확률변수 X는 $m=1$인 푸아송분포 $\mathrm{P}(1)$을 따르므로 확률변수 X의 확률질량함수는 다음과 같다.

$$f(x) = \frac{e^{-1} \times 1^x}{x!}$$

따라서 구하고자 하는 확률은 다음과 같다.

$$\mathrm{P}(X=2) = f(2) = \frac{e^{-1} \times 1^2}{2!} = \frac{e^{-1}}{2} \fallingdotseq \frac{1}{2} \times 0.368 = 0.184$$

m값에 따른 푸아송분포의 확률질량함수를 그래프로 나타내면 [그림 4-6]과 같다. m, c 값에 따라 확률변수 X의 분포함수의 값을 계산하여 나타낸 표를 **푸아송분포표**라고 한다. 푸아송분포표는 [부록 A.3]을 참고한다. [부록 A.3]을 이용하면 푸아송분포를 따르는 확률변수에 대한 여러 가지 확률을 편리하게 계산할 수 있다.

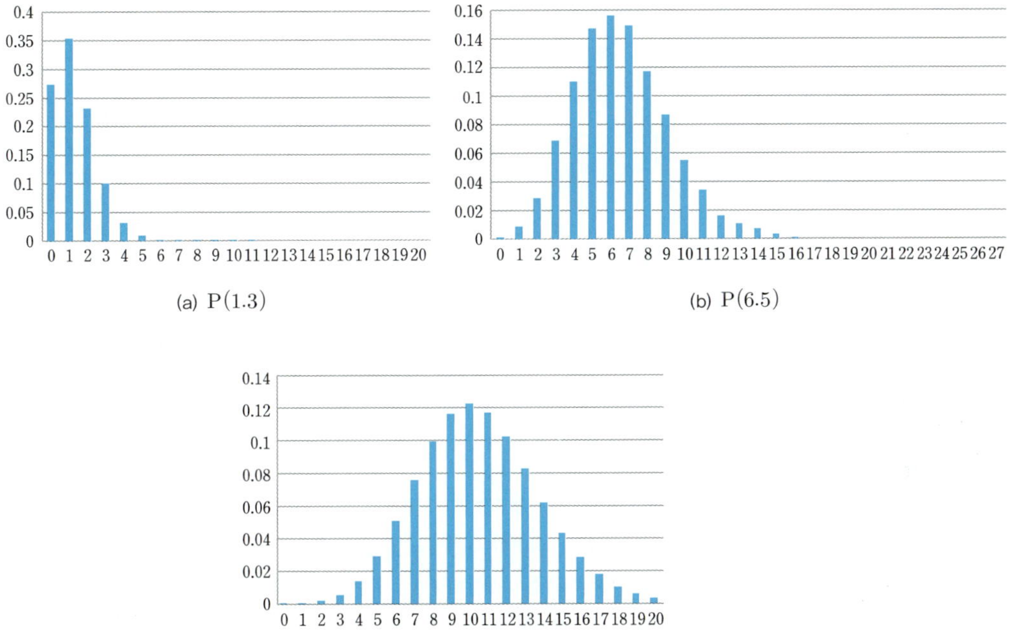

(a) P(1.3)

(b) P(6.5)

(c) P(10.5)

[그림 4-6] **m값에 따른 푸아송분포의 확률질량함수의 그래프**

Note 푸아송분포의 모수 m

모수란 모평균, 모분산 등과 같이 모집단의 특성을 나타내는 수치를 말한다. 이미 살펴본 바와 같이 푸아송분포 $\mathrm{P}(m)$을 따르는 확률변수의 평균과 분산은 모두 m이다. 여기서 m은 근사화한 이항분포 $\mathrm{B}(n, p)$의 평균인 np와 같다. 따라서 특별한 언급이 없는 한 푸아송분포의 모수는 m으로 나타낸다.

예제 4-10

어느 생산공정에서는 1,000개의 제품당 결함이 있는 제품을 많아야 10개까지 허용하는 품질관리를 하고 있다. 이 공정에서 생산한 제품 중 100개의 제품을 임의로 추출하여 결함 여부를 검사하였다. 결함이 있는 제품의 수를 X라 할 때, 다음 물음에 답하라. (단, $e^{-1} \fallingdotseq 0.368$)

(a) 결함이 있는 제품이 1개 이하일 확률을 구하라.
(b) 푸아송분포표를 이용하여 결함이 있는 제품이 최소 4개일 확률을 구하라.
(c) X의 기댓값과 분산을 구하라.

풀이

(a) 확률변수 X는 이항분포 $\mathrm{B}(100, 0.01)$을 따르므로 근사적으로 모수 $m = 100 \times 0.01 = 1$인 푸아송분포를 따른다. 따라서 확률변수 X는 근사적으로 다음의 확률질량함수를 갖는다.

$$f(x) = \frac{e^{-1} \times 1^x}{x!} = \frac{e^{-1}}{x!}$$

그러므로 확률 $\mathrm{P}(X \le 1)$은 다음과 같다.

$$\mathrm{P}(X \le 1) = f(0) + f(1) = \frac{e^{-1}1^0}{0!} + \frac{e^{-1}1^1}{1!} = 2e^{-1} \fallingdotseq 2 \times 0.368 = 0.736$$

(b) $\mathrm{P}(X \ge 4) = \sum_{x=4}^{100} \frac{e^{-1}}{x!} = 1 - \sum_{x=0}^{3} \frac{e^{-1}}{x!} \fallingdotseq 1 - 0.981 = 0.019$

(c) $\mathrm{E}(X) = 1$, $\mathrm{Var}(X) = 1$

예제 4-11

[예제 4-10]에서 각 상자 안에 들어 있는 100개의 부품을 무작위로 비복원추출하여 많아야 2개의 부품만이 불량품인 경우에 한해서 부품을 구입하기로 하는 합격 판정 샘플링 검사를 시행한다. 이때 합격 판정 개수는 2개이다. 상자 안에 들어 있는 불량품의 비율을 p라 할 때, 검사특성곡선(OC 곡선)을 구하라.

풀이

상자 안에 들어 있는 불량품 개수를 M이라 하면 검사특성곡선은 다음과 같다.

$$\mathrm{OC}(p) = \mathrm{P}(X \le 2) = \sum_{x=0}^{2} \frac{{}_M\mathrm{C}_x \cdot {}_{1000-M}\mathrm{C}_{100-x}}{{}_{1000}\mathrm{C}_{100}} \quad (x = 0, 1, 2)$$

여기서 $M = 1000p$이다. 한편, 초기하분포는 이항분포로 근사할 수 있고, 시행횟수 n이 크고 성공률 p가 작으면 푸아송분포로 근사할 수 있다. 따라서 $n = 100$이고 불량률 p가 0.00에서 0.10에 이르기까지 관심을 갖는다면 다음이 성립한다.

$$\mathrm{OC}(p) = \mathrm{P}(X \le 2) \approx \sum_{x=0}^{2} \frac{(100p)^x e^{-100p}}{x!}$$

[부록 A.3]을 이용하여 검사특성곡선의 근사 확률을 구하면 다음과 같다.

$$\mathrm{OC}(0.01) = 0.920,\ \mathrm{OC}(0.02) = 0.677,\ \mathrm{OC}(0.03) = 0.423$$
$$\mathrm{OC}(0.05) = 0.125,\ \mathrm{OC}(0.10) = 0.003$$

검사특성곡선의 그래프를 그리면 다음과 같다.

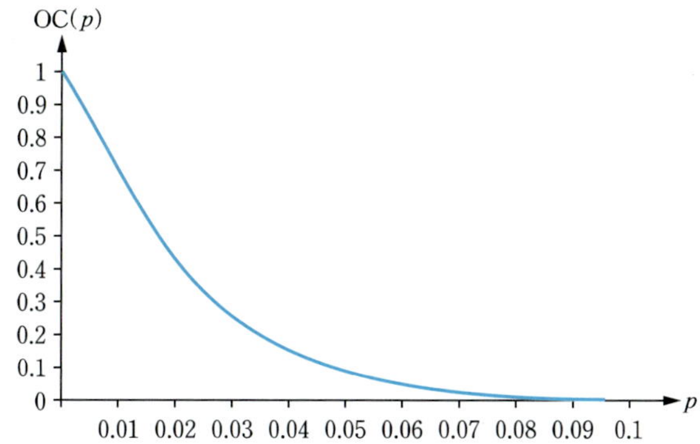

기하분포

어느 통계실험에서 첫 번째로 성공할 때까지 시행한 횟수를 X로 정의하고, 확률변수 X에 대한 확률을 생각해보자. 이는 x회의 시행 중 처음 $(x-1)$회까지는 실패(F)이고, 마지막 x회째가 성공(S)이므로 그 확률은 다음과 같다.

$$f(x) = \mathrm{P}(X = x) = \mathrm{P}(FF \cdots FS) \quad (x = 1, 2, \cdots)$$

성공할 확률이 $\mathrm{P}(S) = p$이고 실패할 확률이 $\mathrm{P}(F) = q = 1 - p$인 독립적으로 반복한 시행에서 확률변수 X를 처음으로 성공할 때까지의 시행횟수라고 하면 확률변수 X의 확률질량함수는 다음과 같다.

$$f(x) = q^{x-1}p \quad (x = 1, 2, \cdots)$$

이러한 확률분포를 **기하분포**(geometric distribution)라 하고, $\mathrm{Geo}(p)$ 또는 $\mathrm{NB}(1, p)$로 표기한다. 확률변수 X가 기하분포를 따르면 확률변수 X의 분포함수는 다음과 같다.

$$\mathrm{P}(X \le k) = 1 - q^k$$

또한 기하분포의 평균과 분산은 다음과 같이 구할 수 있다.

정리 4-8 기하분포의 평균과 분산

확률변수 X가 기하분포를 따를 때, 확률변수 X의 평균과 분산은 다음과 같다.

(1) 평균 : $\mathrm{E}(X) = \dfrac{1}{p}$ (2) 분산 : $\mathrm{Var}(X) = \dfrac{q}{p^2}$

기하분포 Geo(0.2)를 따르는 확률변수의 확률질량함수의 그래프는 [그림 4-7]과 같다.

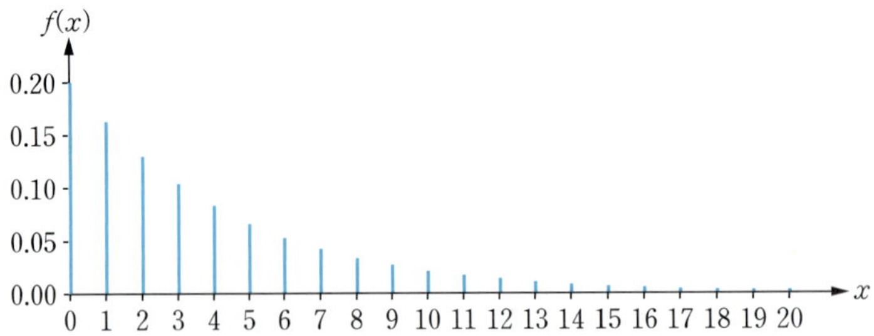

[그림 4-7] 기하분포 Geo(0.2)

Note 기하분포의 무기억성

확률변수 X가 기하분포 Geo(p)를 따른다면 임의의 양의 정수 a, b에 대하여 다음과 같은 **무기억성**(memorylessness property)을 갖는다.

$$\mathrm{P}(X > a+b \mid X > b) = \mathrm{P}(X > a)$$

이는 b회까지 나타난 실패는 그 이후로 나타날 최초의 성공에 아무런 영향을 미치지 못함을 의미한다. 즉 실패를 많이 했다고 해서 앞으로 성공할 가능성이 달라지지 않는다는 것이다.

예를 들어 확률변수 X가 어떤 제품의 수명이라 하면 그 제품을 이미 b시간 사용한 상태에서 그 제품의 수명이 $(a+b)$시간을 초과할 확률은 최초 제품의 수명이 a시간을 초과할 확률과 같다. 다시 말해, 이미 b시간 사용한 제품의 잔여 수명의 분포는 원래의 수명 분포와 같다는 의미이다. 무기억성을 갖는 유일한 이산확률분포가 기하분포이다(참고로 무기억성을 갖는 유일한 연속확률분포는 지수분포이다).

예제 4-12

태풍에 대비하기 위해 어느 섬에 방파제를 설치하였다. 이 방파제는 평균 해수면보다 10m 높은 파고까지 방어하도록 설계되었고, 이 설계 기준을 초과하는 파도가 칠 확률은 4%라고 한다. 설계한 파고를 초과하는 파도가 처음 칠 때까지 경과한 햇수를 X라 할 때, 다음 물음에 답하라.

(a) 확률변수 X의 확률질량함수를 구하라.

(b) 확률변수 X의 기댓값을 구하고, 이 기대 기간 내에 설계를 초과하는 파도가 칠 확률을 구하라.

(c) 설계를 초과하는 파도가 6년이 지난 후에 처음 쳤을 때, 설계를 초과하는 파도가 8년만에 칠 확률을 구하라.

풀이

(a) 처음으로 어떤 일이 발생할 때까지의 시간을 나타내는 확률변수 X는 $p=0.04$인 기하분포를 따르므로 확률질량함수는 다음과 같다.

$$f(x)=0.96^{x-1}\times 0.04 \ (x=1,\ 2,\ \cdots)$$

(b) 확률변수 X의 기댓값은 $\dfrac{1}{p}=\dfrac{1}{0.04}=25$(년)이다. 따라서 기대 기간인 25년 내에 설계를 초과하는 파도가 칠 확률은 다음과 같다.

$$\mathrm{P}(X\le 25)=1-(0.96)^{25}\fallingdotseq 1-0.3604=0.6396$$

이제 Excel을 이용하여 확률을 구해보자. Excel에서 [수식]-[함수 삽입]을 클릭하여 함수 마법사를 실행한 다음 [NEGBINOM.DIST]를 검색하여 주어진 값을 입력하면 다음과 같은 결과를 얻는다.

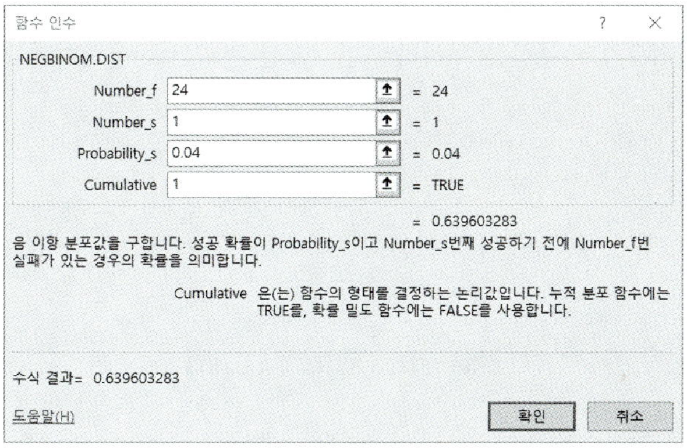

(c) 설계를 초과하는 파도가 6년이 지난 후에 처음 쳤을 때, 설계를 초과하는 파도가 8년만에 처음 칠 확률은 기하분포의 무기억성에 의해 다음과 같다.

$$\mathrm{P}(X=8\mid X>6)=\mathrm{P}(X=2)=0.96\times 0.04=0.0384$$ [2]

2 $\mathrm{P}(X=a+b\mid X>a)=\dfrac{\mathrm{P}(X=a+b)}{\mathrm{P}(X>a)}=\dfrac{q^{a+b-1}p}{q^a}=q^{b-1}p=\mathrm{P}(X=b)$

예제 4-13

확률변수 X가 기하분포 $\text{Geo}(p)$를 따를 때, 확률변수 X의 분포함수가 다음과 같음을 보여라. (단, $p+q=1$)

$$\mathrm{P}(X\le k)=1-q^k$$

풀이

확률변수 X의 분포함수를 구하면 다음과 같다.

$$\begin{aligned}\mathrm{P}(X\le k)&=1-\mathrm{P}(X>k)=1-\sum_{x=k+1}^{\infty}q^{x-1}p\\&=1-q^kp(q^0+q^1+q^2+\cdots)\\&=1-q^kp\left(\frac{1}{1-q}\right)=1-q^k\end{aligned}$$

예제 4-14

어떤 학생이 품질관리기사 자격증시험에 합격할 확률은 0.7이다. 이 학생이 시험에 응시한 횟수를 X라 할 때, 다음 물음에 답하라.

(a) 이 학생이 3번째 응시한 시험에서 합격할 확률을 구하라.

(b) 확률변수 X의 기댓값과 분산을 구하라. (단, 계산 결과는 반올림하여 소수 셋째 자리까지 구하라.)

풀이

(a) 확률변수 X는 $x=3$, $p=0.7$인 기하분포 $\text{Geo}(0.7)$을 따르므로 구하고자 하는 확률은 다음과 같다.

$$f(3)=(0.3)^2(0.7)=0.063$$

(b) $\mathrm{E}(X)=\dfrac{1}{0.7}\fallingdotseq 1.429$, $\mathrm{Var}(X)=\dfrac{0.3}{(0.7)^2}\fallingdotseq 0.612$

음이항분포

시행횟수 n을 미리 정하지 않고, 주어진 성공횟수가 나올 때까지 베르누이시행을 반복하는 경우를 생각해보자. 즉 k번 성공할 때까지의 시행횟수를 X라 하면, $\mathrm{P}(X=x)$는 실험을 x번 시행한 중에 $(k-1)$번 성공하고 $(x-k)$번 실패한 후, 맨 마지막에 성공하는 확률을 의미한다. 따라서 각 경우의 확률은 $p^{k-1}q^{x-k}p=p^kq^{x-k}$ (단, $p+q=1$)이다.

x번의 시행에서 맨 마지막에 성공하는 시행을 뺀 $(x-1)$번의 시행 중 $(k-1)$번은 성공하고, $(x-k)$번은 실패하는 모든 경우의 수는 다음과 같다.

$$_{x-1}\mathrm{C}_{k-1} = \frac{(x-1)!}{(k-1)!(x-k)!}$$

즉 $(x-1)$ 번 시행에서 $(k-1)$ 번 성공할 확률은 이항분포로부터 다음과 같다.

$$_{x-1}\mathrm{C}_{k-1}p^{k-1}q^{x-k} \ (k=1, 2, \cdots, x)$$

따라서 성공할 확률이 p, 실패할 확률이 $q=1-p$인 독립적인 반복 시행에서 k번 성공할 때까지의 시행횟수를 X라 하면 확률변수 X의 확률질량함수는 다음과 같다.

$$f(x) = {}_{x-1}\mathrm{C}_{k-1}p^{k}q^{x-k} \ (x=k, k+1, \cdots)$$

이러한 확률분포를 **음이항분포**(negative binomial distribution)라 하며 $\mathrm{NB}(k, p)$로 표기한다. 음이항분포의 확률질량함수를 보면 $k=1$일 때 음이항분포는 기하분포이다. 음이항분포의 평균과 분산은 다음과 같이 구할 수 있다.

정리 4-9 음이항분포의 평균과 분산

확률변수 X가 음이항분포 $\mathrm{NB}(k, p)$를 따를 때, 확률변수 X의 기댓값과 분산은 다음과 같다.

(1) 평균 : $\mathrm{E}(X) = \dfrac{k}{p}$

(2) 분산 : $\mathrm{Var}(X) = \dfrac{kq}{p^2} \ (q=1-p)$

예제 4-15

어느 여론조사 기관에서 우편조사를 실시하고자 한다. 과거의 조사 결과에 따라 설문지의 회수율이 30% 정도라는 사실을 알고 있을 때, 다음 물음에 답하라.

(a) 설문지 10장을 응답자에게 차례로 우편으로 보내고, 설문지 5장을 회수할 확률을 반올림하여 소수 둘째 자리까지 구하라.

(b) 이 여론조사 기관에서 설문지 500장을 회수하려면 몇 장의 설문지를 보내야 하는지 반올림하여 일의 자리까지 구하라.

풀이

(a) 설문지 5장을 회수할 때까지 보낸 설문지의 수를 X라 하면 확률변수 X는 $x=10$, $k=5$, $p=0.3$인 음이항분포 NB(5, 0.3)을 따른다. 따라서 구하고자 하는 확률은 다음과 같다.

$$f(10) = {}_{10-1}C_{5-1}(0.3)^5(0.7)^5 \fallingdotseq 0.05$$

(b) 설문지 500장을 회수하기 위해 필요한 설문지의 수를 X라 하면, 확률변수 X는 음이항분포 NB(500, 0.3)을 따른다. 따라서 구하고자 하는 기댓값은 다음과 같다.

$$\mathrm{E}(X) = \frac{500}{0.3} \fallingdotseq 1667$$

예제 4-16

우리나라의 프로야구 최종전인 한국 시리즈는 7전 4선승제로 진행한다. 한국 시리즈에 올라 온 A팀과 B팀에 대하여 각 경기에서 A팀이 승리할 확률은 0.85이다. 각 경기는 독립적으로 진행한다고 할 때, A팀이 5번째 경기에서 우승할 확률을 소수 넷째 자리까지 구하라.

풀이

A팀이 5번째 경기에서 4번째로 이기는 경우이므로, A팀이 4번 이길 때까지 한 경기횟수를 X라 하면 확률변수 X는 음이항분포 NB(4, 0.85)를 따른다. 따라서 음이항분포의 확률질량함수를 이용하여 A팀이 5번째 경기에서 우승할 확률을 구하면 다음과 같다.

$$f(5) = {}_{5-1}C_{4-1}(0.85)^4(0.15)^1 \fallingdotseq 0.3132$$

이제 Excel을 이용하여 확률을 구해보자. Excel에서 [수식]-[함수 삽입]을 클릭하여 함수 마법사를 실행한 다음 [NEGBINOM.DIST]를 검색하여 주어진 값을 입력하면 다음과 같은 결과를 얻는다.

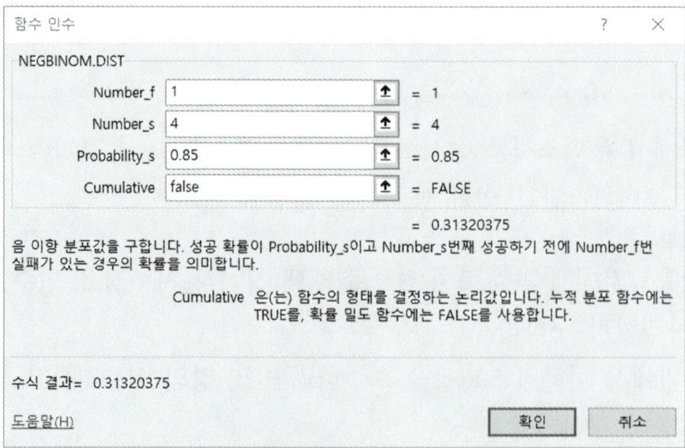

4.2 연속확률분포

3장에서 확률변수 X의 치역이 실수 구간으로 주어지는 확률변수 X를 연속확률변수라고 정의하였다. 이 절에서는 연속확률변수의 분포 중 통계 이론에서 자주 사용하는 대표적인 연속확률분포를 살펴본다.

균등분포

$a<b$인 두 상수 a, b에 대하여 확률변수 X의 확률밀도함수가 다음과 같이 주어질 때, 확률변수 X는 **균등분포**(uniform distribution) 또는 **균일분포**를 따른다고 하며 $\mathrm{U}(a, b)$로 표기한다.

$$f(x)=\begin{cases} \dfrac{1}{b-a} & (a \le x \le b) \\ 0 & (x < a \text{ 또는 } x > b) \end{cases}$$

확률변수 X가 균등분포를 따르면 확률변수 X의 분포함수는 다음과 같다.

$$F(x)=\begin{cases} 0 & (x < a) \\ \dfrac{x-a}{b-a} & (a \le x < b) \\ 1 & (b \le x) \end{cases}$$

연속확률분포에서는 분포함수 $F(x)$가 알려져 있으면 $F(x)$를 미분함으로써 확률밀도함수 $f(x)$를 구할 수 있다. 균등분포의 확률밀도함수와 분포함수의 그래프는 각각 [그림 4-8]과 같다.

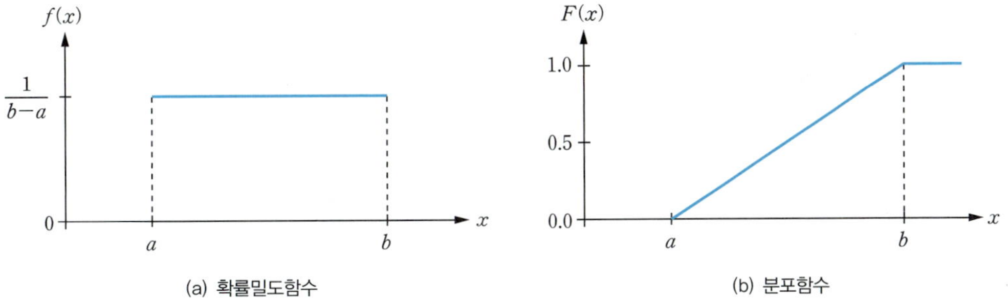

[그림 4-8] 균등분포의 확률밀도함수와 분포함수

정리 4-10 균등분포의 평균과 분산

확률변수 X가 균등분포 $\mathrm{U}(a, b)$를 따를 때, 확률변수 X의 평균과 분산은 다음과 같다.

(1) 평균 : $\mathrm{E}(X) = \int_a^b xf(x)\,dx = \dfrac{a+b}{2}$

(2) 분산 : $\mathrm{Var}(X) = \mathrm{E}(X^2) - \{\mathrm{E}(X)\}^2 = \int_a^b x^2 f(x)\,dx - \left(\dfrac{a+b}{2}\right)^2 = \dfrac{(b-a)^2}{12}$

예제 4-17

지하철이 A역에서 7시 15분, 7시 30분, 7시 45분에 정차한다고 한다. 어떤 사람이 7시에서 7시 30분 사이의 임의의 시각에 A역에 도착한다고 할 때, 이 사람이 A역에 도착하는 시각을 7시 X분이라고 하자. 다음 물음에 답하라.

(a) 확률변수 X의 확률밀도함수를 구하라.
(b) 확률변수 X의 분포함수를 구하라.
(c) 지하철을 5분 미만으로 기다릴 확률을 구하라.
(d) 확률변수 X의 기댓값과 분산을 구하라.

풀이

(a) 확률변수 X는 구간 $(0, 30)$에서 균등분포 $\mathrm{U}(0, 30)$을 따른다. 따라서 확률밀도함수는 다음과 같다.

$$f(x) = \begin{cases} \dfrac{1}{30} & (0 \le x \le 30) \\ 0 & (x < 0 \text{ 또는 } x > 30) \end{cases}$$

(b) 분포함수는 다음과 같다.

$$F(x) = \begin{cases} 0 & (x < 0) \\ \dfrac{x}{30} & (0 \le x \le 30) \\ 1 & (30 < x) \end{cases}$$

(c) 5분 미만으로 기다리는 경우는 7시 10분에서 7시 15분 사이에 도착하거나, 7시 25분에서 7시 30분 사이에 도착하는 경우이다. 두 사건은 서로 배반이므로 구하고자 하는 확률은 다음과 같다.

$$\mathrm{P}(10 < X < 15) + \mathrm{P}(25 < X < 30) = \int_{10}^{15} \frac{1}{30}\,dx + \int_{25}^{30} \frac{1}{30}\,dx = \frac{1}{3}$$

(d) $\mathrm{E}(X) = \dfrac{0+30}{2} = 15$, $\mathrm{Var}(X) = \dfrac{(30-0)^2}{12} = 75$

정규분포

정규분포는 연속확률분포 중 가장 중요하며 폭넓게 이용하는 확률분포이다. 정규분포가 중요한 이유는 다음과 같다.

- 정규분포는 통계적 추정과 검정에서 매우 중요한 역할을 한다.
- 물리학적 또는 사회과학적 실험 결과의 대부분 자료가 정규분포 형태에 가깝다.
- 중심극한정리를 이용하여 모든 확률분포를 정규분포로 가정할 수 있다.

확률변수 X의 확률밀도함수가 다음과 같을 때, 확률변수 X는 **정규분포**(normal distribution)를 따른다고 하며 $\mathrm{N}(\mu, \sigma^2)$으로 표기한다. 이때 μ는 평균이고 σ^2은 분산이다.

$$f(x) = \frac{1}{\sqrt{2\pi}\,\sigma} e^{-\frac{(x-\mu)^2}{2\sigma^2}} \quad (-\infty < x < \infty)$$ [3]

정리 4-11 정규분포곡선의 성질

정규분포곡선은 다음과 같은 성질을 갖는다.

(1) 종 모양(bell-shaped)의 곡선이다.

(2) $x = \mu$에 대하여 좌우대칭이고, 이 점에서 최댓값 $\dfrac{1}{\sqrt{2\pi}\,\sigma}$을 갖는다.

(3) $f(x)$는 $x = \mu \pm \sigma$에서 변곡점을 갖는다. 따라서 구간 $\mu - \sigma < x < \mu + \sigma$에서는 아래로 오목(concave downward)하고, 구간 $x < \mu - \sigma$와 $x > \mu + \sigma$에서는 위로 오목(concave upward)하다.

(4) $x = \mu \pm 3\sigma$에서 거의 x축에 접한다.

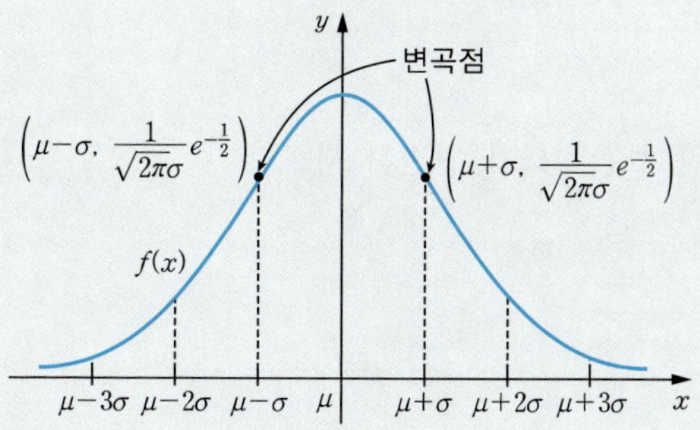

[그림 4-9] **정규분포곡선**

3 자연상수 $e = 2.71828\cdots$ 은 무리수이다.

확률변수 X가 정규분포 $\mathrm{N}(\mu, \sigma^2)$을 따를 때, 확률변수 X의 분포함수는 다음과 같다.

$$F(x) = \mathrm{P}(X \le x) = \int_{-\infty}^{x} \frac{1}{\sqrt{2\pi}\,\sigma} e^{-\frac{(t-\mu)^2}{2\sigma^2}} dt$$

정규분포의 확률밀도함수 $f(x)$와 분포함수 $F(x)$의 그래프는 [그림 4-10]과 같다. 정규분포의 분포함수는 [그림 4-10(b)]와 같이 S자 모양으로 나타난다.

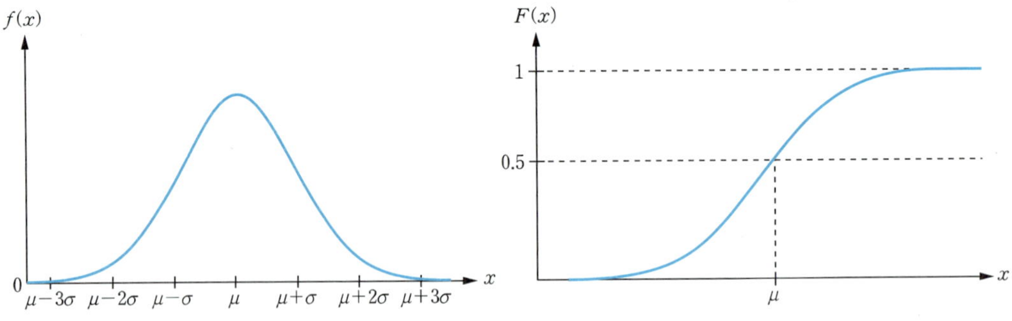

(a) 확률밀도함수 (b) 분포함수

[그림 4-10] **정규분포의 확률밀도함수와 분포함수**

정규분포는 모수 μ와 σ에 의해 결정되며, 각각 평균이 μ_1, μ_2이고 표준편차가 σ_1, σ_2인 두 정규분포는 다음과 같이 비교된다.

- **$\mu_1 \ne \mu_2$, $\sigma_1 = \sigma_2$인 경우**
  두 정규분포곡선은 중심 위치(평균값, 최빈값, 중앙값)가 다르지만 동일한 종 모양이다.
- **$\mu_1 = \mu_2$, $\sigma_1 \ne \sigma_2$인 경우**
  두 정규분포곡선의 중심 위치는 동일하지만 자료의 흩어진 정도(분산, 표준편차)는 다르다.
- **$\mu_1 \ne \mu_2$, $\sigma_1 \ne \sigma_2$인 경우**
  두 정규분포곡선의 중심 위치와 자료의 흩어진 정도가 완전히 다르다.

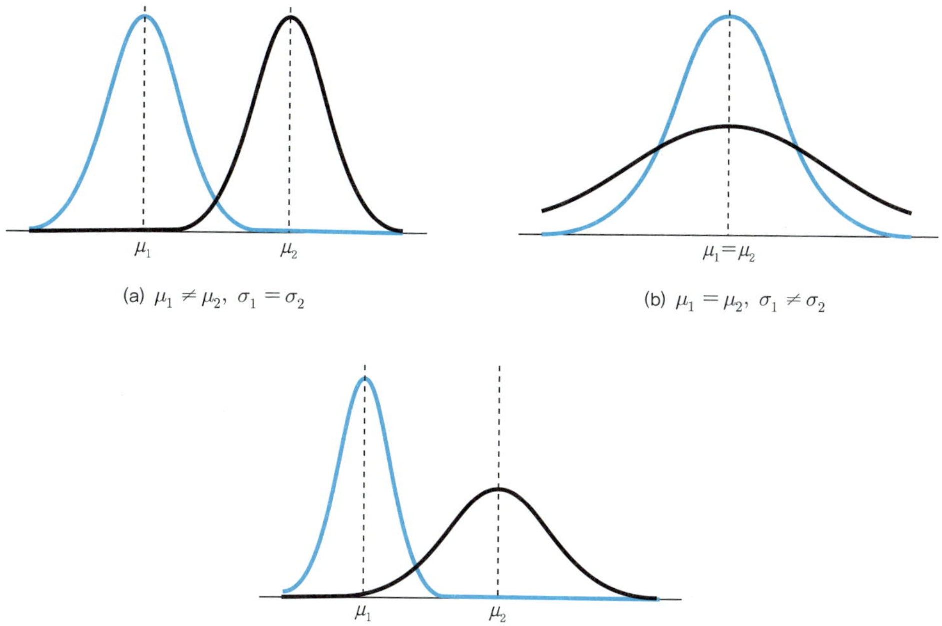

(a) $\mu_1 \neq \mu_2,\ \sigma_1 = \sigma_2$ (b) $\mu_1 = \mu_2,\ \sigma_1 \neq \sigma_2$

(c) $\mu_1 \neq \mu_2,\ \sigma_1 \neq \sigma_2$

[그림 4-11] **두 정규분포곡선의 비교**

[그림 4-11]에서 확인할 수 있듯이 정규분포에서 평균 μ는 분포의 중심 위치를 나타내고, 표준편차 σ는 분포의 흩어진 정도, 즉 분포 모양을 결정한다고 할 수 있다. 그래서 μ를 **위치모수**(location parameter), σ를 **형상모수**(shape parameter)라고도 한다.

정리 4-12 표준정규분포

확률변수 X가 정규분포 $\mathrm{N}(\mu, \sigma^2)$을 따를 때, 표준화된 확률변수 $Z = \dfrac{X-\mu}{\sigma}$의 확률밀도함수는 다음과 같다.

$$\phi(z) = \frac{1}{\sqrt{2\pi}} e^{-\frac{z^2}{2}} \quad (-\infty < z < \infty)$$

이때 확률변수 Z가 **표준정규분포**(standard normal distribution)를 따른다고 하고 $\mathrm{N}(0, 1)$로 표기한다.

이때 확률변수 Z의 평균과 분산을 구하면 각각 다음과 같다.

$$\mathrm{E}(Z) = \mathrm{E}\left(\frac{X-\mu}{\sigma}\right) = \frac{1}{\sigma}\{\mathrm{E}(X) - \mu\} = 0$$

$$\mathrm{Var}(Z) = \mathrm{Var}\left(\frac{X-\mu}{\sigma}\right) = \frac{1}{\sigma^2}\mathrm{Var}(X) = 1$$

확률변수 Z가 표준정규분포 N$(0, 1)$을 따를 때, 분포함수는 $\Phi(z)$로 나타내며 다음과 같이 정의한다.

$$\Phi(z) = \mathrm{P}(Z \leq z) = \int_{-\infty}^{z} \frac{1}{\sqrt{2\pi}} e^{-\frac{t^2}{2}} dt$$

$\Phi(z)$를 **표준정규분포함수**(standard normal distribution function)라고 한다. 이때 $\phi(z)$가 $z=0$에 대하여 좌우대칭이므로 $\Phi(0) = \frac{1}{2}$이다. 표준정규분포함수는 [그림 4-12(b)]와 같이 S자 모양으로 나타난다.

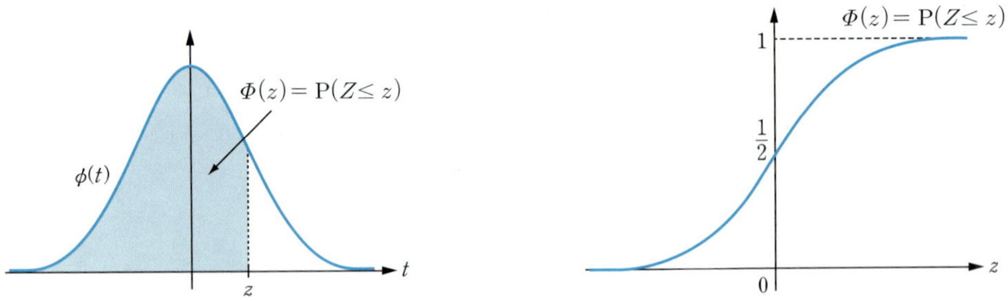

(a) 확률밀도함수 (b) 분포함수

[그림 4-12] **표준정규분포의 확률밀도함수와 분포함수**

확률변수 Z가 표준정규분포 N$(0, 1)$을 따를 때, Z에 속한 각 z_0에 대하여 $\Phi(z_0)$의 값을 구해서 표로 작성한 것을 **표준정규분포표**(standard normal distribution table)라 한다. 이는 [부록 A.5]와 [부록 A.6]을 참고한다.

확률변수 X가 N(μ, σ^2)을 따를 때, 확률 $\mathrm{P}(a \leq X \leq b)$는 다음과 같이 표준정규분포 N$(0, 1)$을 이용하면 편리하게 구할 수 있다.

$$\mathrm{P}(a \leq X \leq b) = \mathrm{P}\left(\frac{a-\mu}{\sigma} \leq \frac{X-\mu}{\sigma} \leq \frac{b-\mu}{\sigma}\right) = \mathrm{P}(z_a \leq Z \leq z_b)$$

여기서 $z_a = \frac{a-\mu}{\sigma}$, $z_b = \frac{b-\mu}{\sigma}$이다. 정규분포와 표준정규분포의 관계를 그림으로 나타내면 [그림 4-13]과 같다.

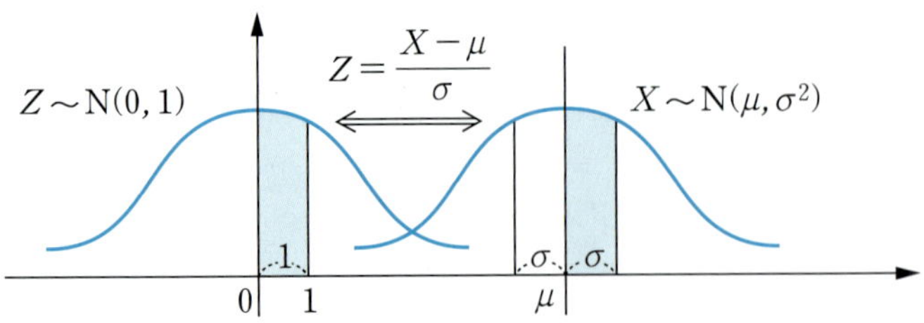

[그림 4-13] **정규분포와 표준정규분포의 관계**

예제 4-18

확률변수 X가 정규분포 $N(50, 8^2)$을 따를 때, 확률 $P(50 \le X \le 60)$을 구하라.

풀이

확률변수는 $X \sim N(50, 8^2)$이므로 [부록 A.5]를 이용하여 주어진 확률을 구하면 다음과 같다.

$$P(50 \le X \le 60) = P\left(\frac{50-50}{8} \le \frac{X-50}{8} \le \frac{60-50}{8}\right) = P(0 \le Z \le 1.25) = 0.3944$$

특히 정규분포를 따르는 확률변수 X가 구간 $(\mu-\sigma, \mu+\sigma)$, $(\mu-2\sigma, \mu+2\sigma)$, $(\mu-3\sigma, \mu+3\sigma)$에 들어갈 확률은 다음과 같이 구할 수 있다. 이 결과를 그래프로 나타내면 [그림 4-14]와 같다.

$$P(\mu-\sigma \le X \le \mu+\sigma) = P(-1 \le Z \le 1) = P(|Z| \le 1) \fallingdotseq 0.683$$

$$P(\mu-2\sigma \le X \le \mu+2\sigma) = P(-2 \le Z \le 2) = P(|Z| \le 2) \fallingdotseq 0.954$$

$$P(\mu-3\sigma \le X \le \mu+3\sigma) = P(-3 \le Z \le 3) = P(|Z| \le 3) \fallingdotseq 0.997$$

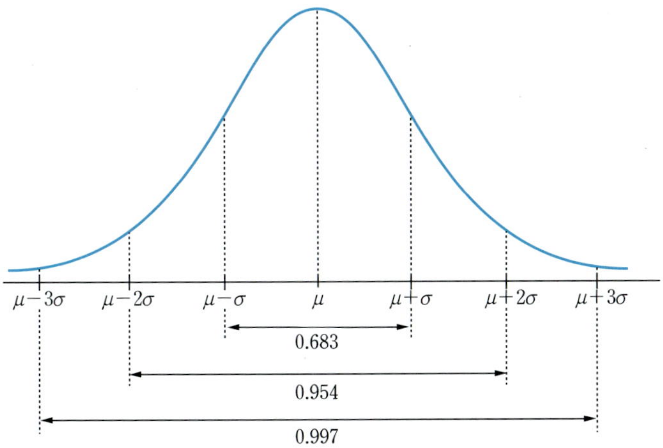

[그림 4-14] **정규분포의 특수 확률**

예제 4-19

어느 공정에서 생산하는 자동차 부품의 수명은 평균이 1,000일이고 표준편차가 50일인 정규분포를 따른다. 자동차 부품의 수명을 X라 할 때, 다음 물음에 답하라.

(a) 자동차 부품 하나를 임의로 추출했을 때, 그 부품의 수명이 900일에서 1,100일 사이일 확률을 구하라.

(b) 부품의 수명이 1,150일 이상일 확률을 구하라.

풀이

(a) $X \sim \mathrm{N}(1000, 50^2)$이므로 구하고자 하는 확률은 다음과 같다.

$$\begin{aligned} \mathrm{P}(900 \le X \le 1100) &= \mathrm{P}\left(\frac{900-1000}{50} \le \frac{X-1000}{50} \le \frac{1100-1000}{50}\right) \\ &= \mathrm{P}(-2 \le Z \le 2) = 0.9544 \end{aligned}$$

(b) $\mathrm{P}(X \ge 1150) = \mathrm{P}\left(\frac{X-1000}{50} \ge \frac{1150-1000}{50}\right) = \mathrm{P}(Z \ge 3) = 0.0013$

예제 4-20

어느 지역에서 바라본 구름의 높이는 평균이 1,830m이고 표준편차가 460m인 정규분포를 따른다고 할 때, 다음 물음에 답하라.

(a) 구름의 높이가 2,750m보다 높을 확률을 구하라.

(b) 구름의 높이가 1,600m와 2,290m 사이일 확률을 구하라.

(c) 구름의 높이가 90%까지 발생할 고도를 구하라.

풀이

(a) 구름의 높이를 확률변수 X(m)라 하면 X는 정규분포 $\mathrm{N}(1830, 460^2)$을 따르므로, 구름의 높이가 2,750m보다 높을 확률은 다음과 같다.

$$\begin{aligned} \mathrm{P}(X > 2750) &= 1 - \mathrm{P}(X \le 2750) \\ &= 1 - \Phi\left(\frac{2750-1830}{460}\right) \\ &= 1 - \Phi(2.0) \\ &= 1 - 0.9772 = 0.0228 \end{aligned}$$

(b) $\mathrm{P}(1600 < X < 2290) = \mathrm{P}\left(\frac{1600-1830}{460} < Z < \frac{2290-1830}{460}\right)$

$$= \mathrm{P}(-0.5 < Z < 1.0)$$
$$= \Phi(1.0) - \Phi(-0.5)$$
$$= \Phi(1.0) - \{1 - \Phi(0.5)\}$$
$$= 0.8413 - (1 - 0.6915) = 0.5328$$

(c) 정규분포표를 이용하여 구하면 $\mathrm{P}(X < c) = \mathrm{P}\left(Z < \frac{c-1830}{460}\right) = \Phi\left(\frac{c-1830}{460}\right) = 0.90$이므로 [부록 A.5]로부터 $\frac{c-1830}{460} \fallingdotseq 1.28$이다. 따라서 구름의 높이가 90%까지 발생할 고도는 다음과 같다.

$$c = 1.28 \times 460 + 1830 \fallingdotseq 2418.8\,\mathrm{m}$$

이제 Excel을 이용하여 확률을 구해보자. Excel에서 [수식]-[함수 삽입]을 클릭하여 함수 마법사를 실행한 다음 [NORM.INV]를 검색하여 주어진 값을 입력하면 다음과 같이 약 2419.5m 라는 결과를 얻는다.

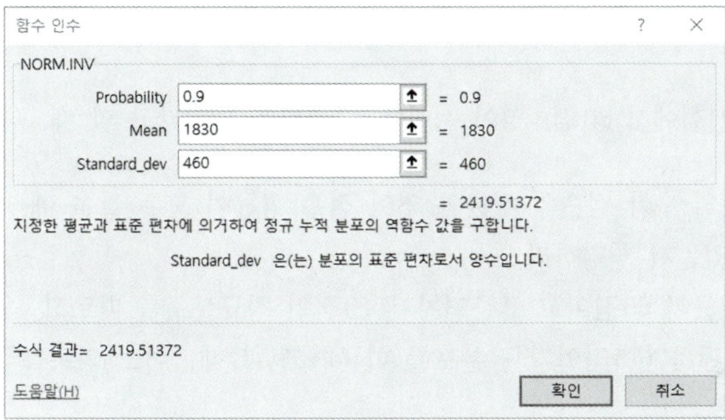

한편, 표준화 식 $Z = \frac{X-m}{\sigma}$을 통해 얻은 값을 z-**점수**라고 한다. 예를 들어 확률변수 X가 정규분포 $\mathrm{N}(150, 10^2)$을 따를 때, $X = 170$에 대한 z-점수를 구해보자. 확률변수 X가 정규분포 $\mathrm{N}(150, 10^2)$을 따르므로 표준화 식 $Z = \frac{X-\mu}{\sigma} = \frac{170-150}{10} = 2$이다. 따라서 z-점수는 2이다.

z-점수는 표준화 식 $\frac{X-m}{\sigma}$에서 표준편차(σ)로 나눈 값이므로 확률변수 X가 평균을 중심으로 표준편차의 몇 배만큼 떨어져 있는가를 나타낸다.

한편, 지금까지는 z-점수에 따른 확률을 구했는데, 반대로 확률이 주어지면 그에 대응하는 z-점수를 구할 수도 있다. 확률이 0.9, 0.95, 0.99인 경우의 z-점수는 다음과 같이 각각 1.645, 1.96, 2.58이고, 이를 그림으로 나타내면 [그림 4-15]와 같다.

$$P(|Z| \le 1.645) = 0.9,\ P(|Z| \le 1.96) = 0.95,\ P(|Z| \le 2.58) = 0.99$$

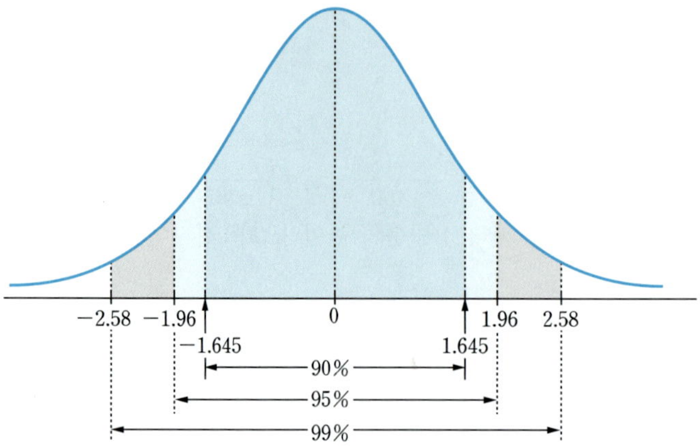

[그림 4-15] z-점수에 따른 확률

예제 4-21

어느 학생이 수학 시험에서 80점, 영어 시험에서 85점을 받았다고 할 때, 다음 물음에 답하라.

(a) 만약 학교 전체의 수학 점수의 평균과 영어 점수 평균이 모두 같을 때, 어느 과목을 더 잘했다고 할 수 있는지 설명하라.

(b) 수학 점수는 평균이 60점이고 표준편차가 10점인 정규분포를 따르고, 영어 점수는 평균이 80점이고 표준편차가 5점인 정규분포를 따른다고 할 때, 어느 과목을 더 잘했다고 할 수 있는지를 설명하라.

풀이

(a) 만약 학교 전체의 수학 점수의 평균과 영어 점수의 평균이 모두 같다면, 점수만으로 비교하여 수학보다 영어를 더 잘했다고 할 수 있다.

(b) 수학 점수의 확률변수를 X, 영어 점수의 확률변수를 Y라고 할 때, z-점수는 다음 표와 같이 각각 2와 1이다. 따라서 수학을 더 잘했다는 결론을 얻을 수 있다.

과목	분포	표준화 식	z-점수
수학	$X \sim N(60, 10^2)$	$Z = \frac{X-\mu}{\sigma} = \frac{80-60}{10}$	2
영어	$Y \sim N(80, 5^2)$	$Z = \frac{Y-\mu}{\sigma} = \frac{85-80}{5}$	1

다음 그림에서 두 분포를 각각 살펴보면 수학 점수가 영어 점수보다 평균으로부터 오른쪽으로 더 멀리 떨어져 있음을 확인할 수 있다.

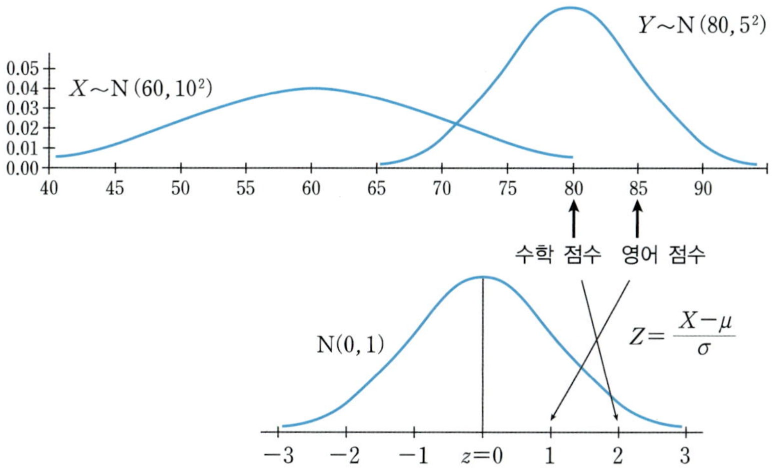

감마분포

$\alpha > 0$, $\beta > 0$에 대하여 확률변수 X의 확률밀도함수가 다음과 같을 때, 확률변수 X는 **감마분포**(gamma distribution)를 따른다고 하며 $G(\alpha, \beta)$로 표기한다.

$$f(x) = \begin{cases} \dfrac{1}{\beta^\alpha \Gamma(\alpha)} x^{\alpha-1} e^{-\frac{x}{\beta}} & (x \geq 0) \\ 0 & (x < 0) \end{cases}$$

여기서 $\Gamma(\alpha) = \int_0^\infty e^{-x} x^{\alpha-1} dx$는 **감마함수**(gamma function)라 하며 다음 성질을 갖는다.

- $\Gamma(1) = \int_0^\infty e^{-x} dx = 1$
- α가 양의 정수이면 $\Gamma(\alpha) = (\alpha - 1)!$이다.
- $\Gamma\left(\frac{1}{2}\right) = \sqrt{\pi}$

또한 확률변수 X가 감마분포 $\mathrm{G}(\alpha, \beta)$를 따를 때, X의 적률생성함수 $M_X(t)$는 다음과 같다.

$$M_X(t) = \mathrm{E}(e^{tX}) = \int_{-\infty}^{\infty} e^{tx} \frac{1}{\beta^\alpha \Gamma(\alpha)} x^{\alpha-1} e^{-\frac{x}{\beta}} dx$$

$$= \frac{1}{\Gamma(\alpha)\beta^\alpha} \int_0^\infty x^{\alpha-1} e^{-\left(\frac{1}{\beta}-t\right)x} dx$$

$$= \frac{1}{\Gamma(\alpha)\beta^\alpha} \Gamma(\alpha) \left(\frac{1}{\frac{1}{\beta}-t} \right)^\alpha = (1-\beta t)^{-\alpha}$$

정리 4-13 감마분포의 평균과 분산

확률변수 X가 감마분포 $\mathrm{G}(\alpha, \beta)$를 따른다고 할 때, 적률생성함수 $M_X(t) = (1-\beta t)^{-\alpha}$으로부터 X의 평균과 분산을 구하면 다음과 같다.

(1) 평균 : $\mathrm{E}(X) = M_X{}'(0) = \alpha\beta$

(2) 분산 : $\mathrm{Var}(X) = M_X{}''(0) - \{M_X{}'(0)\}^2 = \alpha\beta^2(\alpha+1) - (\alpha\beta)^2 = \alpha\beta^2$

특별한 α, β값에 대하여 감마분포의 확률밀도함수의 그래프는 [그림 4-16]과 같다.

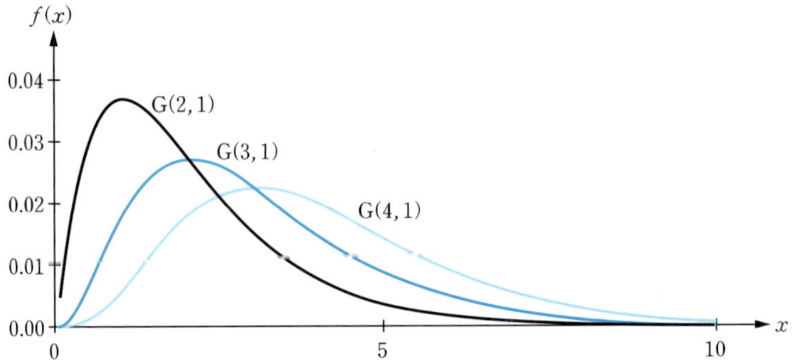

[그림 4-16] 감마분포의 확률밀도함수

예제 4-22

확률변수 X가 $\alpha=3$, $\beta=2$인 감마분포 $\mathrm{G}(3, 2)$를 따른다고 할 때, 확률변수 X의 확률밀도함수와 $\mathrm{P}(X \le 1)$을 구하라.

풀이

모수가 $(3, 2)$인 감마분포의 확률밀도함수는 다음과 같다.

$$f(x)=\frac{1}{2^3\Gamma(3)}x^2e^{-\frac{x}{2}}=\frac{1}{8\times 2!}x^2e^{-\frac{x}{2}}=\frac{1}{16}x^2e^{-\frac{x}{2}}\ (x\geq 0)$$

따라서 구하고자 하는 확률은 다음과 같다.

$$\mathrm{P}(X\leq 1)=\frac{1}{16}\int_0^1 x^2e^{-\frac{x}{2}}dx$$

위 식의 우변을 계산하기 위해 부분적분을 이용하면 다음과 같다.

$$\begin{aligned}\mathrm{P}(X\leq 1)&=\frac{1}{16}\left\{\left[x^2(-2)e^{-\frac{x}{2}}\right]_0^1-\int_0^1 2x(-2)e^{-\frac{x}{2}}dx\right\}\\&=-\frac{1}{8}e^{-\frac{1}{2}}+\frac{1}{4}\int_0^1 xe^{-\frac{x}{2}}dx\end{aligned}$$

같은 방법으로 우변의 적분식을 다시 한 번 부분적분하면 구하고자 하는 확률은 다음과 같다.

$$\begin{aligned}\mathrm{P}(X\leq 1)&=-\frac{1}{8}e^{-\frac{1}{2}}+\frac{1}{4}\left\{\left[x(-2)e^{-\frac{x}{2}}\right]_0^1-\int_0^1(-2)e^{-\frac{x}{2}}dx\right\}\\&=-\frac{1}{8}e^{-\frac{1}{2}}+\frac{1}{4}(-2)e^{-\frac{1}{2}}+\frac{1}{2}\int_0^1 e^{-\frac{x}{2}}dx=1-\frac{13}{8}e^{-\frac{1}{2}}\end{aligned}$$

지수분포

확률변수 X의 확률밀도함수가 다음과 같을 때, 확률변수 X는 모수 $\theta(\theta>0)$인 **지수분포** (exponential distribution)를 따른다고 한다.

$$f(x)=\begin{cases}\frac{1}{\theta}e^{-\frac{x}{\theta}} & (x\geq 0)\\ 0 & (x<0)\end{cases}$$

한편, 감마분포의 확률밀도함수 식에서 $\alpha=1,\ \beta=\theta$라 하면 지수분포의 확률밀도함수와 일치하므로 지수분포가 감마분포의 특수한 경우임을 알 수 있다. 그래서 지수분포는 $\mathrm{G}(1,\theta)$ 또는 $\mathrm{Exp}(\theta)$로 표기한다.

따라서 지수분포는 감마분포와 마찬가지로 부품이나 시스템의 고장 시간에 대한 모형으로 많이 사용하고 신뢰성 이론, 기대 시간, 수명 시간 등의 분포에도 이용한다. 지수분포는 종종 어떤 특정한 사건이 발생할 때까지 걸린 시간의 분포이기도 하다.

예를 들어 지금부터 지진이 발생할 때까지의 시간, 새로운 전쟁이 일어날 때까지의 시간, 잘못 걸려 온 전화를 받을 때까지의 시간 등이 모두 실제로 지수분포를 따르는 확률변수이다.

확률변수 X가 지수분포를 따르면 확률변수 X의 분포함수는 다음과 같다.

$$F(x) = \begin{cases} 1 - e^{-\frac{x}{\theta}} & (x \geq 0) \\ 0 & (x < 0) \end{cases}$$

$\theta = 1$일 때, 지수분포의 확률밀도함수와 분포함수의 그래프는 [그림 4-17]과 같다.

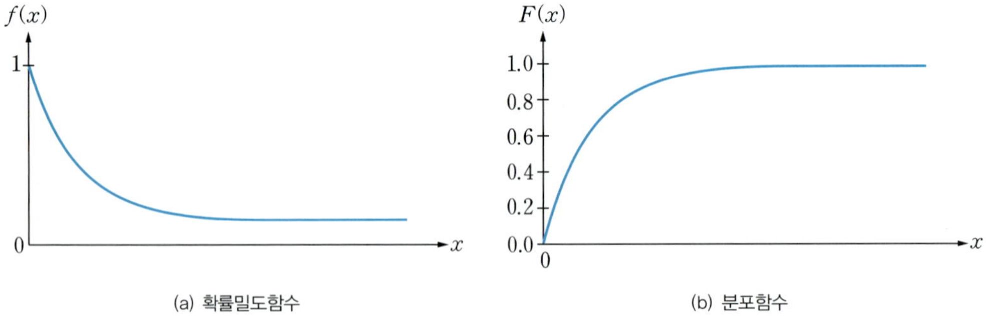

[그림 4-17] $\theta = 1$일 때, 지수분포의 확률밀도함수와 분포함수

확률변수 X가 지수분포 $G(1, \theta)$를 따를 때, 확률변수 X의 적률생성함수는 다음과 같다.

$$M_X(t) = \frac{1}{1-\theta t} \quad \left(t < \frac{1}{\theta}\right)$$

지수분포의 평균과 분산은 다음과 같이 구한다.

정리 4-14 지수분포의 평균과 분산

확률변수 X가 지수분포 $G(1, \theta)$를 따른다고 할 때, 확률변수 X의 평균과 분산은 감마분포에서 $\alpha = 1$, $\beta = \theta$인 경우이므로 다음과 같다.

(1) 평균 : $E(X) = \theta$　　(2) 분산 : $Var(X) = \theta^2$

예제 4-23

부품 5개로 구성된 어떤 제품에서 한 부품이 고장 나기까지 걸리는 시간을 X라 하자. 이때 확률변수 X가 모수 $\theta = 5$인 지수분포를 따른다고 가정한다. 10년이 지난 후에 적어도 이 제품의 부품 2개가 작동할 확률을 반올림하여 소수 넷째 자리까지 구하라.

풀이

한 부품이 10년 후까지 작동할 확률은 다음과 같다.

$$\mathrm{P}(X \geq 10) = \frac{1}{5}\int_{10}^{\infty} e^{-\frac{1}{5}t}\,dt = e^{-\frac{10}{5}} \fallingdotseq 0.135$$

또한 10년 후까지 작동하는 부품의 수를 Y라고 할 때, Y는 이항분포 $\mathrm{B}(5, 0.135)$를 따른다. 따라서 구하고자 하는 확률은 다음과 같다.

$$\begin{aligned}\mathrm{P}(Y \geq 2) &= 1 - \mathrm{P}(Y=0) - \mathrm{P}(Y=1) \\ &= 1 - {}_5\mathrm{C}_0(0.135)^0(0.865)^5 - {}_5\mathrm{C}_1(0.135)^1(0.865)^4 \fallingdotseq 0.1378\end{aligned}$$

예제 4-24

어떤 전자 부품의 수명이 평균 500시간인 지수분포를 따른다고 하자. 확률변수 X가 이 부품의 수명이라고 하면 다음과 같이 나타낼 수 있다.

$$\mathrm{P}(X > x) = \int_{x}^{\infty} \frac{1}{500} e^{-\frac{t}{500}}\,dt = e^{-\frac{x}{500}}$$

이 부품이 300시간 동안 작동했을 때, 앞으로 600시간을 더 작동할 확률을 반올림하여 소수 넷째 자리까지 구하라.

풀이

구하고자 하는 확률은 다음과 같다.

$$\mathrm{P}(X > 900 \mid X > 300) = \frac{\mathrm{P}(X > 900)}{\mathrm{P}(X > 300)} = \frac{e^{-\frac{9}{5}}}{e^{-\frac{3}{5}}} = e^{-\frac{6}{5}} \fallingdotseq 0.3012$$

Note 지수분포의 무기억성

확률변수 X가 지수분포 $\mathrm{G}(1, \theta)$를 따른다면 임의의 양의 정수 a, b에 대하여 다음과 같은 **무기억성**(memorylessness property)을 갖는다.

$$\mathrm{P}(X > a+b \mid X > b) = \mathrm{P}(X > a)$$

이는 b시간을 초과해야 사건이 발생한다고 할 때, $(a+b)$시간을 초과해야 사건이 발생할 확률은 처음부터 a시간을 초과해야 사건이 발생할 확률과 같음을 의미한다. 이러한 특성은 앞에서 살펴본 기하분포의 무기억성과 일치한다.

지수분포의 무기억성은 손님이 서비스를 받기 위해 b시간을 초과해서 기다렸다고 할 때, 앞으로 a시간을 초과해서 더 기다릴 확률은 처음부터 a시간을 초과해서 기다려야 할 확률과 같다는 대기행렬이론(queueing theory)에 적용된다.

베타분포

$\alpha > 0,\ \beta > 0$에 대하여 확률변수 X의 확률밀도함수가 다음과 같을 때, 확률변수 X는 **베타분포**(beta distribution)를 따른다고 하며 $\mathrm{Be}(\alpha,\ \beta)$로 표기한다.

$$f(x) = \begin{cases} \dfrac{1}{B(\alpha,\ \beta)}\, x^{\alpha-1}(1-x)^{\beta-1} & (0 < x < 1) \\ 0 & (x \le 0 \ \text{또는}\ x \ge 1) \end{cases}$$

여기서 $B(\alpha,\ \beta) = \int_0^1 x^{\alpha-1}(1-x)^{\beta-1}\,dx$로 정의되는 **베타함수**(beta function)는 다음과 같이 계산한다.

$$B(\alpha,\ \beta) = \frac{\Gamma(\alpha)\,\Gamma(\beta)}{\Gamma(\alpha+\beta)}$$

베타분포는 제품의 불량률이나 총 작업 시간 중 휴업한 시간의 비율 등과 같은 비율에 대한 모형으로 많이 사용한다. 특별한 $\alpha,\ \beta$값에 대하여 베타분포의 확률밀도함수의 그래프는 [그림 4-18]과 같다.

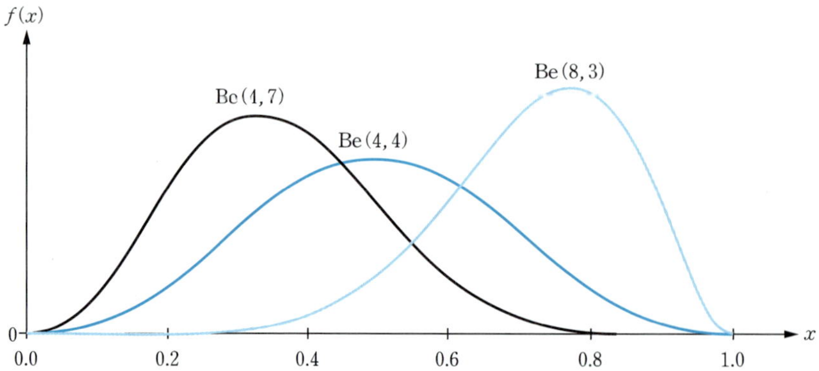

[그림 4-18] 베타분포의 확률밀도함수

베타분포의 평균과 분산은 다음과 같이 구한다.

정리 4-15 베타분포의 평균과 분산

확률변수 X가 베타분포 $\mathrm{Be}(\alpha, \beta)$를 따를 때, 확률변수 X의 기댓값과 분산은 다음과 같다.

(1) 평균 : $\mathrm{E}(X) = \dfrac{\alpha}{\alpha+\beta}$

(2) 분산 : $\mathrm{Var}(X) = \dfrac{\alpha\beta}{(\alpha+\beta+1)(\alpha+\beta)^2}$

예제 4-25

확률변수 X가 $\alpha=\beta=2$인 베타분포 $\mathrm{Be}(2, 2)$를 따른다고 할 때, 확률변수 X의 확률밀도함수와 $\mathrm{P}(X \le 0.1)$을 구하라.

풀이

$\alpha=\beta=2$일 때, 확률변수 X의 확률밀도함수는 다음과 같다.

$$\begin{aligned} f(x) &= \frac{1}{B(2,2)} x^{2-1}(1-x)^{2-1} \\ &= \frac{\Gamma(4)}{\Gamma(2)\Gamma(2)} x(1-x) \\ &= \frac{3!}{1!1!} x(1-x) \\ &= 6x(1-x) \quad (0 < x < 1) \end{aligned}$$

따라서 구하고자 하는 확률은 다음과 같다.

$$\begin{aligned} \mathrm{P}(X \le 0.1) &= \int_0^{0.1} 6x(1-x)\,dx \\ &= 6\left[\frac{x^2}{2} - \frac{x^3}{3}\right]_0^{0.1} = 6\left(\frac{0.01}{2} - \frac{0.001}{3}\right) = 0.028 \end{aligned}$$

확률분포의 근사 관계

앞에서 살펴본 확률분포 중 서로 근사 관계인 분포가 존재한다. 이러한 근사 관계는 실제로 많이 활용하므로 잘 익혀두기 바란다.

■ 이항분포에서 정규분포로의 근사 관계

이항분포 $\mathrm{B}(n, p)$에서 p 또는 $q(=1-p)$의 값이 0 또는 1에 가깝지 않으면서 동시에 $n=20$ 정도이면, 이 이항분포는 정규분포로 근사한다. 또는 p 또는 q가 0에 가까운 값인 경우라도 n값이 상당히 크면 정규분포로 근사한다. 이러한 관계를 이항분포의 정규분포 근사라고 한다.

실제로 확률변수 X가 이항분포 $\mathrm{B}(n, p)$를 따를 때, n이 충분히 크면 확률변수 X는 평균이 $\mu=np$이고 분산이 $\sigma^2=npq$인 정규분포 $\mathrm{N}(np, npq)$에 가까워진다. 따라서 이항분포 $\mathrm{B}(n, p)$를 따르는 확률변수 X에 대하여 다음과 같은 확률변수 Z는 표준정규분포 $\mathrm{N}(0, 1)$에 근사하여 따르게 된다.

$$Z=\frac{X-np}{\sqrt{npq}}$$

이항분포의 확률을 정규분포로 근사하여 구할 때 유의할 점은 이항분포가 이산확률분포이고, 정규분포가 연속확률분포라는 것이다. 이러한 경우에는 먼저 다음과 같은 **연속성 수정**(correction for continuity)을 해야 한다. 즉 확률변수 X가 이항분포 $\mathrm{B}(n, p)$를 따를 때 임의의 정수 k에 대하여 다음과 같이 수정하여 확률을 계산한다. 단, k값이 크면 수정하지 않아도 된다.

$$\mathrm{P}(X=k)=\mathrm{P}(k-0.5\le X\le k+0.5)$$

예제 4-26

불량률이 0.25인 생산공정에서 1,200개의 부품을 무작위로 추출했을 때, 불량품의 개수를 X라 하자. 이때 $\mathrm{P}(285\le X\le 315)$를 구하라.

풀이

X는 $n=1200$, $p=0.25$인 이항분포 $\mathrm{B}(1200, 0.25)$를 따른다고 할 수 있다. 따라서 구하고자 하는 확률은 다음과 같다.

$$\mathrm{P}(285\le X\le 315)=\sum_{x=285}^{315} {}_{1200}\mathrm{C}_x(0.25)^x(0.75)^{1200-x}$$

그러나 이 값은 계산하기 어렵고, 이항분포표를 이용하더라도 구하기 어렵다. 이때 n이 크므로 다음과 같은 정규분포로 근사할 수 있다.

$$\mu=np=1200\times 0.25=300$$
$$\sigma=\sqrt{npq}=\sqrt{1200\times 0.25\times 0.75}=15$$

따라서 확률변수 X는 근사적으로 정규분포 $\mathrm{N}(300, 15^2)$을 따른다. 이후 연속성 수정 방법을 이용하면 구하고자 하는 확률은 다음과 같다.

$$\begin{aligned} \mathrm{P}(285 \le X \le 315) &\fallingdotseq \mathrm{P}(284.5 \le X \le 315.5) \\ &= \mathrm{P}\left(\frac{284.5-300}{15} \le \frac{X-300}{15} \le \frac{315.5-300}{15}\right) \\ &\fallingdotseq \mathrm{P}(-1.03 \le Z \le 1.03) = 0.697 \end{aligned}$$

■ 푸아송분포에서 정규분포로의 근사 관계

푸아송분포에서 $m > 5$이고 $\mu = m$, $\sigma^2 = m$일 때, 이 분포는 정규분포로 근사할 수 있다.

예제 4-27

어떤 생산공정에서 생산하는 전선은 200m 당 5개의 결점이 나타난다. 이 생산공정에서 1,000m의 전선을 임의로 선택했을 때, 총 결점의 수가 25개 이하일 확률을 구하라.

풀이

1,000m 당 총 결점의 수를 X라 하면, X는 $m = 1000 \times \frac{5}{200} = 25$인 푸아송분포를 따른다고 할 수 있다. 따라서 구하고자 하는 확률은 다음과 같다.

$$\mathrm{P}(X \le 25) = \sum_{x=0}^{25} \frac{e^{-25} 25^x}{x!}$$

그러나 이 값은 계산하기 쉽지 않다. 이때 $m > 5$이므로 다음과 같은 정규분포로 근사할 수 있다.

$$\mu = m = 25$$
$$\sigma^2 = m = 25$$

따라서 X는 근사적으로 정규분포 $\mathrm{N}(25, 25)$를 따른다. 이후 연속성 수정 방법을 이용하면 구하고자 하는 확률은 다음과 같다.

$$\begin{aligned} \mathrm{P}(X \le 25) &\fallingdotseq \mathrm{P}(X < 25.5) \\ &= \mathrm{P}\left(\frac{X-25}{\sqrt{25}} < \frac{25.5-25}{\sqrt{25}}\right) = \mathrm{P}(Z \le 0.1) \fallingdotseq 0.5398 \end{aligned}$$

Chapter 04 연습문제

4.1 어느 양궁 동호회 회원이 10점 표적에 화살을 명중시킬 확률이 $\frac{3}{4}$이라고 한다. 5개의 화살을 쏘았을 때 표적에 명중시킨 화살의 개수를 X라 하자. 다음 물음에 답하라.

(a) 확률변수 X의 확률질량함수를 구하라.
(b) 정확히 3개가 명중할 확률을 구하라.
(c) 적어도 2개 이상 명중할 확률을 구하라.
(d) 확률변수 X의 기댓값과 분산을 구하라.

4.2 확률변수 X가 이항분포 $\mathrm{B}(n, p)$를 따르고 $\mathrm{E}(X) = 2$, $\mathrm{Var}(X) = 1$일 때, 확률 $\mathrm{P}(X = 1)$을 구하라.

4.3 확률변수 X가 이항분포 $\mathrm{B}(n, p)$를 따를 때, 다음 식이 성립함을 보여라.

(a) $\mathrm{E}(X) = np$
(b) $\mathrm{Var}(X) = np(1-p)$
(c) $M_X(t) = (pe^t + 1 - p)^n$

4.4 참과 거짓을 따지는 문제가 5개 있다. 임의로 답을 작성하여 3개 이상 맞힐 확률을 구하라.

4.5 1개의 주사위를 6회 던졌을 때, 그중 4 또는 6의 눈이 2회 나올 확률을 구하라.

4.6 어느 잠수함이 항공모함을 격침시키려면 최소 두 발 이상의 어뢰를 항공모함에 명중시켜야 한다. 잠수함이 세 발의 어뢰를 발사하였고 각 어뢰마다 명중할 확률이 0.4일 때, 항공모함이 격침될 확률을 구하라.

4.7 어떤 야구선수의 평균 타율이 3할이라 할 때, 이 야구선수가 한 경기에서 4번의 타석을 맞이했다면, 적어도 2번 안타를 칠 확률을 구하라.

4.8 정상적인 상태에서 공정 불량률이 10%인 어떤 공정에서 6개의 제품을 추출할 때, 불량품이 1개 이상 나올 확률을 구하라.

4.9 타율이 2할 5푼인 타자가 20회의 타석에 들어섰을 때, 안타 횟수의 기댓값을 구하라.

4.10 동전 한 개를 4회 던질 때 앞면이 나오는 횟수를 X라 한다. $(X-a)^2$의 기댓값의 최솟값을 구하라.

4.11 제품의 일정한 단위 넓이 내에 있는 결점의 수, 단위 시간 내에 걸려 오는 전화의 수, 어느 고속도로에서 하루에 발생하는 교통사고의 수 등을 잘 설명할 수 있는 분포를 설명하라.

4.12 새로 개발한 워드프로세서는 1년 동안 품질을 보장해준다. 1년 동안 1대당 서비스 요구 횟수는 $m=3$인 푸아송분포를 따른다고 할 때, 다음 물음에 답하라.

(a) X를 서비스 요구 횟수라고 할 때, X의 확률함수를 구하라.
(b) 1년 동안 2번 이상 서비스를 요구할 확률을 구하라.
(c) X의 기댓값과 분산을 구하라.

4.13 X가 푸아송분포 $\mathrm{P}(m)$을 따를 때, 다음 물음에 답하라.

(a) 적률생성함수가 $M_X(t)=e^{m(e^t-1)}$임을 보여라.
(b) $M_X(t)$를 이용하여 $\mathrm{E}(X)=m$임을 보여라.
(c) $M_X(t)$를 이용하여 $\mathrm{Var}(X)=m$임을 보여라.

4.14 어떤 공장에서 1년 동안에 발생한 사고의 수가 푸아송분포를 따르며, 1년 동안 이 공장의 직원 1인당 평균 0.3건의 사고를 낸다는 사실을 알고 있다. 만일 이 공장에서 직원 중 한 명을 임의로 선발했을 때, 이 직원이 1년 동안 1건의 사고도 내지 않을 확률을 구하라.

4.15 선박이 한 번 왕복할 때 사고가 일어날 확률은 0.0025이다. 이 선박이 1,000번 왕복하는 동안 사고가 일어난 횟수를 X라 할 때, 확률변수 X의 분산을 구하라.

4.16 확률변수 X가 평균이 2인 푸아송분포, 즉 P(2)인 푸아송분포를 따르고, Y가 평균이 3인 푸아송분포, 즉 P(3)인 푸아송분포를 따른다고 하자. X와 Y가 서로 독립이면 $Z = X + Y$는 어떤 분포를 따르는지 설명하라.

4.17 두 프로축구 팀 A와 B가 경기를 할 때, A팀이 승리할 확률은 0.6이다. A팀과 B팀이 연속적으로 경기를 하는 경우 경기 횟수를 X라 할 때, 다음 물음에 답하라. (단, 무승부는 없다.)

(a) A팀이 3회째에 처음으로 승리할 확률을 구하라.
(b) 확률변수 X의 기댓값과 분산을 구하라.

4.18 X가 기하분포 NB$(1, p)$를 따를 때, 다음 물음에 답하라.

(a) 적률생성함수가 $M_X(t) = \dfrac{pe^t}{1 - qe^t}$ 임을 보여라.
(b) $M_X(t)$를 이용하여 $\mathrm{E}(X) = \dfrac{1}{p}$ 임을 보여라.
(c) $M_X(t)$를 이용하여 $\mathrm{Var}(X) = \dfrac{q}{p^2}$ 임을 보여라.

4.19 어떤 약을 복용한 환자의 80%가 효과를 보았다고 할 때, 다음 물음에 답하라.

(a) 이 약을 7번째 환자까지 복용했을 때, 5명의 환자가 효과를 볼 확률을 구하라.
(b) 100명의 환자가 효과를 보기 위해서는 몇 명의 환자가 이 약을 복용해야 하는지 구하라.

4.20 베르누이시행에서 성공할 확률이 p라면 $np = m > 0$(일정)인 조건에서 $n \to \infty$일 때, 이항분포가 푸아송분포로 수렴함을 보여라.

4.21 어느 버스 정류장에 버스가 30분 간격으로 도착한다고 가정하자. 한 승객이 임의의 시각에 버스 정류장으로 갈 때, 이 승객이 버스를 기다리는 시간이 20분 이상일 확률을 구하라.

4.22 확률변수 X가 0과 3 사이에서 균등분포를 따른다고 할 때, 다음 물음에 답하라.

(a) 확률변수 X의 확률밀도함수를 구하라.
(b) 확률변수 X의 분포함수를 구하라.
(c) 확률변수 X의 기댓값과 분산을 구하라.

4.23 확률변수 X의 분포함수가 아래와 같을 때, 다음 물음에 답하라.

$$F(x)=\begin{cases} 0 & (x<0) \\ \dfrac{x}{b} & (0 \le x \le b) \\ 1 & (x>b) \end{cases}$$

(a) 확률변수 X의 확률밀도함수를 구하라.
(b) 확률변수 X의 기댓값과 분산을 구하라.

4.24 확률변수 X가 균등분포 $\mathrm{U}(a, b)$를 따를 때, 다음 식이 성립함을 보여라.

(a) $\mathrm{E}(X)=\dfrac{a+b}{2}$

(b) $\mathrm{Var}(X)=\dfrac{(b-a)^2}{12}$

(c) $M_X(t)=\dfrac{e^{bt}-e^{at}}{(b-a)t}\ (t \neq 0)$

4.25 어떤 대학에 다니는 남학생 500명의 몸무게의 평균이 75kg이고 표준편차가 7kg이었다. 남학생 몸무게가 정규분포를 따른다고 할 때, 몸무게가 70kg과 80kg 사이인 학생의 수를 구하라.

4.26 농구선수 A의 게임당 평균 득점은 36점이고 표준편차는 2점이라고 한다. 이 선수가 한 게임에서 40점 이하를 득점할 확률을 구하라. 이때 선수 A의 득점은 정규분포를 따른다고 가정한다.

4.27 아래 정규분포표를 이용하여 다음 물음에 답하라.

x	$P(\mu \le X \le x)$
$\mu+\alpha$	0.3413
$\mu+2\alpha$	0.4772
$\mu+3\alpha$	0.4887

(a) X가 정규분포 $N(10, 2^2)$을 따를 때, 확률 $P(10 \le X \le 16)$을 구하라.
(b) X가 정규분포 $N(80, 5^2)$을 따를 때, 확률 $P(70 \le X \le 90)$을 구하라.

4.28 X가 정규분포 $N(\mu, \sigma^2)$을 따를 때, 다음 물음에 답하라.

(a) 적률생성함수가 $M_X(t) = e^{\left(\mu t + \frac{\sigma^2 t^2}{2}\right)}$임을 보여라.
(b) $M_X(t)$를 이용하여 $E(X) = \mu$임을 보여라.
(c) $M_X(t)$를 이용하여 $Var(X) = \sigma^2$임을 보여라.

4.29 평균이 μ이고 분산이 σ^2인 정규분포를 따르는 확률변수 X의 표준화 식 $Z = \dfrac{X-\mu}{\sigma}$에 대하여, 확률변수 Z의 기댓값과 분산을 구하라.

4.30 계절에 따라 이주하는 철새들이 어느 특정한 장소에 도착하는 날짜는 1월 1일부터 헤아린 날짜로 평균이 200일이고 표준편차가 20일인 정규분포로 근사한다고 하자. 다음 물음에 답하라.

(a) 철새들이 160일과 210일 사이에 도착할 확률을 구하라.
(b) 철새들이 231일 이후에 도착할 확률을 구하라.

4.31 어느 취직 시험에서는 점수가 450점과 500점 사이인 사람이 그 직업에 적합하다고 결정한다. 전체 시험 결과는 평균 점수가 400점이고 표준편차가 50점인 정규분포를 따른다고 할 때, 그 직업에 적합하다고 생각하는 점수는 상위 몇 %에 해당하는지 구하라.

4.32 대학입학시험의 평균 점수가 270점이고 표준편차가 10점이라고 할 때, 점수 X가 정규분포 $N(270,\ 10^2)$을 따른다고 하자. 이 시험에서 한 학생이 300점 이상을 받을 확률을 구하라.

4.33 확률변수 X가 정규분포 $N(3,\ 2^2)$을 따르고, Y가 표준정규분포 $N(0,\ 1^2)$을 따른다고 할 때, $P(X \geq k) = P(Y \geq k)$를 만족하는 상수 k를 구하라.

4.34 확률변수 X가 정규분포 $N(\mu,\ \sigma^2)$을 따른다고 할 때, $Y = aX + b$는 어떤 분포를 따르는지 설명하라.

4.35 확률변수 X가 정규분포 $N(\mu_1,\ \sigma_1^2)$을 따르고, Y가 정규분포 $N(\mu_2,\ \sigma_2^2)$을 따른다고 할 때, $W = X + Y$가 어떤 분포를 따르는지 설명하라. (단, X와 Y는 서로 독립이다.)

4.36 $X_1 \sim N(30,\ 3^2)$, $X_2 \sim N(40,\ 4^2)$, $X_3 \sim N(50,\ 5^2)$이고 X_1, X_2, X_3는 서로 독립이다. 이들의 선형결합이 다음과 같을 때, Y가 어떤 분포를 따르는지 설명하라.

$$Y = 2X_1 + 3X_2 - X_3 - 80$$

4.37 어떤 기계의 수명이 다음과 같은 분포를 따를 때, 이 기계의 평균 수명을 구하라.

$$f(x) = \frac{1}{200} e^{-\frac{x}{200}} \quad (x \geq 0)$$

4.38 X가 지수분포 $\mathrm{G}(1, \theta)$를 따를 때, 다음 물음에 답하라.

(a) 적률생성함수가 $M_X(t) = \dfrac{1}{1-\theta t}$ $\left(t < \dfrac{1}{\theta}\right)$임을 보여라.

(b) $M_X(t)$를 이용하여 $\mathrm{E}(X) = \theta$임을 보여라.

(c) $M_X(t)$를 이용하여 $\mathrm{Var}(X) = \theta^2$임을 보여라.

4.39 스마트폰을 제조 및 판매하는 회사에서는 고객에게 스마트폰 구입 후 1년 이내에 고장이 발생하면 신제품으로 교환해주겠다고 제안하였다. 고장 나기까지 걸리는 시간 X의 확률밀도함수가 다음과 같을 때, 보증기간 이내에 스마트폰을 교환할 확률을 구하라.

$$f(x) = 0.15\,e^{-0.15x} \quad (x \geq 0)$$

4.40 X가 감마분포를 따른다고 할 때, 즉 $X \sim \mathrm{G}(\alpha, \beta)$일 때 $\alpha = 1$, $\beta = \theta$이면 X는 어떤 분포를 따르는지 설명하라.

4.41 X가 감마분포 $\mathrm{G}(\alpha, \beta)$를 따를 때, 다음 물음에 답하라.

(a) 적률생성함수가 $M_X(t) = (1-\beta t)^{-\alpha}$임을 보여라.

(b) $M_X(t)$를 이용하여 $\mathrm{E}(X) = \alpha\beta$임을 보여라.

(c) $M_X(t)$를 이용하여 $\mathrm{Var}(X) = \alpha\beta^2$임을 보여라.

4.42 주사위를 720회 던져서 3의 눈이 나온 횟수를 X라 하면, X는 근사적으로 어떤 분포를 따르는지 설명하라.

4.43 확률변수 X가 이항분포 $\mathrm{B}(1000, 0.5)$를 따를 때, 다음 확률을 구하라.

$$\mathrm{P}(470 \leq X \leq 520)$$

4.44 컴퓨터 실습 $B(10, 0.05)$인 이항분포에서 확률 $P(2 \le X \le 4)$를 Excel을 이용하여 구하라.

4.45 컴퓨터 실습 다음 물음에 대한 확률분포를 직접 나타내고, Excel을 이용하여 각 확률을 구하라.

(a) 성공확률이 0.5인 이항실험에서 10번의 시행 중 3번 성공할 확률
(b) 주사위를 3회 던졌을 경우 6이 적어도 한 번 나올 확률
(c) 동전을 10회 던졌을 경우 앞면이 4번 이상 7번 이하 나올 확률

4.46 컴퓨터 실습 Excel을 이용하여 다음 물음에 답하라.

(a) 평균이 $\mu = 172$이고 표준편차가 $\sigma = 15$인 정규분포에 대하여 확률 $P(X > 180)$을 구하라.
(b) 평균이 $\mu = 0$이고 표준편차가 $\sigma = 1$인 표준정규분포에 대하여 확률 $P(-1.5 \le Z \le 2)$를 구하라.

4.47 컴퓨터 실습 평균이 5이고 분산이 4인 정규분포 $N(5, 4)$에서 $P(X < c) = 0.90$을 만족하는 c값을 Excel을 이용하여 구하라.

Chapter 05
표본분포

CONTENTS

학습목표

- 모집단과 표본의 의미를 이해하고, 표본분포의 개념을 이해할 수 있다.
- 표본평균의 분포를 이해하고, 이를 활용할 수 있다.
- 여러 가지 표본분포를 이해하고, 이를 활용할 수 있다.
- 서로 독립인 두 집단의 표본평균 차의 분포를 이해할 수 있다.
- 표본비율의 분포를 이해하고, 이를 활용할 수 있다.

우리나라의 인구조사는 삼한시대부터 시작하여 삼국시대, 고려시대 및 조선시대에 이르기까지 호구조사(戶口調査)라는 명칭으로 실시해 왔다. 근대적 의미의 인구조사인 인구총조사는 1925년에 처음으로 실시한 후, 5년마다 실시해 왔다. '인구주택총조사'는 국민들의 사회·경제적 특성을 전수조사하여 각종 표본조사를 위한 모집단 자료로 제공한다. 2020년 2월 기준 가구 대상 조사 통계는 292종으로, 이 중 220종(75.3%)이 인구주택총조사의 자료를 모집단으로 활용한다.

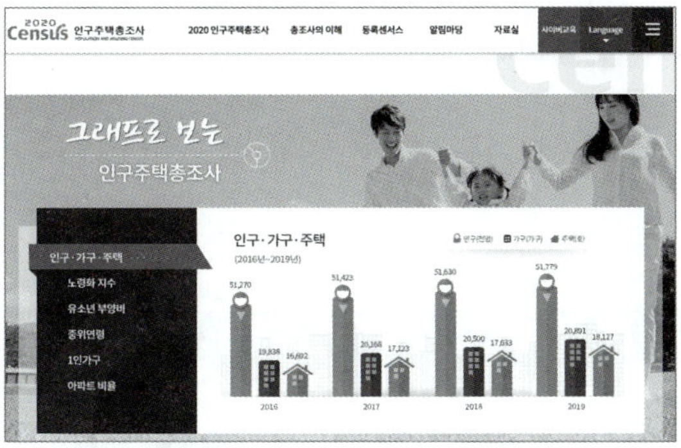

인구주택총조사(population and housing census)란 우리나라에 사는 모든 내·외국인과 주택의 규모, 특징을 알기 위한 국가의 기본 통계조사이다.[1]

〈출처〉 http://www.census.go.kr

이와 같이 통계조사에서 조사 대상의 전체를 조사하는 것을 전수조사라고 한다. 전수조사는 많은 시간과 비용이 필요할 뿐만 아니라, 때에 따라 조사 자체가 불가능한 경우도 있다. 통계조사 시 시간과 비용이 제한되거나 전수조사가 불가능한 경우에는 전체에서 일부분을 추출하여 조사하는데, 이를 표본조사라고 한다. 표본조사의 목적은 모집단에서 추출한 표본을 바탕으로 모집단의 특성을 추측하는 데 있다. 이때 추측의 정밀도를 높이기 위해서는, 즉 모집단의 특성치와 표본으로부터 얻은 특성치의 오차를 최대한 줄이기 위해서는 표본의 분포에 대해 알아볼 필요가 있다.

이 장에서는 모집단으로부터 표본을 추출하는 방법을 먼저 살펴보고 표본으로부터 얻은 통계량의 확률분포, 즉 표본분포의 여러 가지 성질을 알아보자.

1 통계청(http://kostat.go.kr) 또는 국가통계포털(http://kosis.kr)에서 다양한 통계조사 자료를 찾아볼 수 있다.

5.1 모집단과 표본분포

모집단(population)은 통계조사 대상 전체를 말한다. 보통 우리가 자료를 수집하는 목적은 알려지지 않은 모집단의 특성을 파악하는 데 있다. 모집단의 특성을 알기 위해서는 모집단 전체를 조사하는 것이 가장 좋지만, 이는 경제적·공간적·시간적인 제약으로 불가능한 경우가 많다. 따라서 전체 중에서 몇 개를 표본으로 추출하여 조사하는데, 이러한 자료에 대한 확률분포를 **표본분포**(sampling distribution)라고 한다.

그러나 모집단을 완벽하게 대표할 수 있는 표본을 추출하기란 극히 어려운 일이다. 표본추출에는 반드시 오차(error)가 따르기 마련인데, 이러한 오차를 **표본오차**(sampling error)라고 한다. 때에 따라서는 응답자가 정확하게 응답을 하지 않아 발생하는 **비표본오차**(non-sampling error)도 존재한다. 그러나 오차가 발생하더라도 표본을 추출하여 분석하는 일은 결코 가치 없는 일이 아니다. 오히려 이러한 오차를 정확하게 파악할 수 있다면 모집단의 특성을 객관적으로 판단할 수 있을 것이다.

[표 5-1]은 2020년 7월 전국 주요 지역의 강수일수를 조사한 자료이다.

[표 5-1] **전국 주요 지역의 강수일수(2020년 7월)**

서울	부산	인천	수원	세종	춘천	강릉	청주	추풍령	대전	서산	전주	군산
16	19	16	19	18	15	16	18	22	21	15	25	19
광주	**목포**	**여수**	**대구**	**포항**	**진주**	**울산**	**통영**	**울릉도**	**제주**	**서귀포**	**울진**	**–**
17	18	21	18	19	18	18	19	16	18	20	18	–

전국 각 지역의 7월 한 달간 강수일수를 X라고 하면 [표 5-2]와 같이 강수일수에 따른 지역의 도수와 상대도수를 얻을 수 있다. 이로부터 강수일수 X에 대한 표본분포를 얻을 수 있고, 강수일수에 대한 표본분포의 평균이 18.36임을 이용하여 전국 주요 지역의 2020년 7월 한 달간 강수일수의 평균이 18.36임을 알 수 있다.

[표 5-2] 강수일수 X에 따른 도수와 상대도수

X	도수	상대도수
15	2	0.08
16	4	0.16
17	1	0.04
18	8	0.32
19	5	0.20
20	1	0.04
21	2	0.08
22	1	0.04
25	1	0.04
합계	25	1

그러나 만약 강수일수를 측정하기 위해 선정한 지역을 바꾼다면 같은 수의 25지역을 선정하더라도 평균 강수일수는 달라질 수 있다. 따라서 전국 평균 강수일수는 오로지 하나 뿐이지만 표본을 어떻게 선정하느냐에 따라 다르게 추론할 수 있다.

한편, 전국 평균 강수일수와 같이 모집단의 특성을 나타내는 수치는 오로지 하나뿐이며, 이러한 모집단의 특성을 나타내는 값을 **모수**(parameter)라 한다. 예를 들어 모집단의 평균(모평균)을 비롯하여 모집단의 분산(모분산) 또는 모집단의 비율(모비율) 등은 모수이다. 앞의 예에서 전국의 강수일수를 추론하기 위해 25지역의 평균 강수일수를 조사했듯이, 모수의 값을 추론하기 위해 표본의 특성을 나타내는 측정값을 이용한다. 이러한 표본의 특성을 나타내는 통계적인 양을 **통계량**(statistic)이라 한다.

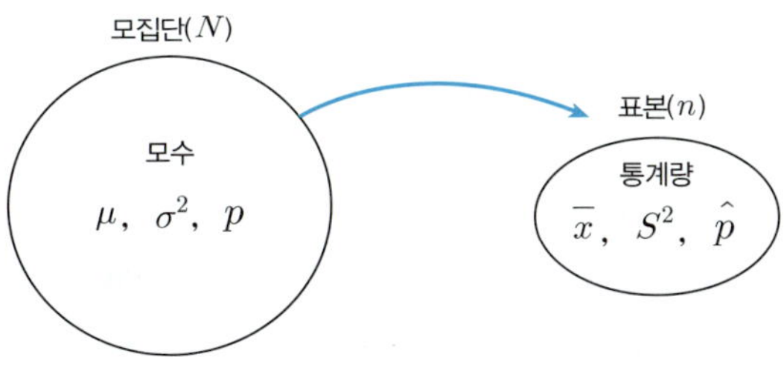

[그림 5-1] 모집단과 표본의 관계

예를 들어 표본의 평균(표본평균), 표본의 분산(표본분산) 또는 표본의 비율(표본비율) 등은 통계량이다. 그러나 표본평균은 표본을 어떻게 선정하느냐에 따라서 그 값이 다르게 나타난다. 즉 동일한 모집단에서 동일한 크기의 표본을 선정하더라도 각 표본의 평균은 서로 다르게 나타난다. 이러한 표본 특성을 나타내는 통계량은 확률변수이며, 확률변수는 고유의 확률분포를 갖는다. 즉 표본평균은 확률변수이다.

표본추출법

그러면 표본을 어떻게 추출해야 할까? 이상적으로 표본을 추출하기 위해서는 모집단의 특성을 최대한 대표할 수 있는 모집단의 일부를 선택해야 한다. 모집단으로부터 표본을 추출하는 방법에는 확률추출법과 비확률추출법이 있다.

확률추출법(probability sampling)은 모집단의 개체가 표본으로 뽑힐 가능성이 모두 동등하다는 조건하에서 객관적으로 표본을 추출하는 방법으로, **임의추출법**(random sampling)이라고도 한다. 이때 확률추출법에 의해 추출된 표본을 **확률표본**(probability sample) 또는 **임의표본**(random sample)이라고 한다. 사실 표본을 선정할 때 가장 좋은 방법은 바로 확률추출법이다.

비확률추출법(nonprobability sampling)은 모집단으로부터 표본을 추출할 때, 주관적으로 모집단의 대표를 정하여 표본을 추출하는 방법이다. 이때 각 개체를 추출할 확률을 알 수 없으므로 표본으로부터 모집단에 대한 어떠한 결론을 내릴 때 신뢰 수준을 측정할 수 없다. 따라서 여기에서는 확률추출법만 다루기로 하자.

확률추출법의 종류를 살펴보면 다음과 같다.

■ 단순임의추출법

표본을 동등한 확률로 추출하는 방법을 **단순임의추출법**(simple random sampling)이라 한다. 이는 가장 간단하며 폭넓게 사용하는 표본추출법이다. 예를 들어 크기 N인 모집단으로부터 크기 n인 표본을 추출하는 방법의 수는 ${}_N\mathrm{C}_n$가지이다.

■ 층화임의추출법

모집단을 성질이 비슷한 것끼리 층(stratum)으로 분류하고, 각 층으로부터 임의로 표본을 추출하는 방법을 **층화임의추출법**(stratified random sampling)이라 한다. 예를 들어 평균 소득을 조사할 때 고소득층, 중간층, 저소득층으로 나눈 후에 각 층에서 표본을 추출하는 방식이다. 층화임의추출법은 추정의 정도를 높일 수 있으며 층별로 추정할 수 있다는 장점이 있다.

■ 계통임의추출법

모집단으로부터 일정한 간격을 두고 추출하는 방법을 말한다. 크기 N인 모집단으로부터 크기 n인 표본을 추출한다고 하자. 이때 N을 n으로 나눈 몫을 k, 나머지를 r이라 하면

$N = kn + r$ 이다. 먼저 $1, 2, 3, \cdots, r$ 중 임의로 1개의 숫자를 뽑아 $i(1 \le i \le r)$라고 하자. 이때 i를 **임의출발점**(random starting point)이라고 하고, 다음과 같이 i에 차례로 k만큼씩 더한 수에 해당하는 모집단의 단위를 표본으로 추출하는 방법을 **계통임의추출법**(systematic random sampling)이라고 한다.

$$i,\ i+k,\ i+2k,\ \cdots,\ i+jk,\ \cdots,\ i+(n-1)k$$

다시 말해, 이 추출법은 임의출발점을 정하고 그로부터 k번째마다 표본을 뽑는 방법이다. 이때 k를 **추출 간격**(sampling interval)이라고 한다. 계통임의추출법은 대규모 조사에서 주로 사용하는 추출법이며, 단순임의추출법보다 추출 작업이 쉽고 표본의 정밀도가 높기 때문에 실제 조사에서 널리 사용한다.

■ 집락추출법

단순임의추출법, 층화임의추출법, 계통임의추출법은 조사 단위 자체를 추출 단위로 하는 추출 방법이다. 이와 달리 단위 또는 집계 단위를 모은 **집락**(cluster)을 추출 단위로 하는 추출법을 **집락추출법**(cluster sampling)이라고 한다.

확률비례추출법(probability proportionate sampling)은 집락을 추출 단위로 하는 집락추출법 중 하나로, 집락의 크기가 현저히 다른 경우에 이용한다. 이때 집락의 크기에 비례하는 확률(probability proportional to size)로 집락을 단순임의추출하고, 여기서 추출한 집락에 포함된 조사 단위 전체를 표본으로 설정한다. 이 방법은 추출한 집락의 조사 단위를 모두 조사하는 것이다. 따라서 모집단이 크고 추출 단위의 리스트를 작성하기 어려운 경우, 집락을 추출 단위로 하면 추출 작업이 편리하다. 또한 단순임의추출법보다 조사 비용이 크게 절약된다는 장점도 있다.

■ 다단추출법

집락추출법에서 집락의 크기가 매우 클 때는 추출한 표본 집락에서 다시 표본을 추출하여 조사하는 것이 비용 절약은 물론이고, 정밀도 면에서도 유리한 경우가 많다. 이러한 추출법을 **2단추출법**(two-stage sampling) 또는 **부차추출법**(sub-sampling)이라고 한다. 이때 제1단계의 추출 단위를 **제1차 추출 단위**(primary sampling unit), 제2단계의 추출 단위를 **제2차 추출 단위**(secondary sampling unit)라 한다. 이와 같은 방법으로 3단 추출법과 4단 추출법을 정의할 수 있으며, 2단 추출법 이상을 **다단추출법**(multistage sampling)이라고 한다. 참고로 단순임의추출법, 층화임의추출법, 계통임의추출법은 1단 추출법이다.

5.2 표본평균의 분포

표본평균의 분포는 모집단의 특성, 즉 모집단이 유한 또는 무한인지, 정규분포를 따르는지에 따라 다르다.

유한 또는 무한 모집단에서 표본평균의 분포

표본평균 $\overline{X}$의 분포를 생각해보자. 표본평균 $\overline{X}$는 표본에 따라 변하므로 확률변수이고, 이러한 확률분포를 표본분포라고 한다. 모집단은 변하지 않으므로 모평균 μ도 변하지 않지만, 표본평균 $\overline{X}$는 추출한 표본에 따라 변할 수 있으므로 확률변수이다. 따라서 확률변수 $\overline{X}$의 확률분포를 이용하면 표본평균 $\overline{X}$의 평균과 표준편차를 구할 수 있다.

모집단 $\{x_1, x_2, \cdots, x_N\}$의 모평균 μ와 모분산 σ^2은 각각 다음과 같다.

$$\mu = \frac{1}{N}\sum_{i=1}^{N} x_i, \quad \sigma^2 = \frac{1}{N}\sum_{i=1}^{N}(x_i - \mu)^2$$

[그림 5-2]와 같이 유한 또는 무한 모집단으로부터 추출한 표본 n개의 표본평균 $\overline{X}_1$, $\overline{X}_2, \cdots, \overline{X}_n$의 평균 $\overline{X} = \frac{1}{n}\sum_{i=1}^{n}\overline{X}_i$의 분포를 살펴보자.

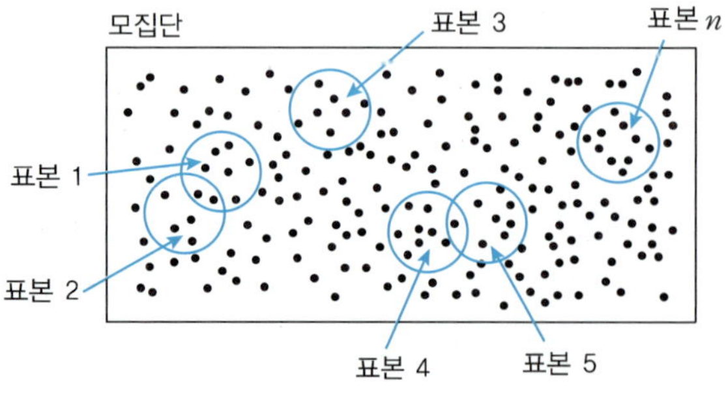

[그림 5-2] 모집단에서 추출한 표본 n개 $\overline{X}_i (i=1, \cdots, n)$

정리 5-1 유한 모집단에서 복원추출할 경우 표본평균의 기댓값과 분산

모평균이 μ이고 모분산이 σ^2인 모집단에서 크기 n인 표본을 복원추출할 때, $\mathrm{E}(X_i) = \mu$이고 $\mathrm{Var}(X_i) = \sigma^2$이므로 표본평균 $\overline{X}$의 기댓값과 분산은 다음과 같다.

(1) 기댓값 : $\mathrm{E}(\overline{X}) = \mu$

(2) 분산 : $\mathrm{Var}(\overline{X}) = {\sigma_{\overline{X}}}^2 = \dfrac{\sigma^2}{n}$

예를 들어 $\{1, 2, 3, 4\}$로 구성된 모집단의 확률분포표는 [표 5-3]과 같다고 하자.

[표 5-3] 모집단 $\{1, 2, 3, 4\}$의 확률분포표

X	1	2	3	4	합계
$\mathrm{P}(X=x)$	$\frac{1}{4}$	$\frac{1}{4}$	$\frac{1}{4}$	$\frac{1}{4}$	1

이 모집단의 평균과 분산은 다음과 같다.

$$\mu = 1\times\frac{1}{4} + 2\times\frac{1}{4} + 3\times\frac{1}{4} + 4\times\frac{1}{4} = \frac{5}{2}$$

$$\sigma^2 = \frac{1}{4}(1^2 + 2^2 + 3^2 + 4^2) - \left(\frac{5}{2}\right)^2 = \frac{5}{4}$$

따라서 이 모집단으로부터 크기 2인 확률표본을 복원추출할 경우 가능한 표본과 평균은 [표 5-4]와 같다.

[표 5-4] 크기 2인 확률표본을 복원추출할 경우 가능한 표본과 평균

가능한 표본	$\overline{X}$	가능한 표본	$\overline{X}$
$\{1,1\}$	1	$\{3,1\}$	2
$\{1,2\}$	1.5	$\{3,2\}$	2.5
$\{1,3\}$	2	$\{3,3\}$	3
$\{1,4\}$	2.5	$\{3,4\}$	3.5
$\{2,1\}$	1.5	$\{4,1\}$	2.5
$\{2,2\}$	2	$\{4,2\}$	3
$\{2,3\}$	2.5	$\{4,3\}$	3.5
$\{2,4\}$	3	$\{4,4\}$	4

이때 표본평균 $\overline{X}$의 확률분포표는 [표 5-5]와 같다.

[표 5-5] **표본평균 $\overline{X}$의 확률분포표**

$\overline{X}$	1	1.5	2	2.5	3	3.5	4	합계
$P(\overline{X}=x)$	$\frac{1}{16}$	$\frac{2}{16}$	$\frac{3}{16}$	$\frac{4}{16}$	$\frac{3}{16}$	$\frac{2}{16}$	$\frac{1}{16}$	1

[표 5-5]로부터 표본평균 $\overline{X}$의 평균과 분산을 구하면 다음과 같다.

$$E(\overline{X}) = 1\times\frac{1}{16} + 1.5\times\frac{2}{16} + \cdots + 4\times\frac{1}{16} = \frac{5}{2}$$

$$Var(\overline{X}) = 1^2\times\frac{1}{16} + 1.5^2\times\frac{2}{16} + \cdots + 4^2\times\frac{1}{16} - \left(\frac{5}{2}\right)^2 = \frac{5}{8}$$

따라서 다음 관계가 성립함을 알 수 있다.

$$E(\overline{X}) = \mu = \frac{5}{2}$$

$$Var(\overline{X}) = \frac{5/4}{2} = \frac{5}{8}$$

정리 5-2 유한 모집단에서 비복원추출할 경우 표본평균의 기댓값과 분산

모평균이 μ이고 모분산이 σ^2인 크기가 N인 유한 모집단에서 크기 n인 표본을 비복원추출할 때, 표본평균 $\overline{X}$의 기댓값과 분산은 다음과 같다.

(1) 기댓값 : $E(\overline{X}) = \mu$

(2) 분산 : $Var(\overline{X}) = \frac{N-n}{N-1}\cdot\frac{\sigma^2}{n}$

여기서 $\frac{N-n}{N-1}$을 **유한 모집단 수정계수**라 하고, 표본평균의 표준편차 $\sqrt{Var(\overline{X})} = \sigma_{\overline{X}}$를 **표준오차**(standard error)라고 한다.

예를 들어 $\{1, 2, 3, 4\}$로 구성된 모집단으로부터 크기 2인 확률표본을 비복원추출할 경우 가능한 표본과 평균은 [표 5-6]과 같다.

[표 5-6] 크기 2인 확률표본을 비복원추출할 경우 가능한 표본과 평균

가능한 표본	$\overline{X}$	가능한 표본	$\overline{X}$
$\{1,2\}$	1.5	$\{3,1\}$	2
$\{1,3\}$	2	$\{3,2\}$	2.5
$\{1,4\}$	2.5	$\{3,4\}$	3.5
$\{2,1\}$	1.5	$\{4,1\}$	2.5
$\{2,3\}$	2.5	$\{4,2\}$	3
$\{2,4\}$	3	$\{4,3\}$	3.5

이때 표본평균 $\overline{X}$의 확률분포표는 [표 5-7]과 같다.

[표 5-7] 표본평균 $\overline{X}$의 확률분포표

$\overline{X}$	1.5	2	2.5	3	3.5	합계
$P(\overline{X}=x)$	$\frac{1}{6}$	$\frac{1}{6}$	$\frac{2}{6}$	$\frac{1}{6}$	$\frac{1}{6}$	1

이 확률분포표로부터 표본평균 $\overline{X}$의 평균과 분산을 구하면 다음과 같다.

$$E(\overline{X}) = 1.5\times\frac{1}{6} + 2\times\frac{1}{6} + 2.5\times\frac{2}{6} + 3\times\frac{1}{6} + 3.5\times\frac{1}{6} = \frac{5}{2}$$

$$\mathrm{Var}(\overline{X}) = 1.5^2\times\frac{1}{6} + 2^2\times\frac{1}{6} + 2.5^2\times\frac{2}{6} + 3^2\times\frac{1}{6} + 3.5^2\times\frac{1}{6} - \left(\frac{5}{2}\right)^2 = \frac{5}{12}$$

따라서 다음 관계가 성립함을 알 수 있다.

$$E(\overline{X}) = \mu = \frac{5}{2}$$

$$\mathrm{Var}(\overline{X}) = \frac{N-n}{N-1}\cdot\frac{\sigma^2}{n} = \frac{4-2}{4-1}\cdot\frac{5/4}{2} = \frac{5}{12}$$

정리 5-3 무한 모집단에서 복원/비복원추출할 경우 표본평균의 분포

무한 모집단에서 $N\to\infty$이면 $\frac{N-n}{N-1}\to 1$이므로 ${\sigma_{\overline{X}}}^2\to\frac{\sigma^2}{n}$이다. 따라서 복원추출이나 비복원추출이나 같은 결과를 얻는다.

추출률(sampling fraction) $\frac{n}{N}$이 충분히 작으면 유한 모집단에서도 $\sigma_{\overline{X}}{}^2 = \frac{\sigma^2}{n}$이 성립하므로 복원추출이나 비복원추출이나 동일한 결과를 얻는다. 이러한 결과로부터 표본평균 $\overline{X}$의 평균은 모평균과 같으며, 표본 크기 n이 클수록 $\overline{X}$의 분산은 0에 가까워져 $\overline{X}$가 모평균 근처에 밀집하여 분포함을 알 수 있다.

예제 5-1

모평균이 μ이고 모분산이 σ^2인 모집단에서 복원추출한 크기 n인 확률표본 $X_1, X_2, \cdots, X_n$에 대하여 $\mathrm{E}(X_i) = \mu$이고 $\mathrm{Var}(X_i) = \sigma^2$이라 하자. 표본평균 $\overline{X}$에 대하여 다음이 성립함을 보여라. (단, $i = 1, 2, \cdots, n$)

(a) $\mathrm{E}(\overline{X}) = \mu$ (b) $\mathrm{Var}(\overline{X}) = \frac{\sigma^2}{n}$

풀이

(a)
$$\begin{aligned}\mathrm{E}(\overline{X}) &= \frac{1}{n}\mathrm{E}(X_1 + X_2 + \cdots + X_n) \\ &= \frac{1}{n}\{\mathrm{E}(X_1) + \mathrm{E}(X_2) + \cdots + \mathrm{E}(X_n)\} = \frac{1}{n}n\mu = \mu\end{aligned}$$

(b)
$$\begin{aligned}\mathrm{Var}(\overline{X}) &= \frac{1}{n^2}\mathrm{Var}(X_1 + X_2 + \cdots + X_n) \\ &= \frac{1}{n^2}\{\mathrm{Var}(X_1) + \mathrm{Var}(X_2) + \cdots + \mathrm{Var}(X_n)\} = \frac{1}{n^2}n\sigma^2 = \frac{\sigma^2}{n}\end{aligned}$$

예제 5-2

표본평균의 표본분포를 설명하기 위해 $\{1, 2, 3\}$으로 구성된 모집단으로부터 2개의 표본을 임의로 추출하는 시행에 대하여 다음 물음에 답하라.

(a) 모집단의 확률분포와 모평균 및 모분산을 구하라.

(b) 모집단에서 크기가 2인 확률표본을 비복원추출할 경우 가능한 표본과 평균을 구하라.

(c) (b)에서 구한 표본평균의 확률분포표를 작성하라.

(d) (b)에서 구한 표본평균의 기댓값과 분산을 구하라.

(e) 모집단에서 표본을 비복원추출하는 경우 $\mathrm{E}(\overline{X}) = \mu$, $\mathrm{Var}(\overline{X}) = \frac{N-n}{N-1} \cdot \frac{\sigma^2}{n}$이 성립함을 보여라.

(f) 모집단에서 크기가 2인 확률표본을 복원추출할 경우 가능한 표본과 평균을 구하라.

(g) (f)에서 구한 표본평균의 확률분포표를 작성하라.

(h) (f)에서 구한 표본평균의 기댓값과 분산을 구하라.

(i) 모집단에서 표본을 복원추출하는 경우 $E(\overline{X}) = \mu$, $Var(\overline{X}) = \frac{\sigma^2}{n}$이 성립함을 보여라.

풀이

(a) 모집단의 확률분포를 표로 나타내면 다음과 같다.

X	$P(X=x)$
1	$\frac{1}{3}$
2	$\frac{1}{3}$
3	$\frac{1}{3}$
합계	1

따라서 모평균과 모분산은 다음과 같다.

$$\mu = 1 \times \frac{1}{3} + 2 \times \frac{1}{3} + 3 \times \frac{1}{3} = 2$$

$$\sigma^2 = 1^2 \times \frac{1}{3} + 2^2 \times \frac{1}{3} + 3^2 \times \frac{1}{3} - 2^2 = \frac{2}{3}$$

(b) 가능한 표본과 평균을 표로 나타내면 다음과 같다.

가능한 표본	$\overline{X}$
$\{1, 2\}$	1.5
$\{1, 3\}$	2
$\{2, 3\}$	2.5

(c) 표본평균의 분포를 표로 나타내면 다음과 같다.

$\overline{X}$	$P(\overline{X}=x)$
1.5	$\frac{1}{3}$
2	$\frac{1}{3}$
2.5	$\frac{1}{3}$

(d) $E(\overline{X}) = 1.5 \times \frac{1}{3} + 2 \times \frac{1}{3} + 2.5 \times \frac{1}{3} = 2$

$Var(\overline{X}) = 1.5^2 \times \frac{1}{3} + 2^2 \times \frac{1}{3} + 2.5^2 \times \frac{1}{3} - 2^2 = \frac{1}{6}$

(e) $E(\overline{X}) = 2 = \mu$

$$Var(\overline{X}) = \frac{1}{6} = \frac{3-2}{3-1} \cdot \frac{2/3}{2} = \frac{N-n}{N-1} \cdot \frac{\sigma^2}{n}$$

(f) 가능한 표본과 평균을 표로 나타내면 다음과 같다.

가능한 표본	{1,1}	{1,2}	{1,3}	{2,1}	{2,2}	{2,3}	{3,1}	{3,2}	{3,3}
$\overline{X}$	1	1.5	2	1.5	2	2.5	2	2.5	3

(g) 표본평균의 분포를 표로 나타내면 다음과 같다.

$\overline{X}$	1	1.5	2	2.5	3	합계
$P(\overline{X}=x)$	$\frac{1}{9}$	$\frac{2}{9}$	$\frac{3}{9}$	$\frac{2}{9}$	$\frac{1}{9}$	1

(h) $E(\overline{X}) = 1 \times \frac{1}{9} + 1.5 \times \frac{1}{9} + \cdots + 3 \times \frac{1}{9} = 2$

$$Var(\overline{X}) = 1^2 \times \frac{1}{9} + 1.5^2 \times \frac{1}{9} + \cdots + 3^2 \times \frac{1}{9} - 2^2 = \frac{1}{3}$$

(i) $E(\overline{X}) = 2 = \mu$

$$Var(\overline{X}) = \frac{1}{3} = \frac{2/3}{2} = \frac{\sigma^2}{n}$$

예제 5-3

어느 공장에서 생산한 전체 제품 1,000개의 평균 무게가 100g이고 분산이 5g이라고 한다. 50개의 제품을 표본으로 추출할 때, 비복원추출인 경우와 복원추출인 경우로 나누어 표본평균의 분산을 구하라.

풀이

비복원추출인 경우에는 $Var(\overline{X}) = \frac{1000-50}{1000-1} \cdot \frac{5}{50} \fallingdotseq 0.095$ 이다.

복원추출인 경우에는 $Var(\overline{X}) = \frac{5}{50} = 0.1$ 이다.

모집단이 정규분포를 따를 때 표본평균의 분포

모집단이 정규분포를 따를 때 표본평균도 정규분포를 따른다. 이 사실로부터 정규분포 $\mathrm{N}(\mu, \sigma^2)$을 따르는 모집단에서 크기 n인 확률표본을 추출할 때, 표본평균 $\overline{X}$는 평균이 모평균 μ와 같고, 분산이 $\dfrac{\sigma^2}{n}$인 정규분포 $\mathrm{N}\left(\mu, \dfrac{\sigma^2}{n}\right)$을 따른다. 이때 표본평균 $\overline{X}$를 표준화시킨 확률변수 $Z=\dfrac{\overline{X}-\mu}{\sigma/\sqrt{n}}$는 표준정규분포 $\mathrm{N}(0, 1)$을 따른다.

정리 5-4 정규분포를 따르는 모집단에서 표본평균의 분포

정규분포 $\mathrm{N}(\mu, \sigma^2)$을 따르는 모집단에서 크기 n인 확률표본의 표본평균 $\overline{X}$는 정규분포 $\mathrm{N}\left(\mu, \dfrac{\sigma^2}{n}\right)$을 따른다.

크기 n인 확률표본에 대하여 n이 커질수록 표본평균 $\overline{X}$의 확률분포는 [그림 5-3]과 같이 모평균 μ에 더욱 집중되는 정규분포를 따른다.

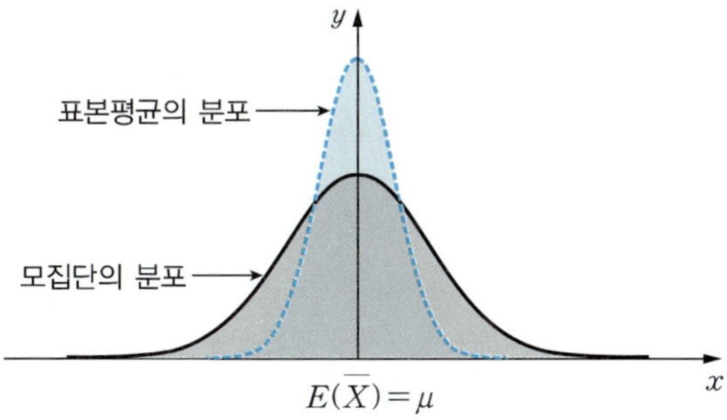

[그림 5-3] 모집단과 표본평균의 분포(모집단이 정규분포를 따르는 경우)

예제 5-4

어떤 공장에서 생산하는 전구의 수명 X는 평균이 800시간이고 분산이 40^2시간인 정규분포를 따른다. 이 공장에서 생산한 전구 중에서 임의로 표본 $n=16$개를 추출한다고 할 때, 뽑힌 전구의 평균 수명이 780시간 미만일 확률을 구하라.

풀이

뽑힌 전구의 평균 수명 $\overline{X}$는 $E(\overline{X})=800$, $Var(\overline{X})=\frac{40^2}{16}=100$인 정규분포를 따른다. 따라서 구하고자 하는 확률은 다음과 같다.

$$P(\overline{X}<780)=P\left(\frac{\overline{X}-800}{10}<\frac{780-800}{10}\right)$$
$$=P(Z<-2.0)=0.0228$$

모집단이 정규분포를 따르지 않을 때 표본평균의 분포

모집단이 정규분포를 따르지 않을 때는 표본평균 $\overline{X}$가 정규분포를 따른다고 할 수 없다. 그러나 표본의 크기가 충분히 클 때는 표본평균 $\overline{X}$의 분포를 정규분포로 볼 수 있다. 이 내용은 다음으로 살펴볼 **중심극한정리**(central limit theorem)로 확인할 수 있다.

정리 5-5 중심극한정리

모평균이 μ이고 모분산이 σ^2인 모집단(임의의 분포)으로부터 크기 n인 확률표본의 표본평균 $\overline{X}$의 확률분포는 $n\to\infty$일 때 $N\left(\mu, \frac{\sigma^2}{n}\right)$으로 수렴한다. 따라서 표준화된 확률변수 $Z=\frac{\overline{X}-\mu}{\sigma/\sqrt{n}}$의 확률분포는 $n\to\infty$일 때 표준정규분포 $N(0, 1)$로 수렴한다.

주사위를 n번 던지는 실험에서 나타나는 눈의 수를 $X_1, X_2, \cdots, X_n$이라고 할 때, 표본평균 $\overline{X}$의 분포는 n이 변함에 따라 어떠한 모양으로 나타나는지 살펴보자.

■ $n=1$인 경우

표본 크기가 $n=1$이면 6개의 표본집단을 얻을 수 있다. 이들 표본집단에 의한 표본평균의 분포는 다음과 같다.

[표 5-8] $n=1$인 경우 표본평균의 확률분포표

$\overline{X}$	1	2	3	4	5	6
$P(\overline{X}=x)$	$\frac{1}{6}$	$\frac{1}{6}$	$\frac{1}{6}$	$\frac{1}{6}$	$\frac{1}{6}$	$\frac{1}{6}$

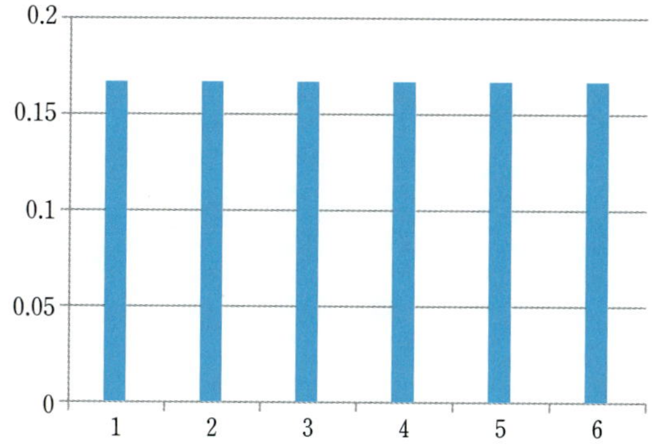

[그림 5-4] $n=1$인 경우 표본평균의 분포

이때 표본평균의 평균과 분산은 다음과 같다.

$$\mu_{\overline{X}} = \frac{1}{6}(1+2+3+4+5+6) = \frac{7}{2}$$

$$\sigma^2_{\overline{X}} = \frac{1}{6}(1^2+2^2+3^2+4^2+5^2+6^2) - \left(\frac{7}{2}\right)^2 = \frac{35}{12}$$

■ $n=2$인 경우

표본 크기가 $n=2$이면 $6^2=36$개의 표본집단을 얻을 수 있다. 이들 표본집단에 의한 각 표본평균의 분포는 다음과 같다. [표 5-9]에서 f_i는 $\overline{X}$의 도수를 의미한다.

[표 5-9] $n=2$인 경우 표본평균의 확률분포표

$\overline{X}$	1	1.5	2	2.5	3	3.5	4	4.5	5	5.5	6
f_i	1	2	3	4	5	6	5	4	3	2	1
$P(\overline{X}=x)$	0.028	0.056	0.083	0.111	0.139	0.166	0.139	0.111	0.083	0.056	0.028

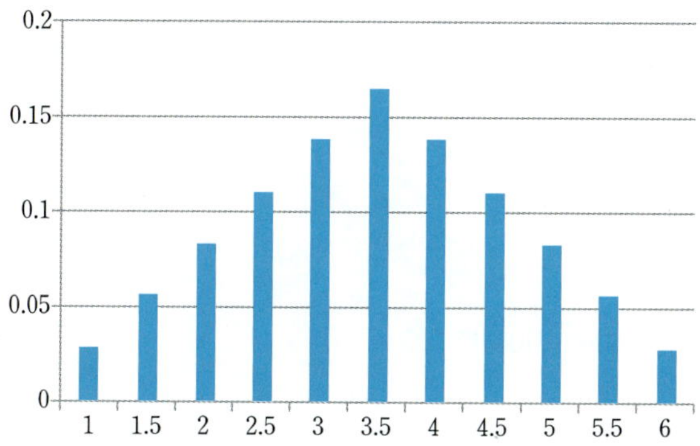

[그림 5-5] $n=2$인 경우 표본평균의 분포

이때 표본평균의 평균과 분산은 다음과 같다.

$$\mu_{\overline{X}} = 1 \times 0.028 + 1.5 \times 0.056 + \cdots + 6 \times 0.028 \fallingdotseq 3.5$$

$$\sigma^2_{\overline{X}} = (1-3.5)^2 \times 0.028 + (1.5-3.5)^2 \times 0.056 + \cdots + (6-3.5)^2 \times 0.028$$
$$= 1.463$$

■ $n=3$인 경우

표본 크기가 $n=3$이면 $6^3 = 216$개의 표본집단을 얻을 수 있다. 이들 표본집단에 의한 각 표본평균의 분포는 다음과 같다. [표 5-10]에서 f_i는 $\overline{X}$의 도수를 의미한다.

[표 5-10] $n=3$인 경우 표본평균의 확률분포표

$\overline{X}$	1	1.33	1.67	2	2.33	2.67	3	3.33
f_i	1	3	6	10	15	21	25	27
$P(\overline{X}=x)$	0.005	0.014	0.028	0.046	0.069	0.097	0.116	0.125
$\overline{X}$	3.67	4	4.33	4.67	5	5.33	5.67	6
f_i	27	25	21	15	10	6	3	1
$P(\overline{X}=x)$	0.125	0.116	0.097	0.069	0.046	0.028	0.014	0.005

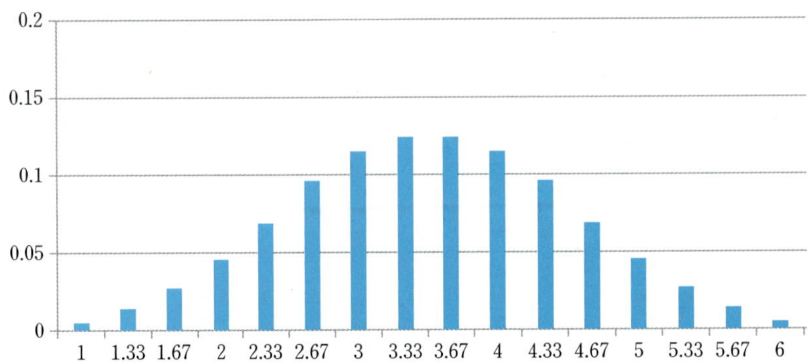

[그림 5-6] $n=3$인 경우 표본평균의 분포

이때 표본평균의 평균과 분산은 다음과 같다.

$$\mu_{\overline{X}} = 1 \times 0.005 + 1.33 \times 0.014 + \cdots + 6 \times 0.005 \fallingdotseq 3.5$$

$$\sigma^2_{\overline{X}} = (1-3.5)^2 \times 0.005 + (1.33-3.5)^2 \times 0.014 + \cdots + (6-3.5)^2 \times 0.005$$
$$\fallingdotseq 0.98$$

앞의 주사위에 관한 실험으로부터 다음과 같은 사실을 알 수 있다.

- 표본 크기와 상관없이 표본평균의 평균은 모평균과 같으며, 표본평균의 분산은 표본 크기가 증가함에 따라 감소함을 알 수 있다. 즉 $\mu_{\overline{X}} = \mu$, $\sigma_{\overline{X}}^2 = \frac{\sigma^2}{n}$ 의 관계가 성립한다.
- 표본 크기가 커짐에 따라 표본평균의 분포는 모평균을 중심으로 더욱 집중된다.
- 표본평균의 분포는 표본 크기가 커짐에 따라 정규분포에 근사한다. 이 사실이 중심극한 정리의 핵심이다.

예제 5-5

어떤 매장에서 매달 팔리는 제품 수의 평균을 추정하려고 한다. 모평균은 매달 5,650개이고 모표준편차는 700개라고 가정하자. 과거 100개월의 판매고를 임의로 추출하여 모평균을 추정한다면 표본평균 값이 모평균으로부터 200개 이하의 차이를 보일 확률을 구하라.

풀이

표본 크기 100은 작지 않은 값이므로 중심극한정리를 적용하면 정규분포로 근사할 수 있다. 따라서 $\overline{X}$ 의 평균은 5,650이고 $\overline{X}$ 의 표준편차는 $\frac{700}{\sqrt{100}} = 70$이므로 구하고자 하는 확률은 다음과 같다.

$$\begin{aligned} P(\mu - 200 \le \overline{X} \le \mu + 200) &= P(-200 \le \overline{X} - \mu \le 200) \\ &= P\left(-\frac{200}{70} \le \frac{\overline{X} - \mu}{\sigma / \sqrt{n}} \le \frac{200}{70}\right) \\ &\fallingdotseq P(-2.86 \le Z \le 2.86) \\ &= 0.9958 \end{aligned}$$

그러므로 표본평균 값이 5,650 ± 200(개) 사이에 속할 확률은 99.58%이다.

예제 5-6

어떤 파이프 직경의 모평균은 1.5 cm 이고 표준편차는 0.3 cm 이다. 100개의 파이프를 임의로 추출할 때, 표본평균 값이 속할 확률이 95% 인 범위를 구하라.

풀이

표본 크기 100은 작지 않은 값이므로 중심극한정리를 적용하면 정규분포로 근사할 수 있다. 따라서 $\overline{X}$ 의 평균은 1.5이고 $\overline{X}$ 의 표준편차는 $\frac{0.3}{\sqrt{100}}=0.03$ 이므로 구하고자 하는 확률은 다음과 같다.

$$\begin{aligned} P(a<\overline{X}<b) &= P(a-1.5<\overline{X}-1.5<b-1.5) \\ &= P\left(\frac{a-1.5}{0.03}<\frac{\overline{X}-1.5}{0.03}<\frac{b-1.5}{0.03}\right) \\ &= P\left(\frac{a-1.5}{0.03}<Z<\frac{b-1.5}{0.03}\right)=0.95 \end{aligned}$$

표준정규분포표로부터 $\frac{a-1.5}{0.03}=-1.96$, $\frac{b-1.5}{0.03}=1.96$ 이므로 $a=1.4412$, $b=1.5588$ 이다. 따라서 표본평균 값이 속할 확률이 95% 인 범위는 (1.4412, 1.5588)이다.

5.3 여러 가지 표본분포

이제 대표적인 표본분포인 χ^2-분포, t-분포, F-분포를 살펴보자. 각 표본분포의 성질을 잘 숙지하기 바란다.

χ^2-분포

확률변수 X의 확률밀도함수가 다음과 같이 주어질 때, 확률변수 X는 **자유도**(degree of freedom)가 n인 χ^2-**분포**(chi-square distribution)를 따른다고 하고, $X \sim \chi^2(n)$으로 나타낸다.

$$f(x) = \frac{1}{2^{\frac{n}{2}}\Gamma\left(\frac{n}{2}\right)} x^{\frac{n}{2}-1} e^{-\frac{x}{2}} \quad (0 < x < \infty)$$

여기서 $\Gamma(n)$은 감마함수로, $\Gamma(n) = \int_0^\infty x^{n-1}e^{-x}\,dx \ (n > 0)$이다.[2] χ^2-분포의 확률밀도함수는 [그림 5-7]과 같이 $X=0$ 부근에 집중되고 오른쪽으로 긴 꼬리를 갖는 모양으로 나타난다. χ^2-분포는 $\alpha = \frac{n}{2}$, $\beta = 2$일 때의 감마분포와 일치한다.

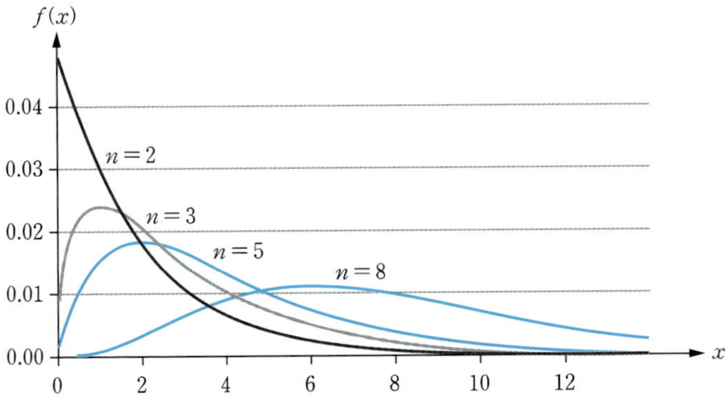

[그림 5-7] 자유도가 n인 χ^2-분포의 확률밀도함수

χ^2-분포는 자유도 n의 크기에 따라 분포 모양이 변하는데, 자유도가 커지면 정규분포(대칭)에 가까워진다. 이러한 χ^2-분포는 여러 집단 사이의 독립성 검정과 적합도 검정을 하는 데 주로 사용한다.

2 감마함수는 4장의 감마분포에서 살펴보았다.

정리 5-6 χ^2-분포의 성질

(1) 표준정규분포를 따르는 확률변수 Z의 제곱 Z^2은 자유도 1인 χ^2-분포를 따른다.

(2) $X_1, X_2, \cdots, X_n$이 각각 자유도 $n_1, n_2, \cdots, n_n$인 χ^2-분포를 따르는 독립 확률변수이면, $Y=\sum_{i=1}^{n} X_i$는 자유도 $\sum_{i=1}^{n} n_i$인 χ^2-분포를 따른다.

(3) 평균이 μ, 분산이 σ^2인 정규분포 $\mathrm{N}(\mu, \sigma^2)$을 따르는 모집단에서 크기 n인 확률표본의 표본평균을 $\overline{X}$, 표본분산을 $S^2=\frac{1}{n-1}\sum_{i=1}^{n}(X_i-\overline{X})^2$이라고 하면

(i) $\overline{X}$와 S^2은 서로 독립이다.

(ii) $Y=\frac{1}{\sigma^2}\sum_{i=1}^{n}\left(X_i-\overline{X}\right)^2=\frac{(n-1)S^2}{\sigma^2}$은 자유도 $(n-1)$인 χ^2-분포를 따른다.

(4) 확률변수 X가 자유도 n인 χ^2-분포를 따를 때, 확률변수 X의 기댓값과 분산은 다음과 같다.

$$\mathrm{E}(X)=n, \quad \mathrm{Var}(X)=2n$$

(5) X가 자유도 n인 χ^2-분포를 따를 때, X의 적률생성함수는 다음과 같다.

$$M_X(t)=(1-2t)^{-\frac{n}{2}}$$

예제 5-7

평균이 100이고 표준편차가 2인 정규분포로부터 5개의 표본을 추출하여 표본분산 S^2을 구했을 때, S^2이 11.14보다 크거나 같을 확률을 구하라.

풀이

$X\sim \mathrm{N}(100, 2^2)$이므로 확률변수 $Y=\frac{(n-1)S^2}{\sigma^2}$은 자유도 $4(=5-1)$인 χ^2-분포를 따른다. 따라서 [부록 A.4]로부터 $\chi^2_{0.025}(4)=11.14$[3]이므로 다음이 성립한다.

$$\begin{aligned}\mathrm{P}(S^2\geq 11.14)&=\mathrm{P}\left(\frac{(n-1)S^2}{\sigma^2}\geq\frac{(n-1)\times 11.14}{\sigma^2}\right)\\&=\mathrm{P}\left(Y\geq\frac{4\times 11.14}{2^2}\right)=\mathrm{P}(Y\geq 11.14)=0.025\end{aligned}$$

3 $X\sim\chi^2(n)$일 때, $\mathrm{P}(X\leq\chi^2_\alpha(n))=1-\alpha$인 $\chi^2_\alpha(n)$을 $100(1-\alpha)\%$ 백분위수라고 한다.

t-분포

t-분포는 윌리엄 실리 고셋(William Sealy Gosset)이 Student라는 필명으로 발표한 논문에서 처음 사용하여 Student t-**분포**라고도 한다.

서로 독립인 두 확률변수 Z와 V가 각각 $Z \sim \mathrm{N}(0, 1)$, $V \sim \chi^2(n)$일 때, 확률변수가 다음과 같은 확률분포를 자유도가 n인 t-**분포**(t-distribution)라 하고, $T \sim t(n)$으로 나타낸다.

$$T = \frac{Z}{\sqrt{V/n}}$$

자유도가 n인 t-분포의 확률밀도함수는 다음과 같다.

$$f(t) = \frac{\Gamma\left(\frac{n+1}{2}\right)}{\sqrt{n\pi}\,\Gamma\left(\frac{n}{2}\right)}\left(1+\frac{t^2}{n}\right)^{-\frac{n+1}{2}} \quad (-\infty < t < \infty)$$

t-분포는 자유도 n값에 따라 모양이 변하며 $t=0$을 중심으로 하는 좌우대칭형으로, 자유도가 $n \to \infty$일 때는 표준정규분포와 일치한다. t-분포는 표본 크기 n이 작을 때, 즉 $n < 30$일 경우에 주로 이용하며 모평균, 모평균의 차 또는 회귀계수의 추정이나 검정에 쓰인다. t-분포의 확률밀도함수를 그래프로 나타내면 [그림 5-8]과 같다.

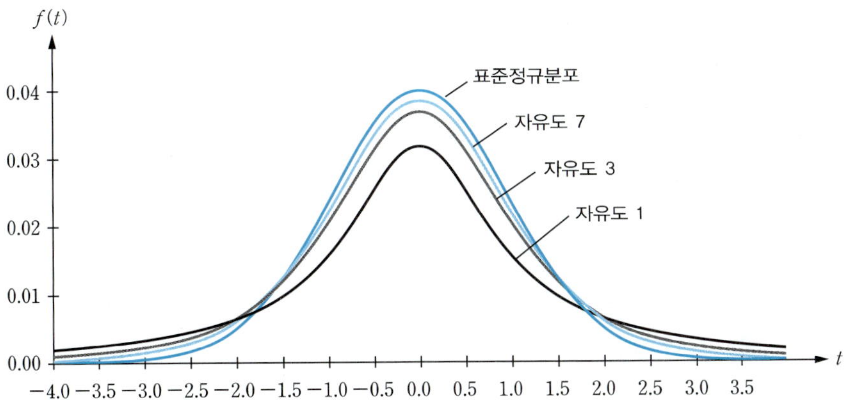

[그림 5-8] 자유도가 n인 t-분포의 확률밀도함수

정리 5-7　t-분포의 성질

(1) 확률변수 Z가 표준정규분포 $\mathrm{N}(0, 1)$을 따르고, 확률변수 V가 자유도 n인 χ^2-분포를 따를 때, 두 확률변수 Z와 V가 서로 독립이면 다음과 같은 확률변수 T는 자유도 n인 t-분포를 따른다.

$$T = \frac{Z}{\sqrt{V/n}}$$

(2) 정규분포 $\mathrm{N}(\mu, \sigma^2)$을 따르는 모집단으로부터 크기 n인 확률표본의 표본평균과 표본분산을 $\overline{X}$, S^2이라 할 때, 다음 통계량은 자유도 $(n-1)$인 t-분포를 따른다.

$$T = \frac{\overline{X} - \mu}{S/\sqrt{n}} \sim t(n-1)$$

(3) 확률변수 T가 자유도 n인 t-분포를 따를 때, 확률변수 T의 기댓값과 분산은 다음과 같다.

$$\mathrm{E}(T) = 0, \quad \mathrm{Var}(T) = \frac{n}{n-2}\,(n > 2)$$

예제 5-8

어느 전자제품 생산공정에서는 제품의 평균 사용 시간이 정규분포를 따르며 $\mu = 1{,}200$(시간)이상이 되도록 생산관리를 하고 있다. 실제로 이 조건을 만족하는지 알아보기 위해 $n = 9$인 표본을 추출하였더니, 표본평균 $\overline{X} = 1{,}100$(시간)과 표본표준편차 $S = 104$(시간)을 얻었다. 실제로 이 제품의 평균 사용 시간을 1,200(시간)이라 가정할 때, $\overline{X}$가 1,100(시간) 이하일 확률을 구하라.

풀이

제품의 평균 사용 시간이 평균 1,200(시간)인 정규분포를 따를 때, 다음과 같은 확률변수는 자유도가 8인 t-분포를 따른다.

$$T = \frac{\overline{X} - \mu}{S/\sqrt{n}} = \frac{\overline{X} - 1200}{104/\sqrt{9}}$$

따라서 구하고자 하는 확률은 다음과 같다.

$$\begin{aligned} \mathrm{P}(\overline{X} \le 1100) &= \mathrm{P}\left(\frac{\overline{X} - 1200}{104/\sqrt{9}} \le \frac{1100 - 1200}{104/\sqrt{9}}\right) \\ &= \mathrm{P}(t \le -2.885) = \mathrm{P}(t \ge 2.885) \end{aligned}$$

이때 자유도 8인 t-분포에서 $t_{0.01}(8) = 2.896$[4]이 성립한다. 그러므로 $\mathrm{P}(\overline{X} \le 1100) \fallingdotseq 0.01$임을 알 수 있다.

이 결과는 Excel에서 [수식]-[함수 삽입]을 클릭하여 함수 마법사를 실행한 다음 [T.DIST]를 검색하여 주어진 값을 입력하면 T.DIST(−2.885, 8, 1) = 0.010177363으로 다음과 같다. 아래 T.DIST() 함수 괄호 안의 세 번째 수 1은 누적분포임을 의미한다.

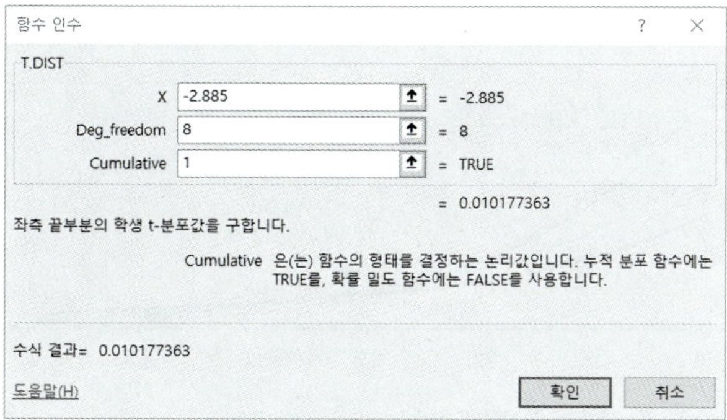

F-분포

서로 독립인 두 확률변수 U, V가 각각 $U \sim \chi^2(m)$, $V \sim \chi^2(n)$일 때, 다음과 같은 확률변수의 확률분포를 분자와 분모의 자유도가 (m, n)인 ***F*-분포**(F-distribution)라 하고, $F \sim \mathrm{F}(m, n)$으로 나타낸다.

$$F = \frac{U/m}{V/n}$$

F-분포의 확률밀도함수는 다음과 같다.

$$f(x) = \frac{\Gamma\left(\frac{m+n}{2}\right)}{\Gamma\left(\frac{m}{2}\right)\Gamma\left(\frac{n}{2}\right)} \left(\frac{m}{n}\right)^{\frac{m}{2}} x^{\frac{m}{2}-1} \left(1 + \frac{m}{n}x\right)^{-\frac{1}{2}(m+n)} \quad (x > 0)$$

$\mathrm{F}(m, n)$의 평균과 분산은 다음과 같다.

$$\mathrm{E}(F) = \frac{n}{n-2} \quad (n \ge 3)$$

$$\mathrm{Var}(F) = \frac{2n^2(m+n-2)}{m(n-2)^2(n-4)} \quad (n \ge 5)$$

4 $T \sim t(n)$일 때, $\mathrm{P}(T \le t_\alpha(n)) = 1-\alpha$인 $t_\alpha(n)$을 $100(1-\alpha)\%$ 백분위수라고 한다.

F-분포는 자유도에 따라 모양이 변하며 두 모분산의 비를 추론하는 경우와 분산분석, 실험 계획법 등에서 많이 사용한다. F-분포의 확률밀도함수를 그래프로 나타내면 [그림 5-9]와 같다.

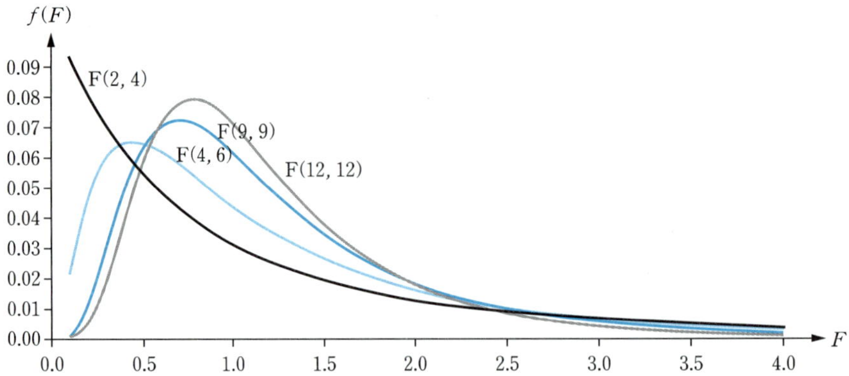

[그림 5-9] 자유도가 (m, n)인 F-분포의 확률밀도함수

정리 5-8 F-분포의 성질

(1) 서로 독립인 U, V가 각각 자유도가 m과 n인 χ^2-분포를 따르는 확률변수일 때, 다음과 같은 통계량은 자유도 (m, n)인 F-분포를 따른다.

$$F = \frac{U/m}{V/n}$$

(2) 자유도가 (m, n)인 F-분포의 오른쪽 꼬리 확률 α에 대한 $100(1-\alpha)\%$ 백분위수를 $\mathrm{F}_\alpha(m, n)$[5]으로 나타낼 때, 다음 관계가 성립한다.

$$\mathrm{F}_\alpha(m, n) = \frac{1}{\mathrm{F}_{1-\alpha}(n, m)}$$

(3) 각각 정규분포 $\mathrm{N}(\mu_1, \sigma_1^2)$과 $\mathrm{N}(\mu_2, \sigma_2^2)$을 따르는 두 모집단으로부터 추출한 크기가 n_1, n_2이고 서로 독립인 표본분산을 각각 $S_1^2 = \frac{1}{n_1 - 1}\sum_{i=1}^{n_1}(X_i - \overline{X})^2$과 $S_2^2 = \frac{1}{n_2 - 1}\sum_{j=1}^{n_2}(Y_j - \overline{Y})^2$이라 하면 다음 통계량은 자유도가 $(n_1 - 1, n_2 - 1)$인 F-분포를 따른다. 이를 ***F*-통계량**이라고 한다.

$$F = \frac{S_1^2/\sigma_1^2}{S_2^2/\sigma_2^2} \sim \mathrm{F}(n_1 - 1, n_2 - 1)$$

5 $F \sim \mathrm{F}(m, n)$일 때, $\mathrm{P}(F \le \mathrm{F}_\alpha(m, n)) = 1 - \alpha$인 $\mathrm{F}_\alpha(m, n)$을 $100(1-\alpha)\%$ 백분위수라고 한다.

(4) 확률변수 T가 자유도 n인 t-분포를 따른다고 할 때, 확률변수 T^2은 자유도 $(1, n)$인 F-분포를 따른다.

예제 5-9

어느 생산공정에서 두 가지 방법으로 생산하는 제품으로부터 각각 표본 9개와 10개를 추출하여 강도를 측정한 결과가 다음과 같았다.

방법 1	6.5	5.3	4.4	4.9	6.9	5.3	5.0	5.3	5.3	-
방법 2	4.9	4.0	5.5	3.9	4.3	4.7	5.8	4.4	4.2	3.3

두 방법으로 생산한 제품의 강도에 대한 모분산이 서로 같다고 할 때, 제품의 강도에 대한 분산을 각각 구하여 분산이 작은 작업 방법을 선택하고자 한다. 다음 물음에 답하라.

(a) F-통계량을 구하라.

(b) (a)에서 구한 F-통계량의 값에 대하여 $P(F > x) = 0.05$인 x값을 구하라.

풀이

(a) 방법 1과 방법 2로 생산하는 제품 강도의 표본평균을 각각 $\overline{X_1}$, $\overline{X_2}$, 표본분산을 S_1^2, S_2^2이라 하면 다음과 같다.

$$\overline{X_1} = \frac{1}{9}(6.5 + 5.3 + \cdots + 5.3) \fallingdotseq 5.4$$

$$\overline{X_2} = \frac{1}{10}(4.9 + 4.0 + \cdots + 3.3) = 4.5$$

$$S_1^2 = \frac{1}{9-1}\{(6.5-5.4)^2 + (5.3-5.4)^2 + \cdots + (5.3-5.0)^2\} = 0.61375$$

$$S_2^2 = \frac{1}{10-1}\{(4.9-4.5)^2 + (4.0-4.5)^2 + \cdots + (3.3-4.5)^2\} = 0.5644$$

$\sigma_1^2 = \sigma_2^2$이고, $F = \dfrac{S_1^2 / \sigma_1^2}{S_2^2 / \sigma_2^2} = \dfrac{S_1^2}{S_2^2}$이므로, F-통계량은 다음과 같다.

$$F = \frac{(0.61375)^2}{(0.5644)^2} \fallingdotseq 1.183$$

(b) F-통계량은 자유도가 $(8, 9)$이고 $\alpha = 0.05$이므로 [부록 A.8]의 F-분포표에서 분자의 자유도 8, 분모의 자유도 9가 교차하는 위치에서 $\alpha = 0.05$에 해당하는 값을 읽으면 $F_{0.05}(8, 9) = 3.23$이다. 즉 $P(F > 3.23) = 0.05$ 또는 $P(F \leq 3.23) = 0.95$이다. 따라서 구하고자 하는 x값은 3.23이다.

5.4 표본평균 차의 분포

각각 정규분포 $N(\mu_1, \sigma_1^2)$과 $N(\mu_2, \sigma_2^2)$을 따르면서 서로 독립인 두 모집단이 있다. $N(\mu_1, \sigma_1^2)$을 따르는 모집단으로부터 추출한 크기 n_1인 확률표본의 표본평균을 $\overline{X_1}$라 하고, $N(\mu_2, \sigma_2^2)$을 따르는 모집단으로부터 추출한 크기 n_2인 확률표본의 표본평균을 $\overline{X_2}$라 하자. 이때 표본평균 $\overline{X_1}$와 $\overline{X_2}$가 독립이라고 가정하 고, 표본평균의 차 $\overline{X_1} - \overline{X_2}$의 표본분포를 살펴보면 다음과 같다.

정리 5-9 표본평균 차의 분포

두 표본평균 $\overline{X_1}$와 $\overline{X_2}$는 각각 정규분포 $N\left(\mu_1, \dfrac{\sigma_1^2}{n_1}\right)$과 $N\left(\mu_2, \dfrac{\sigma_2^2}{n_2}\right)$을 따르며, 표본평균의 차 $\overline{X_1} - \overline{X_2}$의 평균과 분산은 다음과 같다.

(1) 평균 : $E(\overline{X_1} - \overline{X_2}) = E(\overline{X_1}) - E(\overline{X_2}) = \mu_1 - \mu_2$

(2) 분산 : $Var(\overline{X_1} - \overline{X_2}) = \sigma^2_{\overline{X_1} - \overline{X_2}} = Var(\overline{X_1}) + Var(\overline{X_2}) = \dfrac{\sigma_1^2}{n_1} + \dfrac{\sigma_2^2}{n_2}$

따라서 두 표본평균의 차 $\overline{X_1} - \overline{X_2}$는 다음과 같이 정규분포를 따른다.

$$\overline{X_1} - \overline{X_2} \sim N\left(\mu_1 - \mu_2, \frac{\sigma_1^2}{n_1} + \frac{\sigma_2^2}{n_2}\right)$$

그러므로 $\overline{X_1} - \overline{X_2}$의 표준화 확률변수 Z는 다음과 같이 표준정규분포를 따른다.

$$Z = \frac{(\overline{X_1} - \overline{X_2}) - (\mu_1 - \mu_2)}{\sqrt{\dfrac{\sigma_1^2}{n_1} + \dfrac{\sigma_2^2}{n_2}}} \sim N(0, 1)$$

서로 독립인 확률변수 $X_i \sim \mathrm{N}(\mu_1, \sigma^2)\ (i=1, 2, \cdots, n_1)$, $Y_j \sim \mathrm{N}(\mu_2, \sigma^2)\ (j=1, 2, \cdots, n_2)$에 대하여 (두 모집단의 분산이 같을 때) 다음을 **합동표본분산**(pooled sample variance)이라고 한다.

$$S_p^2 = \frac{1}{n_1+n_2-2}\left\{\sum_{i=1}^{n_1}(X_i-\overline{X})^2 + \sum_{j=1}^{n_2}(Y_j-\overline{Y})^2\right\}$$
$$= \frac{1}{n_1+n_2-2}\{(n_1-1)S_1^2+(n_2-1)S_2^2\}$$

이때 S_p^2의 양의 제곱근인 합동표본표준편차 S_p에 대하여 다음이 성립한다.

$$V = \frac{n_1+n_2-2}{\sigma^2}S_p^2 \sim \chi^2(n_1+n_2-2)$$
$$T = \frac{(\overline{X}-\overline{Y})-(\mu_1-\mu_2)}{S_p\sqrt{\dfrac{1}{n_1}+\dfrac{1}{n_2}}} \sim t(n_1+n_2-2)$$

예제 5-10

A 회사와 B 회사에서 만든 제품의 평균 수명은 각각 12년, 10년이고 분산은 각각 2년, 1년이다. A 회사 제품에서 25개, B 회사 제품에서 36개의 확률표본을 추출했을 때, A 회사 제품 수명의 표본평균이 B 회사 제품 수명의 표본평균보다 적어도 3년 이상 더 길 확률을 구하라.

풀이

A 회사 제품 수명의 표본평균을 $\overline{X_1}$, B 회사 제품 수명의 표본평균을 $\overline{X_2}$ 라고 하면 다음이 성립한다.

$$\mathrm{E}(\overline{X_1}-\overline{X_2}) = \mu_1-\mu_2 = 12-10 = 2$$
$$\sigma_{\overline{X_1}-\overline{X_2}} = \sqrt{\frac{2}{25}+\frac{1}{36}} \fallingdotseq 0.328$$

따라서 $\overline{X_1}-\overline{X_2}$는 정규분포 $\mathrm{N}(2, 0.328^2)$을 따르므로 구하고자 하는 확률은 다음과 같다.

$$\mathrm{P}(\overline{X_1}-\overline{X_2} \geq 3.0) = \mathrm{P}\left(\frac{(\overline{X_1}-\overline{X_2})-2}{0.328} \geq \frac{3-2}{0.328}\right)$$
$$\fallingdotseq \mathrm{P}(Z \geq 3.048) = 0.0011$$

예제 5-11

두 커피 제조회사에서 생산하는 900g의 커피 병에 들어 있는 평균 카페인을 조사하기 위해 대형 할인점에서 각각 13개와 14개의 표본을 구입했더니 결과가 다음과 같았다.

$$n = 13, \quad \overline{X} = 160\,\text{mg}, \quad S_1 = 6\,\text{mg}$$
$$m = 14, \quad \overline{Y} = 155\,\text{mg}, \quad S_2 = 5.5\,\text{mg}$$

단, 두 회사에서 생산하는 커피의 카페인 함유량은 동일한 분산을 갖는 정규분포를 따른다고 한다. 두 커피 제조회사에서 생산하는 커피의 평균 카페인 함유량을 각각 μ_1과 μ_2라 할 때, $P(|\mu_1 - \mu_2 - 5| < t_0) = 0.95$인 t_0 값을 구하라.

풀이

표본평균의 차는 $\overline{X} - \overline{Y} = 5$이고, 합동표본분산은 다음과 같다.

$$S_p^2 = \frac{1}{13+14-2}(12 \times 36 + 13 \times 30.25) = 33.01$$

따라서 $S_p \fallingdotseq 5.745$이다. 또한

$$\sqrt{(1/n)+(1/m)} = \sqrt{(1/13)+(1/14)} \fallingdotseq \sqrt{0.148} \fallingdotseq 0.385$$

이고, $T = \dfrac{(\overline{X} - \overline{Y}) - (\mu_1 - \mu_2)}{S_p\sqrt{(1/n)+(1/m)}} \sim t(25)$이므로 다음이 성립한다.

$$P\left(\frac{|(\overline{X} - \overline{Y}) - (\mu_1 - \mu_2)|}{S_p\sqrt{(1/n)+(1/m)}} \le t_{0.025}(25)\right) = 0.95$$

한편, $\overline{X} - \overline{Y} = 5$, $S_p\sqrt{(1/n)+(1/m)} \fallingdotseq 2.212$이므로 다음이 성립한다.

$$\frac{|(\overline{X} - \overline{Y}) - (\mu_1 - \mu_2)|}{S_p\sqrt{(1/n)+(1/m)}} \fallingdotseq \frac{|5 - (\mu_1 - \mu_2)|}{2.212} = \frac{|\mu_1 - \mu_2 - 5|}{2.212}$$

$t_{0.025}(25) = 2.06$이므로 $P\left(\dfrac{|\mu_1 - \mu_2 - 5|}{2.212} \le 2.06\right) = 0.95$이다. 즉 다음이 성립한다.

$$P(|\mu_1 - \mu_2 - 5| \le 2.212 \times 2.06 = 4.55672) = 0.95$$

따라서 $t_0 = 4.55672$이다.

5.5 표본비율의 분포

모집단 중 각 단위가 갖는 특성을 '성공' 또는 '실패'와 같이 두 가지 범주로만 구분하고, 그 비율이 일정하게 주어진 특수한 모집단을 **이항 모집단**(binomial population)이라고 한다.

이항 모집단에서 성공 비율을 p라고 하면 실패 비율은 $1-p$인데, 이때 p를 **모비율**(population proportion)이라고 한다. 이항 모집단에서 크기가 n인 표본을 추출하여 성공횟수를 X라고 할 때, 다음 $\hat{p}$을 **표본비율**(sample proportion)이라고 한다.

$$\hat{p} = \frac{X}{n}$$

그러면 표본 크기가 n인 표본에서 성공횟수를 x라고 할 때, 확률변수 X는 확률질량함수가 다음과 같은 이항분포를 따른다.

$$f(x) = {}_nC_x\, p^x (1-p)^{n-x} \quad (x = 0, 1, 2, \cdots, n)$$

이때 평균과 분산은 각각 다음과 같다.

$$\mu = np, \quad \sigma^2 = np(1-p)$$

따라서 표본비율 $\hat{p} = \dfrac{X}{n}$도 이항분포를 따른다.

정리 5-10 표본비율의 평균과 분산

이항 모집단에서 크기가 n인 표본을 추출하여 성공횟수를 X라고 할 때, 표본비율의 평균과 분산은 다음과 같다.

(1) 평균 : $\mu_{\hat{p}} = \mathrm{E}(\hat{p}) = \mathrm{E}\left(\dfrac{X}{n}\right) = \dfrac{1}{n}np = p$

(2) 분산 : $\sigma_{\hat{p}}^2 = \mathrm{Var}(\hat{p}) = \mathrm{Var}\left(\dfrac{X}{n}\right) = \dfrac{1}{n^2}\mathrm{Var}(X) = \dfrac{1}{n^2}np(1-p) = \dfrac{p(1-p)}{n}$

일반적으로 $np > 5$, $n(1-p) > 5$일 때, 즉 표본 크기가 크고 p가 작지 않다면 중심극한 정리에 의해 확률변수 X는 평균이 np, 분산이 $np(1-p)$인 정규분포에 가까워진다. 따라서 표본비율 $\hat{p}$의 분포는 정규분포 $\mathrm{N}\left(p, \dfrac{p(1-p)}{n}\right)$에 근사한다. 따라서 n이 충분히 클 때, 표본비율 $\hat{p}$의 표준화 확률변수 Z는 다음과 같이 근사적으로 표준정규분포를 따른다.

$$Z = \frac{\hat{p} - p}{\sqrt{p(1-p)/n}} \approx \mathrm{N}(0, 1)$$

이제 서로 독립인 두 모집단으로부터 추출한 표본에 대하여 표본비율 차의 분포를 알아보자. 두 모집단의 모비율을 각각 p_1, p_2라 하고, 각 모집단으로부터 n_1, n_2개의 표본을 추출한다고 하자. 그러면 두 모집단으로부터 추출한 표본의 표본비율 차에 대한 평균과 분산은 다음과 같다.

$$\mathrm{E}(\hat{p}_1 - \hat{p}_2) = \mathrm{E}(\hat{p}_1) - \mathrm{E}(\hat{p}_2) = p_1 - p_2$$

$$\mathrm{Var}(\hat{p}_1 - \hat{p}_2) = \mathrm{Var}(\hat{p}_1) + \mathrm{Var}(\hat{p}_2) = \frac{p_1(1-p_1)}{n_1} + \frac{p_2(1-p_2)}{n_2}$$

또한 두 모집단에서 추출한 표본의 크기가 충분히 클 때, 두 표본비율 차의 분포는 정규분포에 근사한다. 따라서 두 표본비율 차의 표준화 확률변수 Z에 대하여 다음이 성립한다.

$$Z = \frac{(\hat{p}_1 - \hat{p}_1) - (p_1 - p_2)}{\sqrt{\dfrac{p_1(1-p_1)}{n_1} + \dfrac{p_2(1-p_2)}{n_2}}} \approx \mathrm{N}(0, 1)$$

예제 5-12

어느 문구공장에서 볼펜을 생산할 때 3%의 불량품이 발생한다고 한다. 이 볼펜 중 300개를 임의로 추출하여 조사한 결과, 불량품 비율이 0.02 이상 0.035 이하일 확률을 구하라.

풀이

$np = 300 \times 0.03 = 9 > 5$, $n(1-p) = 300 \times 0.97 = 291 > 5$이므로 표본비율 $\hat{p}$의 분포는 정규분포에 근사하며, 평균과 분산은 다음과 같다.

$$\mu_{\hat{p}} = p = 0.03$$

$$\sigma^2_{\hat{p}} = \frac{p(1-p)}{n} = \frac{0.03 \times 0.97}{300} = \frac{0.0291}{300}$$

따라서 다음과 같이 계산할 수 있다.

$$\begin{aligned}
P(0.02 \le \hat{p} \le 0.035) &= P\left(\frac{0.02-0.03}{\sqrt{\frac{0.0291}{300}}} \le Z \le \frac{0.035-0.03}{\sqrt{\frac{0.0291}{300}}}\right) \\
&\fallingdotseq P(-1.02 \le Z \le 0.51) \\
&= P(Z \le 0.51) - \{1 - P(Z \le 1.02)\} \\
&= 0.6950 - (1-0.8461) = 0.6950 - 0.1539 = 0.5411
\end{aligned}$$

예제 5-13

타이어 제조공장에서 생산하는 타이어 중 합격품의 비율은 90%이다. 100개의 타이어를 임의로 추출할 때, 표본비율이 모비율의 5% 이내일 확률을 구하라.

풀이

$np = 100 \times 0.9 = 90 > 5$, $n(1-p) = 100 \times 0.1 = 10 > 5$이므로 표본비율 $\hat{p}$의 분포는 정규분포에 근사한다. 이때 모비율이 90%이므로 표본비율의 표준편차는 다음과 같이 결정한다.

$$\sqrt{\frac{90(100-90)}{100}} = 3\%$$

따라서 구하고자 하는 확률은 다음과 같다.

$$\begin{aligned}
P(p-5 < \hat{p} < p+5) &= P(-5 < \hat{p}-p < 5) \\
&= P\left(-\frac{5}{3} < \frac{\hat{p}-p}{\sqrt{p(1-p)/n}} < \frac{5}{3}\right) \\
&\fallingdotseq P(-1.67 < Z < 1.67) = 0.905
\end{aligned}$$

Chapter 05 연습문제

5.1 모평균이 30이고 모분산이 36인 정규분포를 따르는 모집단에서 크기가 9인 표본을 임의로 추출할 때, 표본평균이 26 이상 34 이하일 확률을 구하라.

5.2 정규분포 N(20, 16)을 따르는 모집단에서 크기가 4인 표본을 임의로 복원추출할 때, $E(\overline{X}^2)$을 구하라.

5.3 {1, 2, 3, 4}로 구성된 모집단으로부터 3개의 표본을 임의로 비복원추출할 때, 다음 물음에 답하라.

(a) 가능한 표본과 평균 $\overline{X}$를 구하라.
(b) 표본평균 $\overline{X}$의 분포를 구하라.
(c) $E(\overline{X})$를 구하라.
(d) $Var(\overline{X})$를 구하라.
(e) 유한 모집단 수정계수를 구하라.

5.4 크기가 $N=100$인 유한 모집단에서 표본 크기가 $n=10$일 때, 유한 모집단 수정계수를 구하라.

5.5 모집단에서 추출한 표본의 크기가 커지면 평균의 표준오차가 어떻게 되는지 설명하라.

5.6 정규분포 $N(\mu, \sigma^2)$을 따르는 모집단에서 추출한 크기 n인 표본의 표본평균 $\overline{X}$는 정규분포 $N\left(\mu, \frac{\sigma^2}{n}\right)$을 따른다. 이때 $Z=\frac{\overline{X}-\mu}{\sigma/\sqrt{n}}$는 어떤 분포를 따르는지 설명하라.

5.7 어느 생활용품 제조회사에서 액자의 월별 평균 판매량을 추정하려고 한다. 모평균은 매달 5,650개이고 모표준편차는 700개라고 한다. 과거 10개월 간의 판매고에서 무작위로 표본을 추출하여 모평균을 추정한다면, 표본평균이 모평균으로부터 210개 이하의 차이를 보일 확률을 구하라.

5.8 어떤 나라의 성인 학력 연수는 평균이 11.1년이고 분산이 9년인 정규분포를 따른다고 한다. 임의로 추출한 10명의 성인을 조사했을 때, 평균 학력 연수가 10년에서 12년 사이일 확률을 구하라.

5.9 어떤 집단의 평균 신장이 170cm이고 표준편차가 6cm라고 한다. 이들 중 임의로 추출한 36명의 신장이 168cm와 172cm 사이일 확률을 구하라.

5.10 곰인형 500개의 평균 무게는 5.02kg이고 표준편차가 0.3kg이다. 100개의 곰인형을 임의로 표본추출했을 때, 표본평균의 표준편차를 구하라.

5.11 서로 독립인 확률변수 X, Y의 분포가 각각 $\mathrm{N}(\mu_1, \sigma_1^2)$과 $\mathrm{N}(\mu_2, \sigma_2^2)$일 때, 두 모집단으로부터 크기가 n_1, n_2인 표본을 추출하여 구한 표본평균 $\overline{X_1}$와 $\overline{X_2}$는 각각 아래의 정규분포를 따른다. 다음 물음에 답하라.

$$\mathrm{N}\left(\mu_1, \frac{\sigma_1^2}{n_1}\right), \ \mathrm{N}\left(\mu_2, \frac{\sigma_2^2}{n_2}\right)$$

(a) $\overline{X_1} + \overline{X_2}$의 분포를 구하라.
(b) $\overline{X_1} - \overline{X_2}$의 분포를 구하라.

5.12 A팀의 평균 타율은 0.35, 표준편차는 0.01이며, B팀의 평균 타율은 0.3, 표준편차는 0.03이다. A팀에서 25명, B팀에서 30명을 뽑았을 때, A팀과 B팀의 평균 타율 차의 분포를 구하라. (단, 각 팀의 타율은 정규분포를 따른다.)

5.13 확률변수 X가 자유도 n인 χ^2-분포를 따를 때, 다음 물음에 답하라.

(a) 적률생성함수가 $M_X(t) = (1-2t)^{-\frac{n}{2}}$임을 보여라.
(b) $M_X(t)$를 이용하여 $\mathrm{E}(X) = n$임을 보여라.
(c) $M_X(t)$를 이용하여 $\mathrm{Var}(X) = 2n$임을 보여라.

5.14 두 확률변수 X_1과 X_2가 $X_1 \sim \chi^2(3)$, $X_2 \sim \chi^2(2)$ 인 분포를 따른다고 할 때, $Y = X_1 + X_2$ 의 분포를 구하라. (단, X_1 과 X_2 는 서로 독립이다.)

5.15 확률변수 X가 자유도 n인 t-분포를 따른다고 할 때, 다음이 성립함을 보여라.

(a) $\mathrm{E}(X) = 0$

(b) $\mathrm{Var}(X) = \dfrac{n}{n-2}$

5.16 종래의 작업 방법으로 제조한 제품 수는 정규분포 $\mathrm{N}(4.55, \sigma^2)$을 따른다. 새로운 작업 방법으로 제조한 제품 중에서 표본을 임의로 10개 추출하여 $\sum_i x_i = 47.8$, $\sum_i x_i^2 = 248.6$을 얻었다고 할 때, 통계량 $X = \dfrac{\overline{X} - \mu}{S/\sqrt{n}}$를 구하라.

5.17 분산이 동일한 두 정규 모집단으로부터 각각 임의로 추출한 크기가 n_1, n_2인 표본에서 구한 표본분산 S_1^2과 S_2^2의 비의 분포는 어떤 분포를 따르는지 설명하라. (단, $S_1^2 > S_2^2$)

5.18 확률변수 U, V가 서로 독립이고, 각각 자유도가 n_1과 n_2 인 χ^2-분포를 따를 때, 확률변수 $X = \dfrac{U/n_1}{V/n_2}$는 자유도 (n_1, n_2)인 F-분포를 따른다. 다음이 성립함을 보여라.

(a) $\mathrm{E}(X) = \dfrac{n_2}{n_2 - 2} \quad (n_2 > 2)$

(b) $\mathrm{Var}(X) = \dfrac{2n_2^2(n_1 + n_2 - 2)}{n_1(n_2-2)^2(n_2-4)} \quad (n_2 > 4)$

5.19 어느 제조공장에서 생산하는 종이 박스는 합격품의 비율이 90%이다. 100개의 종이 박스를 임의로 표본추출할 때, 표본비율이 모비율의 5% 이내일 확률을 구하라.

5.20 컴퓨터 실습 Excel의 리본메뉴에서 [데이터]-[데이터 분석]-[난수 생성]을 선택하여 분포 중 [이항분포]를 따르는 난수를 생성한다고 하자.[6] 다음 물음에 답하라.

(a) 성공률이 0.3, 시행횟수가 10인 이항분포(평균 3, 분산 2.1)로부터 크기 4인 표본을 100번 뽑아서 그 표본의 평균을 계산하라.

(b) 100개의 표본평균의 평균과 분산을 계산하고, 그 값이 이론적인 평균 3, 분산 0.525와 얼마나 가까운지 확인하라.

(c) 100개의 표본평균에 대한 히스토그램을 작성하라.

5.21 컴퓨터 실습 다음 모집단으로부터 추출한 표본평균의 분포에 대해 Excel을 이용하여 2개의 단순확률표본을 100번 추출한 결과를 구하라.

X	1	2	3	4	합계
$P(X=x)$	$\frac{1}{4}$	$\frac{1}{4}$	$\frac{1}{4}$	$\frac{1}{4}$	1

5.22 컴퓨터 실습 다음 모집단으로부터 표본 크기가 $n=2, 3$인 표본을 1,000번 추출했을 때, 표본평균 분포의 변화를 Excel을 이용하여 구하라.

X	1	2	3	4	5	6	합계
$f(x)$	$\frac{1}{6}$	$\frac{1}{6}$	$\frac{1}{6}$	$\frac{1}{6}$	$\frac{1}{6}$	$\frac{1}{6}$	1

6 Excel의 리본메뉴에 [데이터 분석]이 없다면 먼저 [파일]-[옵션]-[추가 기능]에서 [분석 도구]를 선택한다. 그다음 아래에 위치한 [관리(A)]에서 [Excel 추가 기능]을 선택하고 [이동]을 클릭했을 때 뜨는 창에서 [분석 도구]를 체크하고 [확인]을 클릭하면 [데이터] 메뉴에 [데이터 분석]이 추가된다.

P/A/R/T 02

추측통계학

Inference Statistics

추측통계학은 추출한 표본으로부터 모집단의 일반적인 특성을 추측하는 방법이다. 이는 표본이 갖고 있는 정보를 분석하여 모집단의 특성치인 모수에 관한 결론을 유도하는 것과 모수에 대한 옳고 그름을 판단하는 것을 말한다. 이렇듯 추측통계학의 목적은 크게 두 가지로 나뉘는데, 전자를 추정(estimation), 후자를 가설검정(hypothesis test)이라고 한다.

Chapter 06

추정

CONTENTS

학습목표

- 추정량 개념과 그 성질을 이해할 수 있다.
- 점추정과 구간추정의 뜻을 알고, 둘의 관계를 이해할 수 있다.
- 모평균, 모비율, 모분산을 추정하고, 그 결과를 해석할 수 있다.
- 표본의 크기를 구하고, 이를 활용할 수 있다.

여론조사 전문기관에서 "차기 대통령으로 누가 가장 적합하다고 생각하는가?"라는 여론조사를 시행하였다. 이러한 여론조사는 신속하게 이루어져야 하므로 모든 유권자(모집단)를 대상으로 조사하기란 사실상 불가능하다. 따라서 유권자의 일부(표본)를 선택하여 조사하고, 이를 과학적으로 분석하여 전체 유권자의 지지 성향을 추측해야 한다.

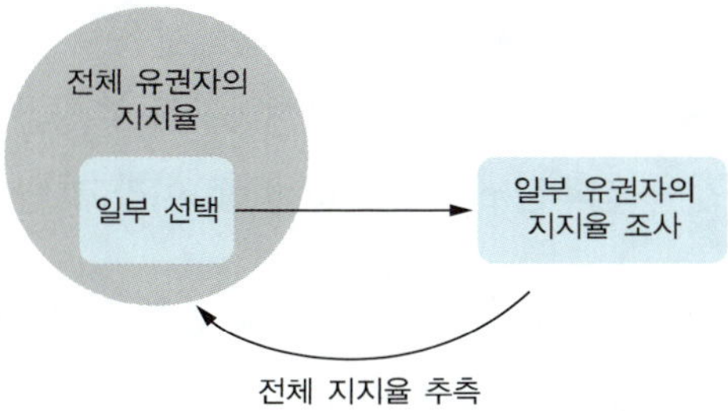

여기에서 전체 유권자의 지지율과 표본으로 선정된 일부 유권자의 지지율이라는 두 가지 특성치가 등장한다. 전체 유권자의 지지율은 미지의 수이고, 일부 유권자의 지지율은 조사 결과로부터 알 수 있는 값이다. 이때 유권자 전체인 모집단의 특성치를 모수라고 한다. 표본에서 얻은 정보를 이용하여 과학적으로 미지의 모수를 추론하는 과정은 통계적 추론(statistical inference)이라 한다. 통계적 추론은 크게 추정(estimation)과 가설검정(hypothesis test)으로 나뉜다.

한편, 표본으로 선정된 $X_1, X_2, \cdots, X_n$은 어떤 확률분포에 의하여 주어진 모집단으로부터 무작위로 선정되므로 서로 독립적인 관계를 갖는다. 이때 모수 θ를 추정하기 위해 사용하는 $X_1, X_2, \cdots, X_n$의 함수인 통계량 $\hat{\theta} = u(X_1, X_2, \cdots, X_n)$을 모수 θ의 추정량(estimator)이라 한다. 이 장에서는 모집단에서 추출한 표본으로부터 모수의 특성치를 추정하는 방법인 점추정과 구간추정을 살펴본다.

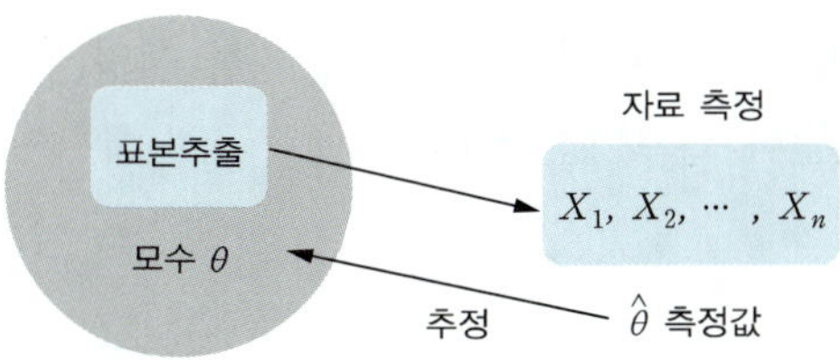

6.1 통계적 추정

모집단의 특성을 나타내는 값인 모수를 알아내는 것은 통계적 추론에서 가설검정과 더불어 중요한 과제 중 하나이다. 통계학에서는 미래의 일을 예측하기 위해 통계실험을 하거나 모집단으로부터 추출한 표본을 이용한다. 이러한 실험을 통해 실제 관찰하지 않은 모집단 전체를 예측할 수 있다.

모집단으로부터 추출한 표본에서 얻은 통계량을 이용하여 모집단의 특성을 나타내는 값인 모수를 파악하는 것을 **추정**(estimation)이라고 한다. 모수의 추정은 일반적으로 표본으로부터 정의되는 함수를 통해 이루어지므로 표본이 달라지면 추정 결과도 달라진다. 따라서 추정에 사용하는 통계량은 하나의 확률변수로, 이 통계량을 추정량이라고 한다. 추정량은 가변적이므로 최적의 추정량을 설정하여 가장 보편타당한 추정값을 얻어야 한다. 이때 최적의 추정값을 구하는 과정을 **점추정**(point estimation)이라고 한다.

그러나 점추정에 의한 모수의 추정은 표본이 어떻게 선정되느냐에 따라서 잘못 추정하는 오류를 범할 수 있다. 오류를 범하지 않기 위해 어느 정도 확신을 가지고 모수의 참값이 포함되었을 구간을 추정하는 방법을 **구간추정**(interval estimation)이라고 한다.

추정량과 그 성질

어떤 모수에 대하여 점추정할 때는 점추정량으로 표본평균, 중앙값, 최빈값 등을 사용할 수 있다. 이때 가장 좋은 추정량을 선택하는 것이 중요하다. 만약 미지의 모수를 θ로 추정하는 데 통계량 $\hat{\theta}$을 사용했다면, $\hat{\theta}$을 θ의 **추정량**(estimator)이라 하고 θ의 통곗값을 θ의 **추정값**(estimate)이라 한다.

추정량은 추출한 표본에 따라 변하므로 모수 θ의 통계량은 여러 가지일 수 있다. 따라서 어떤 추정량 $\hat{\theta}$이 좋고 나쁜지는 추정량의 표본분포가 모수 θ 주위에 어떤 형태로 분포되어 있는가에 달려 있다. 좋은 추정량 $\hat{\theta}$의 성질에는 비편향성, 유효성, 일치성, 충분성 등이 있다. 추정량을 찾는 방법이나 추정량의 성질에 대한 설명은 이 교재의 수준을 고려하여 간단히 소개하는 정도로만 다루기로 한다.

■ 비편향추정량

모수 θ의 점추정량 $\hat{\theta}$에 대하여 $\mathrm{E}(\hat{\theta})=\theta$이면 추정량 $\hat{\theta}$은 **비편향성**(unbiasedness)을 갖는다고 하고, $\hat{\theta}$을 θ의 **비편향추정량**(unbiased estimator) 또는 **불편추정량**이라고 한다. 비편향추정량이 아닌 추정량은 **편향추정량**(biased estimator)이라고 한다. $\hat{\theta}$이 θ의 편향추정량이면 $b(\hat{\theta})=\mathrm{E}(\hat{\theta})-\theta$를 **편향**(bias)이라고 한다.

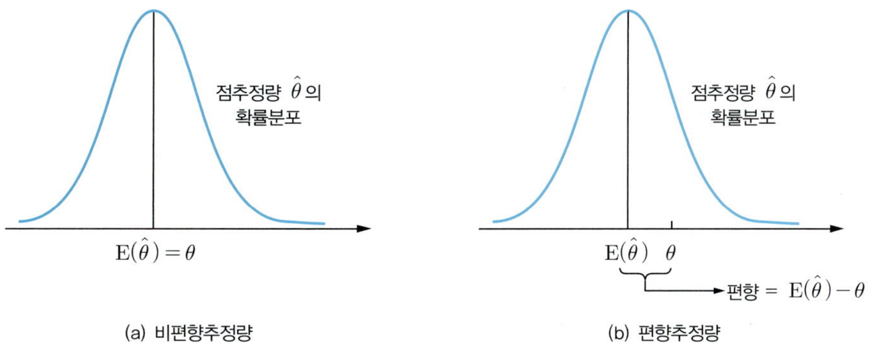

[그림 6-1] **비편향추정량과 편향추정량**

> **정리 6-1 모평균 μ와 모분산 σ^2의 비편향추정량**
>
> 모평균 μ와 모분산 σ^2의 점추정량인 표본평균과 표본분산은 각각 비편향추정량이다.
>
> (1) 표본평균 $\overline{X}$는 모평균 μ의 비편향추정량이다.
>
> (2) 표본분산 S^2은 모분산 σ^2의 비편향추정량이다.

증명

(1) 모평균이 μ인 모집단에서 취한 크기 n인 확률표본을 $X_1, X_2, \cdots, X_n$이라 하면 이 확률변수들은 서로 독립이며 동일한 분포를 이루므로 $\mathrm{E}(X_i)=\mu\ (i=1, 2, \cdots, n)$이다. 한편, 표본평균은 $\overline{X}=\frac{1}{n}\sum_{i=1}^{n}X_i$이므로 다음이 성립한다.

$$\mathrm{E}(\overline{X})=\mathrm{E}\left(\frac{1}{n}\sum_{i=1}^{n}X_i\right)=\frac{1}{n}\sum_{i=1}^{n}\mathrm{E}(X_i)$$

$$=\frac{1}{n}\sum_{i=1}^{n}\mu=\frac{1}{n}(n\mu)=\mu$$

따라서 표본평균 $\overline{X}$는 모평균 μ의 비편향추정량이다.

(2) 표본분산 S^2을 다음과 같이 변형할 수 있다.

$$\begin{aligned} S^2 &= \frac{1}{n-1}\sum_{i=1}^{n}\left(X_i - \overline{X}\right)^2 \\ &= \frac{1}{n-1}\sum_{i=1}^{n}\left\{(X_i-\mu)-\left(\overline{X}-\mu\right)\right\}^2 \\ &= \frac{1}{n-1}\sum_{i=1}^{n}\left\{(X_i-\mu)^2 - 2(\overline{X}-\mu)(X_i-\mu)+(\overline{X}-\mu)^2\right\} \\ &= \frac{1}{n-1}\left\{\sum_{i=1}^{n}(X_i-\mu)^2 - n(\overline{X}-\mu)^2\right\} \end{aligned}$$

따라서 표본분산 S^2의 평균은 다음과 같다.

$$\begin{aligned} \mathrm{E}(S^2) &= \frac{1}{n-1}\mathrm{E}\left\{\sum_{i=1}^{n}(X_i-\mu)^2 - n(\overline{X}-\mu)^2\right\} \\ &= \frac{1}{n-1}\left[\sum_{i=1}^{n}\mathrm{E}\left\{(X_i-\mu)^2\right\} - n\mathrm{E}\left\{(\overline{X}-\mu)^2\right\}\right] \\ &= \frac{1}{n-1}\left\{n\sigma^2 - n\mathrm{Var}(\overline{X})\right\} \\ &= \frac{1}{n-1}\left(n\sigma^2 - \sigma^2\right) \\ &= \sigma^2 \end{aligned}$$

그러므로 표본분산 S^2은 모분산 σ^2의 비편향추정량이다. ■

표본표준편차 S는 모표준편차 σ의 비편향추정량이 아니다. 그러나 표본의 크기가 크면 $(n \geq 30)$ 표본표준편차의 편향은 무시할 수 있을 정도로 작아지므로 보통 $\hat{\sigma} = S$를 사용한다.

예제 6-1

미지의 모평균 μ를 가지는 모집단으로부터 크기 3인 확률표본 X_1, X_2, X_3를 추출하였다. 다음 세 점추정량에 대하여 각 추정량의 편향을 구하고, 비편향추정량과 편향추정량을 각각 구하라.

$$\hat{\mu}_1 = \frac{1}{3}(X_1+X_2+X_3),\ \hat{\mu}_2 = \frac{1}{6}(X_1+2X_2+3X_3),\ \hat{\mu}_3 = \frac{1}{5}(X_1+2X_2+X_3)$$

풀이

각 추정량의 기댓값을 구하면 다음과 같다.

$$E(\hat{\mu}_1) = \frac{1}{3}E(X_1 + X_2 + X_3) = \mu$$

$$E(\hat{\mu}_2) = \frac{1}{6}E(X_1 + 2X_2 + 3X_3) = \mu$$

$$E(\hat{\mu}_3) = \frac{1}{5}E(X_1 + 2X_2 + X_3) = \frac{4}{5}\mu$$

각 추정량의 편향을 구하면 다음과 같다.

$$b_1 = E(\hat{\mu}_1) - \mu = 0,\ b_2 = E(\hat{\mu}_2) - \mu = 0,\ b_3 = E(\hat{\mu}_3) - \mu = -\frac{1}{5}\mu$$

따라서 $\hat{\mu}_1$과 $\hat{\mu}_2$은 비편향추정량이고 $\hat{\mu}_3$은 편향추정량이다.

■ 유효추정량

모수 θ의 두 비편향추정량을 $\hat{\theta}_1$, $\hat{\theta}_2$이라 하고, 각각의 분산을 $Var(\hat{\theta}_1)$, $Var(\hat{\theta}_2)$이라 할 때, $Var(\hat{\theta}_1) < Var(\hat{\theta}_2)$이면 $\hat{\theta}_1$이 $\hat{\theta}_2$보다 **더 유효한 추정량**(more efficient estimator)이라 한다.

그리고 분산비 $\dfrac{Var(\hat{\theta}_1)}{Var(\hat{\theta}_2)}$을 $\hat{\theta}_1$에 대한 $\hat{\theta}_2$의 **효율**(efficiency)이라 한다. 모수 θ의 가능한 모든 비편향추정량 중 분산이 가장 작은 추정량은 **최소분산비편향추정량**(minimum variance unbiased estimator) 또는 **최량유효추정량**(the most efficient estimator)이라고 한다. [그림 6-2]는 $Var(\hat{\theta}_1) < Var(\hat{\theta}_2) < Var(\hat{\theta}_3)$인 모수 θ의 비편향추정량 $\hat{\theta}_1$, $\hat{\theta}_2$, $\hat{\theta}_3$의 확률분포를 나타낸다. 이때 $\hat{\theta}_1$이 최소분산비편향추정량이다.

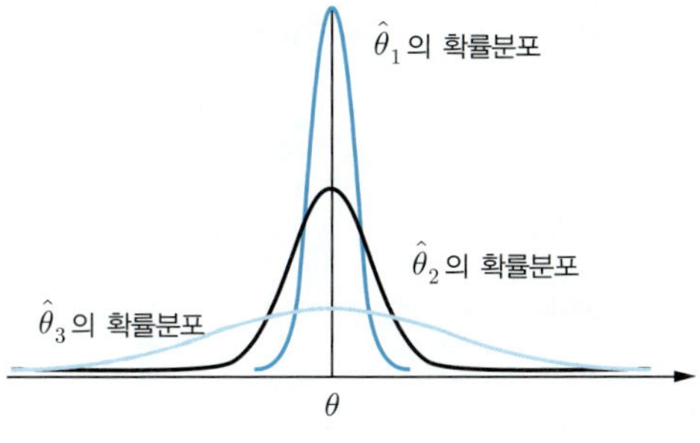

[그림 6-2] 모수 θ의 비편향추정량 $\hat{\theta}_1$, $\hat{\theta}_2$, $\hat{\theta}_3$의 확률분포

예제 6-2

모평균이 μ이고 모분산이 σ^2인 모집단으로부터 크기 3인 확률표본 X_1, X_2, X_3를 추출하였다. 다음 두 추정량 중 더 유효한 추정량을 구하라.

$$\hat{\mu}_1 = \frac{1}{3}(X_1 + X_2 + X_3),\ \hat{\mu}_2 = \frac{1}{6}(X_1 + 2X_2 + 3X_3)$$

풀이

두 추정량의 분산을 구하면 각각 다음과 같다.

$$\mathrm{Var}(\hat{\mu}_1) = \mathrm{Var}\left\{\frac{1}{3}(X_1 + X_2 + X_3)\right\} = \frac{1}{3}\sigma^2$$

$$\mathrm{Var}(\hat{\mu}_2) = \mathrm{Var}\left\{\frac{1}{6}(X_1 + 2X_2 + 3X_3)\right\} = \frac{7}{18}\sigma^2$$

따라서 $\mathrm{Var}(\hat{\mu}_1) < \mathrm{Var}(\hat{\mu}_2)$이므로 $\hat{\mu}_1$이 $\hat{\mu}_2$보다 더 유효한 추정량이다.

예제 6-3

모평균이 μ이고 모분산이 σ^2인 모집단으로부터 크기 2인 확률표본 X_1, X_2를 추출하였다. 모평균 μ의 점추정량이 아래와 같을 때, 다음 물음에 답하라. 여기서 a_1, a_2는 양의 실수이다.

$$\hat{\mu} = a_1X_1 + a_2X_2$$

(a) $\hat{\mu}$이 모평균 μ의 비편향추정량이기 위한 a_1, a_2의 조건을 구하라.

(b) $\hat{\mu}$이 최소분산을 갖기 위한 a_1, a_2를 구하라.

풀이

(a) $\hat{\mu}$의 평균을 구하면

$$\begin{aligned}\mathrm{E}(\hat{\mu}) &= \mathrm{E}(a_1X_1 + a_2X_2) \\ &= a_1\mathrm{E}(X_1) + a_2\mathrm{E}(X_2) = (a_1 + a_2)\mu = \mu\end{aligned}$$

여야 하므로 $\hat{\mu}$이 μ의 비편향추정량이기 위한 a_1, a_2의 조건은 $a_1 + a_2 = 1$이다.

(b) $\hat{\mu}$의 분산을 구하면 다음과 같다.

$$\begin{aligned}\mathrm{Var}(\hat{\mu}) &= \mathrm{Var}(a_1X_1 + a_2X_2) \\ &= a_1^2\mathrm{Var}(X_1) + a_2^2\mathrm{Var}(X_2) = (a_1^2 + a_2^2)\sigma^2\end{aligned}$$

따라서 $a_1^2 + a_2^2$이 최소일 때 $\mathrm{Var}(\hat{\mu})$이 최소이다.

한편, (a)에 의해 $a_1+a_2=1$이므로 다음을 만족한다.

$$a_1^2+a_2^2=a_1^2+(1-a_1)^2=2\left(a_1-\frac{1}{2}\right)^2+\frac{1}{2}$$

따라서 $a_1=\frac{1}{2}$일 때 $a_1^2+a_2^2$은 최소이다. 즉 $a_1=a_2=\frac{1}{2}$일 때 $\hat{\mu}$이 최소분산을 갖는다.

■ 일치추정량

모수 θ의 추정량을 $\hat{\theta}$이라 할 때, 임의의 양수 ϵ에 대하여 $\hat{\theta}$이 θ에 확률 수렴하면, 즉

$$\lim_{n\to\infty}\mathrm{P}(|\hat{\theta}-\theta|<\epsilon)=1 \quad \text{또는} \quad \lim_{n\to\infty}\mathrm{P}(|\hat{\theta}-\theta|\ge\epsilon)=0$$

이 성립하면 $\hat{\theta}$을 θ의 **일치추정량**(consistent estimator)이라고 한다. 추정량의 일치성을 밝히는 데에는 **체비셰프 부등식**(Chebyshev inequality)이 유용하다. 체비셰프 부등식은 확률변수 X의 평균과 분산이 각각 μ와 σ^2일 때, 임의의 양수 ϵ에 대하여 다음이 성립함을 의미한다.

$$\mathrm{P}(|X-\mu|<\epsilon)\ge 1-\frac{\sigma^2}{\epsilon^2} \quad \text{또는} \quad \mathrm{P}(|X-\mu|\ge\epsilon)\le\frac{\sigma^2}{\epsilon^2}$$

정리 6-2 모평균 μ, 모분산 σ^2, 모비율 p의 일치추정량

모평균 μ, 모분산 σ^2, 모비율 p의 점추정량인 표본평균, 표본분산, 표본비율은 각각 일치추정량이다.

(1) 표본평균 $\overline{X}$는 모평균 μ의 일치추정량이다.
(2) 표본분산 S^2은 모분산 σ^2의 일치추정량이다.
(3) 표본비율 $\hat{p}$은 모비율 p의 일치추정량이다.

증명

(1) $\mathrm{E}(\overline{X})=\mu$, $\mathrm{Var}(\overline{X})=\frac{\sigma^2}{n}$이므로 다음이 성립한다.

$$\mathrm{P}(|\overline{X}-\mu|\ge\epsilon)\le\frac{\mathrm{Var}(\overline{X})}{\epsilon^2}=\frac{\sigma^2}{n\epsilon^2}$$

$$\lim_{n\to\infty}\mathrm{P}(|\overline{X}-\mu|\ge\epsilon)=\lim_{n\to\infty}\frac{\sigma^2}{n\epsilon^2}=0$$

따라서 표본평균 $\overline{X}$는 모평균 μ의 일치추정량이다.

(2), (3)의 증명은 이 교재의 수준을 고려하여 생략한다. ■

■ 충분통계량

이제 추정량의 또 다른 성질인 충분성을 알아보자. 충분성이란 추정량이 표본이 제공하는 모수의 모든 정보를 이용했다는 의미이다. 즉 해당 추정량이 표본의 모든 관측값을 이용할 뿐만 아니라, 관측값이 제공하는 정보도 이용했음을 의미한다.

모수 θ를 추정하는 데 있어서 통계량 $\hat{\theta}$을 θ의 추정량으로 사용할 때 통계량 $\hat{\theta}$이 표본에 포함된 θ의 모든 정보를 갖고 있으면, 통계량 $\hat{\theta}$을 θ의 **충분통계량**(sufficient statistic)이라고 한다.

모수 θ를 갖는 분포로부터 확률표본 $X_1, X_2, \cdots, X_n$을 추출했을 때, 그 추정량을 $\hat{\theta}$이라 하자. 만일 $\hat{\theta}$이 주어졌을 때, $X_1, X_2, \cdots, X_n$의 조건부분포

$$f(x_1, x_2, \cdots, x_n \mid \hat{\theta}) = \frac{f(x_1, x_2, \cdots, x_n, \hat{\theta})}{g(\hat{\theta})}$$

과 θ가 독립이면 $\hat{\theta}$을 θ의 충분통계량이라고 한다.

점추정

점추정량을 구하는 방법에는 적률법, 최대우도법, 최소제곱법 등이 있다. 여기서는 적률법과 최대우도법을 살펴보자.

■ 적률법

모집단으로부터 추출한 확률표본의 표본적률을 모집단에 대응하는 적률과 같게 둠으로써 방정식을 얻을 수 있다. 이 방정식을 미지의 모수에 관해 풀어서 추정값을 구하는 방법을 **적률법**(method of moments)이라고 한다.

■ 최대우도법

미지의 모수 θ를 갖는 확률변수 X의 모집단 확률분포를 $f(x;\theta)$라 하자. 이 모집단으로부터 추출한 크기 n인 확률표본이 $X_1, X_2, \cdots, X_n$일 때, $X_1, X_2, \cdots, X_n$의 결합확률밀도함수는 다음과 같다.

$$f(x_1, x_2, \cdots, x_n;\theta) = f(x_1;\theta)f(x_2;\theta)\cdots f(x_n;\theta)$$

결합확률밀도함수는 θ의 함수로 볼 수 있으므로 다음과 같이 표기한다.

$$L(\theta) = f(x_1;\theta)f(x_2;\theta)\cdots f(x_n;\theta)$$

$L(\theta)$를 확률표본의 **우도함수**(likelihood function) 또는 **가능도함수**라고 한다. 즉 우도함수와 결합확률밀도함수는 같으나, 함수를 모수 θ의 함수로 볼 때 이를 우도함수라고 한다. 우도함수 $L(\theta)$에 θ 대신 통계량 $\hat{\theta}$을 대입했을 때 $L(\theta)$가 최대이면, $\hat{\theta}$을 모수 θ의 **최대우도추정량**(maximum likelihood estimator) 또는 **최대가능도추정량**이라고 한다. 최대우도추정량 $\hat{\theta}$은 다음과 같은 방정식으로 구할 수 있다.

$$\frac{\partial L(\theta)}{\partial \theta} = 0 \quad \left(\text{또는 } \frac{\partial \ln L(\theta)}{\partial \theta} = 0\right)$$

이 방정식을 **최대우도방정식**(maximum likelihood equation)이라고 한다. 그런데 $L(\theta)$를 최대로 만드는 θ를 구하기보다 $\ln L(\theta)$를 최대로 만드는 θ를 구하는 것이 쉬울 때가 많다. 이처럼 우도함수를 이용하여 주어진 표본의 값이 나올 확률을 최대로 만드는 추정량을 구하는 방법을 **최대우도법**(maximum likelihood method)이라고 한다.

일반적으로 모집단의 모수인 모평균, 모분산, 모표준편차, 모비율을 추정하는 추정량으로 보통 표본평균, 표본분산, 표본표준편차, 표본비율을 각각 사용하는데 이들은 앞에서 살펴본 추정량의 성질을 대부분 만족한다.

예제 6-4

모비율이 p인 이항 모집단으로부터 n개의 확률표본을 추출하였다. 어떤 특정한 속성을 갖는 개체의 수가 x일 때, 모비율 p의 최대우도추정량 $\hat{p}$을 구하라. (단, $x < n$)

풀이

우도함수는 $L(p) = {}_n\mathrm{C}_x\, p^x (1-p)^{n-x}$이므로 양변에 로그를 취하면 다음과 같은 로그 우도함수를 얻을 수 있다.

$$\ln L(p) = \ln {}_n\mathrm{C}_x + \{x \ln p + (n-x)\ln(1-p)\}$$

이 로그 우도함수를 p에 대해 미분하여 0으로 놓으면 다음과 같다.

$$\frac{\partial \ln L(p)}{\partial p} = \frac{x}{p} - \frac{n-x}{1-p} = 0$$

위 식을 p에 대해 풀면 다음과 같은 최대우도추정량 $\hat{p}$을 얻을 수 있다.

$$\hat{p} = \frac{x}{n}$$

구간추정

구간추정은 미지의 모수 θ의 참값이 속할 것이라 믿는 구간을 추정하는 것이다. 미지의 모수 θ의 구간추정을 위해 표본에서 추정량 $\hat{\theta}_1$, $\hat{\theta}_2$을 정한다. 주어진 양수 $\alpha(0<\alpha<1)$에 대해

$$\mathrm{P}(\hat{\theta}_1 < \theta < \hat{\theta}_2) = 1-\alpha$$

를 만족할 때, 구간 $(\hat{\theta}_1, \hat{\theta}_2)$을 θ의 $100(1-\alpha)\%$ **신뢰구간**(confidence interval) 또는 **구간추정량**(interval estimator)이라 한다. 이때 $1-\alpha$를 **신뢰계수**(confidence coefficient) 또는 **신뢰도**(degree of confidence)[1]라 하고, $\hat{\theta}_1$과 $\hat{\theta}_2$을 **신뢰한계**(confidence limit)라 하며, $\hat{\theta}_1$을 **신뢰하한**(confidence lower limit), $\hat{\theta}_2$을 **신뢰상한**(confidence upper limit)이라 한다.

이때 α는 오차확률이고, 표본 결과를 이용하여 모집단의 모수를 추측하기 때문에 필연적으로 오차가 발생한다. 오차를 무릅쓰고라도 의미 있는 신뢰구간을 추정해야 하므로 보통 α는 0.01, 0.05, 0.1을 많이 사용한다.

1 $0<\alpha<1$에 대하여 모수의 참값(θ)이 이 구간에 포함될 것이라는 믿음 정도가 $100(1-\alpha)\%$임을 의미한다. 보편적으로 신뢰도는 90%, 95%, 99%를 사용한다.

6.2 모평균의 추정

모평균의 점추정

모평균 μ의 추정량으로 여러 가지 통계량을 사용할 수 있는데 가장 대표적인 것이 표본평균이다. 모집단으로부터 추출한 크기 n인 확률표본을 $X_1, X_2, \cdots, X_n$이라 할 때, 모평균의 추정량인 표본평균은 다음과 같이 정의한다.

$$\overline{X} = \frac{1}{n}\sum_{i=1}^{n} X_i$$

모평균이 μ이고 모분산이 σ^2인 무한 모집단으로부터 크기 n인 표본을 복원추출할 때, 표본평균 $\overline{X}$는 다음과 같은 성질을 갖는다.

$$E(\overline{X}) = \mu, \quad Var(\overline{X}) = \frac{\sigma^2}{n}$$

이때 추정량의 표준편차 $\frac{\sigma}{\sqrt{n}}$는 어떤 불편추정량이 얼마나 좋은지를 나타내는 추정량의 정도를 의미하는 척도로서 **표준오차**(standard error)라 하고, 기호 $SE(\overline{X})$로 표기한다. 그러나 일반적으로 σ는 미지의 수이므로 σ 대신 표본표준편차 S를 대입하여 $\frac{S}{\sqrt{n}}$를 사용하는데, 이를 표준오차의 추정값이라 한다.

한편, 정규 모집단으로부터 추출한 크기가 n인 확률표본의 표본평균 $\overline{X}$는 정규분포 $N\left(\mu, \frac{\sigma^2}{n}\right)$을 따르므로 이를 표준화한 다음 Z-통계량은 표준정규분포 $N(0, 1)$을 따른다.

$$Z = \frac{\overline{X} - \mu}{\sigma / \sqrt{n}}$$

따라서 표준정규분포의 성질로부터 임의의 양수 $\alpha(0 < \alpha < 1)$에 대해 다음이 성립한다.

$$P(-z_{\alpha/2} < Z < z_{\alpha/2}) = 1 - \alpha$$

이 결과를 그래프로 나타내면 [그림 6-3]과 같고, 구간추정에서 $z_{\alpha/2}$값으로 $z_{0.05} = 1.645$, $z_{0.025} = 1.96$, $z_{0.005} = 2.58$을 주로 사용한다.

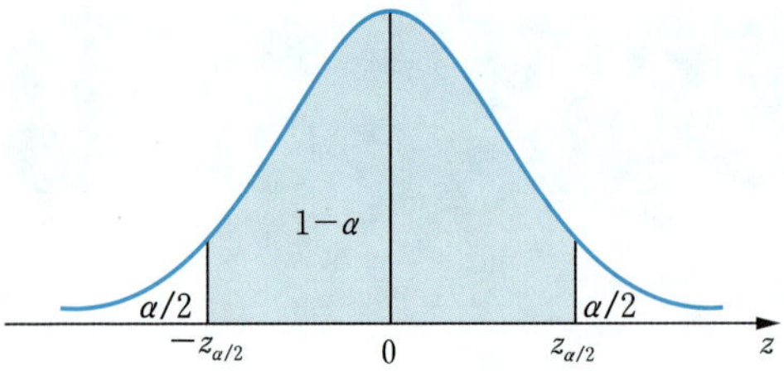

[그림 6-3] 표준정규분포에서 $P(-z_{\alpha/2} < Z < z_{\alpha/2})$에 해당하는 영역의 넓이

이때 절댓값을 이용하면 $P(|Z| < z_{\alpha/2}) = 1-\alpha$이고, Z-통계량을 대입하면 다음과 같이 정리할 수 있다.

$$P\left(\left|\frac{\overline{X}-\mu}{\sigma/\sqrt{n}}\right| < z_{\alpha/2}\right) = 1-\alpha \quad \text{또는} \quad P\left(|\overline{X}-\mu| < z_{\alpha/2}\frac{\sigma}{\sqrt{n}}\right) = 1-\alpha$$

여기서 $|\overline{X}-\mu|$는 |(추정값) − (참값)|으로 오차를 나타낸다. 이때 $z_{\alpha/2}\dfrac{\sigma}{\sqrt{n}}$는 **오차한계**(limit of error)[2]이므로, 모평균 μ에 대한 추정값의 $100(1-\alpha)\%$ 오차한계는 $z_{\alpha/2}\dfrac{\sigma}{\sqrt{n}}$이다.

한편, 오차한계의 크기는 표본의 크기에 따라 달라지므로 오차한계는 조사 결과의 신뢰성과 정확성을 판단하는 근거가 된다.

정리 6-3 모평균의 점추정

모평균의 점추정은 다음과 같이 정리할 수 있다.

(1) 모평균 μ의 점추정량은 표본평균 $\overline{X}$이다.

(2) 추정량의 표준오차는 추정량 $\overline{X}$의 표준편차 $\dfrac{\sigma}{\sqrt{n}}$이다. 즉 다음이 성립한다.

$$SE(\overline{X}) = \frac{\sigma}{\sqrt{n}}$$

(3) 모평균 μ에 대한 추정값의 $100(1-\alpha)\%$ 오차한계는 $z_{\alpha/2}\dfrac{\sigma}{\sqrt{n}}$이다.

2 표본오차라고도 한다.

예제 6-5

모표준편차가 6인 정규 모집단에서 10개의 자료를 표본으로 추출하여 다음 결과를 얻었다.

27	34	34	36	30	28	41	35	48	43

(a) 모집단의 평균을 추정하라.
(b) 표준오차를 구하라.
(c) 95% 오차한계를 구하라.

풀이

(a) 임의로 추출한 자료의 평균을 구하면 다음과 같다.

$$\hat{\mu} = \overline{X} = \frac{1}{10}(27+34+34+36+30+28+41+35+48+43) = 35.6$$

(b) $\mathrm{SE}(\overline{X}) = \dfrac{\sigma}{\sqrt{n}} = \dfrac{6}{\sqrt{10}} \fallingdotseq 1.897$

(c) $z_{0.025}\dfrac{\sigma}{\sqrt{n}} = 1.96 \times \dfrac{6}{\sqrt{10}} \fallingdotseq 3.72$

예제 6-6

모분산 σ^2을 알 때, 정규 모집단 $\mathrm{N}(\mu, \sigma^2)$에서 크기 n인 표본을 추출하여 $\hat{\mu} = \overline{X}$가 μ의 참값 $\pm\dfrac{\sigma}{4}$ 안에 놓일 확률을 각각 구하라.

(a) $n = 20$인 경우

(b) $n = 100$인 경우

풀이

$\dfrac{\overline{X}-\mu}{\sigma/\sqrt{n}} \sim \mathrm{N}(0, 1)$이므로 다음과 같이 계산할 수 있다.

(a)
$$\begin{aligned} \mathrm{P}\left(|\overline{X}-\mu| < \frac{\sigma}{4}\right) &= \mathrm{P}\left(\frac{|\overline{X}-\mu|}{\sigma/\sqrt{20}} < \frac{\sqrt{20}}{4}\right) \\ &= \mathrm{P}(|Z| < 1.12) \\ &= \Phi(1.12) - \Phi(-1.12) = 2 \times 0.8686 - 1 = 0.7372 \end{aligned}$$

(b)
$$\begin{aligned} \mathrm{P}\left(|\overline{X}-\mu| < \frac{\sigma}{4}\right) &= \mathrm{P}\left(\frac{|\overline{X}-\mu|}{\sigma/\sqrt{100}} < \frac{\sqrt{100}}{4}\right) \\ &= \mathrm{P}(|Z| < 2.5) \\ &= \Phi(2.5) - \Phi(-2.5) = 2 \times 0.9938 - 1 = 0.9876 \end{aligned}$$

모평균의 구간추정

모분산 σ^2을 아는 경우와 모르는 경우로 나누어 모평균의 구간추정을 살펴보자.

■ 모분산 σ^2을 아는 경우

정규 모집단 $N(\mu, \sigma^2)$에서 모분산 σ^2을 알 때, 미지의 모평균 μ의 신뢰구간을 구해보자. 정규 모집단으로부터 추출한 크기 n인 확률표본의 표본평균 $\overline{X}$는 정규분포 $N\left(\mu, \frac{\sigma^2}{n}\right)$을 따른다. 따라서 이를 표준화한 다음 Z-통계량은 표준정규분포 $N(0, 1)$을 따른다.

$$Z = \frac{\overline{X} - \mu}{\sigma / \sqrt{n}}$$

그리고 앞에서 살펴보았듯이 표준정규분포의 성질로부터 임의의 양수 $\alpha(0 < \alpha < 1)$에 대하여 다음이 성립한다.

$$P\left(|\overline{X} - \mu| < z_{\alpha/2}\frac{\sigma}{\sqrt{n}}\right) = 1 - \alpha$$

그러므로 모평균 μ에 대한 추정값의 $100(1-\alpha)\%$ 오차한계는 $z_{\alpha/2}\frac{\sigma}{\sqrt{n}}$이고, 위 식의 좌변 괄호 속 부등식을 μ에 대해 풀면 다음과 같다.

$$P\left(\overline{X} - z_{\alpha/2}\frac{\sigma}{\sqrt{n}} < \mu < \overline{X} + z_{\alpha/2}\frac{\sigma}{\sqrt{n}}\right) = 1 - \alpha$$

정리 6-4 모분산을 아는 경우 모평균의 구간추정

모분산 σ^2을 알 때, 모평균 μ의 $100(1-\alpha)\%$ 신뢰구간은 다음과 같다.

$$\left(\overline{X} - z_{\alpha/2}\frac{\sigma}{\sqrt{n}},\ \overline{X} + z_{\alpha/2}\frac{\sigma}{\sqrt{n}}\right)$$

즉 모평균 μ의 $100(1-\alpha)\%$ 신뢰구간은 다음과 같다.

추정값 $\pm\ 100(1-\alpha)\%$ 오차한계

이는 모평균 μ가 위 구간에 포함됨을 $100(1-\alpha)\%$ 신뢰할 수 있다는 의미이다. 또한 정규분포를 따르지 않는 모집단에서도 모분산 σ^2을 알고 있다면, n이 대표본($n \geq 30$)인 경우 중심극한정리에 따라 위 식을 미지의 모평균 μ의 신뢰구간으로 그대로 사용한다.

Note '모평균 μ의 신뢰도 95% 신뢰구간'의 의미

'모평균 μ의 신뢰도 95% 신뢰구간'이란 모집단으로부터 크기가 n인 표본의 임의추출을 반복하여 모평균 μ의 신뢰구간을 만들 때, 이들 중 약 95%는 모평균 μ를 포함한다는 의미이다.

간단히 말하면 크기가 n인 표본을 100번 추출할 때마다 얻는 표본평균 $\overline{X}_1, \overline{X}_2, \cdots, \overline{X}_{100}$으로 구한 신뢰구간 중 95개에는 모평균 μ가 포함된다는 뜻이다. [그림 6-4]와 같이 추정한 95% 신뢰구간은 모평균 μ를 포함할 수도 있고, 모평균 μ를 포함하지 않을 수도 있다.

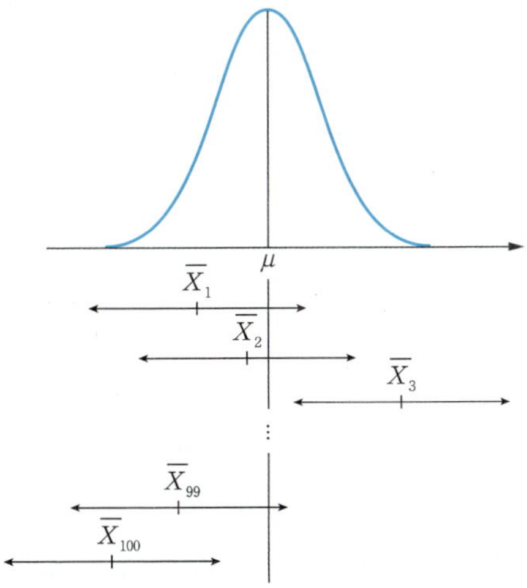

[그림 6-4] 모집단 평균 μ의 100개의 95% 신뢰구간

결국 '확률 95%' 대신 '신뢰도 95%'라는 용어를 사용한 이유는, 표본평균 $\overline{X}$로 추정한 $\overline{X} - 1.96\frac{\sigma}{\sqrt{n}}$와 $\overline{X} + 1.96\frac{\sigma}{\sqrt{n}}$ 사이에 모평균 μ가 포함될 것이라는 신뢰 정도가 95%라는 의미 때문이다.

예제 6-7

스마트폰을 생산하는 기업에서 사용자 100명을 대상으로 스마트폰의 교체 주기를 조사한 결과, 평균이 3.7년이고 분산이 0.36년인 정규분포를 따른다는 사실을 확인하였다. 스마트폰의 평균 교체 주기의 95% 신뢰구간을 구하라.

풀이

$z_{\alpha/2} = z_{0.025} = 1.96$이고 $\overline{X} = 3.7$, $\sigma = 0.6$, $n = 100$이므로, [정리 6-4]를 이용하여 모평균 μ의 95% 신뢰구간을 구하면 다음과 같다.

$$3.7 - 1.96 \times \frac{0.6}{\sqrt{100}} < \mu < 3.7 + 1.96 \times \frac{0.6}{\sqrt{100}}$$
$$3.5824 < \mu < 3.8176$$

예제 6-8

코스닥 등록법인의 평균 종업원 수를 조사하기 위해 코스닥 등록법인 중 64개사를 무작위로 선택하여 조사하였더니 평균 종업원 수는 55.8명이고 모집단 표준편차는 8명이었다. 코스닥 등록법인의 종업원 수가 정규분포를 따른다고 할 때, 코스닥 등록법인 평균 종업원 수의 99% 신뢰구간을 구하라.

풀이

$z_{\alpha/2} = z_{0.005} = 2.58$이고 $\overline{X} = 55.8$, $n = 64$, $\sigma = 8$이므로, [정리 6-4]를 이용하여 모평균 μ의 99% 신뢰구간을 구하면 다음과 같다.

$$55.8 - 2.58 \times \frac{8}{\sqrt{64}} < \mu < 55.8 + 2.58 \times \frac{8}{\sqrt{64}}$$

$$53.22 < \mu < 58.38$$

■ 모분산 σ^2을 모르는 경우

정규 모집단 $N(\mu, \sigma^2)$에서 모분산 σ^2을 모를 때, 미지의 모평균 μ의 신뢰구간을 구해보자. 우선 정규 모집단으로부터 추출한 표본의 크기 n이 대표본$(n \geq 30)$일 경우 모평균 μ의 $100(1-\alpha)\%$ 신뢰구간은 모표준편차 σ 대신 표본표준편차 S를 대입하여 다음과 같이 구할 수 있다.

정리 6-5 모분산을 모르는 경우 모평균의 구간추정

모분산 σ^2을 모를 때, n이 대표본$(n \geq 30)$일 경우 모평균 μ의 $100(1-\alpha)\%$ 신뢰구간은 다음과 같다. 여기서 S는 표본표준편차이다.

$$\left(\overline{X} - z_{\alpha/2}\frac{S}{\sqrt{n}},\ \overline{X} + z_{\alpha/2}\frac{S}{\sqrt{n}}\right)$$

예제 6-9

어느 회사에서 입사시험의 평균 성적을 알기 위해 지원자 100명을 무작위로 조사하였더니 평균 성적이 70점이고 표본표준편차가 10점이었다. 전체 지원자의 평균 성적의 95% 신뢰구간을 구하라.

풀이

$z_{\alpha/2} = z_{0.025} = 1.96$ 이고 $\overline{X} = 70$, $S = 10$, $n = 100$ 이므로, [정리 6-5]에 따라 모평균 μ의 95% 신뢰구간은 다음과 같다.

$$70 - 1.96 \times \frac{10}{\sqrt{100}} < \mu < 70 + 1.96 \times \frac{10}{\sqrt{100}}$$

$$68.04 < \mu < 71.96$$

정규분포를 따르지 않는 모집단에서 n이 대표본일 경우, 중심극한정리에 의해 $\overline{X}$는 근사적으로 정규분포를 따르므로 모표준편차 σ는 표본표준편차 S로 추정할 수 있다. 따라서 모평균 μ의 구간추정은 [정리 6-5]의 식을 그대로 사용할 수 있다.

[정리 6-5]의 식을 이용하여 신뢰구간을 구하는 경우, 표본에 따라 $\overline{X}$와 S가 변하므로 신뢰구간도 변한다. 따라서 신뢰구간을 반복하여 구할 때 모평균 μ를 포함하지 않는 신뢰구간도 있지만 전체의 약 $100(1-\alpha)\%$ 정도는 모평균 μ를 포함할 것으로 기대할 수 있다.

그러나 표본의 크기 n이 소표본($n < 30$)일 경우에는 모집단이 정규분포를 따르더라도 σ 대신 S를 대입한 결과가 정규분포와는 크게 다를 수 있다. 이 경우에는 다른 분포가 필요하다. 따라서 Z-통계량에서 σ 대신 S를 대입한 다음과 같은 T-통계량을 이용한다.

$$T = \frac{\overline{X} - \mu}{S/\sqrt{n}}$$

T-통계량은 자유도 $(n-1)$인 t-분포를 따른다. 그러므로 임의의 양수 $\alpha\,(0 < \alpha < 1)$에 대하여 다음이 성립한다.

$$P\left(-t_{\alpha/2}(n-1) < T < t_{\alpha/2}(n-1)\right) = 1 - \alpha \qquad (6.1)$$

이를 그래프로 나타내면 [그림 6-5]와 같다.

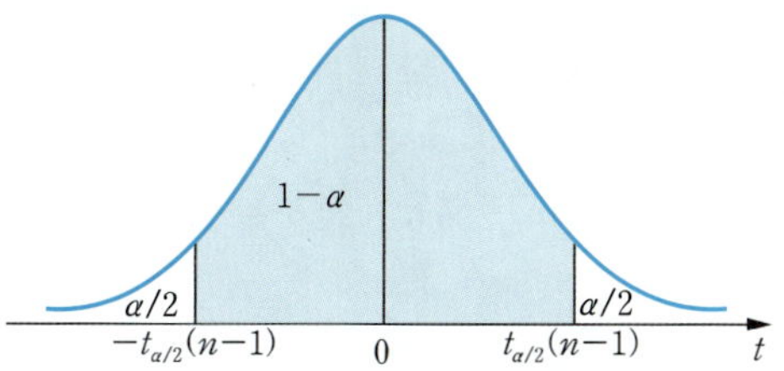

[그림 6-5] t-분포에서 $P\left(-t_{\alpha/2}(n-1) < T < t_{\alpha/2}(n-1)\right)$에 해당하는 영역의 넓이

식 (6.1)에 T-통계량을 대입하면 다음과 같다.

$$\mathrm{P}\left(-t_{\alpha/2}(n-1) < \frac{\overline{X}-\mu}{S/\sqrt{n}} < t_{\alpha/2}(n-1)\right) = 1-\alpha$$

여기서 $t_{\alpha/2}(n-1)$은 자유도 $(n-1)$인 t-분포의 오른쪽 꼬리 넓이가 $\frac{\alpha}{2}$인 점을 나타낸다. 위 식의 좌변 괄호 속 부등식을 μ에 대해 풀면 다음과 같이 쓸 수 있다.

$$\mathrm{P}\left(\overline{X} - t_{\alpha/2}(n-1)\frac{S}{\sqrt{n}} < \mu < \overline{X} + t_{\alpha/2}(n-1)\frac{S}{\sqrt{n}}\right) = 1-\alpha$$

따라서 다음과 같이 모평균의 구간추정을 구할 수 있다.

정리 6-6　모분산을 모르는 경우 모평균의 구간추정

모분산 σ^2을 모를 때, n이 소표본($n<30$)일 경우 모평균 μ의 $100(1-\alpha)\%$ 신뢰구간은 다음과 같다. 여기서 S는 표본표준편차이다.

$$\left(\overline{X} - t_{\alpha/2}(n-1)\frac{S}{\sqrt{n}},\ \overline{X} + t_{\alpha/2}(n-1)\frac{S}{\sqrt{n}}\right)$$

예제 6-10

정규 모집단 $N(\mu, \sigma^2)$에서 크기 10인 표본을 추출하여 아래와 같은 결과를 얻었을 때, 다음 물음에 답하라.

295	302	310	285	290	198	307	300	291	288

(a) 모평균의 점추정값　　(b) 모평균의 표준오차
(c) 모평균의 95% 오차한계　　(d) 모평균의 95% 신뢰구간

풀이

(a) 모평균의 점추정량은 표본평균이므로 점추정값은 다음과 같다.

$$\overline{X} = \frac{1}{n}\sum_{i=1}^{n} X_i = \frac{1}{10}(295+302+\cdots+288) = 286.6$$

(b) 표본분산을 구하면 다음과 같다.

$$S^2 = \frac{1}{n-1}\sum_{i=1}^{n}(X_i-\overline{X})^2 = \frac{1}{9}(70.56+237.16+\cdots+1.96) \fallingdotseq 1037.38$$

따라서 표본표준편차는 $S = \sqrt{1037.38} \fallingdotseq 32.2083$이고, 모평균의 표준오차는 다음과 같다.

$$\mathrm{SE}(\overline{X}) = \frac{32.2083}{\sqrt{10}} \fallingdotseq 10.185$$

(c) $t_{0.025}(9) = 2.262$이므로 모분산을 모르는 경우 모평균의 95% 오차한계는 다음과 같다.

$$t_{0.025}(n-1)\frac{S}{\sqrt{n}} = 2.262 \times 10.185 \fallingdotseq 23.038$$

(d) 모평균의 95% 신뢰구간은 추정값 ±95%에 대한 오차한계이므로 다음과 같다.

$$(286.6 - 23.038,\ 286.6 + 23.038) = (263.562,\ 309.638)$$

예제 6-11

어떤 화학공정에서 주성분의 함유량을 측정해 다음과 같은 표를 얻었다. 이 표로부터 모평균 μ의 95% 신뢰구간을 구하라.

(단위 : %)

측정 순서	측정치	(측정치)^2
1	0.5	0.25
2	1.0	1.00
3	0.9	0.81
4	0.2	0.04
5	0.7	0.49
6	0.4	0.16

풀이

$n = 6$, $\overline{X} = \frac{1}{6}(0.5 + 1.0 + 0.9 + 0.2 + 0.7 + 0.4) \fallingdotseq 0.617$이므로 표본표준편차는 다음과 같다.

$$S = \sqrt{\frac{1}{n-1}\left\{\sum_{i=1}^{n} X_i^2 - \frac{\left(\sum_{i=1}^{n} X_i\right)^2}{n}\right\}} = \sqrt{\frac{1}{5}\left\{2.75 - \frac{(3.7)^2}{6}\right\}} \fallingdotseq 0.306$$

$t_{0.025}(5) = 2.571$이므로 [정리 6-6]에 따라 모평균 μ의 95% 신뢰구간은 다음과 같다.

$$0.617 - 2.571 \times \frac{0.306}{\sqrt{6}} < \mu < 0.617 + 2.571 \times \frac{0.306}{\sqrt{6}}$$

$$0.296 < \mu < 0.938$$

6.3 모평균 차의 추정

각각 정규분포 $N(\mu_1, \sigma_1^2)$, $N(\mu_2, \sigma_2^2)$을 따르면서 서로 독립인 두 모집단에서 두 모평균의 차인 $\mu_1 - \mu_2$의 신뢰구간을 두 모분산 σ_1^2과 σ_2^2을 아는 경우와 모르는 경우로 나누어서 살펴보자. 또한 두 모평균을 비교할 때 두 모집단이 서로 독립이 아닌 경우에 사용하는 **짝비교**(paired comparison) 방법을 이용하여 모평균 차의 신뢰구간을 구해보자.

두 모분산 σ_1^2과 σ_2^2을 아는 경우

각각 정규분포 $N(\mu_1, \sigma_1^2)$, $N(\mu_2, \sigma_2^2)$을 따르는 두 모집단에 대하여 크기가 각각 n_1, n_2이고 서로 독립인 두 확률표본의 표본평균을 각각 $\overline{X_1}$, $\overline{X_2}$라 하면, 통계량 $\overline{X_1} - \overline{X_2}$의 기댓값과 분산은 각각 다음과 같다.

$$E(\overline{X_1} - \overline{X_2}) = \mu_1 - \mu_2$$

$$Var(\overline{X_1} - \overline{X_2}) = \frac{\sigma_1^2}{n_1} + \frac{\sigma_2^2}{n_2}$$

$\overline{X_1} - \overline{X_2}$를 표준화한 Z-통계량은 다음과 같이 표준정규분포 $N(0, 1)$을 따른다.

$$Z = \frac{(\overline{X_1} - \overline{X_2}) - (\mu_1 - \mu_2)}{\sqrt{\dfrac{\sigma_1^2}{n_1} + \dfrac{\sigma_2^2}{n_2}}} \sim N(0, 1)$$

따라서 표준정규분포의 성질로부터 임의의 양수 $\alpha\,(0 < \alpha < 1)$에 대하여 다음이 성립한다.

$$P(-z_{\alpha/2} < Z < z_{\alpha/2}) = 1 - \alpha$$

위 식에 Z-통계량을 대입하여 좌변 괄호 속 부등식을 $\mu_1 - \mu_2$에 대해 풀면 다음과 같이 쓸 수 있다.

$$P\left((\overline{X_1} - \overline{X_2}) - z_{\alpha/2}\sqrt{\frac{\sigma_1^2}{n_1} + \frac{\sigma_2^2}{n_2}} < \mu_1 - \mu_2 < (\overline{X_1} - \overline{X_2}) + z_{\alpha/2}\sqrt{\frac{\sigma_1^2}{n_1} + \frac{\sigma_2^2}{n_2}}\right) = 1 - \alpha$$

따라서 모평균 차의 구간추정은 다음과 같이 구할 수 있다.

정리 6-7 두 모분산을 아는 경우 모평균 차의 구간추정

모분산 σ_1^2과 σ_2^2을 알 때, 모평균 차 $\mu_1 - \mu_2$의 $100(1-\alpha)\%$ 신뢰구간은 다음과 같다.

$$\left((\overline{X_1} - \overline{X_2}) - z_{\alpha/2}\sqrt{\frac{\sigma_1^2}{n_1} + \frac{\sigma_2^2}{n_2}},\ (\overline{X_1} - \overline{X_2}) + z_{\alpha/2}\sqrt{\frac{\sigma_1^2}{n_1} + \frac{\sigma_2^2}{n_2}} \right)$$

또한 정규분포를 따르지 않는 두 모집단에서 모분산 σ_1^2과 σ_2^2을 알 때, 모평균 차 $\mu_1 - \mu_2$의 신뢰구간은 n_1, n_2가 대표본($n_1 \geq 30$, $n_2 \geq 30$)일 경우 중심극한정리에 의해 [정리 6-7]의 식을 그대로 사용한다.

예제 6-12

정규분포 $N(\mu_1, 0.04)$, $N(\mu_2, 0.01)$을 따르는 두 모집단에 대하여 크기가 각각 16, 25이고 서로 독립인 두 확률표본의 표본평균을 각각 $\overline{X_1} = 32$, $\overline{X_2} = 29$라 할 때, 다음 물음에 답하라.

(a) 모평균 차의 점추정값을 구하라.

(b) $\overline{X_1} - \overline{X_2}$의 표준오차를 구하라.

(c) $|(\overline{X_1} - \overline{X_2}) - (\mu_1 - \mu_2)|$의 95% 오차한계를 구하라.

(d) $\mu_1 - \mu_2$의 95% 신뢰구간을 구하라.

풀이

(a) $\overline{X_1} = 32$, $\overline{X_2} = 29$이므로 $\mu_1 - \mu_2$의 점추정값은 $\hat{\mu}_1 - \hat{\mu}_2 = \overline{X_1} - \overline{X_2} = 32 - 29 = 3$이다.

(b) $\sigma_1^2 = 0.04$, $\sigma_2^2 = 0.01$이고 $n_1 = 16$, $n_2 = 25$이므로 표준오차는 다음과 같다.

$$\mathrm{SE}(\overline{X_1} - \overline{X_2}) = \sqrt{\frac{0.04}{16} + \frac{0.01}{25}} = \sqrt{0.0025 + 0.0004} = \sqrt{0.0029} \fallingdotseq 0.0539$$

(c) $|(\overline{X_1} - \overline{X_2}) - (\mu_1 - \mu_2)|$의 95% 오차한계는 다음과 같다.

$$z_{0.025}\sqrt{\frac{\sigma_1^2}{n_1} + \frac{\sigma_2^2}{n_2}} = 1.96 \times \mathrm{SE}(\overline{X_1} - \overline{X_2}) = 1.96 \times 0.0539 = 0.1055$$

(d) $\mu_1 - \mu_2$의 95% 신뢰구간은 추정량 ± 95% 오차한계이므로 다음과 같다.

$$(3 - 0.1055,\ 3 + 0.1055) = (2.8945,\ 3.1055)$$

두 모분산 σ_1^2과 σ_2^2을 모르는 경우

각각 정규분포 $N(\mu_1, \sigma_1^2)$, $N(\mu_2, \sigma_2^2)$을 따르는 두 모집단에 대하여 두 모분산 σ_1^2과 σ_2^2을 모를 때, 모평균 차 $\mu_1 - \mu_2$의 신뢰구간을 구해보자. 우선 두 정규 모집단으로부터 추출한 표본의 크기 n_1, n_2가 대표본($n_1 \geq 30$, $n_2 \geq 30$)일 경우 $\mu_1 - \mu_2$의 $100(1-\alpha)\%$ 신뢰구간은 모표준편차 σ_1과 σ_2 대신 표본표준편차 S_1과 S_2를 대입하여 다음과 같이 구할 수 있다.

정리 6-8 두 모분산을 모르는 경우 모평균 차의 구간추정

모분산 σ_1^2과 σ_2^2을 모를 때, n_1, n_2가 대표본($n_1 \geq 30$, $n_2 \geq 30$)일 경우 모평균 차 $\mu_1 - \mu_2$의 $100(1-\alpha)\%$ 신뢰구간은 다음과 같다.

$$\left((\overline{X_1} - \overline{X_2}) - z_{\alpha/2}\sqrt{\frac{S_1^2}{n_1} + \frac{S_2^2}{n_2}},\ (\overline{X_1} - \overline{X_2}) + z_{\alpha/2}\sqrt{\frac{S_1^2}{n_1} + \frac{S_2^2}{n_2}} \right)$$

또한 정규분포를 따르지 않는 두 모집단에서 n_1, n_2가 대표본일 경우, 중심극한정리에 의해 $\overline{X_1} - \overline{X_2}$는 근사적으로 정규분포를 따르므로 모표준편차 σ_1과 σ_2는 표본표준편차 S_1과 S_2로 추정할 수 있다. 따라서 $\mu_1 - \mu_2$의 구간추정은 [정리 6-8]의 식을 그대로 사용할 수 있다.

예제 6-13

보조배터리를 만드는 두 회사 A와 B가 있다. 두 회사 A와 B가 만든 보조배터리를 각각 50개, 60개씩 임의로 추출하여 보조배터리 사용 시간의 표본평균을 구했더니, A회사는 $\overline{X_1} = 15$(시간)이고 B회사는 $\overline{X_2} = 14$(시간)이었다. 모분산이 각각 $\sigma_1^2 = 1$(시간)이고 $\sigma_2^2 = 1.5$(시간)일 때, 두 회사 A와 B가 만든 보조배터리의 사용 시간의 모평균 차인 $\mu_1 - \mu_2$의 95% 신뢰구간을 구하라.

풀이

[정리 6-8]에 따라 $\mu_1 - \mu_2$의 95% 신뢰구간은 다음과 같다.

$$(15-14) - 1.96 \times \sqrt{\frac{1}{50} + \frac{1.5}{60}} < \mu_1 - \mu_2 < (15-14) + 1.96 \times \sqrt{\frac{1}{50} + \frac{1.5}{60}}$$

$$1 - 0.4597 < \mu_1 - \mu_2 < 1 + 0.4597$$

$$0.5403 < \mu_1 - \mu_2 < 1.4597$$

예제 6-14

정수기 필터를 생산하는 두 회사 A와 B에서 생산한 필터의 수명을 비교하기 위해 두 회사의 필터를 각각 50개씩 임의로 추출하여 수명을 조사하였더니 아래와 같았다. 다음 물음에 답하라.

$$A \ : \ \overline{X_1} = 189, \ S_1 = 6$$
$$B \ : \ \overline{X_2} = 183, \ S_2 = 4$$

(a) 두 회사 A와 B에서 생산하는 정수기 필터의 평균 수명의 차 $\mu_1 - \mu_2$를 추정하라.
(b) $\overline{X_1} - \overline{X_2}$의 표준오차를 구하라.
(c) $|(\overline{X_1} - \overline{X_2}) - (\mu_1 - \mu_2)|$의 95% 오차한계를 구하라.
(d) $\mu_1 - \mu_2$의 95% 신뢰구간을 구하라.

풀이

(a) $\mu_1 - \mu_2$의 추정값은 $\overline{X_1} - \overline{X_2} = 189 - 183 = 6$이다.

(b) 표준오차는 $\sqrt{\dfrac{6^2}{50} + \dfrac{4^2}{50}} \fallingdotseq 1.0198$이다.

(c) $|(\overline{X_1} - \overline{X_2}) - (\mu_1 - \mu_2)|$의 95% 오차한계는 표본의 크기가 크므로 다음과 같다.

$$z_{0.025}\sqrt{\frac{S_1^2}{n_1} + \frac{S_2^2}{n_2}} = 1.96 \times \mathrm{SE}(\overline{X_1} - \overline{X_2}) = 1.96 \times 1.0198 = 1.9988$$

(d) [정리 6-8]을 이용하여 $\mu_1 - \mu_2$의 95% 신뢰구간을 구하면 다음과 같다.

$$(189 - 183) - 1.96 \times 1.0198 < \mu_1 - \mu_2 < (189 - 183) + 1.96 \times 1.0198$$
$$6 - 1.9988 < \mu_1 - \mu_2 < 6 + 1.9988$$
$$4.0012 < \mu_1 - \mu_2 < 7.9988$$

한편 표본의 크기 n_1, n_2가 소표본$(n_1 < 30, n_2 < 30)$일 경우, 두 모평균 차의 추정에서는 $\overline{X_1} - \overline{X_2}$를 표준화한 Z-통계량을 사용할 수 없고 t-분포를 이용해야 한다. 따라서 $\sigma_1^2 = \sigma_2^2$인 경우와 $\sigma_1^2 \neq \sigma_2^2$인 경우로 나누어서 신뢰구간을 구해보자.

두 모분산 σ_1^2과 σ_2^2을 모르지만 $\sigma_1^2 = \sigma_2^2$인 경우

두 모집단의 모분산을 모르지만 같다고($\sigma_1^2 = \sigma_2^2$) 가정할 수 있을 때, 공통분산의 추정은 다음과 같은 합동표본분산 S_p^2을 이용한다.

$$S_p^2 = \frac{(n_1 - 1)S_1^2 + (n_2 - 1)S_2^2}{n_1 + n_2 - 2}$$

합동표본분산 S_p^2을 이용하여 $\overline{X_1} - \overline{X_2}$를 표준화한 T-통계량은 다음과 같다.

$$T = \frac{(\overline{X_1} - \overline{X_2}) - (\mu_1 - \mu_2)}{S_p\sqrt{\dfrac{1}{n_1} + \dfrac{1}{n_2}}}$$

통계량 T는 자유도 $(n_1 + n_2 - 2)$인 t-분포를 따른다. 따라서 임의의 양수 $\alpha\,(0 < \alpha < 1)$에 대하여 다음이 성립한다.

$$\mathrm{P}\left(-t_{\alpha/2}(n_1 + n_2 - 2) < \frac{(\overline{X_1} - \overline{X_2}) - (\mu_1 - \mu_2)}{S_p\sqrt{\dfrac{1}{n_1} + \dfrac{1}{n_2}}} < t_{\alpha/2}(n_1 + n_2 - 2)\right) = 1 - \alpha$$

위 식의 좌변 괄호 속 부등식을 $\mu_1 - \mu_2$에 대해 풀면 다음과 같이 쓸 수 있다.

$$\mathrm{P}\left((\overline{X_1} - \overline{X_2}) - t_{\alpha/2}(n_1 + n_2 - 2)\,S_p\sqrt{\frac{1}{n_1} + \frac{1}{n_2}} < \mu_1 - \mu_2 < (\overline{X_1} - \overline{X_2}) + t_{\alpha/2}(n_1 + n_2 - 2)\,S_p\sqrt{\frac{1}{n_1} + \frac{1}{n_2}}\right) = 1 - \alpha$$

정리 6-9 두 모분산을 모르지만 $\sigma_1^2 = \sigma_2^2$인 경우 모평균 차의 구간추정

두 모분산 σ_1^2, σ_2^2을 모르지만 $\sigma_1^2 = \sigma_2^2$일 때, n_1, n_2가 소표본($n_1 < 30$, $n_2 < 30$)이면 두 모평균 차 $\mu_1 - \mu_2$의 $(1-\alpha)100\%$ 신뢰구간은 다음과 같다.

$$\left((\overline{X_1} - \overline{X_2}) - t_{\alpha/2}(n_1 + n_2 - 2)\,S_p\sqrt{\frac{1}{n_1} + \frac{1}{n_2}},\ (\overline{X_1} - \overline{X_2}) + t_{\alpha/2}(n_1 + n_2 - 2)\,S_p\sqrt{\frac{1}{n_1} + \frac{1}{n_2}}\right)$$

예제 6-15

두 종류의 휘발유 첨가제 A와 B가 자동차의 주행거리를 얼마나 증가시키는지를 조사하려고 한다. 10종류의 자동차를 임의로 두 그룹으로 나누어 실험을 실시하여 1L당 평균 주행거리를 조사한 결과가 아래 표와 같았다. 휘발유 첨가제에 따른 자동차의 평균 주행거리는 분산이 서로 같은 정규분포를 따른다고 가정할 때, 다음 물음에 답하라.

(단위 : km)

A 자동차	13	14	9	11	13
B 자동차	9	10	12	11	8

(a) 휘발유 첨가제에 따른 자동차의 평균 주행거리의 차 $\mu_1 - \mu_2$를 추정하라.

(b) $\mu_1 - \mu_2$의 95% 신뢰구간을 구하라.

풀이

(a) $\overline{X_1} = \frac{1}{5}(13+14+9+11+13) = 12$, $\overline{X_2} = \frac{1}{5}(9+10+12+11+8) = 10$이므로 $\mu_1 - \mu_2$의 추정값은 다음과 같다.

$$\overline{X_1} - \overline{X_2} = 12 - 10 = 2$$

(b) 신뢰구간을 구하기 위해 필요한 값을 구하면 다음과 같다.

$$S_1^2 = \frac{1}{5-1}\{(13-12)^2 + (14-12)^2 + \cdots + (13-12)^2\} = 4$$

$$S_2^2 = \frac{1}{5-1}\{(9-10)^2 + (10-10)^2 + \cdots + (8-10)^2\} = 2.5$$

$$S_p^2 = \frac{(5-1)\times 4 + (5-1)\times 2.5}{5+5-2} = 3.15$$

$S_p \fallingdotseq 1.775$, $t_{0.025}(8) = 2.306$이므로 [정리 6-9]에 따라 $\mu_1 - \mu_2$의 95% 신뢰구간은 다음과 같다.

$$(12-10) - (2.306)(1.775)\times\sqrt{\frac{1}{5}+\frac{1}{5}} < \mu_1 - \mu_2 < (12-10) + (2.306)(1.775)\times\sqrt{\frac{1}{5}+\frac{1}{5}}$$

$$2 - 2.589 < \mu_1 - \mu_2 < 2 + 2.589$$

$$-0.589 < \mu_1 - \mu_2 < 4.589$$

두 모분산 σ_1^2과 σ_2^2을 모르지만 $\sigma_1^2 \neq \sigma_2^2$인 경우

$\sigma_1^2 \neq \sigma_2^2$일 때 다음 T-통계량은 근사적으로 t-분포를 따른다는 성질을 이용한다.

$$T = \frac{(\overline{X_1} - \overline{X_2}) - (\mu_1 - \mu_2)}{\sqrt{\dfrac{S_1^2}{n_1} + \dfrac{S_2^2}{n_2}}}$$

정리 6-10 두 모분산을 모르지만 $\sigma_1^2 \neq \sigma_2^2$인 경우 모평균 차의 구간추정

두 모분산 σ_1^2, σ_2^2을 모르지만 $\sigma_1^2 \neq \sigma_2^2$일 때, n_1, n_2가 소표본($n_1 < 30$, $n_2 < 30$)이면 두 모평균 차 $\mu_1 - \mu_2$의 $100(1-\alpha)\%$ 신뢰구간은 다음과 같다.

$$\left((\overline{X_1} - \overline{X_2}) - t_{\alpha/2}(n^*)\sqrt{\frac{S_1^2}{n_1} + \frac{S_2^2}{n_2}},\ (\overline{X_1} - \overline{X_2}) + t_{\alpha/2}(n^*)\sqrt{\frac{S_1^2}{n_1} + \frac{S_2^2}{n_2}} \right)$$

이때 자유도 n^*는 근사적으로 다음과 같다. 만약 n^*가 정수가 아니라면 n^*를 넘지 않는 최대정수를 자유도로 선택한다.

$$n^* = \frac{\left(\dfrac{S_1^2}{n_1} + \dfrac{S_2^2}{n_2} \right)^2}{\dfrac{(S_1^2/n_1)^2}{n_1 - 1} + \dfrac{(S_2^2/n_2)^2}{n_2 - 1}}$$

짝비교에 의한 모평균 차의 구간추정

두 모평균의 비교에 있어서 두 모집단이 서로 독립이 아닌 경우에 짝비교 방법을 이용한다. 예를 들어 실험의 효과를 알아보기 위한 실험 전과 후의 비교, 왼손과 오른손의 악력 비교 등 한 개체에서 그 처리 효과를 비교할 때 짝비교 방법을 사용한다. 짝비교의 경우 하나의 짝의 실험 단위에는 처리 $1(X_1)$을, 다른 실험 단위에는 처리 $2(X_2)$를 적용하고, 각 짝에서 얻은 관측값의 차($D = X_1 - X_2$)를 이용하여 두 처리를 비교한다. 짝비교에서의 자료 구조는 다음과 같다.

[표 6-1] 짝비교에서의 자료 구조

짝	처리 1(X_1)	처리 2(X_2)	차($D=X_1-X_2$)
1	X_{11}	X_{21}	$D_1=X_{11}-X_{21}$
2	X_{12}	X_{22}	$D_2=X_{12}-X_{22}$
⋮	⋮	⋮	⋮
n	X_{1n}	X_{2n}	$D_n=X_{1n}-X_{2n}$

두 확률변수 X_1과 X_2가 정규분포를 따른다고 가정할 때, $D_i=X_{1i}-X_{2i}$는 정규분포 $\mathrm{N}(\mu_1-\mu_2,\ \sigma_D^2)$을 따른다. 이때 σ_D^2은 알고 있다고 가정한다. 또한 짝 $(X_{1i},\ X_{2i})$는 서로 독립적으로 추출하며 X_{1i}와 X_{2i}는 일반적으로 강한 양의 상관관계를 갖는다.

$D_1, D_2, \cdots, D_n$의 표본평균 $\overline{D}=\frac{1}{n}\sum_{i=1}^{n}D_i$는 정규분포 $\mathrm{N}\left(\mu_1-\mu_2,\ \frac{\sigma_D^2}{n}\right)$을 따르고, 이를 표준화한 다음 Z-통계량은 표준정규분포 $\mathrm{N}(0,\ 1)$을 따른다.

$$Z=\frac{\overline{D}-(\mu_1-\mu_2)}{\sigma_D/\sqrt{n}}$$

따라서 표준정규분포의 성질로부터 임의의 양수 $\alpha\,(0<\alpha<1)$에 대하여 다음이 성립한다.

$$\mathrm{P}(-z_{\alpha/2}<Z<z_{\alpha/2})=1-\alpha$$

위 식에 Z-통계량을 대입하여 좌변 괄호 속 부등식을 $\mu_1-\mu_2$에 대해 풀면 다음과 같이 쓸 수 있다.

$$\mathrm{P}\left(\overline{D}-z_{\alpha/2}\frac{\sigma_D}{\sqrt{n}}<\mu_1-\mu_2<\overline{D}+z_{\alpha/2}\frac{\sigma_D}{\sqrt{n}}\right)=1-\alpha$$

정리 6-11 짝비교에 의한 모평균 차의 구간추정

두 모평균 차 $\mu_1-\mu_2$의 $100(1-\alpha)\%$ 신뢰구간은 다음과 같다.

$$\left(\overline{D}-z_{\alpha/2}\frac{\sigma_D}{\sqrt{n}},\ \ \overline{D}+z_{\alpha/2}\frac{\sigma_D}{\sqrt{n}}\right)$$

실제로 σ_D^2을 모르는 경우에는 다음 T-통계량을 이용한다.

$$T = \frac{\overline{D} - (\mu_1 - \mu_2)}{S_D / \sqrt{n}}$$

통계량 T는 자유도 $(n-1)$인 t-분포를 따른다. 따라서 같은 방법으로 두 모평균 차 $\mu_1 - \mu_2$의 $100(1-\alpha)\%$ 신뢰구간을 구하면 다음과 같다.

$$\left(\overline{D} - t_{\alpha/2}(n-1)\frac{S_D}{\sqrt{n}},\ \overline{D} + t_{\alpha/2}(n-1)\frac{S_D}{\sqrt{n}} \right)$$

여기서 $S_D^2 = \dfrac{1}{n-1}\sum_{i=1}^{n}(D_i - \overline{D})^2$이다.

예제 6-16

A 대학교에서는 chatGPT를 활용한 교육 프로그램을 통해 실제로 학생들의 학업능력이 향상되는지 알아보고자 한다. 이를 위해 chatGPT를 활용한 교육 프로그램에 참여한 학생 중 임의의 10명을 대상으로 교육을 받기 전과 후의 학업능력을 100점 만점으로 환산한 다음 자료를 얻었다. 이때 chatGPT를 활용한 교육을 받기 전과 후에 대한 학업능력 차이의 95% 신뢰구간을 구하라.

(단위 : 점)

학생	1	2	3	4	5	6	7	8	9	10
교육 전 점수	75	70	88	85	95	65	87	70	95	85
교육 후 점수	80	80	90	90	90	60	90	85	90	93

풀이

먼저 신뢰구간을 구하기 위해 필요한 값을 구하면 다음과 같다.

$$\overline{D} = \frac{1}{10}(-5-10+\cdots-8) = -3.3,\ \ t_{0.025}(9) = 2.262,$$

$$S_D^2 = \frac{1}{9}\{(-5+3.3)^2 + (-10+3.3)^2 + \cdots + (-8+3.3)^2\} \fallingdotseq 46.456$$

[정리 6-11]에 따라 $\mu_1 - \mu_2$의 95% 신뢰구간은 다음과 같다.

$$-3.3 - 2.262 \times \frac{\sqrt{46.456}}{\sqrt{10}} < \mu_1 - \mu_2 < -3.3 + 2.262 \times \frac{\sqrt{46.456}}{\sqrt{10}}$$

$$-3.3 - 4.875 < \mu_1 - \mu_2 < -3.3 + 4.875$$

$$-8.175 < \mu_1 - \mu_2 < 1.575$$

6.4 모비율의 추정

모비율은 어떤 정부 시책에 대한 국민의 지지율이나 어떤 상품의 시장 점유율, 또는 부품 생산에서의 불량률 등과 같이 모집단에서 어떤 특정 속성을 갖는 비율을 말한다. 따라서 모비율의 추정은 여론조사, 시장조사, 품질관리 등의 다양한 분야에서 쓰인다. 어떤 특정한 속성의 모비율이 p인 무한 모집단으로부터 n개의 확률표본을 추출했을 때, 특정한 속성을 갖는 개체의 총수를 X라 하면 확률변수 X는 이항분포 $\mathrm{B}(n, p)$를 따른다. 이때 모비율의 추정량인 표본비율은 5.5절에서 다음과 같이 정의하였다.

$$\hat{p} = \frac{X}{n}$$

확률변수 X가 이항분포 $\mathrm{B}(n, p)$를 따를 때, 다음이 성립한다.

$$\mathrm{E}(X) = np$$
$$\mathrm{Var}(X) = np(1-p)$$

따라서 표본비율 $\hat{p}$의 평균과 분산은 각각 다음과 같다.

$$\mathrm{E}(\hat{p}) = p$$
$$\mathrm{Var}(\hat{p}) = \frac{p(1-p)}{n}$$

그러므로 $\hat{p}$은 모비율 p의 불편추정량이고, $\hat{p}$의 표준오차는 $\sqrt{\frac{p(1-p)}{n}}$이며 표준오차의 추정값은 $\sqrt{\frac{\hat{p}(1-\hat{p})}{n}}$임을 알 수 있다.

이항 모집단의 모비율 p의 점추정량이 $\hat{p} = \frac{X}{n}$이고 표본의 크기 n이 대표본일 때, 확률변수 X의 분포는 근사적으로 정규분포 $\mathrm{N}(np, np(1-p))$에 가까워진다. 따라서 표본비율 $\hat{p}$의 분포는 근사적으로 정규분포 $\mathrm{N}\left(p, \frac{p(1-p)}{n}\right)$를 따른다는 사실이 알려져 있다.

이때 대표본의 기준은 흔히 $n\hat{p} > 5$, $n(1-\hat{p}) > 5$로 n이 충분히 큰 경우를 의미하므로

$$Z = \frac{X - np}{\sqrt{n\hat{p}(1-\hat{p})}} = \frac{\hat{p} - p}{\sqrt{\frac{\hat{p}(1-\hat{p})}{n}}}$$

는 근사적으로 표준정규분포를 따른다. 따라서 임의의 양수 $\alpha\,(0 < \alpha < 1)$에 대하여 다음이 성립한다.

$$P\left(-z_{\alpha/2} < \frac{\hat{p}-p}{\sqrt{\frac{\hat{p}(1-\hat{p})}{n}}} < z_{\alpha/2}\right) = 1-\alpha$$

좌변의 괄호 속 부등식을 p에 대해 풀면 다음과 같다.

$$P\left(\hat{p}-z_{\alpha/2}\sqrt{\frac{\hat{p}(1-\hat{p})}{n}} < p < \hat{p}+z_{\alpha/2}\sqrt{\frac{\hat{p}(1-\hat{p})}{n}}\right) = 1-\alpha$$

따라서 모비율의 구간추정은 다음과 같이 구할 수 있다.

정리 6-12 모비율의 구간추정

n이 대표본$(n \geq 30)$일 경우 모비율 p의 $100(1-\alpha)\%$ 신뢰구간은 다음과 같다.

$$\left(\hat{p}-z_{\alpha/2}\sqrt{\frac{\hat{p}(1-\hat{p})}{n}},\ \hat{p}+z_{\alpha/2}\sqrt{\frac{\hat{p}(1-\hat{p})}{n}}\right)$$

예제 6-17

어떤 공정에서 제조한 로트로부터 100개의 표본을 취하여 검사한 결과, 2개의 불량품이 나왔다. 모불량률의 95% 신뢰구간을 구하라.

풀이

$\hat{p} = \frac{2}{100} = 0.02$ 이고 $z_{\alpha/2} = z_{0.025} = 1.96$ 이므로, [정리 6-12]에 따라 모불량률 p의 95% 신뢰구간은 다음과 같다.

$$0.02 - 1.96 \times \sqrt{\frac{0.02 \times 0.98}{100}} < p < 0.02 + 1.96 \times \sqrt{\frac{0.02 \times 0.98}{100}}$$

$$0.02 - 0.02744 < p < 0.02 + 0.02744$$

$$-0.00744 < p < 0.04744$$

예제 6-18

어떤 인터넷 쇼핑몰에서 새로운 상품 하나를 선정하여 판매하고자 한다. 이 회사의 주요 고객 중 임의로 250명을 추출하여 상품을 안내하고 구매 의사를 확인한 결과, 70명의 고객이 구입 희망 의사를 밝혔다. 이 조사로부터 그 상품에 대한 구입 희망 모비율을 추정하려고 할 때, 다음 물음에 답하라.

(a) 모비율의 추정량을 구하라.
(b) 추정량의 표준오차를 구하라.
(c) 모비율의 95% 오차한계를 구하라.
(d) 모비율의 95% 신뢰구간을 구하라.

풀이

(a) 모비율의 추정량은 표본비율이므로 $\hat{p}=\dfrac{70}{250}=0.28$이다.

(b) $\hat{p}$의 추정된 표준오차는 $\sqrt{\dfrac{\hat{p}(1-\hat{p})}{n}}=\sqrt{\dfrac{0.28\times 0.72}{250}}\fallingdotseq 0.028$이다.

(c) 모비율의 95% 오차한계는 $z_{0.025}\sqrt{\dfrac{\hat{p}(1-\hat{p})}{n}}=1.96\times 0.028\fallingdotseq 0.055$이다.

(d) 모비율 p의 95% 신뢰구간은 추정량 ± 95% 오차한계이므로 $(0.225,\ 0.335)$이다.

예제 6-19

어느 지역의 고용지원센터에서 그 지역의 실업률을 알아보기 위해 노동 인구 500명을 대상으로 조사하였더니 실업자가 48명이었다. 이 자료로부터 그 지역의 실업률에 대한 95% 신뢰구간을 구하라.

풀이

실업률의 추정량은 $\hat{p}=\dfrac{48}{500}=0.096$이고 $z_{\alpha/2}=z_{0.025}=1.96$이다. [정리 6-12]에 따라 모실업률 p의 95% 신뢰구간은 다음과 같다.

$$0.096-1.96\times\sqrt{\frac{0.096\times 0.904}{500}}<p<0.096+1.96\times\sqrt{\frac{0.096\times 0.904}{500}}$$
$$0.096-0.0258<p<0.096+0.0258$$
$$0.0702<p<0.1218$$

예제 6-20

어느 저수지에서 붕어 50마리를 포획하고 붕어에 표지를 단 다음 풀어 주었다. 시간이 흐른 후 다시 붕어 100마리를 잡았을 때 표지를 달고 있는 붕어가 20마리였다고 한다. 표지를 달고 있는 붕어가 저수지에 골고루 분포되어 있다고 가정할 때, 이 저수지에 사는 전체 붕어의 수를 신뢰도 95%의 신뢰구간으로 추정하라.

풀이

전체 붕어 중 표지를 단 붕어의 모비율을 p라 하면 $n=100$, $\hat{p}=\dfrac{20}{100}=0.2$이므로 모비율 p의 95% 신뢰구간은 다음과 같다.

$$0.2-1.96\sqrt{\frac{0.2\times 0.8}{100}} < p < 0.2+1.96\sqrt{\frac{0.2\times 0.8}{100}}$$
$$0.1216 < p < 0.2784$$

따라서 저수지에 사는 전체 붕어의 수를 N이라고 하면 $p=\dfrac{50}{N}$이므로 다음이 성립한다.

$$0.1216 < \frac{50}{N} < 0.2784$$
$$179.59\cdots < N < 411.18\cdots$$

그러므로 저수지에 사는 전체 붕어의 수는 180마리 이상 411마리 이하로 추정할 수 있다.

6.5 모비율 차의 추정

두 이항 모집단으로부터 추출한 크기가 n_1, n_2이고 서로 독립인 확률표본의 표본비율을 각각 $\hat{p}_1, \hat{p}_2$이라 하면 통계량 $\hat{p}_1 - \hat{p}_2$의 기댓값과 분산은 다음과 같다.

$$\mathrm{E}(\hat{p}_1 - \hat{p}_2) = p_1 - p_2$$

$$\mathrm{Var}(\hat{p}_1 - \hat{p}_2) = \frac{p_1(1-p_1)}{n_1} + \frac{p_2(1-p_2)}{n_2}$$

표본의 크기 n_1, n_2가 충분히 클 때, $\hat{p}_1 - \hat{p}_2$을 표준화한 다음 Z-통계량은 근사적으로 표준정규분포를 따른다.

$$Z = \frac{(\hat{p}_1 - \hat{p}_2) - (p_1 - p_2)}{\sqrt{\dfrac{\hat{p}_1(1-\hat{p}_1)}{n_1} + \dfrac{\hat{p}_2(1-\hat{p}_2)}{n_2}}}$$

따라서 임의의 양수 $\alpha(0 < \alpha < 1)$에 대하여 다음이 성립한다.

$$\mathrm{P}\left(-z_{\alpha/2} < \frac{(\hat{p}_1 - \hat{p}_2) - (p_1 - p_2)}{\sqrt{\dfrac{\hat{p}_1(1-\hat{p}_1)}{n_1} + \dfrac{\hat{p}_2(1-\hat{p}_2)}{n_2}}} < z_{\alpha/2}\right) = 1 - \alpha$$

그러므로 좌변의 괄호 속 부등식을 $p_1 - p_2$에 대해 풀면 다음과 같다.

$$\mathrm{P}\left((\hat{p}_1 - \hat{p}_2) - z_{\alpha/2}\sqrt{\frac{\hat{p}_1(1-\hat{p}_1)}{n_1} + \frac{\hat{p}_2(1-\hat{p}_2)}{n_2}} < p_1 - p_2 < (\hat{p}_1 - \hat{p}_2) + z_{\alpha/2}\sqrt{\frac{\hat{p}_1(1-\hat{p}_1)}{n_1} + \frac{\hat{p}_2(1-\hat{p}_2)}{n_2}}\right) = 1 - \alpha$$

정리 6-13 모비율 차의 구간추정

n_1, n_2가 대표본($n_1 \geq 30$, $n_2 \geq 30$)일 경우 두 모비율 차 $p_1 - p_2$의 $100(1-\alpha)\%$ 신뢰구간은 다음과 같다.

$$\left((\hat{p}_1 - \hat{p}_2) - z_{\alpha/2}\sqrt{\frac{\hat{p}_1(1-\hat{p}_1)}{n_1} + \frac{\hat{p}_2(1-\hat{p}_2)}{n_2}},\ (\hat{p}_1 - \hat{p}_2) + z_{\alpha/2}\sqrt{\frac{\hat{p}_1(1-\hat{p}_1)}{n_1} + \frac{\hat{p}_2(1-\hat{p}_2)}{n_2}} \right)$$

예제 6-21

전기자동차용 배터리를 생산하는 어느 공장은 2개의 생산라인을 갖고 있다. 다음 표는 두 생산라인의 생산 정밀도를 조사하여 불량품이 나오는 정도를 비교해 얻은 자료이다. 두 생산라인의 불량률 차의 95% 신뢰구간을 구하라.

구분 \ 생산라인	A	B
배터리 수	500	1,000
불량품 수	10	12

풀이

$\hat{p}_1 = \frac{10}{500} = 0.02$, $\hat{p}_2 = \frac{12}{1000} = 0.012$이므로, [정리 6-13]에 따라 $p_1 - p_2$의 95% 신뢰구간은 다음과 같다.

$$(0.02 - 0.012) - 1.96 \times \sqrt{\frac{0.02 \times 0.98}{500} + \frac{0.012 \times 0.988}{1000}} < p_1 - p_2 < (0.02 - 0.012) + 1.96 \times \sqrt{\frac{0.02 \times 0.98}{500} + \frac{0.012 \times 0.988}{1000}}$$

$$0.008 - 0.014 < p_1 - p_2 < 0.008 + 0.014$$

$$0 < p_1 - p_2 < 0.022$$

예제 6-22

신도시 개발 계획에 대한 여론을 수렴하기 위해 개발지역에서 100명, 인근지역에서 200명의 표본을 추출하여 계획에 대한 찬성 여부를 조사한 결과가 다음 표와 같았다. 이때 개발지역과 인근지역의 찬성률 차의 95% 신뢰구간을 구하라.

구분 \ 지역	개발지역	인근지역
조사자 수	100	200
찬성자 수	75	130

풀이

개발지역과 인근지역 찬성자 수의 모비율을 각각 p_1, p_2라 하면 각 지역의 찬성률에 대한 추정량은 다음과 같다.

$$\hat{p}_1 = \frac{75}{100} = 0.75,\ \ \hat{p}_2 = \frac{130}{200} = 0.65$$

[정리 6-13]에 따라 $p_1 - p_2$의 95% 신뢰구간은 다음과 같다.

$$(0.75 - 0.65) - 1.96\sqrt{\frac{0.75 \times 0.25}{100} + \frac{0.65 \times 0.35}{200}} < p_1 - p_2 < (0.75 - 0.65) + 1.96\sqrt{\frac{0.75 \times 0.25}{100} + \frac{0.65 \times 0.35}{200}}$$

$$0.1 - 0.1076 < p_1 - p_2 < 0.1 + 0.1076$$

$$0 < p_1 - p_2 < 0.2076$$

6.6 모분산의 추정

모평균이 μ이고 모분산이 σ^2인 모집단으로부터 추출한 크기 n인 확률표본을 $X_1, X_2, \cdots,$ X_n이라 할 때, 모분산의 추정량인 표본분산은 다음과 같이 정의한다.

$$S^2 = \frac{1}{n-1}\sum_{i=1}^{n}(X_i - \overline{X})^2$$

무한 모집단으로부터 확률표본을 추출하여 얻은 표본분산 S^2은 다음과 같은 성질을 갖는다.

$$\mathrm{E}(S^2) = \sigma^2$$

그러므로 S^2은 모분산 σ^2의 불편추정량임을 알 수 있다. 모표준편차 σ의 추정량인 **표본 표준편차**(sample standard deviation)는 다음과 같이 정의한다.

$$S = \sqrt{\frac{1}{n-1}\sum_{i=1}^{n}(X_i - \overline{X})^2}$$

이때 $\mathrm{E}(S) < \sigma$이므로 표본표준편차 S는 모표준편차 σ의 불편추정량이 아니다. 그러나 표본의 크기 n이 크면($n > 30$) 편향이 작아서 S를 σ의 추정량으로 사용할 수 있다.

모평균 μ를 아는 경우와 모르는 경우로 나누어 모분산의 구간추정을 살펴보자.

모평균 μ를 아는 경우 모분산 σ^2의 구간추정

정규분포 $\mathrm{N}(\mu, \sigma^2)$을 따르는 모집단에서 모평균 μ를 알 때, 미지의 모분산 σ^2의 신뢰구간을 구해보자. 다음과 같이 정의한 χ^2-통계량은 자유도가 n인 χ^2-분포를 따른다.

$$\chi^2 = \frac{\sum_{i=1}^{n}(X_i - \mu)^2}{\sigma^2}$$

따라서 임의의 양수 $\alpha\,(0 < \alpha < 1)$에 대하여 다음이 성립한다.

$$\mathrm{P}\left(\chi^2_{1-\alpha/2}(n) < \chi^2 < \chi^2_{\alpha/2}(n)\right) = 1 - \alpha$$

여기서 $\chi^2_{1-\alpha/2}(n)$과 $\chi^2_{\alpha/2}(n)$은 각각 $100(\alpha/2)\%$ 점과 $100(1-\alpha/2)\%$ 점이다. 앞의 식에 χ^2-통계량을 대입하면 다음과 같다.

$$P\left(\chi^2_{1-\alpha/2}(n) < \frac{\sum_{i=1}^{n}(X_i-\mu)^2}{\sigma^2} < \chi^2_{\alpha/2}(n)\right) = 1-\alpha$$

좌변의 괄호 속 부등식을 σ^2에 대해 풀면 다음과 같이 쓸 수 있다.

$$P\left(\frac{\sum_{i=1}^{n}(X_i-\mu)^2}{\chi^2_{\alpha/2}(n)} < \sigma^2 < \frac{\sum_{i=1}^{n}(X_i-\mu)^2}{\chi^2_{1-\alpha/2}(n)}\right) = 1-\alpha$$

따라서 모평균을 아는 경우 모분산의 신뢰구간은 다음과 같이 구할 수 있다.

정리 6-14 모평균을 아는 경우 모분산의 구간추정

모평균 μ를 알 때, 모분산 σ^2의 $100(1-\alpha)\%$ 신뢰구간은 다음과 같다.

$$\left(\frac{\sum_{i=1}^{n}(X_i-\mu)^2}{\chi^2_{\alpha/2}(n)},\ \frac{\sum_{i=1}^{n}(X_i-\mu)^2}{\chi^2_{1-\alpha/2}(n)}\right)$$

예제 6-23

정규분포 $N(35, \sigma^2)$을 따르는 모집단에서 크기가 10인 표본을 추출하였더니 다음과 같았다고 할 때, 모분산의 95% 신뢰구간을 구하라.

27 34 34 36 30 28 41 35 48 43

풀이

신뢰구간을 구하기 위해 주어진 관측값 X_i에 대하여 다음 표와 같이 X_i와 모평균 $\mu=35$의 편차 제곱을 각각 계산한다.

X_i	27	34	34	36	30	28	41	35	48	43
$X_i-\mu$	−8	−1	−1	1	−5	−7	6	0	13	8
$(X_i-\mu)^2$	64	1	1	1	25	49	36	0	169	64

그러면 $\sum_{i=1}^{10}(X_i-\mu)^2=410$이고 $\chi^2_{0.025}(10)=20.48$, $\chi^2_{0.975}(10)=3.25$이다. 따라서 [정리 6-14]에 따라 σ^2의 95% 신뢰구간은 다음과 같다.

$$\frac{410}{20.48}<\sigma^2<\frac{410}{3.25}$$

$$20.02<\sigma^2<126.15$$

모평균 μ를 모르는 경우 모분산 σ^2의 구간추정

정규분포 $N(\mu, \sigma^2)$을 따르는 모집단에서 모평균 μ를 모를 때, 미지의 모분산 σ^2의 신뢰구간을 구해보자. 다음과 같이 정의한 χ^2-통계량은 자유도가 $(n-1)$인 χ^2-분포를 따른다.

$$\chi^2=\frac{(n-1)S^2}{\sigma^2}$$

따라서 임의의 양수 $\alpha\,(0<\alpha<1)$에 대하여 다음이 성립한다.

$$P\left(\chi^2_{1-\alpha/2}(n-1)<\frac{(n-1)S^2}{\sigma^2}<\chi^2_{\alpha/2}(n-1)\right)=1-\alpha$$

위 식에서 좌변의 괄호 속 부등식을 σ^2에 대해 풀면 다음과 같이 쓸 수 있다.

$$P\left(\frac{(n-1)S^2}{\chi^2_{\alpha/2}(n-1)}<\sigma^2<\frac{(n-1)S^2}{\chi^2_{1-\alpha/2}(n-1)}\right)=1-\alpha$$

따라서 모평균을 모르는 경우 모분산의 신뢰구간은 다음과 같이 구할 수 있다.

정리 6-15 모평균을 모르는 경우 모분산의 구간추정

모평균 μ를 모를 때, 모분산 σ^2의 $100(1-\alpha)\%$ 신뢰구간은 다음과 같다.

$$\left(\frac{(n-1)S^2}{\chi^2_{\alpha/2}(n-1)},\ \frac{(n-1)S^2}{\chi^2_{1-\alpha/2}(n-1)}\right)$$

예제 6-24

계란의 규격은 무게에 따라 왕란(68g 이상), 특란(60~68g), 대란(52~60g), 중란(44~52g), 소란(44g 미만)으로 나뉜다. 어느 양계장에서 생산한 중란의 무게를 알아보기 위해 7개의 계란을 임의로 추출하여 무게를 측정한 결과가 다음과 같았다. 측정값의 분포가 정규분포를 따른다고 가정할 때, 모분산의 95% 신뢰구간을 구하라.

45	47	44	48	46	45	47

풀이

신뢰구간을 구하기 위해 필요한 값을 구하면 다음과 같다.

$$\overline{X} = \frac{1}{7}(45+47+\cdots+47) = 46$$

$$S^2 = \frac{1}{7-1}[(45-46)^2+(47-46)^2+\cdots+(47-46)^2] = 2$$

$$\chi^2_{0.975}(6) = 1.24,\ \chi^2_{0.025}(6) = 14.45$$

[정리 6-15]에 따라 σ^2의 95% 신뢰구간은 다음과 같다.

$$\frac{6\times 2}{14.45} < \sigma^2 < \frac{6\times 2}{1.24}$$

$$0.83 < \sigma^2 < 9.677$$

모분산 비의 구간추정

서로 독립인 두 정규 모집단 $N(\mu_1, {\sigma_1}^2)$, $N(\mu_2, \sigma_2^2)$으로부터 크기 n_1, n_2인 확률표본을 추출할 때, 표본분산을 S_1^2, S_2^2이라고 하면 다음과 같은 통계량 F는 자유도 (n_1-1, n_2-1)인 F-분포를 따른다.

$$F = \frac{S_1^2 / \sigma_1^2}{S_2^2 / \sigma_2^2}$$

이로부터 다음과 같은 신뢰구간을 얻을 수 있다. 임의의 양수 $\alpha(0<\alpha<1)$에 대하여

$$P\left(F_{1-\alpha/2}(n_1-1, n_2-1) < \frac{S_1^2 / \sigma_1^2}{S_2^2 / \sigma_2^2} < F_{\alpha/2}(n_1-1, n_2-1)\right) = 1-\alpha$$

가 성립하므로 좌변의 괄호 속 부등식을 $\frac{\sigma_1^2}{\sigma_2^2}$에 대해 풀면 다음과 같이 쓸 수 있다.

$$P\left(\frac{S_1^2}{S_2^2}\frac{1}{F_{\alpha/2}(n_1-1,\ n_2-1)} < \frac{\sigma_1^2}{\sigma_2^2} < \frac{S_1^2}{S_2^2}\frac{1}{F_{1-\alpha/2}(n_1-1,\ n_2-1)}\right) = 1-\alpha$$

따라서 모분산 비의 신뢰구간은 다음과 같이 구할 수 있다.

$$\left(\frac{S_1^2/S_2^2}{F_{\alpha/2}(n_1-1,\ n_2-1)},\ \frac{S_1^2/S_2^2}{F_{1-\alpha/2}(n_1-1,\ n_2-1)}\right)$$

이 결과는 다음과 같이 정리할 수 있다.

정리 6-16 모분산 비의 구간추정

모분산 비 $\frac{\sigma_1^2}{\sigma_2^2}$의 $100(1-\alpha)\%$ 신뢰구간은 다음과 같다.

$$\left(\frac{S_1^2}{S_2^2}F_{1-\alpha/2}(n_2-1,\ n_1-1),\ \frac{S_1^2}{S_2^2}F_{\alpha/2}(n_2-1,\ n_1-1)\right)$$

예제 6-25

어느 건전지 제조회사는 평균 수명이 150시간인 기존의 건전지를 대체할 수명이 더 긴 새로운 두 종류의 건전지를 개발했다. 그리고 새로 개발한 두 종류의 건전지 A와 B의 수명을 비교하기 위해 건전지를 각각 임의로 추출하여 조사하였다. 그 결과 건전지 A와 B의 표본의 크기는 각각 $n_1=16$, $n_2=13$이고 표본평균은 $\overline{X_1}=154$, $\overline{X_2}=155$이며 표준편차는 $S_1=0.6$, $S_2=0.5$였다. 건전지 수명이 모분산 비 $\frac{\sigma_1^2}{\sigma_2^2}$의 95% 신뢰구간을 구하라. (단, 확률표본은 정규 모집단으로부터 추출된다고 가정하자.)

풀이

$F_{0.025}(15,\ 12)=3.18$, $F_{0.975}(15,\ 12)=\frac{1}{F_{0.025}(12,\ 15)}=\frac{1}{2.96}\fallingdotseq 0.338$이다. 따라서 [정리 6-16]에 따라 $\frac{\sigma_1^2}{\sigma_2^2}$의 95% 신뢰구간은 다음과 같다.

$$\frac{0.6^2}{0.5^2}\times\frac{1}{3.18} < \frac{\sigma_1^2}{\sigma_2^2} < \frac{0.6^2}{0.5^2}\times\frac{1}{0.338}$$

$$0.453 < \frac{\sigma_1^2}{\sigma_2^2} < 4.260$$

예제 6-26

네트워킹에서 왕복 시간(RTT)은 네트워크 요청을 시작한 후 응답을 받는 데 걸리는 시간이다. 최적의 성능을 위해서는 평균 0.1초 미만의 왕복 시간이 요구된다. 네트워킹 회사에서 새로 개발한 두 네트워킹의 왕복 시간을 비교하기 위해 임의로 각각 21회, 16회의 네트워킹 요청을 시행하였더니 두 네트워킹의 왕복 시간의 표준편차는 각각 0.02, 0.01이었다. 두 네트워킹의 모분산 비의 90% 신뢰구간을 구하라.

풀이

두 네트워킹의 왕복 시간의 표본분산을 각각 S_1^2, S_2^2이라 하면 $S_1^2 = 0.0004$, $S_2^2 = 0.0001$이므로 $\dfrac{S_1^2}{S_2^2} = \dfrac{0.0004}{0.0001} = 4$이다. 분자와 분모의 자유도는 각각 20, 15이므로 90% 신뢰구간에 대한 임계점은 다음과 같다.

$$F_{0.05}(20, 15) = 2.33, \ F_{0.95}(20, 15) = \frac{1}{F_{0.05}(15, 20)} = \frac{1}{2.20} \fallingdotseq 0.455$$

그러므로 모분산 비의 90% 신뢰구간의 하한과 상한을 구하면 다음과 같다.

$$l = \frac{S_1^2 / S_2^2}{F_{0.05}(20, 15)} = \frac{4}{2.33} \fallingdotseq 1.717$$

$$u = \frac{S_1^2 / S_2^2}{F_{0.95}(20, 15)} = \frac{4}{0.455} \fallingdotseq 8.791$$

따라서 구하고자 하는 모분산 비의 90% 신뢰구간은 $(1.717, 8.791)$이다.

6.7 표본의 크기 결정

모수를 추정하기 위해 표본을 추출할 때 표본의 크기를 얼마로 해야 하는지를 결정해야 한다. 일반적으로 표본의 크기가 너무 크면 시간과 노력이 많이 소비되는 반면, 표본의 크기가 너무 작으면 오차가 큰 정보를 얻을 수 있다. 따라서 정해진 오차한계를 만족하는 표본의 크기 결정이 필요하다.

모평균 추정에서 표본의 크기 결정

모평균 μ를 추정하는 데 오차한계를 정해진 값 d보다 작게 하고자 할 때 표본의 크기를 결정해보자. 모분산 σ^2을 알 때, 모평균 μ의 $100(1-\alpha)\%$ 신뢰구간 $\overline{X} \pm z_{\alpha/2}\frac{\sigma}{\sqrt{n}}$에서 $z_{\alpha/2}\frac{\sigma}{\sqrt{n}}$는 모수와 추정량 차이의 $100(1-\alpha)\%$ 오차한계를 의미한다. 따라서 오차한계 $z_{\alpha/2}\frac{\sigma}{\sqrt{n}}$를 d보다 작다고 하고 n에 대해 풀면 표본의 크기를 결정할 수 있다.

정리 6-17 모평균 추정에서 표본의 크기 결정

모분산 σ^2을 아는 경우, 모평균 μ에 대한 표본의 크기 n의 범위는 다음과 같다.

$$n > \left(z_{\alpha/2}\frac{\sigma}{d}\right)^2$$

모표준편차 σ를 알고 있는 경우, 위 식을 이용하면 되지만 실제로는 σ를 모르는 경우가 대부분이다. 이럴 때는 예비표본을 추출한 후 σ를 추정하여 표본의 크기 n을 구할 수 있다.

예제 6-27

어느 대학교에 다니는 학생의 한 달 평균 생활비는 30만 원이고, 표준편차는 5만 원이라고 한다. 이 대학교에 다니는 학생의 한 달 평균 생활비의 95% 추정 오차한계가 1만 원 이내이기 위해 필요한 최소 표본의 크기를 구하라.

풀이

[정리 6-17]을 이용하여 표본의 크기에 대한 식을 계산하면 다음과 같다.

$$n \geq \left(z_{0.025}\frac{\sigma}{d}\right)^2 = \left(1.96\times\frac{50000}{10000}\right)^2 = 96.04$$

따라서 필요한 최소 표본의 크기는 96.04보다 큰 수 중 가장 작은 정수인 $n=97$이다.

모비율 추정에서 표본의 크기 결정

모비율 p의 $100(1-\alpha)\%$ 신뢰구간

$$\hat{p} \pm z_{\alpha/2}\sqrt{\frac{\hat{p}(1-\hat{p})}{n}}$$

에서 오차한계 $z_{\alpha/2}\sqrt{\frac{\hat{p}(1-\hat{p})}{n}}$을 정해진 값 d보다 작다고 두고, n에 대해 풀면 다음과 같다.

$$n > \hat{p}(1-\hat{p})\left(\frac{z_{\alpha/2}}{d}\right)^2$$

위 식은 $\hat{p}$이 사전조사나 과거 경험으로 추정한 p값과 일치하리라 기대할 수 있을 경우에만 사용할 수 있다. 그러나 p값에 대한 사전정보가 전혀 없을 때는 $\hat{p}(1-\hat{p})$의 최대변동인 $\hat{p}=\frac{1}{2}$일 때 주로 위 식을 사용한다.

정리 6-18 모비율 추정에서 표본의 크기 결정

모비율 p에 대한 표본의 크기 n의 범위는 다음과 같다.

$$n > \frac{1}{4}\left(\frac{z_{\alpha/2}}{d}\right)^2$$

예제 6-28

어느 대학교에서 신입생의 교육 만족도를 조사하려고 한다. 교육 만족도의 95% 추정 오차한계가 3% 이내이기 위해 필요한 최소 표본의 크기를 구하라.

풀이

신입생이므로 교육 만족도에 대한 사전정보가 전혀 없다. 따라서 [정리 6-18]을 이용하여 표본의 크기에 대한 식을 구하면 다음과 같다.

$$n \geq \frac{1}{4}\left(\frac{z_{0.025}}{d}\right)^2 = \frac{1}{4}\left(\frac{1.96}{0.03}\right)^2 = 1067.11$$

따라서 필요한 최소 표본의 크기는 $n=1068$이다.

Chapter 06 연습문제

6.1 평균이 650이고 표준편차가 5인 모집단에서 $n=25$인 표본을 임의로 추출할 때, 표본표준편차를 구하라.

6.2 설탕 공장에서 커피용으로 생산하는 소단위 설탕 한 봉지의 무게는 평균이 μ이고 분산이 $\sigma^2=(0.3)^2$인 정규분포를 따른다고 한다. 평균 무게 μ를 구간추정하기 위해 $n=9$인 표본을 추출하여 $\overline{X}=7.0$을 얻었다고 할 때, μ의 95% 신뢰구간을 구하라.

6.3 어떤 제품 15개를 뽑아 품질특성을 측정했더니 다음과 같은 결과를 얻었다. 이 품질특성의 모표준편차가 $\sigma=0.25$일 때, 품질특성치의 모평균 μ의 95% 신뢰구간을 구하라.

2.31	2.23	2.15
1.97	2.07	2.19
1.86	2.25	2.15
1.94	2.30	2.48
2.15	2.09	2.25

6.4 A 팀의 평균 타율이 정규분포 $N(\mu,\ 1.5^2)$을 따른다고 한다. 30명의 선수를 뽑아 이들의 평균 타율을 조사했더니 0.25였다고 할 때, A 팀의 평균 타율 μ의 95% 신뢰구간을 구하라.

6.5 강판 200매 중 10매를 표본추출하여 무게를 측정한 결과, 평균이 1.0795kg이었다. 모표준편차를 0.01kg이라 할 때, 200매 강판 전체 무게의 95% 신뢰구간을 구하라.

6.6 일주일 동안 타이어 공장에서 생산한 235/55R19 타이어 400개의 직경을 측정하였더니 표본평균이 74.12cm이고 표본표준편차가 1.6cm였다. 타이어의 평균 직경에 대한 99% 신뢰구간을 구하라.

6.7 어느 회사에서 생산하는 제품의 평균 무게를 추정하기 위해 49개의 제품을 임의로 추출하여 조사한 결과, 평균이 6,200 g이고 표준편차가 140 g이었다. 이 제품의 평균 무게의 95% 신뢰구간을 구하라.

6.8 제품 3,000개 중에서 256개를 임의로 추출하여 무게를 측정한 결과, 평균 무게가 $\overline{X}=36\text{kg}$이고 표준편차가 $S=2.5\text{kg}$이었다. 이 제품의 모평균 μ의 95% 신뢰구간을 구하라.

6.9 전국 근로세대의 매월 수입과 지출을 조사하기 위해 4,000세대를 추출하여 특정한 한 달 수입을 조사한 결과, 평균이 3,155,000원이고 표준편차가 56,000원이었다. 전국 근로세대의 평균 수입 μ의 95% 신뢰구간을 구하라.

6.10 어떤 시멘트의 평균 건조 시간을 알아보기 위해 조건이 동일한 장소 9곳에 시멘트를 바르고 건조 시간을 조사한 결과, 평균 건조 시간은 34.5시간이고 표준편차는 3.5시간이었다. 모평균 μ의 95% 신뢰구간을 구하라.

6.11 어떤 부품 로트로부터 7개의 표본을 임의로 추출하여 측정한 결과가 다음과 같을 때, 이 부품의 모평균의 95% 신뢰구간을 구하라.

61	57	53	58	51	56	55

6.12 1,000명이 COVID19 백신 주사를 맞은 결과 800명이 면역력이 생겼다고 할 때, 면역력이 생긴 사람에 대한 모비율의 95% 신뢰구간을 구하라.

6.13 인구가 10만 명인 어느 시에서 전국체전을 유치할 때 발생하는 문제에 대해 여론조사를 실시하였다. 전체 시민 중 2,400명을 임의로 추출하여 조사했더니 찬성이 40%였다. 전체 시민의 약 몇 %가 찬성한다고 추정할 수 있는지 구하라. (단, 95%의 신뢰수준으로 추정하라.)

6.14 어떤 공정에서 제조한 최근 로트로부터 100개의 표본을 취하여 검사하였더니 2개의 불량품이 나왔다. 표본의 모불량률의 95% 신뢰구간을 구하라.

6.15 합성수지 제품을 프레스하는 공정이 있다. 300개를 프레스하여 검사하였더니 그 중 45개가 불량품이었다고 할 때, 이 공정 불량률의 95% 신뢰구간을 구하라.

6.16 어느 공장에서 생산한 100개의 제품에서 불량품을 5개 발견하였다. 제품 불량률의 95% 추정 오차한계가 5% 이내이기 위해 필요한 최소 표본의 크기를 구하라.

6.17 외과용 마취제가 남성과 여성에 미치는 영향의 차이를 조사하기 위해 남녀 각각 50명씩 마취 시간을 조사한 결과, 다음과 같은 자료를 얻었다.

남자 : $n_1 = 50$, $\overline{X_1} = 4.9$, $S_1 = 0.7$

여자 : $n_2 = 50$, $\overline{X_2} = 4.5$, $S_2 = 0.8$

남성과 여성의 평균 마취 시간 차이의 95% 신뢰구간을 구하라.

6.18 두 모집단으로부터 뽑은 표본 A_1, A_2의 정보가 다음과 같을 때, $\mu_1 - \mu_2$의 95% 신뢰구간을 구하라.

A_1	A_2
$n_1 = 40$	$n_2 = 50$
$\overline{X_1} = 418$	$\overline{X_2} = 402$
$\sigma_1 = 26$	$\sigma_2 = 22$

6.19 한 대학교에서 진행한 여론조사에서 특정 안건에 대하여 남학생은 200명 중 125명이, 여학생은 100명 중의 68명이 찬성하였다고 한다. 남학생과 여학생의 찬성률 차이의 95% 신뢰구간을 구하라.

6.20 모분산 σ^2을 추정하는 데 있어서 자유도가 커짐에 따라 신뢰구간의 폭이 어떻게 변하는지 설명하라.

6.21 어떤 연필심 제조 공정에서 연필심 7개를 표본추출하여 반지름을 측정하였더니 표본분산이 $S^2 = 0.04$였다. 이때 연필심의 반지름의 모분산을 95% 신뢰도로 추정하라.

6.22 평균이 9이고 분산이 σ^2인 정규 모집단에서 표본 10개를 추출하였더니 다음 자료를 얻었다. 이때 모분산 σ^2의 90% 신뢰구간을 구하라.

9.5	8.9	7.9	9.7	8.8	9.5	10.2	7.2	8.5	9.4

6.23 어떤 모집단에서 크기가 n인 표본을 임의로 추출하여 조사하였더니 평균이 50이고 표준편차가 10이었다. 95% 신뢰구간으로 모평균과 표본평균의 차가 2 이하가 되도록 할 때, 표본의 크기 n의 최솟값을 구하라.

6.24 어느 도시의 유권자 n만 명에서 표본을 임의로 추출하여 여론조사를 한 결과, 한 안건에 대하여 찬성한 사람은 60%이고 나머지는 모두 반대하였다. 95% 신뢰구간으로 모비율과 표본비율의 차가 0.01 이하가 되도록 할 때, 표본의 크기 n을 얼마 이상으로 해야 하는지 구하라.

6.25 컴퓨터 실습 다음은 지난 10일 동안 강 하류지역에서 용존산소량(DO ; Dissolved Oxygen)을 측정한 결과이다. DO의 평균 농도의 95% 신뢰구간을 Excel을 이용하여 구하라.

날짜	1	2	3	4	5	6	7	8	9	10
DO(mg/l)	1.8	2.0	2.1	1.7	1.2	2.3	2.5	2.9	1.9	2.2

6.26 컴퓨터 실습 어떤 기관에서는 취업준비생을 대상으로 실시한 취업역량 강화교육을 통해 실제로 취업역량이 강화되는지 조사하고자 한다. 이를 위해 취업역량 강화교육을 받은 취업준비생 10명을 대상으로 교육을 받기 전과 후의 취업역량 강화교육에 대한 성적을 100점 만점으로 환산한 다음 자료를 얻었다. 이때 교육을 받기 전과 후에 대한 성적 차이의 95% 신뢰구간을 Excel을 이용하여 구하라.

취업준비생	1	2	3	4	5	6	7	8	9	10
교육 전 성적	45	33	53	37	28	51	38	39	55	47
교육 후 성적	53	45	50	42	46	61	47	44	51	54

Chapter 07

가설검정

CONTENTS

학습목표

- 가설검정의 원리를 이해하고, 가설을 설정할 수 있다.
- 모집단의 평균과 비율을 검정할 수 있다.
- 서로 독립인 두 모집단의 평균 차와 비율 차를 검정할 수 있다.
- 짝을 이룬 두 모집단의 평균 차를 검정할 수 있다.

기본적으로 부존자원이 부족한 우리나라는 연구개발(R&D ; Research and Development)이 활발히 이루어져야 국가 경쟁력을 유지할 수 있다. 그런데 조사에 따르면 연구에 성공할 확률은 $\frac{1}{2}$이고, 이것을 실제로 상품화할 확률도 $\frac{1}{2}$이며, 상품으로 출시했을 때 이익을 창출할 확률도 $\frac{1}{2}$이라고 한다. 따라서 연구의 전체 성공률은 $\frac{1}{8}$로 매우 낮기 때문에 R&D에 소극적인 기업이 많다. 만일 어떤 기업의 연구소에서 각고의 노력으로 얻은 연구 산물인 제품이 기존 것보다 성능과 품질 등 모든 면에서 더 우수하다고 광고한다고 해보자. 과연 이 제품이 기존 제품보다 정말 더 우수할까? 이에 대한 답은 다음 두 가지 결과 중 하나일 것이다.

① 기존 제품보다 더 우수하다.

② 기존 제품과 별로 차이가 없다.

〈출처〉 산업통상자원부

이와 같이 서로 상반된 두 가지 주장을 통계적 가설(statistical hypothesis)이라 하고, 이 가설 중 무엇이 옳은지 판단하는 과정을 가설검정(hypothesis test)이라 한다. 그런데 옳고 그름을 판단하는 과정에서 우리는 예기치 못한 오류를 범할 수 있다. 그리하여 가설검정에서는 많은 표본을 추출하고 그 표본으로부터 얻은 정보를 분석하여 오류를 최대한 줄이기 위해 노력한다. 그러나 우리가 신이 아닌 이상 완벽하게 판단할 수는 없으므로 오류를 범할 약간의 여지가 주어진 채 가설을 검정한다.

이 장에서는 모집단 형태를 가정해 놓고, 표본으로부터 얻은 정보를 이용하여 가정한 모집단 형태의 진위를 판단하는 방법을 알아본다. 먼저 가설검정을 위한 몇 가지 개념을 정리하고, 가설검정을 위해 어떤 판단 기준을, 어떻게 적용하는지 단계적으로 알아보자.

7.1 가설검정

귀무가설과 대립가설

모집단으로부터 추출한 표본에 근거하여 모집단에 관한 결정을 내리는 것을 **통계적 결정**(statistical decision)이라 한다. 통계적 결정을 하려면 우선 모집단에 대한 가설을 세워야 하는데, 이러한 가설은 참(truth)일 수도 거짓(falsity)일 수도 있다. 가설을 부정할 때는 그 가설을 **기각**(reject)한다고 하며, 부정하지 못할 때는 그 가설을 **채택**(accept)한다고 한다.

예를 들어 어떤 회사에서 자사 전자제품의 평균 사용 시간이 1,000시간이라 주장한다고 하자. 이 주장이 타당한지를 판단하기 위해 생산제품 중 10개를 임의로 추출하여 평균 사용 시간을 조사한 결과 970시간이었다.

이로부터 회사의 주장을 판단하려면 그에 대한 검증이 이루어져야 한다. 그 이유는 회사 측에서 주장하는 1,000시간(모집단에 대해 요구하는 평균 사용 시간)과 표본으로부터 관측한 평균 사용 시간 970시간의 차이가 단순히 표본을 추출하는 과정에서 발생하는 오차일 수 있기 때문이다. 즉 다른 표본을 선정할 경우에는 평균 사용 시간이 1,000시간으로 측정될 수 있다. 따라서 1,000시간과 970시간의 차이가 얼마나 큰지를 검증하고, 이러한 차이가 단순히 표본 설정에 의한 것인지 규명할 필요가 있다.

만일 10개의 전자제품뿐만 아니라 모든 전자제품의 사용 시간이 970시간이라면 검증할 필요가 없다. 그러나 모든 제품의 사용 시간이 1,000시간 이하라면 즉시 잘못 알려진 사실을 바로 잡아야 할 것이다. 이와 같은 진위를 결정하는 과정을 **가설검정**(hypothesis test)이라 한다. 가설검정은 모집단의 분포를 규정하는 두 가설을 세우고, 이 중 어느 것이 참인지를 모집단으로부터 얻은 표본 정보로 판단하는 것이다.

일반적으로 가설은 반증적인 방법으로 증명하기 위해 기각되길 바라면서 가설을 세우는데, 이러한 가설을 **귀무가설**(null hypothesis)이라 하며 H_0[1]로 표기한다. 귀무가설과 대립되거나 이를 부정하는 가설을 **대립가설**(alternative hypothesis)이라 하며, H_1으로 표기한다. 따라서 입증하고자 하는 가설을 대립가설로 세우고, 기각되기를 바라는 가설을 귀무가설로 세운다.

1 가설의 영어 첫 글자 H와 '차이가 없다' 또는 '효과가 없다'를 나타내는 0을 함께 나타낸 것이다.

예를 들어 '치킨 가게 종업원의 평균 업무 시간은 3시간이다.'라는 주장은 그 타당성을 입증해야 할 귀무가설이고 이를 다음과 같이 나타낸다.

$$H_0 : \mu = 3(\text{시간})$$

그러면 이와 반대되는 대립가설은 귀무가설이 참이 아니라는 주장이므로 다음과 같이 나타낸다.

$$H_1 : \mu \neq 3(\text{시간})$$

일반적으로 귀무가설은 기호 $\leq$, $=$, $\geq$ 등을 사용하고, 대립가설은 이와 반대되는 $>$, $\neq$, $<$ 등을 사용한다.

하나의 귀무가설과 대립가설을 설정하고 이들의 참과 거짓을 결정할 때, 그 판단의 기준으로 임의의 표본으로부터 얻은 표본통계량을 사용한다. 이 표본통계량을 **검정통계량**(test statistic)이라 하며, 검정통계량의 관측값에 따라 귀무가설 H_0를 기각하거나 채택한다.

만일 H_0가 참인 결과를 얻으면 귀무가설 H_0를 '채택한다'고 한다. 그 의미는 '귀무가설 H_0가 사실이다.'를 증명한 것이 아니라, H_0가 사실이 아니라고 보기에 표본 결과가 충분한 타당성을 갖지 못한다는 것으로서 '귀무가설 H_0가 틀렸다고 볼 수 없다.'는 의미이다. 반대로 H_0가 거짓인 결과를 얻으면 귀무가설 H_0를 '기각한다'고 한다. 그 의미는 '귀무가설 H_0가 사실이 아니다.'를 증명한 것이 아니라, H_0가 사실이 아니라고 보기에 표본 결과가 충분한 타당성을 가지고 있다는 의미이다.

이때 귀무가설 H_0를 기각하게 하는 검정통계량 관측값의 영역을 **기각역**(rejection region)이라 한다. 반대로 귀무가설 H_0를 채택하게 하는 검정통계량 관측값의 영역을 **채택역**(acceptance region)이라 한다. 그리고 그 경계를 **임곗값**(critical value)이라고 한다.

다시 말해, 가설검정이란 모집단의 모수 값이나 확률분포에 대하여 어떤 가설을 설정하고, 이 가설의 참과 거짓 여부를 표본통계량에 의해 확률적으로 확정하여 통계적 결정을 내리는 것이다.

오류

가설검정은 귀무가설이 참이라는 가정에서 실시하므로 귀무가설을 채택하거나 기각한다는 한 가지 결론을 얻는다. 그러나 이런 결론은 모집단을 이용한 것이 아니라 불완전한 표본을 이용한 것이므로 항상 잘못된 결론을 얻을 가능성이 있다. 따라서 가설검정에는 [표 7-1]에서 볼 수 있듯이 두 가지 오류가 있다. 귀무가설 H_0가 참임에도 귀무가설을 기각함으로써 발생하는 오류를 **제1종 오류**(type I error)라 한다. 제1종 오류를 범할 확률의 최대허용한계를 **유의수준**(significance level) 또는 **위험률**(critical rate)이라 하며, α로 표기한다.

$$\alpha = \mathrm{P}\,(H_0 : \text{기각} \mid H_0 : \text{참})$$

그리고 귀무가설 H_0가 거짓임에도 불구하고 귀무가설을 채택하여 발생하는 오류를 **제2종 오류**(type II error)라 한다. 제2종 오류를 범할 확률은 β로 표기하며, $(1-\beta)$를 **검정력 함수**(power function)라 한다. 검정력 함숫값을 **검정력**(power)이라 하는데, 이는 귀무가설이 틀린 경우에 이를 기각할 확률을 의미한다.

$$\beta = \mathrm{P}\,(H_0 : \text{채택} \mid H_0 : \text{거짓})$$

실제 상황과 표본에 의한 검정 결과에 따라 다음 [표 7-1]과 같이 네 가지 결과를 얻을 수 있다.

[표 7-1] 제1종 오류와 제2종 오류

실제 상황 / 검정 결과	H_0가 참	H_1이 참
H_0를 채택	올바른 결정$(1-\alpha)$	제2종 오류(β)
H_1을 채택	제1종 오류(α)	올바른 결정$(1-\beta)$

예를 들어 '$H_0: \mu = 3$'이 참이지만 검정 결과 H_0를 기각한다면 제1종 오류를 범하고, 반대로 '$H_0: \mu = 3$'이 거짓이지만 검정 결과 H_0를 채택한다면 제2종 오류를 범하게 된다.

제1종 오류와 제2종 오류를 동시에 줄이는 검정이 바람직하지만, 표본 크기가 고정되어 있을 때는 제1종 오류를 줄이면 제2종 오류가 커진다. 이런 경우에 두 종류의 오류를 모두 줄이기 위해서는 표본의 크기 n이 커야 한다. 일반적으로 통계적 가설검정에서는 유의수준 α를 고정하고, 제2종 오류를 범할 확률을 최소화하는 것이 보편적이다.

특히 유의수준 α는 실제로 H_0가 참인데도 H_1을 채택하여 발생하는 오류를 범할 확률의 최대허용한계를 나타내는 것으로, 주로 $\alpha = 0.01(1\%)$, $0.05(5\%)$, $0.1(10\%)$ 등과 같이 단순한 수치를 주로 사용한다. 이는 추정에서 사용하는 신뢰수준 99%, 95%, 90%와 비교된다.

예를 들어 유의수준 $\alpha = 0.05$는 귀무가설 H_0가 참이지만 H_0를 기각함으로써 발생하는 오류를 20회의 검정에서 최대 1회까지만 허용함을 의미한다. 이는 구간추정에서 사용하는 신뢰도 95%와 반대되는 개념으로 생각할 수 있다.

한쪽검정과 양쪽검정

귀무가설 H_0에 대해 대립가설 H_1이 한쪽으로 주어지는 경우의 가설검정을 **한쪽검정**(one-sided test) 또는 **단측검정**이라 한다. 특히 대립가설이 $\theta > \theta_0$와 같은 형태를 취하는 경우에는 **오른쪽 한쪽검정** 또는 **상단측검정**이라 하고, 대립가설이 $\theta < \theta_0$와 같은 형태를 취하는 경우에는 **왼쪽 한쪽검정** 또는 **하단측검정**이라 한다. 한편, 대립가설이 $\theta \neq \theta_0$로 주어지는 경우에는 **양쪽검정**(two-sided test) 또는 **양측검정**이라 한다.

일반적으로 모수 θ에 대한 가설 형태를 정리하면 [표 7-2]와 같다.

[표 7-2] 모수 θ에 대한 가설 형태

오른쪽 한쪽검정	왼쪽 한쪽검정	양쪽검정
$H_0 : \theta = \theta_0$(또는 $\theta \le \theta_0$) $H_1 : \theta > \theta_0$	$H_0 : \theta = \theta_0$(또는 $\theta \ge \theta_0$) $H_1 : \theta < \theta_0$	$H_0 : \theta = \theta_0$ $H_1 : \theta \neq \theta_0$

대립가설 형태에 따라 기각역도 비슷한 형태를 취하는데, 오른쪽 한쪽검정일 때는 검정통계량 분포의 오른쪽에, 왼쪽 한쪽검정일 때는 왼쪽에, 양쪽검정일 때는 양쪽에 기각역이 설정된다. 즉 유의수준을 α라 하고 $\hat{\theta}$을 가설의 검정통계량이라 할 때, 각각의 기각역은 다음과 같다.

- 오른쪽 한쪽검정일 때의 기각역 : $\hat{\theta} > c_1$
- 왼쪽 한쪽검정일 때의 기각역 : $\hat{\theta} < c_2$
- 양쪽검정일 때의 기각역 : $\hat{\theta} > c_3$ 또는 $\hat{\theta} < c_4$

여기서 c_1은 검정통계량 $\hat{\theta}$이 귀무가설 H_0에서 오른쪽 확률을 α로 가질 때의 임곗값이고, c_2는 $\hat{\theta}$이 귀무가설 H_0에서 왼쪽 확률을 α로 가질 때의 임곗값이다. 또한 c_3는 $\hat{\theta}$이 오른쪽 확률을 $\frac{\alpha}{2}$로 가질 때의 임곗값이며, c_4는 $\hat{\theta}$이 왼쪽 확률을 $\frac{\alpha}{2}$로 가질 때의 임곗

값이다. [그림 7-1]은 한쪽검정과 양쪽검정에 대한 귀무가설 H_0의 기각역과 채택역을 나타낸다.

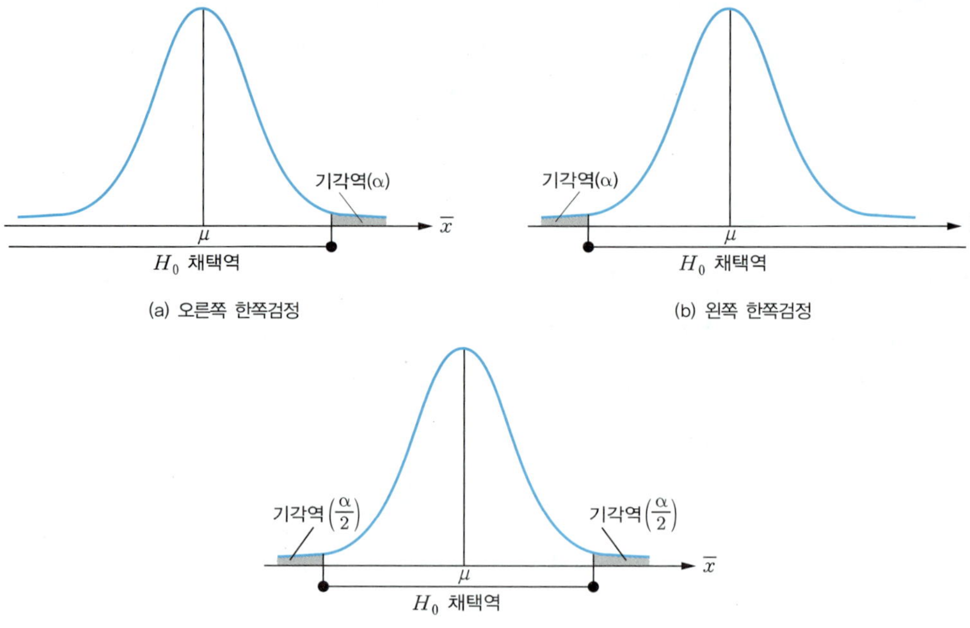

(a) 오른쪽 한쪽검정 (b) 왼쪽 한쪽검정 (c) 양쪽검정

[그림 7-1] **기각역과 채택역**

일반적으로 유의수준을 이용하여 가설을 검정하는 방법은 두 가지이다. 첫 번째는 기각역을 이용하는 것으로, 유의수준 α에 따라 기각역을 설정하여 귀무가설 H_0의 기각 여부를 판단한다. 두 번째는 검정통계량을 이용하여 귀무가설 H_0를 기각할 확률에 근거하여 가설을 검정하는 것으로, p-값을 이용한다. p-값은 뒤에서 자세하게 알아보도록 한다.

기각역을 이용한 귀무가설 H_0의 진위를 검정하는 절차를 살펴보면 다음과 같다.

정리 7-1 기각역을 이용한 가설검정 절차

❶ 귀무가설 H_0와 대립가설 H_1을 설정한다.
❷ 검정통계량을 선택하고 이를 계산한다.
❸ 기각역을 구한다.
❹ 유의수준 α를 정한다.
❺ 검정통계량이 기각역 안의 값을 가지면 H_0를 기각하고, 그렇지 않으면 H_0를 채택한다.

예를 들어 어떤 동전을 네 번 던져서 네 번 모두 앞면이 나왔다고 할 때 이 동전은 앞면이 많이 나오는 동전이라고 볼 수 있는지 유의수준 $\alpha = 0.05$와 $\alpha = 0.1$로 각각 검정해보자.

동전의 앞면이 나올 확률을 p라 하자. 일반적인 동전의 앞면이 나올 확률은 0.5이다. 또 앞면이 많이 나오는 동전일 경우의 확률은 $p > 0.5$이므로 귀무가설과 대립가설을 다음과 같이 나타낼 수 있다.

$$H_0 : p = 0.5$$
$$H_1 : p > 0.5$$

네 번 모두 앞면이 나올 확률은 $\frac{1}{2} \times \frac{1}{2} \times \frac{1}{2} \times \frac{1}{2} = (0.5)^4 = 0.0625$이다. 유의수준 $\alpha = 0.05$에서는 $0.05 < 0.0625$이므로 H_0를 채택한다. 이 동전은 앞면이 많이 나오는 동전이라고 볼 수 없다. 그러나 유의수준 $\alpha = 0.1$에서는 $0.1 > 0.0625$이므로 H_0를 기각한다. 이 동전은 앞면이 많이 나오는 동전이라고 볼 수 있다. 즉 유의수준 $\alpha = 0.05$에서는 앞면이 많이 나오는 동전이라고 볼 수 없고, 유의수준 $\alpha = 0.1$에서는 앞면이 많이 나오는 동전이라고 볼 수 있다. 따라서 동일한 가설검정 문제에서 유의수준을 어떻게 설정하느냐에 따라 검정 결과는 달라질 수 있다.

이러한 모호함을 보완하기 위해 p-값을 이용하여 가설을 검정한다. **p-값**(p-value)은 귀무가설 H_0를 기각할 수 있는 최소한의 유의수준을 나타내는 것으로, **관찰된 유의수준**(observed significance level) 또는 **유의확률**(significance probability)이라고도 한다. 즉 귀무가설 H_0의 타당성을 어떻게 알 것인가 하는 문제가 대두되면 H_0의 타당성 또는 신빙성에 대한 척도를 나타내는 p-값을 사용한다. p-값이 작을수록 H_0에 대한 신빙성은 낮아진다.

다시 말해, 유의수준이 작을 때 H_0를 기각하는 것은 유의수준이 클 때 H_0를 기각하는 것보다 H_1이 참이라는 증거를 더 확신할 수 있다. 따라서 p-값이 작을수록 H_0에 대한 신빙성은 낮아지므로 H_1이 참이라고 할 수 있는 가능성은 높아진다.

일반적으로 p-값이 유의수준 0.05보다 작으면 귀무가설 H_0에 대한 신빙성은 낮아지는 반면에, 대립가설 H_1에 대한 신빙성은 높아진다. 이에 따라 귀무가설 H_0는 기각되고 대립가설 H_1은 채택된다. 그러나 p-값이 유의수준 0.1보다 크면 귀무가설 H_0에 대한 신빙성은 높아지는 반면에, 대립가설 H_1에 대한 신빙성은 낮아진다. 이에 따라 귀무가설 H_0는 채택되고 대립가설 H_1은 기각된다.

p-값을 이용한 귀무가설 H_0의 진위를 검정하는 절차는 다음과 같다.

정리 7-2 p-값을 이용한 가설검정 절차

1. 귀무가설 H_0와 대립가설 H_1을 설정한다.
2. 적당한 검정통계량을 선택하고 이를 계산한다.
3. 유의수준 α를 정한다.
4. p-값을 구한다.
5. (p-값) $< \alpha$이면[2] 귀무가설을 기각하고, (p-값) $\geq \alpha$이면[3] 귀무가설을 채택한다.

Note 가설검정의 의의

연구자는 새로운 이론이나 주장을 제기하고, 이를 서로 확인함으로써 끊임없이 진리를 탐구한다. 이때 연구자는 지금까지 사실로 인식되어 온 기존 이론을 귀무가설 H_0로 놓고, 새롭게 제기된 이론이나 학설을 대립가설 H_1으로 놓아 자신의 가설을 검증한다. 이처럼 가설검정은 여러 분야의 학문 발전에 큰 영향을 주고 있다.

2 잘못된 결론(H_0가 참임에도 H_0를 기각)을 내릴 확률이 극히 작음을 의미한다.
3 잘못된 결론(H_0가 참임에도 H_0를 기각)을 내릴 확률이 큼을 의미한다.

7.2 모평균의 검정

먼저 모평균을 검정해보자. 여기에서는 모분산 σ^2을 아는 경우와 모르는 경우로 나누어서 모평균의 검정을 살펴본다.

모분산 σ^2을 아는 경우

다음과 같은 귀무가설을 검정한다고 할 때, 이를 모평균의 검정이라고 한다.

$$H_0: \mu = \mu_0$$

이때 μ_0는 어떤 정해진 값이다. 귀무가설 $H_0: \mu = \mu_0$에 대하여 대립가설 $H_1: \mu < \mu_0$를 설정하자(왼쪽 한쪽검정). 크기가 n인 표본으로부터 표본평균의 관측값 $\overline{x}_0$를 얻었다고 하면 귀무가설 $H_0: \mu = \mu_0$가 참이라는 조건 아래 검정통계량 $\overline{X}$에 대하여 Z-검정통계량은 다음과 같이 표준정규분포를 따른다.

$$Z = \frac{\overline{X} - \mu_0}{\sigma / \sqrt{n}} \sim \mathrm{N}(0,\, 1)$$

따라서 제1종 오류를 범할 확률인 유의수준 α에 대하여 다음이 성립한다.

$$\begin{aligned} \alpha &= \mathrm{P}(H_0 : \text{기각} \mid H_0 : \text{참}) \\ &= \mathrm{P}\left(\overline{X} \le c \,\middle|\, \overline{X} \sim \mathrm{N}\left(\mu_0,\, \frac{\sigma^2}{n}\right)\right) \\ &= \mathrm{P}\left(Z \le \frac{c - \mu_0}{\sigma / \sqrt{n}}\right) = \mathrm{P}(Z \le -z_\alpha) \end{aligned}$$

즉 $c = \mu_0 - z_\alpha \dfrac{\sigma}{\sqrt{n}}$이므로 기각역 R은 다음과 같다.

$$R: Z \le -z_\alpha \quad \text{또는} \quad R: \overline{X} \le \mu_0 - z_\alpha \frac{\sigma}{\sqrt{n}}$$

그러므로 표본으로부터 구한 표본평균의 관측값 $\overline{x}_0$에 대하여

$$z_0 = \frac{\overline{x}_0 - \mu_0}{\sigma / \sqrt{n}} \le -z_\alpha \quad \text{또는} \quad \overline{x}_0 \le \mu_0 - z_\alpha \frac{\sigma}{\sqrt{n}}$$

이면 왼쪽 한쪽검정에서 귀무가설 H_0를 기각한다. 한편, 왼쪽 한쪽검정인 경우에 p-값은 검정통계량의 관측값 z_0에 대하여 다음과 같이 정의한다.

$$p\text{-값} = \mathrm{P}(Z \le z_0) = \Phi(z_0)$$

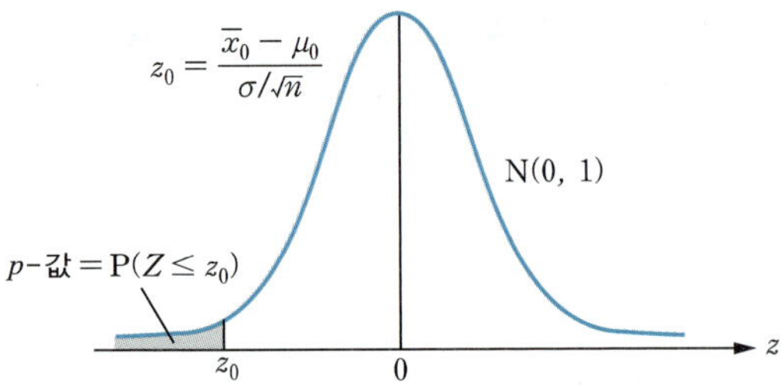

[그림 7-2] **왼쪽 한쪽검정의 p-값과 Z-검정통계량의 관측값**

같은 방법으로 오른쪽 한쪽검정 $H_1 : \mu > \mu_0$와 양쪽검정 $H_1 : \mu \ne \mu_0$에 대한 기각역을 구하면 각각 다음과 같다.

- 오른쪽 한쪽검정의 기각역 : $R : Z \ge z_\alpha$ 또는 $R : \overline{X} \ge \mu_0 + z_\alpha \dfrac{\sigma}{\sqrt{n}}$
- 양쪽검정의 기각역 : $R : |Z| \ge z_{\alpha/2}$ 또는

$$R : \overline{X} \le \mu_0 - z_{\alpha/2}\frac{\sigma}{\sqrt{n}} \ \text{ 또는 } \ \overline{X} \ge \mu_0 + z_{\alpha/2}\frac{\sigma}{\sqrt{n}}$$

따라서 이들 검정 방법에 대한 p-값은 각각 다음과 같다.

- 오른쪽 한쪽검정의 p-값 : $\mathrm{P}(Z \ge z_0) = 1 - \Phi(z_0)$
- 양쪽검정의 p-값 : $\mathrm{P}(Z \le -z_0) + \mathrm{P}(Z \ge z_0) = 2\Phi(-|z_0|)$

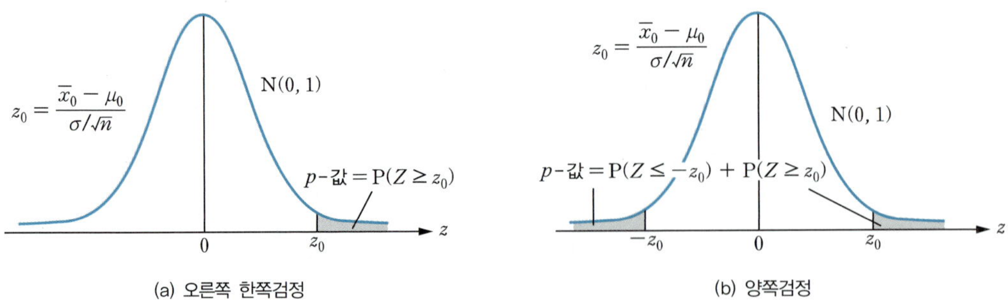

[그림 7-3] **오른쪽 한쪽검정과 양쪽검정의 p-값과 Z-검정통계량의 관측값**

지금까지 살펴본 내용을 정리하면 다음과 같다.

정리 7-3 모분산 σ^2을 아는 경우 모평균 $\mu = \mu_0$의 가설검정 절차

❶ 귀무가설 H_0와 대립가설 H_1을 설정한다.

❷ 검정통계량 $\overline{X}$에 대하여 Z-검정통계량과 그 확률분포를 구한다.

$$Z = \frac{\overline{X} - \mu_0}{\sigma / \sqrt{n}} \sim \mathrm{N}(0, 1)$$

❸ 검정 방법에 따라 주어진 유의수준 α에 대한 임곗값과 기각역을 구한다.

❹ 표본으로부터 검정통계량의 관측값 z_0(또는 p-값)를 구하고, 기각역(또는 유의수준)과 비교하여 귀무가설 H_0의 기각 또는 채택을 결정한다.

[표 7-3] 모분산을 아는 경우 모평균의 가설검정 방법

가설과 기각역 / 검정 방법	귀무가설 H_0	대립가설 H_1	H_0의 기각역 R	p-값
왼쪽 한쪽검정	$\mu = \mu_0$(또는 $\mu \geq \mu_0$)	$\mu < \mu_0$	$R: Z \leq -z_\alpha$	$\Phi(z_0)$
오른쪽 한쪽검정	$\mu = \mu_0$(또는 $\mu \leq \mu_0$)	$\mu > \mu_0$	$R: Z \geq z_\alpha$	$1 - \Phi(z_0)$
양쪽검정	$\mu = \mu_0$	$\mu \neq \mu_0$	$R: \lvert Z \rvert \geq z_{\alpha/2}$	$2\Phi(-\lvert z_0 \rvert)$

이와 같이 검정하고자 하는 가설의 검정통계량이 정규분포를 따를 때, 가설의 기각역은 정규분포를 이용하여 구한다. 이러한 검정을 **정규분포 검정**(normal distribution test) 또는 **Z-검정**(Z-test)이라 한다. 모집단 분포가 정규분포이든 또는 임의의 분포이든 간에 표본의 크기 n이 큰 경우에는 모평균 μ에 대한 가설검정의 검정통계량과 이에 따른 기각역을 구할 때 앞에서 설명한 방법을 그대로 사용한다.

예제 7-1

귀무가설 $H_0: \mu = 40$에 대한 주장을 확인하기 위해 크기 100인 표본을 임의로 추출하여 조사하였더니 $\overline{X} = 40.6$이었다. 모표준편차가 $\sigma = 6$이라 할 때, 다음 물음에 답하라.

(a) 유의수준 5%로 오른쪽 한쪽검정하라.

(b) 유의수준 16%로 오른쪽 한쪽검정하라.

풀이

(a) ❶ 오른쪽 한쪽검정이므로 귀무가설 H_0에 대한 대립가설 H_1을 $\mu > 40$으로 설정한다.

❷ 모표준편차를 알고 있으므로 모평균에 대한 검정통계량의 확률분포는 다음과 같다.

$$Z = \frac{\overline{X} - 40}{6/\sqrt{100}} \sim \mathrm{N}(0,\ 1)$$

❸ 유의수준 $\alpha = 0.05$에 대한 오른쪽 한쪽검정의 임곗값은 $z_{0.05} = 1.645$이므로 기각역은 $R : Z \geq 1.645$이다.

❹ 표본으로부터 얻은 표본평균이 $\overline{X} = 40.6$이므로 검정통계량의 관측값은 다음과 같다.

$$z_0 = \frac{40.6 - 40}{6/\sqrt{100}} = 1.0$$

이 관측값은 기각역 안에 포함되지 않으므로 귀무가설을 기각할 수 없다.

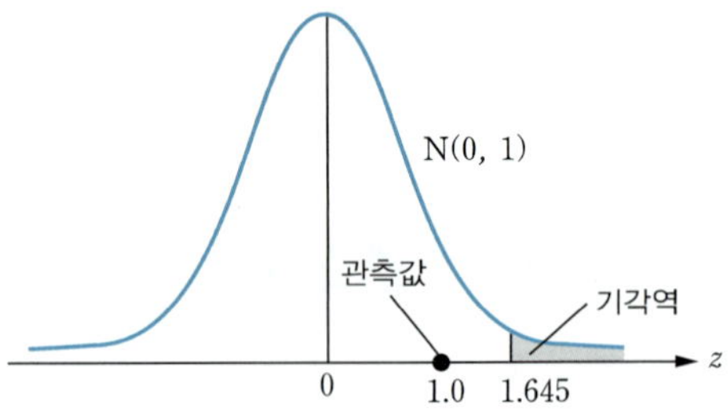

따라서 유의수준 5%에서 귀무가설 $\mu = 40$은 타당성이 있다.

(b) ❶ 귀무가설 H_0에 대한 대립가설 H_1을 $\mu > 40$으로 설정한다.

❷ 검정통계량은 (a)와 동일하다.

❸ 유의수준 $\alpha = 0.16$에 대한 임곗값은 $z_{0.16} = 0.995$이므로 기각역은 $R : Z \geq 0.995$이다.

❹ 표본평균으로부터 얻은 검정통계량의 관측값이 $z_0 = 1.0$이므로 관측값이 기각역 안에 포함된다.

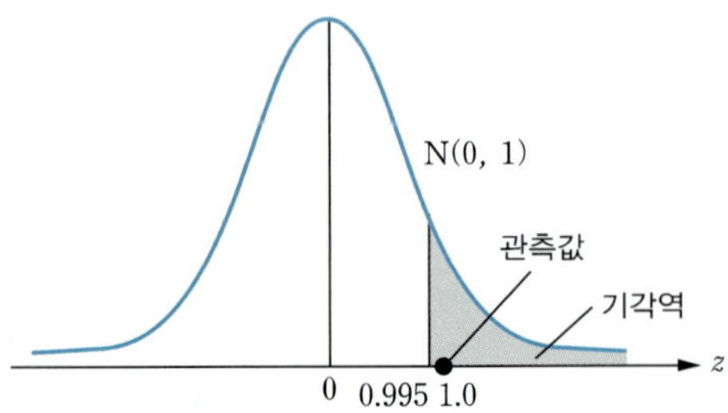

따라서 유의수준 16%에서 귀무가설 $\mu = 40$은 타당성이 없다.

예제 7-2

[예제 7-1]에서 검정을 위한 p-값을 구하고, 이 값을 이용하여 [예제 7-1]의 (a), (b)의 결론을 확인하라.

풀이

[예제 7-1]의 검정통계량 관측값은 $z_0=1.0$이고 오른쪽 한쪽검정이므로 p-값은 다음과 같다.

$$p\text{-값} = 1-\Phi(z_0) = 1-\Phi(1.0) = 1-0.8413 = 0.1587$$

(a) p-값 $= 0.1587 > \alpha = 0.05$이므로 귀무가설을 기각할 수 없다.

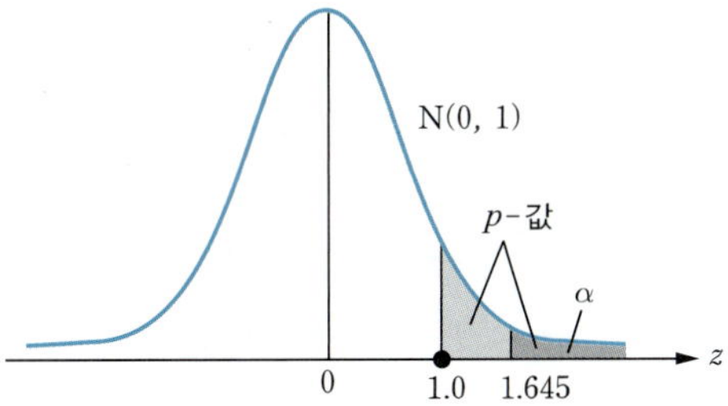

(b) p-값 $= 0.1587 < \alpha = 0.16$이므로 귀무가설을 기각한다.

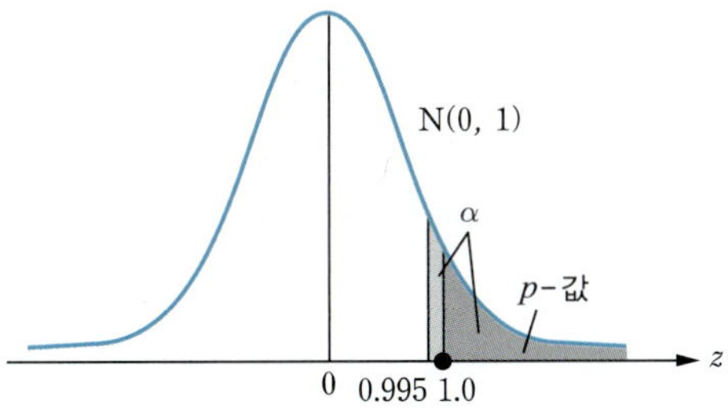

예제 7-3

건축공사의 표준시방서(specification)에서는 철근의 항복강도(yield strength)의 기준을 평균 $3.5\,\mathrm{t/cm^2}$으로 요구하고 있다. 품질관리기사가 공사 현장에 반입된 철근을 임의로 25개 추출하여 항복강도를 측정하는 실험을 하였더니 평균 $3.3\,\mathrm{t/cm^2}$이었다. 반입된 철근의 항복강도가 표준시방서의 요구에 적합하다고 할 수 있는지를 유의수준 5%로 검정하라. 단, 반입된 철근의 항복강도는 표준편차가 $0.5\,\mathrm{t/cm^2}$인 정규분포를 따르는 것으로 알려져 있다.

풀이

❶ 귀무가설 $H_0: \mu=3.5$, 대립가설 $H_1: \mu<3.5$를 설정한다. 따라서 왼쪽 한쪽검정을 한다.

❷ 검정통계량의 관측값은 $z_0=\dfrac{3.3-3.5}{0.5/\sqrt{25}}=-2$이다.

❸ $\alpha=0.05$이므로 $z_{0.05}=1.645$이다.

❹ $z_0 = -2 < -z_{0.05} = -1.645$이므로 H_0를 기각한다. 따라서 유의수준 5%에서 철근의 항복 강도는 표준시방서의 기준에 미치지 못한다고 할 수 있다.

모분산 σ^2을 모르는 경우

모분산 σ^2을 모를 때 정규분포 $N(\mu, \sigma^2)$을 따르는 모집단에서 표본의 크기 n이 소표본 $(n < 30)$일 경우, 검정통계량은 Z-검정통계량에서 σ 대신 표본표준편차 S를 대입한 다음의 T-검정통계량이다.

$$T = \frac{\overline{X} - \mu_0}{S/\sqrt{n}}$$

T-검정통계량은 자유도 $(n-1)$인 t-분포를 따른다. 따라서 모분산 σ^2을 모르는 경우에 모평균 $\mu = \mu_0$에 대한 가설검정은 T-검정통계량을 이용하고, 검정 과정은 Z-검정과 동일하다.

정리 7-4 모분산 σ^2을 모르는 경우 모평균 $\mu = \mu_0$에 대한 가설검정 절차

❶ 귀무가설 H_0와 대립가설 H_1을 설정한다.

❷ 검정통계량 $\overline{X}$에 대하여 T-검정통계량과 그 확률분포를 구한다.

$$T = \frac{\overline{X} - \mu_0}{S/\sqrt{n}} \sim t(n-1)$$

❸ 검정 방법에 따라 주어진 유의수준 α에 대한 임곗값과 기각역을 구한다.

❹ 표본으로부터 검정통계량의 관측값 t_0(또는 p-값)를 구하고, 기각역(또는 유의수준)과 비교하여 귀무가설 H_0의 기각 또는 채택을 결정한다.

[표 7-4] 모분산을 모르는 경우 모평균의 가설검정 방법

검정 방법 \ 가설과 기각역	귀무가설 H_0	대립가설 H_1	H_0의 기각역 R	p-값
왼쪽 한쪽검정	$\mu = \mu_0$(또는 $\mu \ge \mu_0$)	$\mu < \mu_0$	R: $T \le -t_\alpha(n-1)$	$P(T \le t_0)$
오른쪽 한쪽검정	$\mu = \mu_0$(또는 $\mu \le \mu_0$)	$\mu > \mu_0$	R: $T \ge t_\alpha(n-1)$	$P(T \ge t_0)$
양쪽검정	$\mu = \mu_0$	$\mu \ne \mu_0$	R: $\lvert T\rvert \ge t_{\alpha/2}(n-1)$	$P(\lvert T\rvert \ge t_0)$

귀무가설 $H_0: \mu=\mu_0$와 대립가설 $H_1: \mu \neq \mu_0$(양쪽검정)에 대하여 [그림 7-4]는 귀무가설 H_0를 기각하는 경우, [그림 7-5]는 귀무가설 H_0를 채택하는 경우의 유의수준 α와 기각역, p-값의 관계를 보여준다.

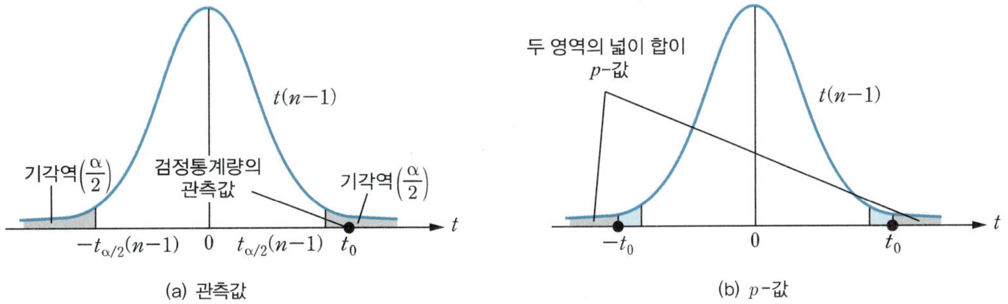

[그림 7-4] **양쪽검정에서 H_0 를 기각하는 경우의 관측값과 p-값**

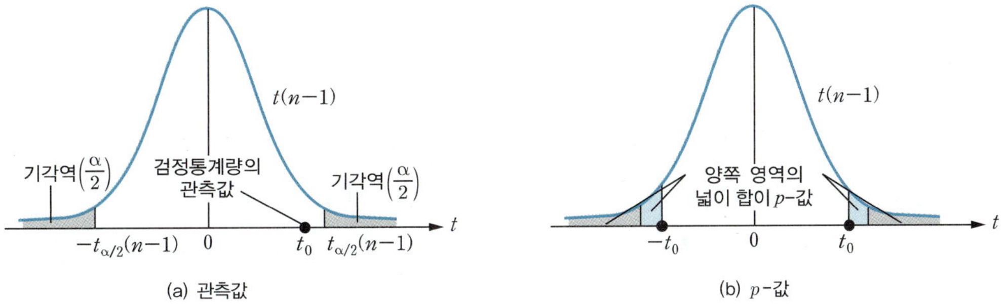

[그림 7-5] **양쪽검정에서 H_0를 채택하는 경우의 관측값과 p-값**

이와 같이 검정하려는 가설의 검정통계량이 t-분포를 따를 때, 가설의 기각역은 t-분포를 이용하여 구한다. 이를 **t-분포 검정**(t-distribution test) 또는 **T-검정**(T-test)이라 한다.

예제 7-4

공작기계를 생산하는 회사에서 베어링을 구입하려고 한다. 납품서에 따르면 베어링의 평균 지름은 10cm이다. 베어링의 지름이 납품서에 적힌 수치와 같은지를 검사하기 위해 납품되는 베어링 10개를 임의로 추출해 지름을 측정하였더니 다음과 같았다. 베어링의 지름이 정규분포 $N(\mu, \sigma^2)$을 따를 때, 베어링의 지름이 납품서에 적힌 수치와 같다고 할 수 있는지를 유의수준 5%로 검정하라.

(단위 : cm)

10.6	9.7	10.3	10.2	9.7	9.9	10.5	10.2	10.5	10.3

풀이

❶ 귀무가설 $H_0: \mu = 10$, 대립가설 $H_1: \mu \neq 10$을 설정한다. 따라서 양쪽검정을 한다.

❷ $\overline{X}$와 S^2을 구하면 다음과 같다.

$$\overline{X} = \frac{1}{10}(10.6 + 9.7 + \cdots + 10.3) = 10.19$$

$$S^2 = \frac{1}{10-1}\{(10.6 - 10.19)^2 + (9.7 - 10.19)^2 + \cdots + (10.3 - 10.19)^2\} \fallingdotseq 0.1054$$

$S \fallingdotseq 0.3247$이므로 검정통계량의 관측값은 다음과 같다.

$$|t_0| = \left|\frac{10.19 - 10.0}{0.3247/\sqrt{10}}\right| \fallingdotseq 1.850$$

❸ $\alpha = 0.05$이고 자유도가 $10 - 1 = 9$이므로 $t_{0.025}(9) = 2.262$이다.

❹ $|t_0| = 1.850 < t_{0.025}(9) = 2.262$이므로 H_0를 기각하지 못한다. 따라서 유의수준 5%에서 베어링의 지름이 납품서에 적힌 수치와 다르다고 할 수 없다.

한편, 표본의 크기 n이 대표본($n \geq 30$)일 경우, 표본분산 S^2이 모분산 σ^2에 근사함을 이미 살펴보았다. 또한 표본의 크기가 충분히 크면 중심극한정리에 의해 표본평균 $\overline{X}$의 확률분포는 정규분포에 가까워진다. 따라서 유한인 미지의 모분산을 가지는 임의의 모집단에서 모평균에 대한 주장은 표본표준편차를 이용하여 다음과 같이 정규근사할 수 있다.

$$\frac{\overline{X} - \mu}{S/\sqrt{n}} \approx \mathrm{N}(0, 1)$$

물론 모분산 σ^2이 알려진 경우에는 다음이 성립한다.

$$\frac{\overline{X} - \mu}{\sigma/\sqrt{n}} \approx \mathrm{N}(0, 1)$$

따라서 모집단이 임의의 분포를 따르는 경우에 대표본($n \geq 30$)을 추출하여 모평균에 대한 주장의 진위를 검정할 수 있다. 또한 유의수준 α에 대한 임곗값과 근사 기각역, p-값은 [표 7-5]와 같다.

[표 7-5] 대표본($n \geq 30$)에서 모평균의 가설검정 방법

가설과 기각역 / 검정 방법	귀무가설 H_0	대립가설 H_1	H_0의 기각역 R	p-값
왼쪽 한쪽검정	$\mu = \mu_0$(또는 $\mu \geq \mu_0$)	$\mu < \mu_0$	$R: Z \leq -z_\alpha$	$\Phi(z_0)$
오른쪽 한쪽검정	$\mu = \mu_0$(또는 $\mu \leq \mu_0$)	$\mu > \mu_0$	$R: Z \geq z_\alpha$	$1-\Phi(z_0)$
양쪽검정	$\mu = \mu_0$	$\mu \neq \mu_0$	$R: \lvert Z \rvert \geq z_{\alpha/2}$	$2\Phi(-\lvert z_0 \rvert)$

예제 7-5

2023년도 학생건강검사 표본통계 분석 결과 보고서에 따르면 우리나라 고등학교 남학생의 평균 키가 2020년도에 측정한 평균 키 173.5cm 보다 0.5cm 더 커졌다고 한다. 이 주장의 진위를 확인하기 위해 고등학교 남학생 400명을 임의로 선별하여 키의 평균과 표준편차를 조사하였더니 $\overline{X} = 172.9\,\text{cm}$, $S = 4.3\,\text{cm}$ 였다. 학생건강검사 표본통계 분석 결과 보고서의 타당성을 유의수준 1%로 검정하라.

풀이

❶ 귀무가설 $H_0: \mu = 174$, 대립가설 $H_1: \mu < 174$를 설정한다. 따라서 왼쪽 한쪽검정을 한다.

❷ 유의수준 $\alpha = 0.01$에 대한 왼쪽 한쪽검정의 임곗값과 기각역을 구하면 다음과 같다.

$$R: Z \leq -z_{0.01} = -2.33$$

❸ 모분산을 모르는 대표본이므로 모평균에 대한 검정통계량과 그 분포는 다음과 같다.

$$Z = \frac{\overline{X} - 174}{S/\sqrt{400}} \approx \mathrm{N}(0, 1)$$

표본평균과 표본표준편차가 $\overline{X} = 172.9$, $S = 4.3$이므로 검정통계량의 관측값은 다음과 같다.

$$z_0 = \frac{20 \times (172.9 - 174)}{4.3} \fallingdotseq -5.12$$

❹ 관측값이 기각역 안에 있으므로 귀무가설 H_0를 기각한다. 따라서 유의수준 1%에서 우리나라 고등학교 남학생의 평균 키가 2020년도보다 0.5cm 더 커졌다는 보고서의 주장은 타당성이 없다.

예제 7-6

A회사의 제품 생산 시간은 평균 750분이라고 한다. 이 주장의 진위를 확인하기 위해 크기 $n=100$인 표본으로부터 제품 생산 시간의 평균과 표준편차를 구했더니 $\overline{X}=720$, $S=102$였다. 제품 생산 시간에 대한 회사의 주장이 옳은지를 유의수준 5%로 검정하라.

풀이

❶ 귀무가설 $H_0: \mu=750$, 대립가설 $H_1: \mu \neq 750$을 설정한다. 따라서 양쪽검정을 한다.

❷ 유의수준 $\alpha=0.05$에 대한 양쪽검정의 임곗값과 기각역을 구하면 다음과 같다.

$$R: |Z| \geq z_{0.025}=1.96$$

❸ 모분산을 모르는 대표본이므로 모평균에 대한 검정통계량과 그 분포는 다음과 같다.

$$Z=\frac{\overline{X}-750}{S/\sqrt{100}} \approx \mathrm{N}(0, 1)$$

표본평균과 표본표준편차가 $\overline{X}=720$, $S=102$이므로 검정통계량의 관측값은 다음과 같다.

$$z_0=\frac{10\times(720-750)}{102} \fallingdotseq -2.94$$

❹ 관측값이 기각역 안에 있으므로 귀무가설 H_0를 기각한다. 따라서 유의수준 5%에서 A회사의 제품 생산 시간이 750분이라는 주장은 타당성이 없다.

Note 구간추정과 가설검정의 관계

모분산 σ^2을 아는 경우, 정규분포 $\mathrm{N}(\mu, \sigma^2)$에서 모평균 μ에 대한 구간추정과 가설검정의 관계를 살펴보자. 귀무가설 $H_0: \mu=\mu_0$, 대립가설 $H_1: \mu \neq \mu_0$와 같은 양쪽검정에 대하여 유의수준 α로 H_0를 기각하지 못하는 영역(H_0를 채택하는 영역)은 $|Z|< z_{\alpha/2}$이다. 이 식에 관측값 z_0를 대입하면 다음과 같다.

$$|z_0|< z_{\alpha/2} \quad \Leftrightarrow \quad -z_{\alpha/2}<\frac{\overline{X}-\mu_0}{\sigma/\sqrt{n}}< z_{\alpha/2} \quad \Leftrightarrow \quad \overline{X}-z_{\alpha/2}\frac{\sigma}{\sqrt{n}}<\mu_0<\overline{X}+z_{\alpha/2}\frac{\sigma}{\sqrt{n}}$$

여기서 $\overline{X}-z_{\alpha/2}\frac{\sigma}{\sqrt{n}}(=\mu_L)$는 신뢰하한이고 $\overline{X}+z_{\alpha/2}\frac{\sigma}{\sqrt{n}}(=\mu_U)$는 신뢰상한이다. 즉 귀무가설 H_0와 대립가설 H_1을 유의수준 α로 검정하는 대신 μ의 $100(1-\alpha)\%$ 신뢰구간 (μ_L, μ_U)를 구해 $\mu_0 \notin (\mu_L, \mu_U)$이면 H_0를 기각해도 됨을 의미한다.

따라서 신뢰구간을 구하는 것과 가설을 검정하는 것은 하나의 문제를 서로 다른 각도에서 보는 것으로, 둘은 서로 쌍대 관계라고 할 수 있다.

7.3 모비율의 검정

다음과 같은 귀무가설을 검정한다고 할 때, 이 검정을 모비율의 검정이라고 한다.

$$H_0: p = p_0$$

이때 p_0는 어떤 고정값이다. 모비율 p의 검정에서는 이항확률변수 X나 표본비율 $\hat{p}$을 이용하는데, 이를 위해서는 확률변수 X나 $\hat{p}$의 분포를 알아야 한다.

확률변수 X가 이항분포 $\mathrm{B}(n, p)$를 따르면 표본비율 $\hat{p} = \dfrac{X}{n}$는 $np_0 > 5$, $n(1-p_0) > 5$인 경우에 근사적으로 다음과 같은 정규분포를 따른다.

$$Z = \frac{\hat{p} - p}{\sqrt{p(1-p)/n}} \approx \mathrm{N}(0, 1)$$

이때 모비율에 대한 귀무가설 $H_0: p = p_0$의 가설검정은 검정통계량 $\hat{p} = \dfrac{X}{n}$에 대하여 다음과 같은 Z-검정통계량을 이용한다.

$$Z = \frac{\hat{p} - p_0}{\sqrt{p_0(1-p_0)/n}} = \frac{X - np_0}{\sqrt{np_0(1-p_0)}}$$

따라서 유의수준 α에 따른 임곗값과 기각역은 표준정규분포로부터 같이 얻을 수 있다. 모비율에 대한 가설검정은 모평균의 가설검정 방법과 동일하다.

[표 7-6] 모비율의 가설검정 방법

가설과 기각역 / 검정 방법	귀무가설 H_0	대립가설 H_1	H_0의 기각역 R	p-값
왼쪽 한쪽검정	$p = p_0$ (또는 $p \geq p_0$)	$p < p_0$	$R: Z \leq -z_\alpha$	$\Phi(z_0)$
오른쪽 한쪽검정	$p = p_0$ (또는 $p \leq p_0$)	$p > p_0$	$R: Z \geq z_\alpha$	$1-\Phi(z_0)$
양쪽검정	$p = p_0$	$p \neq p_0$	$R: \lvert Z \rvert \geq z_{\alpha/2}$	$2\Phi(-\lvert z_0 \rvert)$

특히 $H_0: p = p_0$에 대한 $H_1: p \neq p_0$를 검정하기 위한 p-값은 $2\Phi(-\lvert z_0 \rvert)$이고

$$z_0 = \frac{x - np_0}{\sqrt{np_0(1-p_0)}}$$

이므로 표본의 크기가 충분히 큰 경우에는 다음과 같이 변경할 수 있다.

$$z_0 > 0 \text{ 또는 } x > np_0 \text{이면, } p\text{-값} = 2P(Z > z_0)$$
$$z_0 < 0 \text{ 또는 } x < np_0 \text{이면, } p\text{-값} = 2P(Z < z_0)$$

따라서 표본의 크기가 작은 경우에는 $X \sim B(n, p_0)$로부터 다음이 성립한다.

$$x > np_0 \text{ 또는 } \hat{p} > p_0 \text{이면, } p\text{-값} = 2P(X \geq x)$$
$$x < np_0 \text{ 또는 } \hat{p} < p_0 \text{이면, } p\text{-값} = 2P(X \leq x)$$

예제 7-7

어느 공장에서 생산하는 전기자동차용 배터리의 불량률은 0.02 미만이라고 한다. 이 주장이 타당한지를 조사하기 위해 생산한 배터리 중 500개를 임의로 추출하여 불량품을 조사하였더니 불량품이 5개였다. 이때 배터리의 불량률이 0.02 미만이라는 주장이 타당하다고 할 수 있는지를 유의수준 5%로 검정하라.

풀이

❶ 귀무가설 $H_0: p = 0.02$, 대립가설 $H_1: p < 0.02$를 설정한다. 따라서 왼쪽 한쪽검정을 한다.

❷ $\hat{p} = \dfrac{5}{500} = 0.01$이므로 검정통계량은 다음과 같다.

$$z_0 = \frac{0.01 - 0.02}{\sqrt{\dfrac{0.02 \times 0.98}{500}}} \fallingdotseq -1.597$$

❸ $\alpha = 0.05$이므로 $-z_{0.05} = -1.645$이다. 따라서 기각역은 $R: Z \leq -z_{0.05} = -1.645$이다.

❹ $z_0 = -1.597 > -z_{0.05} = -1.645$이므로 H_0를 기각하지 못한다. 따라서 유의수준 5%에서 배터리의 불량률이 0.02 미만이라고 할 수 없다.

예제 7-8

[예제 7-7]에서 검정을 위한 p-값을 구하고, 이 값을 이용하여 [예제 7-7]의 결론을 확인하라.

풀이

[예제 7-7]의 검정통계량 관측값은 $z_0 = -1.597$이고 왼쪽 한쪽검정이므로 p-값은 다음과 같다.

$$p\text{-값} = P(Z \leq z_0) = P(Z \leq -1.597) = 1 - P(Z \leq 1.597) \fallingdotseq 1 - 0.9449 = 0.0551$$

따라서 p-값이 유의수준 $\alpha = 0.05$보다 크므로 귀무가설 H_0를 기각하지 못한다. 그러므로 배터리의 불량률이 0.02 미만이라고 할 수 없다.

예제 7-9

어떤 조사기관에서 2023년에 직장인을 대상으로 아침 식사 여부를 조사하였더니 '아침 식사 후에 출근한다'는 비율이 36.1%로, 2010년의 48.3%에 비해 12.2% 감소하였다. 이 주장에 대한 진위를 확인하기 위하여 직장인 800명을 조사하였더니 300명이 '아침 식사 후에 출근한다'고 답하였다. 아침 식사 후에 출근한다는 비율이 36.1%라는 주장에 타당성이 있는지를 검정하기 위한 p-값을 구하고 이를 이용하여 유의수준 1%로 검정하라.

풀이

❶ 귀무가설 $H_0: p = 0.361$, 대립가설 $H_1: p \neq 0.361$을 설정한다. 따라서 양쪽검정을 한다.

❷ Z-검정통계량은 다음과 같다.

$$Z = \frac{\hat{p} - p_0}{\sqrt{p_0(1-p_0)/n}} = \frac{x - np_0}{\sqrt{np_0(1-p_0)}}$$

❸ $n = 800$, $x = 300$, $p_0 = 0.361$이므로 Z-검정통계량의 관측값은 다음과 같다.

$$z_0 = \frac{300 - 800 \times 0.361}{\sqrt{800 \times 0.361 \times 0.639}} \fallingdotseq \frac{11.2}{13.58} \fallingdotseq 0.82$$

❹ p-값 $= 2\Phi(-0.82) = 2 \times 0.2061 = 0.4122$이므로 p-값은 유의수준 $\alpha = 0.01$보다 크다. 따라서 H_0를 기각하지 못한다. 그러므로 유의수준 1%에서 이 조사기관의 주장은 타당성이 있다.

7.4 모평균 차의 검정

각각 정규분포 $\mathrm{N}(\mu_1, \sigma_1^2)$과 $\mathrm{N}(\mu_2, \sigma_2^2)$을 따르면서 서로 독립인 두 모집단에 대하여, 모분산 σ_1^2과 σ_2^2을 아는 경우와 모르는 경우로 나누어서 모평균 차의 검정을 살펴본 후 짝비교 방법에 의한 모평균 차의 검정을 알아보자.

두 모분산 σ_1^2과 σ_2^2을 아는 경우

다음과 같은 귀무가설을 검정한다고 할 때, 이 검정을 모평균 차의 검정이라고 한다.

$$H_0: \mu_1 = \mu_2 \quad \text{또는} \quad \mu_1 - \mu_2 = \delta_0$$

두 모평균 차 $\mu_1 - \mu_2$의 검정에서는 추정량 $\overline{X_1} - \overline{X_2}$를 이용하고, 이를 위해서는 $\overline{X_1} - \overline{X_2}$의 분포를 알아야 한다. 각각 정규분포 $\mathrm{N}(\mu_1, \sigma_1^2)$, $\mathrm{N}(\mu_2, \sigma_2^2)$을 따르는 두 모집단으로부터 추출한 크기 n_1, n_2의 서로 독립인 확률표본의 표본평균을 각각 $\overline{X_1}$, $\overline{X_2}$라 하면 통계량 $\overline{X_1} - \overline{X_2}$는 다음 정규분포를 따른다.

$$\mathrm{N}\left(\mu_1 - \mu_2,\ \frac{\sigma_1^2}{n_1} + \frac{\sigma_2^2}{n_2}\right)$$

귀무가설 $H_0: \mu_1 - \mu_2 = \delta_0$에 대한 검정통계량과 그 확률분포는 다음과 같다.

$$Z = \frac{(\overline{X_1} - \overline{X_2}) - (\mu_1 - \mu_2)}{\sqrt{\dfrac{\sigma_1^2}{n_1} + \dfrac{\sigma_2^2}{n_2}}} = \frac{(\overline{X_1} - \overline{X_2}) - \delta_0}{\sqrt{\dfrac{\sigma_1^2}{n_1} + \dfrac{\sigma_2^2}{n_2}}} \sim \mathrm{N}(0, 1)$$

따라서 검정통계량의 관측값은 다음과 같다.

$$z_0 = \frac{(\overline{x_1} - \overline{x_2}) - \delta_0}{\sqrt{\dfrac{\sigma_1^2}{n_1} + \dfrac{\sigma_2^2}{n_2}}}$$

유의수준 α에서 $\mu_1 - \mu_2 = \delta_0$에 대한 검정 방법과 그에 따른 기각역, p-값은 [표 7-7]과 같다.

[표 7-7] 두 모분산을 아는 경우 모평균 차의 가설검정 방법

검정 방법 \ 가설과 기각역	귀무가설 H_0	대립가설 H_1	H_0의 기각역 R	p-값
왼쪽 한쪽검정	$\mu_1-\mu_2=\delta_0$ (또는 $\mu_1-\mu_2\geq\delta_0$)	$\mu_1-\mu_2<\delta_0$	$R: Z\leq -z_\alpha$	$\Phi(z_0)$
오른쪽 한쪽검정	$\mu_1-\mu_2=\delta_0$ (또는 $\mu_1-\mu_2\leq\delta_0$)	$\mu_1-\mu_2>\delta_0$	$R: Z\geq z_\alpha$	$1-\Phi(z_0)$
양쪽검정	$\mu_1-\mu_2=\delta_0$	$\mu_1-\mu_2\neq\delta_0$	$R: \lvert Z\rvert\geq z_{\alpha/2}$	$2\Phi(-\lvert z_0\rvert)$

예제 7-10

온도에 따라 최적의 보온력을 발휘하는 다운패딩자켓을 중량 형태별로 나누는 지수를 HAT 지수라고 한다. 다운의 충전량이 약 300g 이상으로 부피가 크고 보온성이 강화된 다운패딩자켓을 헤비다운자켓이라 하고 HAT5000으로 표기한다. 다음 표는 헤비다운자켓 HAT5000을 생산하는 두 회사 A, B에서 각각 11개와 9개의 표본을 임의로 추출하여 다운의 충전량을 조사한 자료이다. 두 회사의 모집단은 서로 독립이고 정규분포를 따르며, A 사의 모표준편차는 5이고 B 사의 모표준편차는 4라고 한다. 이때 두 회사의 다운 충전량의 모평균에 차이가 있는지를 유의수준 5%로 검정하라.

A 사	310	305	295	303	307	297	275	270	305	310	307
B 사	303	310	315	295	315	312	308	305	318	–	–

풀이

❶ 귀무가설 $H_0: \mu_1=\mu_2$, 대립가설 $H_1: \mu_1\neq\mu_2$를 설정한다. 따라서 양쪽검정을 한다.

❷ $\overline{X_1}$과 $\overline{X_2}$를 구하면 다음과 같다.

$$\overline{X_1}=\frac{1}{11}(310+305+\cdots+307)\fallingdotseq 298.55$$

$$\overline{X_2}=\frac{1}{9}(303+310+\cdots+318)=309$$

따라서 검정통계량의 관측값을 구하면 다음과 같다.

$$\lvert z_0\rvert=\left|\frac{298.55-309}{\sqrt{\frac{5^2}{11}+\frac{4^2}{9}}}\right|\fallingdotseq 5.19$$

❸ $\alpha=0.05$이므로 $z_{0.025}=1.96$이다.

❹ 양쪽검정에 따른 기각역과 검정통계량의 관측값을 비교하면 $\lvert z_0\rvert=5.19>z_{0.025}=1.96$이므로 H_0를 기각한다. 따라서 유의수준 5%에서 두 회사의 다운 충전량의 모평균에 차이가 있다고 할 수 있다.

예제 7-11

어떤 기관의 보고서에 따르면 남자의 키가 여자의 키보다 평균적으로 11cm 더 크다고 한다. 이 보고서의 진위를 조사하기 위해 성인 남자와 여자를 각각 22명씩 임의로 추출하여 다음과 같은 자료를 얻었다. 남자와 여자의 키에 대한 모표준편차는 7.1cm로 동일하고 모두 정규분포를 따른다고 할 때, 다음 자료를 바탕으로 남자의 키가 여자보다 평균적으로 11cm 더 크다는 주장이 타당한지를 유의수준 5%로 검정하라.

남자	166	171	155	165	179	172	167	175	157	177	162
	176	168	173	160	178	163	170	174	169	180	164
여자	144	167	160	156	163	154	150	165	162	155	145
	153	164	158	159	166	157	148	161	151	152	168

풀이

❶ 남자의 평균 키를 μ_1, 여자의 평균 키를 μ_2라 하고 귀무가설 $H_0: \mu_1 - \mu_2 = 11$과 대립가설 $H_1: \mu_1 - \mu_2 > 11$을 설정한다.

❷ 남자 22명의 평균 키와 여자 22명의 평균 키를 각각 $\overline{X_1}$, $\overline{X_2}$라고 하면 모표준편차가 각각 $\sigma_1 = \sigma_2 = 7.1$이므로 검정통계량은 다음과 같다.

$$Z = \frac{(\overline{X_1} - \overline{X_2}) - (\mu_1 - \mu_2)}{\sqrt{\dfrac{\sigma_1^2}{n_1} + \dfrac{\sigma_2^2}{n_2}}} = \frac{(\overline{X_1} - \overline{X_2}) - 11}{\sqrt{4.583}} \sim \mathrm{N}(0,\ 1)$$

❸ 오른쪽 한쪽검정이므로 $\alpha = 0.05$에 대한 임곗값은 $z_{0.05} = 1.645$이다. 그러므로 기각역은 $R: Z \geq 1.645$이다.

❹ 두 표본에 대한 표본평균이 각각 $\overline{X_1} = 169.14$, $\overline{X_2} = 157.18$이므로 검정통계량의 관측값은 $z_0 = \dfrac{11.96 - 11}{2.14} \fallingdotseq 0.45$이다. 검정통계량의 관측값이 기각역 안에 포함되지 않으므로 귀무가설 H_0를 기각하지 못한다. 따라서 유의수준 5%에서 남자의 키가 여자의 키보다 평균적으로 11cm 더 크다고 할 만한 뚜렷한 증거는 없다.

두 모분산 σ_1^2과 σ_2^2을 모르는 경우

표본의 크기 n_1, n_2가 소표본($n_1 < 30$, $n_2 < 30$)이고 σ_1^2과 σ_2^2을 모르지만 $\sigma_1^2 = \sigma_2^2 = \sigma^2$이며 서로 독립인 두 정규 모집단 $\mathrm{N}(\mu_1,\ \sigma^2)$과 $\mathrm{N}(\mu_2,\ \sigma^2)$을 가정할 때, 모평균 차 $\mu_1 - \mu_2$에 대해 이미 설정된 귀무가설 $H_0: \mu_1 - \mu_2 = \delta_0$의 검정 방법을 살펴보자.

이 경우에 공통분산 σ^2의 합동표본분산은 다음과 같다.

$$S_p^2 = \frac{(n_1-1)S_1^2 + (n_2-1)S_2^2}{n_1+n_2-2}$$

이미 설정된 귀무가설 H_0를 검정하기 위해 T-검정통계량을 이용하는데, 특히 합동표본분산 S_p^2에 대하여 다음 식이 성립한다.

$$T = \frac{(\overline{X_1} - \overline{X_2}) - (\mu_1 - \mu_2)}{S_p\sqrt{\frac{1}{n_1} + \frac{1}{n_2}}} = \frac{(\overline{X_1} - \overline{X_2}) - \delta_0}{S_p\sqrt{\frac{1}{n_1} + \frac{1}{n_2}}} \sim t(n_1+n_2-2)$$

즉 두 모분산이 동일하지만 그 값을 모르는 경우에 모평균 차 $\mu_1 - \mu_2 = \delta_0$에 대한 검정은 T-검정을 이용하고, 그 검정 방법은 [표 7-8]과 같이 유의수준 α에 대한 기각역이나 p-값을 구하여 검정한다.

[표 7-8] 두 모분산을 모르는 경우 모평균 차의 가설검정 방법($n_1 < 30$, $n_2 < 30$)

검정 방법 \ 가설과 기각역	귀무가설 H_0	대립가설 H_1	H_0의 기각역 R	p-값
왼쪽 한쪽검정	$\mu_1 - \mu_2 = \delta_0$ (또는 $\mu_1 - \mu_2 \ge \delta_0$)	$\mu_1 - \mu_2 < \delta_0$	$R: T \le -t_\alpha(n_1+n_2-2)$	$\mathrm{P}(T \le t_0)$
오른쪽 한쪽검정	$\mu_1 - \mu_2 = \delta_0$ (또는 $\mu_1 - \mu_2 \le \delta_0$)	$\mu_1 - \mu_2 > \delta_0$	$R: T \ge t_\alpha(n_1+n_2-2)$	$\mathrm{P}(T \ge t_0)$
양쪽검정	$\mu_1 - \mu_2 = \delta_0$	$\mu_1 - \mu_2 \ne \delta_0$	$R: \lvert T\rvert \ge t_{\alpha/2}(n_1+n_2-2)$	$\mathrm{P}(\lvert T\rvert \ge t_0)$

예제 7-12

어느 조사기관에서 남성과 여성의 하루 평균 스마트폰 사용 시간을 비교하기 위해 동일한 조건에서 남성과 여성 9명을 각각 임의로 추출하여 조사하였더니 다음 표와 같았다. 남성과 여성의 두 모집단은 분산이 동일하고 정규분포를 따르며 서로 독립이라고 할 때, 남성과 여성의 하루 평균 스마트폰 사용 시간이 같은지를 유의수준 5%로 검정하라.

(단위 : 분)

구분	평균	표준편차
남성	186	11
여성	174	10

풀이

❶ 남성의 하루 평균 스마트폰 사용 시간을 μ_1, 여성의 하루 평균 스마트폰 사용 시간을 μ_2라 하고 다음과 같이 가설을 설정한다. 따라서 양쪽검정을 한다.

$$\text{귀무가설 } H_0: \mu_1 = \mu_2$$
$$\text{대립가설 } H_1: \mu_1 \neq \mu_2$$

❷ 합동표본분산과 검정통계량을 구하면 다음과 같다.

$$S_p^2 = \frac{(9-1)(11)^2 + (9-1)(10)^2}{9+9-2} = 110.5$$

$$|t_0| = \left| \frac{186-174}{\sqrt{110.5}\sqrt{\frac{1}{9}+\frac{1}{9}}} \right| \fallingdotseq 2.422$$

❸ $\alpha = 0.05$이므로 기각역은 $|T| \geq t_{0.025}(16) = 2.120$이다.

❹ $|t_0| = 2.422 > t_{0.025}(16) = 2.120$이므로 검정통계량의 관측값이 기각역에 포함된다. 따라서 귀무가설 H_0를 기각한다. 그러므로 유의수준 5%에서 남성과 여성의 하루 평균 스마트폰 사용 시간에는 차이가 있다고 할 수 있다.

예제 7-13

자동차 윤활유 제조회사에서 윤활유를 오래 보관해도 점도가 지속되는지를 검사하려고 한다. 생산 직후의 윤활유 10개를 임의로 추출하여 점도를 조사하고, 생산한지 1년이 지난 윤활유 중 10개를 임의로 추출하여 점도를 조사하였더니 다음 표와 같았다. 생산 직후나 1년 후의 점도에 대한 표준편차는 동일하다고 할 때, 1년이 지나도 점도가 그대로 보존되는지를 유의수준 5%로 검정하라.

(단위 : cm^2/s)

생산 직후	10.2	10.5	10.3	10.8	9.8	10.6	10.7	10.2	10.0	10.6
생산 1년 후	9.8	9.6	10.1	10.2	10.1	9.7	9.5	9.6	9.8	9.9

풀이

μ_1, μ_2를 각각 생산 직후와 생산 1년 후의 윤활유 점도에 대한 평균이라 하면 다음과 같다.

$$n_1 = 10, \quad \overline{X} = 10.37, \quad S_1^2 \fallingdotseq 0.105$$
$$n_2 = 10, \quad \overline{Y} = 9.83, \quad S_2^2 \fallingdotseq 0.058$$

따라서 합동표본분산과 합동표준편차는 다음과 같다.

$$S_p^2 = \frac{(10-1)\times 0.105 + (10-1)\times 0.058}{10+10-2} = 0.0815$$

$$S_p = \sqrt{0.0815} \fallingdotseq 0.285$$

❶ 귀무가설 $H_0: \mu_1 = \mu_2$, 대립가설 $H_1: \mu_1 \neq \mu_2$를 설정한다. 따라서 양쪽검정을 한다.

❷ 검정통계량의 관측값은 $|t_0| = \left| \dfrac{10.37-9.83}{0.285\sqrt{\dfrac{1}{10}+\dfrac{1}{10}}} \right| \fallingdotseq 4.237$이다.

❸ $\alpha = 0.05$이므로 기각역은 $|T| \geq t_{0.025}(18) = 2.101$이다.

❹ $|t_0| = 4.237 > t_{0.025}(18) = 2.101$이므로 H_0를 기각한다. 따라서 유의수준 5%에서 윤활유의 점도는 시간이 지남에 따라 변화가 있음을 알 수 있다.

한편, 두 정규 모집단 $\mathrm{N}(\mu_1, \sigma_1^2)$과 $\mathrm{N}(\mu_2, \sigma_2^2)$에서 모평균의 차를 검정하려고 할 때, 두 모분산 σ_1^2과 σ_2^2은 모르지만 표본의 크기 n_1, n_2가 대표본($n_1 \geq 30$, $n_2 \geq 30$)이면 모표준편차 σ_1과 σ_2 대신에 표본표준편차 S_1과 S_2를 대입한 다음과 같은 검정통계량을 사용한다. 이에 따른 기각역은 모분산 σ_1^2과 σ_2^2을 아는 경우와 동일하다.

$$z_0 = \frac{\overline{X}_1 - \overline{X}_2}{\sqrt{\dfrac{S_1^2}{n_1} + \dfrac{S_2^2}{n_2}}}$$

또한 서로 독립인 두 정규 모집단 $\mathrm{N}(\mu_1, \sigma_1^2)$과 $\mathrm{N}(\mu_2, \sigma_2^2)$의 두 모분산 σ_1^2과 σ_2^2이 서로 다르고 그 값을 모를 때, $\mu_1 - \mu_2$를 검정하기 위해 각각 크기가 n_1, n_2인 표본을 추출하면 다음과 같이 정의되는 T-검정통계량이 자유도 k인 t-분포를 따름을 이미 6장에서 살펴보았다.

$$T = \frac{(\overline{X}_1 - \overline{X}_2) - (\mu_1 - \mu_2)}{\sqrt{\dfrac{S_1^2}{n_1} + \dfrac{S_2^2}{n_2}}} \sim t(k)$$

이때 자유도 k는 다음과 같은 값에 가장 가까운 정수로 간주한다.

$$k = \frac{\left(\dfrac{S_1^2}{n_1} + \dfrac{S_2^2}{n_2}\right)^2}{\dfrac{(S_1^2/n_1)^2}{n_1-1} + \dfrac{(S_2^2/n_2)^2}{n_2-1}}$$

따라서 유의수준 α에서 $\mu_1 - \mu_2 = \delta_0$에 대한 가설검정은 T-검정법을 따르며 검정 방법과 그에 따른 기각역 및 p-값은 [표 7-9]와 같다.

[표 7-9] 두 모분산이 서로 다르고, 그 값을 모르는 경우 모평균 차의 가설검정 방법

가설과 기각역 / 검정 방법	귀무가설 H_0	대립가설 H_1	H_0의 기각역 R	p-값
왼쪽 한쪽검정	$\mu_1 - \mu_2 = \delta_0$ (또는 $\mu_1 - \mu_2 \geq \delta_0$)	$\mu_1 - \mu_2 < \delta_0$	$R : T \leq -t_\alpha(k)$	$\mathrm{P}(T \leq t_0)$
오른쪽 한쪽검정	$\mu_1 - \mu_2 = \delta_0$ (또는 $\mu_1 - \mu_2 \leq \delta_0$)	$\mu_1 - \mu_2 > \delta_0$	$R : T \geq t_\alpha(k)$	$\mathrm{P}(T \geq t_0)$
양쪽검정	$\mu_1 - \mu_2 = \delta_0$	$\mu_1 - \mu_2 \neq \delta_0$	$R : \lvert T \rvert \geq t_{\alpha/2}(k)$	$\mathrm{P}(\lvert T \rvert \geq t_0)$

짝비교에 의한 모평균 차의 검정

두 모평균의 비교에 있어서 두 모집단이 서로 독립이 아닌 경우에는 짝비교 방법을 사용한다. 각 짝의 실험 단위에는 처리 1(X_1)을, 다른 실험 단위에는 처리 2(X_2)를 적용하여 각 짝에서 얻은 관측값의 차($D = X_1 - X_2$)를 이용해 모평균 차를 검정해보자.

[표 7-10] 짝비교 방법

짝	처리 1(X_1)	처리 2(X_2)	차($D = X_1 - X_2$)
1	X_{11}	X_{21}	$D_1 = X_{11} - X_{21}$
2	X_{12}	X_{22}	$D_2 = X_{12} - X_{22}$
$\vdots$	$\vdots$	$\vdots$	$\vdots$
n	X_{1n}	X_{2n}	$D_n = X_{1n} - X_{2n}$

두 확률변수 X_1과 X_2가 정규분포를 따른다고 가정할 때, $D_i = X_{1i} - X_{2i}$는 정규분포 $\mathrm{N}(\mu_1 - \mu_2, \sigma_D^2)$을 따른다. 이때 σ_D^2을 알고 있다고 가정한다.

$D_1, D_2, \cdots, D_n$의 표본평균 $\overline{D} = \frac{1}{n}\sum_{i=1}^{n} D_i$는 정규분포 $\mathrm{N}\left(\mu_1 - \mu_2, \frac{\sigma_D^2}{n}\right)$을 따르고, 이를 표준화한 다음 Z-검정통계량은 표준정규분포 $\mathrm{N}(0, 1)$을 따른다.

$$Z = \frac{\overline{D} - (\mu_1 - \mu_2)}{\sigma_D / \sqrt{n}}$$

그러므로 귀무가설이 참이라는 가정 아래 얻은 검정통계량을 이용한 모평균 차 $\mu_1 - \mu_2$의 가설검정 방법은 다음과 같다.

- $H_1 : \mu_1 > \mu_2$일 때, $Z \geq z_\alpha$이면 H_0를 기각한다.
- $H_1 : \mu_1 < \mu_2$일 때, $Z \leq -z_\alpha$이면 H_0를 기각한다.
- $H_1 : \mu_1 \neq \mu_2$일 때, $|Z| \geq z_{\alpha/2}$이면 H_0를 기각한다.

실제로 σ_D^2을 모르는 경우에는 다음과 같은 T-검정통계량을 이용한다.

$$T = \frac{\overline{D} - (\mu_1 - \mu_2)}{S_D / \sqrt{n}}$$

이 통계량 T는 자유도 $(n-1)$인 t-분포를 따른다. 그러므로 귀무가설 $H_0 : \mu_1 = \mu_2$가 참이라는 가정 아래 얻은 검정통계량을 이용한 모평균 차 $\mu_1 - \mu_2$의 가설검정 방법은 다음과 같다.

- $H_1 : \mu_1 > \mu_2$일 때, $T \geq t_\alpha(n-1)$이면 H_0를 기각한다.
- $H_1 : \mu_1 < \mu_2$일 때, $T \leq -t_\alpha(n-1)$이면 H_0를 기각한다.
- $H_1 : \mu_1 \neq \mu_2$일 때, $|T| \geq t_{\alpha/2}(n-1)$이면 H_0를 기각한다.

예제 7-14

A대학교에서는 chatGPT를 활용한 교육 프로그램을 통해 실제로 학생들의 학업능력이 향상되는지 알아보고자 한다. 이를 위해 chatGPT를 활용한 교육 프로그램에 참여한 학생 중 임의의 10명을 대상으로, 교육을 받기 전과 후의 학업능력을 100점 만점으로 환산한 다음 자료를 얻었다. chatGPT를 활용한 교육이 학생들의 학업능력을 향상시키는지를 유의수준 5%로 검정하라.

(단위 : 점)

학생	1	2	3	4	5	6	7	8	9	10
교육 전 점수	75	70	88	85	95	65	87	70	95	85
교육 후 점수	80	80	90	90	90	60	90	85	90	93

풀이

❶ 귀무가설 $H_0 : \mu_1 = \mu_2$, 대립가설 $H_1 : \mu_1 < \mu_2$를 설정한다.

❷ chatGPT를 활용한 교육을 받기 전과 후의 학업능력 점수 차의 평균을 $\overline{D}$, 표준편차를 S_D 라고 하면 다음과 같다.

$$\overline{D} = \frac{1}{10}(5+10+\cdots+8) = 3.3$$

$$S_D^2 = \frac{1}{10-1}\{(5-3.3)^2+(10-3.3)^2+\cdots+(8-3.3)^2\} \fallingdotseq 46.456$$

$S_D \fallingdotseq 6.816$이므로 검정통계량의 관측값은 $t_0 = \dfrac{3.3}{6.816/\sqrt{10}} \fallingdotseq 1.531$이다.

❸ $\alpha = 0.05$이므로 기각역은 $T \geq t_{0.05}(9) = 1.833$이다.

❹ $t_0 = 1.531 < t_{0.05}(9) = 1.833$이므로 H_0를 기각하지 못한다. 따라서 유의수준 5%에서 chatGPT를 활용한 교육이 학생들의 학업능력을 향상시킨다고 할 수 없다.

예제 7-15

어떤 과학자가 휘발유에 자신이 개발한 새로운 첨가제를 넣을 경우에 자동차의 주행거리가 증가한다고 주장하였다. 이를 확인하기 위해 10종류의 자동차를 대상으로 실험한 결과, 첨가제 사용 전후의 1L당 주행거리는 다음과 같았다. 첨가제 사용으로 자동차의 주행거리가 증가한다고 할 수 있는지를 유의수준 5%로 검정하라.

(단위 : km/l)

구분	1	2	3	4	5	6	7	8	9	10
사용 전	11.5	15.8	20.3	18.2	25.3	9.8	14.8	16.0	16.4	13.5
사용 후	12.3	15.5	23.2	19.5	28.1	10.2	16.2	15.8	16.5	14.4

풀이

첨가제 사용 후와 사용 전의 모평균을 각각 μ_1, μ_2라고 하자.

❶ 귀무가설 $H_0: \mu_1 = \mu_2$, 대립가설 $H_1: \mu_1 > \mu_2$를 설정한다.

❷ 첨가제 사용 전후 주행거리 차의 평균을 $\overline{D}$, 표준편차를 S_D라고 하면 다음과 같다.

$$\overline{D} = \frac{1}{10}(0.8-0.3+2.9+\cdots+0.9) = 1.01$$

$$S_D^2 = \frac{1}{10-1}\{(0.8-1.01)^2+(-0.3-1.01)^2+\cdots+(0.9-1.01)^2\} \fallingdotseq 1.1279^2$$

따라서 검정통계량의 관측값은 $t_0 = \dfrac{1.01}{1.1279/\sqrt{10}} \fallingdotseq 2.8318$이다.

❸ $\alpha = 0.05$이므로 기각역은 $T \geq t_{0.05}(9) = 1.833$이다.

❹ 검정통계량의 관측값이 $t_0 = 2.8318 > t_{0.05}(9) = 1.833$을 만족하므로 H_0를 기각한다. 따라서 유의수준 5%에서 첨가제 사용으로 자동차의 주행거리가 증가한다고 할 수 있다.

7.5 모비율 차의 검정

다음과 같은 귀무가설을 검정한다고 할 때, 이 검정을 모비율 차의 검정이라고 한다.

$$H_0: p_1 = p_2$$

이 검정은 두 제조 과정에서 불량률에 차이가 있는지, 또는 두 치료 방법에 따른 완치율에 차이가 있는지 등을 알아보고자 할 때 쓰인다. 모비율 차 $p_1 - p_2$의 검정에서는 추정량 $\hat{p}_1 - \hat{p}_2$을 이용하는데 이를 위해서는 $\hat{p}_1 - \hat{p}_2$의 분포를 알아야 한다.

이항분포를 따르는 두 모집단으로부터 크기가 n_1, n_2이면서 서로 독립인 확률표본의 표본비율을 각각 $\hat{p}_1$, $\hat{p}_2$이라 하자. 그러면 다음이 성립한다.

$$X \sim \mathrm{B}(n_1, p_1), \quad Y \sim \mathrm{B}(n_2, p_2)$$

표본비율 $\hat{p}_1 = \dfrac{X}{n_1}$와 $\hat{p}_2 = \dfrac{Y}{n_2}$의 차 $\hat{p}_1 - \hat{p}_2$은 표본의 크기 n_1과 n_2가 충분히 크면 $(n_1 p_1 \ge 5,\ n_1(1-p_1) \ge 5,\ n_2 p_2 \ge 5,\ n_2(1-p_2) \ge 5)$, 통계량 $\hat{p}_1 - \hat{p}_2$은 근사적으로 정규분포 $\mathrm{N}\left(p_1 - p_2,\ \dfrac{p_1(1-p_1)}{n_1} + \dfrac{p_2(1-p_2)}{n_2}\right)$를 따른다.

따라서 이를 표준화한 다음 Z-통계량은 근사적으로 표준정규분포 $\mathrm{N}(0, 1)$을 따른다.

$$Z = \frac{(\hat{p}_1 - \hat{p}_2) - (p_1 - p_2)}{\sqrt{\dfrac{\hat{p}_1(1-\hat{p}_1)}{n_1} + \dfrac{\hat{p}_2(1-\hat{p}_2)}{n_2}}}$$

귀무가설 $H_0: p_1 = p_2 = p$가 참이라면

$$\begin{aligned} \mathrm{Var}(\hat{p}_1 - \hat{p}_2) &= \frac{p_1(1-p_1)}{n_1} + \frac{p_2(1-p_2)}{n_2} \\ &= p(1-p)\left(\frac{1}{n_1} + \frac{1}{n_2}\right) \end{aligned}$$

이므로 검정통계량은 다음과 같다.

$$Z=\frac{\hat{p}_1-\hat{p}_2}{\sqrt{\hat{p}(1-\hat{p})\left(\frac{1}{n_1}+\frac{1}{n_2}\right)}}$$

여기서 값을 모르지만 같을 것으로 가정한 모비율 p의 합동추정량인 **합동표본비율**(pooled sample proportion) $\hat{p}$은 다음과 같다.

$$\hat{p}=\frac{n_1\hat{p}_1+n_2\hat{p}_2}{n_1+n_2}$$

따라서 귀무가설 $H_0: p_1=p_2$에 대한 검정통계량은 다음과 같다.

$$Z=\frac{\hat{p}_1-\hat{p}_2}{\sqrt{\hat{p}\hat{q}\left(\frac{1}{n_1}+\frac{1}{n_2}\right)}}$$

따라서 모비율 차의 검정은 [표 7-11]과 같이 주어진 유의수준 α에 따른 임곗값과 기각역 및 p-값을 구하여 검정한다.

[표 7-11] 모비율 차의 가설검정 방법

가설과 기각역 / 검정 방법	귀무가설 H_0	대립가설 H_1	H_0의 기각역 R	p-값
왼쪽 한쪽검정	$p_1=p_2$ (또는 $p_1 \geq p_2$)	$p_1<p_2$	$R: Z \leq -z_\alpha$	$\Phi(z_0)$
오른쪽 한쪽검정	$p_1=p_2$ (또는 $p_1 \leq p_2$)	$p_1>p_2$	$R: Z \geq z_\alpha$	$1-\Phi(z_0)$
양쪽검정	$p_1=p_2$	$p_1 \neq p_2$	$R: \lvert Z\rvert \geq z_{\alpha/2}$	$2\Phi(-\lvert z_0\rvert)$

예제 7-16

두 기계 A와 B에서 생산하는 제품의 불량률을 비교하기 위해 각 기계로부터 100개의 제품을 임의로 추출하여 검사하였더니 기계 A에서는 불량품이 20개, 기계 B에서는 불량품이 16개 나왔다. 두 기계 A와 B 사이에 불량률의 차이가 있는지를 유의수준 5%로 검정하라.

풀이

❶ 기계 A와 B의 불량률을 각각 p_1, p_2라 하고 귀무가설 H_0와 대립가설 H_1을 다음과 같이 설정한다.

$$H_0: p_1=p_2$$
$$H_1: p_1 \neq p_2$$

② $n_1 = n_2 = 100$이고, 두 표본비율에 대해 다음이 성립한다.

$$\hat{p}_1 = \frac{20}{100} = 0.2,\ \hat{p}_2 = \frac{16}{100} = 0.16,\ \hat{p} = \frac{20+16}{100+100} = 0.18$$

따라서 검정통계량의 관측값은 다음과 같다.

$$|z_0| = \left| \frac{0.2-0.16}{\sqrt{0.18(1-0.18)\left(\frac{1}{100}+\frac{1}{100}\right)}} \right| \fallingdotseq 0.736$$

③ $\alpha = 0.05$이므로 $z_{\alpha/2} = z_{0.025} = 1.96$이고, 양쪽검정의 기각역은 $|Z| \ge z_{0.025} = 1.96$이다.

④ $|z_0| = 0.736 < z_{0.025} = 1.96$이므로 H_0를 기각하지 못한다. 따라서 유의수준 5%에서 두 기계 A와 B 사이에 불량률의 차이가 있다고 할 수 없다.

예제 7-17

무선 마우스를 생산하는 어느 공장에는 2개의 생산라인 A와 B가 있다. 생산라인 A와 B의 불량률 차이를 비교하면 생산라인 A가 B보다 1% 정도 더 많은 불량률이 발생한다고 한다. 실제로 조사한 결과, 생산라인 A와 B에서 각각 생산한 무선 마우스 400개와 500개 중 불량품은 이 각각 12개와 8개였다. 이 결과를 근거로 생산라인 A에서 생산하는 무선 마우스의 불량률이 생산라인 B에서 생산하는 무선 마우스의 불량률보다 1% 정도 더 높은지를 유의수준 5%로 검정하라.

풀이

① 생산라인 A와 B의 불량률을 각각 p_1, p_2라 하고 귀무가설 $H_0: p_1 - p_2 = 0.01$과 대립가설 $H_1: p_1 - p_2 > 0.01$을 설정한다.

② $n_1 = 400,\ n_2 = 500$이고 두 표본비율은 각각 다음과 같다.

$$\hat{p}_1 = \frac{12}{400} = 0.03,\ \hat{q}_1 = 0.97,\ \hat{p}_2 = \frac{8}{500} = 0.016,\ \hat{q}_2 = 0.984$$

따라서 검정통계량의 관측값은 다음과 같다.

$$z_0 = \frac{\hat{p}_1 - \hat{p}_2 - 0.01}{\sqrt{\frac{\hat{p}_1\hat{q}_1}{n_1} + \frac{\hat{p}_2\hat{q}_2}{n_2}}} = \frac{0.03 - 0.016 - 0.01}{\sqrt{\frac{0.03 \times 0.97}{400} + \frac{0.016 \times 0.984}{500}}} \fallingdotseq 0.392$$

③ 유의수준 $\alpha = 0.05$에 대한 임곗값은 $z_{0.05} = 1.645$이고 기각역은 $Z > 1.645$이다.

④ 검정통계량의 관측값은 기각역에 포함되지 않으므로 H_0를 기각하지 못한다. 따라서 유의수준 5%에서 생산라인 A에서 생산하는 무선 마우스의 불량률이 생산라인 B보다 1% 정도 더 높다고 할 수 없다.

예제 7-18

신도시 개발 계획을 앞두고 개발지역과 인근지역 주민을 대상으로 찬반 조사를 실시하였다. 조사 결과 개발지역에 거주하는 주민 100명 중 75명이 찬성하였고, 인근지역에 거주하는 주민 200명 중 130명이 찬성하였다. 신도시 개발 계획에 대한 개발지역과 인근지역 주민의 찬성률이 동일한지를 유의수준 5%로 검정하라.

풀이

❶ 개발지역과 인근지역 주민의 찬성률을 각각 p_1, p_2라 하고, 귀무가설 $H_0: p_1 - p_2 = 0$과 대립가설 $H_1: p_1 - p_2 \neq 0$을 설정한다.

❷ 개발지역 주민의 표본 크기와 찬성자는 $n_1 = 100$, $x = 75$이고 인근지역 주민의 표본 크기와 찬성자는 $n_2 = 200$, $y = 130$이므로 합동표본비율은 다음과 같다.

$$\hat{p} = \frac{75 + 130}{100 + 200} \fallingdotseq 0.683$$

따라서 다음이 성립한다.

$$\hat{p}_1 = \frac{75}{100} = 0.75, \quad \hat{p}_2 = \frac{130}{200} = 0.65$$

그러므로 검정통계량의 관측값은 다음과 같다.

$$\begin{aligned} z_0 &= \frac{\hat{p}_1 - \hat{p}_2}{\sqrt{\hat{p}\,\hat{q}\left(\frac{1}{n_1} + \frac{1}{n_2}\right)}} \\ &= \frac{0.75 - 0.65}{\sqrt{0.683 \times 0.317 \times \left(\frac{1}{100} + \frac{1}{200}\right)}} \fallingdotseq \frac{0.10}{0.0057} \fallingdotseq 1.755 \end{aligned}$$

❸ 유의수준 $\alpha = 0.05$에 대한 임곗값은 $z_{0.025} = 1.96$이고 기각역은 $|Z| \geq 1.96$이다.

❹ 검정통계량의 관측값은 기각역에 포함되지 않으므로 H_0를 기각하지 못한다. 따라서 유의수준 5%에서 신도시 개발 계획에 대한 개발지역과 인근지역 주민의 찬성률이 다르다고 할 수 없다.

예제 7-19

어떤 지방에 화학비료 공장을 설립하기 위해 주민 반응을 조사하였다. 주민을 크게 화학비료 공장을 세우는 데 찬성하는 지역 근방의 도시민과 농민으로 나누었다. 도시민과 농민 중 각각 200명과 500명을 대상으로 조사한 결과, 120명과 240명이 공장 설립에 찬성하였다. 이 결과를 근거로 도시민의 찬성률이 농민의 찬성률보다 더 높다고 할 수 있는지를 유의수준 2.5%로 검정하라.

풀이

❶ 도시민과 농민의 찬성률을 각각 p_1, p_2라 하고, 귀무가설 $H_0: p_1 - p_2 = 0$과 대립가설 $H_1: p_1 - p_2 > 0$을 설정한다.

❷ 도시민의 표본 크기와 찬성자는 $n_1 = 200$, $x = 120$이고 농민의 표본 크기와 찬성자는 $n_2 = 500$, $y = 240$이므로 합동표본비율은 다음과 같다.

$$\hat{p} = \frac{120 + 240}{200 + 500} \fallingdotseq 0.51$$

따라서 다음이 성립한다.

$$\hat{p}_1 = \frac{120}{200} = 0.60, \quad \hat{p}_2 = \frac{240}{500} = 0.48$$

그러므로 검정통계량의 관측값은 다음과 같다.

$$z_0 = \frac{\hat{p}_1 - \hat{p}_2}{\sqrt{\hat{p}\,\hat{q}\left(\frac{1}{n_1} + \frac{1}{n_2}\right)}} = \frac{0.60 - 0.48}{\sqrt{0.51 \times 0.49 \times \left(\frac{1}{200} + \frac{1}{500}\right)}} \fallingdotseq 2.9$$

❸ 유의수준 $\alpha = 0.025$에 대한 임곗값은 $z_{0.025} = 1.96$이고 기각역은 $Z \geq 1.96$이다.

❹ 검정통계량의 관측값은 기각역에 포함되므로 H_0를 기각한다. 따라서 유의수준 2.5%에서 공장 설립에 대한 도시민의 찬성률이 농민의 찬성률보다 높다고 할 수 있다.

Chapter 07 연습문제

7.1 '아침에 공부하는 학생이 저녁에 공부하는 학생보다 더 좋은 수학 점수를 받을 것이다.'라는 가설을 세웠다. 학기말 시험을 본 결과 아침에 공부한 학생 집단 점수의 평균을 μ_1, 저녁에 공부한 학생 집단 점수의 평균을 μ_2라 할 때, 귀무가설과 대립가설을 설정하라.

7.2 제1종 오류와 제2종 오류의 관계를 간략히 설명하라.

7.3 2023년도 학생건강검사의 표본통계 분석 결과에 따르면 우리나라 초등학교 1학년 학생의 키는 평균이 123.0cm이고 표준편차가 9cm인 정규분포를 따른다고 한다. 이 주장의 타당성을 알아보기 위해 초등학교 1학년 학생 100명을 무작위로 추출하여 조사하였더니 평균 키가 122.8cm였다. 이 자료를 근거로 조사 보고서의 타당성을 유의수준 5%로 검정하라.

7.4 정규분포 $N(\mu, 1)$을 따르는 모집단에 대한 귀무가설 $H_0: \mu = 25$와 대립가설 $H_1: \mu \neq 25$를 검정하기 위해 크기가 10인 표본을 조사하여 $\overline{X} = 24.23$을 얻었다. 다음 물음에 답하라.

(a) 유의수준 10%로 H_0를 채택할 수 있는 Z-검정통계량의 범위를 구하라.
(b) 유의수준 1%로 H_0를 기각할 수 있는 Z-검정통계량의 범위를 구하라.
(c) 검정통계량의 관측값을 구하라.
(d) 유의수준 10%와 1%로 H_0의 기각과 채택을 결정하라.
(e) p-값을 구하라.

7.5 정규 모집단에 대한 귀무가설 $H_0: \mu \geq 45$, 대립가설 $H_1: \mu < 45$를 검정하기 위해 크기가 25인 표본을 조사하여 $\overline{X} = 41.57$과 $S = 11.05$를 얻었다. 다음 물음에 답하라.

(a) 유의수준 10%로 H_0를 채택할 수 있는 T-검정통계량의 범위를 구하라.
(b) 유의수준 1%로 H_0를 기각할 수 있는 T-검정통계량의 범위를 구하라.
(c) 검정통계량의 관측값을 구하라.
(d) 유의수준 10%와 1%로 H_0의 기각과 채택을 결정하라.
(e) p-값을 구하라.

7.6 귀무가설이 $H_0: \mu = 300$이고 대립가설이 $H_1: \mu \neq 300$일 때, $|z_0|$값이 4.0이었다면, 유의수준 5%로 $H_0: \mu = 300$이라 할 수 있는지를 결정하라.

7.7 모표준편차가 2인 정규 모집단에 대하여 귀무가설 $H_0: \mu = 80$과 대립가설 $H_1: \mu > 80$을 검정하기 위해 $n = 16$인 임의의 표본을 추출하여 평균을 구했더니 81.25였다. 모평균이 80보다 크다고 할 수 있는지를 유의수준 5%로 검정하라.

7.8 어느 회사에서 제조한 전구의 표본 100개로부터 평균 수명 $\overline{X} = 1{,}570$(시간), 표준편차 $S = 120$(시간)을 얻었다. 전구의 평균 수명이 1,600 시간이라고 하는 이 회사의 주장을 유의수준 5%와 1%로 각각 검정하라.

7.9 A 회사에서 생산하는 책상의 내구력을 알아보기 위해 6개의 책상을 임의로 추출하여 검사했더니 평균 내구력이 $\overline{X} = 7{,}750$(파운드)이고 표본분산이 $S^2 = 145^2$(파운드)였다. A 회사에서 책상의 평균 내구력이 8,000파운드라고 주장한다고 할 때, 이 주장을 지지할 수 있는지를 유의수준 5%와 1%로 각각 검정하라.

7.10 종전의 공정 불량률은 0.35로 알려져 있으나 장치를 변경한 뒤 제품 20개 중 8개가 불량품이었다. 불량률이 변했다고 할 수 있는지를 유의수준 1%로 검정하라.

7.11 서울중앙우체국 감사는 배송이 실제로 2일보다 더 소요되는 소포의 비율을 검정하기 위해 빠른 우편물을 조사하려고 한다. 이 소포 중 200개를 임의로 추출하여 조사하였더니 2일보다 더 소요된 소포는 15개였다. 실제로 2일보다 더 소요되는 소포의 비율이 4%를 넘는다는 주장을 유의수준 5%로 검정하라.

7.12 두 가지 원료 A와 B를 각각 사용하여 생성한 어떤 약품의 수확량을 계산하였더니 다음과 같은 결과를 얻었다. 두 원료를 사용하여 생성한 약품의 수확량에 차이가 있는지를 유의수준 5%로 검정하라. (단, 두 원료에 대한 모집단은 서로 독립이고 정규분포를 따르며 분산이 같다.)

구분	원료 A	원료 B
n	9	16
$\overline{X}$	25.0	20.0
S	3.50	2.25

7.13 두 전자기기 회사 A와 B에서 제조한 세탁기의 평균 수명에 차이가 있는지를 알아보기 위해 두 회사의 세탁기를 각각 25대씩 임의로 추출하여 조사하였더니 다음과 같은 자료를 얻었다. 두 회사가 제조한 세탁기의 평균 수명에 차이가 있는지를 유의수준 5%로 검정하라.

(단위 : 년)

구분	표본평균	표본표준편차
A 회사 세탁기	12	0.96
B 회사 세탁기	13	0.98

7.14 두 가지 제조공정 A와 B가 있다. A 공정에서는 직물 1,000m에 대하여 결점 수가 35개였고, B 공정에서는 같은 길이의 직물에 대하여 결점 수가 43개였다. B 공정의 결점률이 A 공정보다 높다고 할 수 있는지를 유의수준 5%로 검정하라.

7.15 지난해 A은행 이용자의 68%가 은행의 서비스에 만족했다고 한다. 은행 측에서 이 만족도가 올해에도 유지되는지를 알아보기 위해 한 달 동안 A은행을 이용한 사람 중 설문에 응한 400명을 대상으로 만족도를 조사하였더니 258명이 만족한다고 응답하였다. 이 자료를 근거로 올해 A은행을 이용한 사람에 대한 은행의 서비스 만족률이 예년과 같이 유지되는지를 유의수준 5%로 검정하라.

7.16 컴퓨터 실습 어느 대학교에서 2023년도에 수시 전형으로 입학한 이공계열 학과 남학생과 여학생의 수학과목 등급을 조사하여 다음 자료를 얻었다. Excel을 이용하여 남학생과 여학생의 수학과목 등급에 차이가 있는지를 유의수준 5%로 검정하라. (단, 남학생과 여학생의 수학과목 등급은 각각 표준편차가 1.5등급, 2등급인 정규분포를 따른다.)

(단위 : 등급)

남학생	2	3	4	3	4	5	3	4	3	2
	5	4	2	1	3	5	3	2	4	5
여학생	2	5	4	3	3	2	1	3	4	5
	3	2	5	4	1	3	2			

7.17 컴퓨터 실습 동일한 제품을 생산하는 두 회사 A와 B가 제품의 인장 강도를 비교하기 위해 각각 임의로 8개씩 제품을 추출하여 인장 강도를 측정하였더니 다음과 같은 자료를 얻었다. 두 회사 제품의 모표준편차는 각각 $\sigma_A = 3$, $\sigma_B = 5$라 할 때, Excel을 이용하여 두 회사 제품의 평균 인장 강도에 차이가 있다고 할 수 있는지를 유의수준 5%로 검정하라.

A 회사	19	20	18	26	25	24	22	23
B 회사	14	17	20	25	23	21	20	25

7.18 컴퓨터 실습 A 대학교에서는 교양 수업으로 파이썬 과목을 개설하였다. 신입생들이 파이썬 초급 단계를 익히는 데 걸리는 시간을 알아보기 위해 임의로 20명을 선정하여 조사하였더니 다음 자료를 얻었다. 이 대학교에서는 신입생들이 파이썬 초급 단계를 익히는 데 14시간 이상 걸리지 않는다고 주장한다. Excel을 이용하여 유의수준 1%와 10%로 이 대학의 주장에 대한 타당성을 각각 검정하라. (단, 파이썬의 초급 단계를 익히는 데 걸리는 시간은 정규분포를 따른다고 한다.)

(단위 : 시간)

12.95	12.84	14.25	11.80	13.20	12.48	13.01	13.02	12.73	12.56
13.75	13.25	13.48	12.95	12.82	12.75	14.01	13.05	12.67	12.75

7.19 컴퓨터 실습 어떤 다이어트 식품 제조회사에서는 자사의 다이어트 식품을 한 달간 복용하면 평균 4kg의 감량효과가 있다고 주장한다. 이 주장에 대한 진위를 확인하기 위해 무작위로 선발한 14명을 대상으로 다이어트 식품을 복용하기 전의 몸무게와 복용 후 한 달이 지난 시점의 몸무게를 측정하여 다음 자료를 얻었다. 다이어트 식품 제조회사의 주장이 타당한지를 Excel을 이용하여 유의수준 1%로 검정하라. (단, 다이어트 식품 복용 전후의 분산은 다르다.)

(단위 : kg)

복용 전의 몸무게	55.0	60.5	56.3	57.4	55.6	57.5	60.4
	58.1	59.5	59.8	55.5	54.7	60.5	62.5
복용 후의 몸무게	51.6	58.5	54.8	54.3	53.7	55.5	58.9
	53.3	55.7	57.0	54.2	51.6	58.3	60.2

7.20 컴퓨터 실습 신문활용학습(NIE) 방법이 효과가 있는지를 알아보기 위해 동일한 학생 30명을 대상으로 NIE 실시 이전과 이후 성적을 비교하였더니 다음과 같았다. Excel을 이용하여 NIE 방법으로 성적이 평균 3점 이상 올랐다는 주장을 유의수준 5%로 검정하라.

(단위 : 점)

NIE 실시 이전 성적	53	83	97	65	74	66	87	63	45	77
	59	72	52	74	49	71	61	65	99	73
	81	70	57	61	83	98	79	89	85	65
NIE 실시 이후 성적	85	87	56	51	51	95	86	94	68	56
	72	53	92	69	80	55	96	95	56	92
	100	49	57	96	72	89	71	65	91	93

7.21 컴퓨터 실습 어떤 보고서에 따르면 도시에서 가정용 연료비가 연평균 886천 원이라고 한다. 시민단체는 연료비가 이 보고서보다 상회한다고 믿고 있다. 이를 확인하기 위해 20가구를 조사하였더니 다음과 같았다. 이 보고서의 주장이 타당한지를 Excel을 이용하여 유의수준 5%로 오른쪽 한쪽검정하라.

(단위 : 천 원)

925	936	861	945	786	879	843	1,018	972	896
894	921	863	889	878	1,078	946	900	931	1,148

7.22 컴퓨터 실습 어떤 페인트 제조회사의 주장에 따르면 자사 제품의 페인트가 마르는 데 평균 2시간이 걸린다고 한다. 이 주장을 확인하기 위해 20개의 페인트가 마르는 데 걸리는 시간을 측정하여 다음과 같은 자료를 얻었다. 이 페인트 회사의 주장이 타당한지를 Excel을 이용하여 유의수준 5%로 검정하라.

(단위 : 분)

123	109	115	121	130	127	106	120	116	136
131	128	139	110	122	133	133	119	135	105

7.23 컴퓨터 실습 혈액 검사 시 공복혈당 수치가 100mg/dl를 넘으면 비정상으로 보고, 보통 126mg/dl를 넘으면 당뇨병으로 진단한다. 이때 어떤 당뇨약을 복용했을 때 공복혈당 수치가 50mg/dl 이하로 내려가는지를 알아보고자 한다. 15명의 당뇨 의심 환자를 대상으로 약을 복용하기 전과 후의 공복혈당 수치 변화량을 측정하여 Excel로 분석한 결과가 오른쪽 자료와 같다. 이 결과를 보고 이 당뇨약이 공복혈당 수치를 50mg/dl 이하로 내린다고 할 수 있는지를 유의수준 1%로 검정하라.

D	E	F
t-검정: 쌍체 비교		
	변수 1	변수 2
평균	148.9333333	88.66667
분산	190.0666667	100.0952
관측수	15	15
피어슨 상관 계수	0.836688966	
가설 평균차	50	
자유도	14	
t 통계량	5.161263342	
P(T<=t) 단측 검정	7.22392E-05	
t 기각치 단측 검정	2.624494068	
P(T<=t) 양측 검정	0.000144478	
t 기각치 양측 검정	2.976842734	

7.24 컴퓨터 실습 두 광산에서 캐낸 석탄의 열량을 비교하기 위해 각 탄광으로부터 얻은 자료를 Excel로 분석한 결과가 오른쪽 자료와 같다. 이 결과를 보고 두 광산에서 생산한 석탄의 열량에 차이가 있는지를 유의수준 5%와 1%로 각각 검정하라.

D	E	F
t-검정: 등분산 가정 두 집단		
	변수 1	변수 2
평균	8160	7730
분산	63450	42650
관측수	5	5
공동(Pooled) 분산	53050	
가설 평균차	0	
자유도	8	
t 통계량	2.95186	
P(T<=t) 단측 검정	0.009187	
t 기각치 단측 검정	1.859548	
P(T<=t) 양측 검정	0.018373	
t 기각치 양측 검정	2.306004	

Chapter 08
분산분석

CONTENTS

학습목표

- 분산분석의 원리를 이해할 수 있다.
- 일원분산분석을 수행하고, 그 결과를 해석할 수 있다.
- 반복이 없는 이원분산분석을 수행하고, 그 결과를 해석할 수 있다.
- 반복이 있는 이원분산분석을 수행하고, 그 결과를 해석할 수 있다.

실험 계획(experimental design)은 공장의 생산 제품에 대한 품질 및 공정 최적화를 위해서 어떻게 실험하고, 어떻게 자료를 취하며, 어떤 통계적 방법으로 자료를 분석해야 최소 실험으로 최대 정보를 얻을 수 있는가를 계획하는 것이다. 이러한 실험 계획을 실시하여 얻은 자료를 분석하고, 그 결과를 실제로 적용하는 일련의 과정은 다음과 같다.

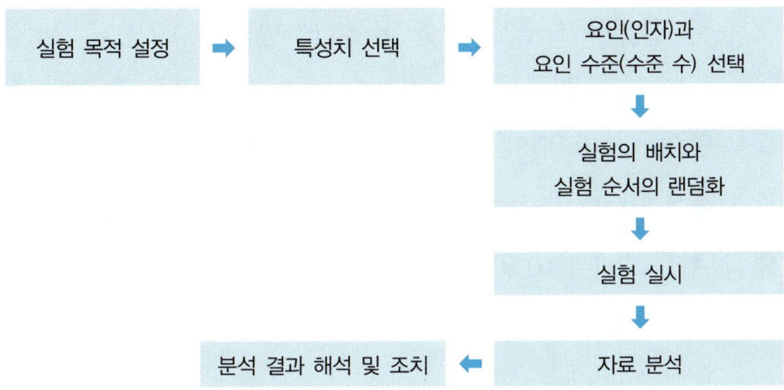

실험 계획법의 종류는 다음과 같다.

- 일원요인설계(single factor design) : 한 요인의 영향을 조사하기 위한 방법으로, 완전무작위 계획법(completely randomized design)이라고도 한다.
- 이원요인설계(two-factor design) : 두 요인의 영향을 조사하기 위한 방법으로, 각 요인의 수준 수는 다를 수 있으며 모든 수준 조합에 실험을 수행한다.
- 요인설계(factorial design) : 각 요인의 수준 수를 동일하게 설계하여 실험을 수행하는 것으로, 요인 수가 n개이고 각 인자의 수준이 2라면 2^n형 요인설계라고 한다.
- 부분요인설계(fractional factorial design) : 각 요인의 수준 조합에서 일부만 선택하여 실험횟수를 최소화하는 방법이다.

이 장에서는 Excel의 통계분석 수준을 고려하여 실험 계획의 기본인 일원분산분석과 이원분산분석만 다루기로 한다.

8.1 일원분산분석

7장에서는 서로 독립인 두 정규 모집단의 모평균 검정에서 T-검정을 이용한 분석 방법을 살펴보았다. 이 방법은 단순히 두 모집단의 경우에만 그치지 않고 다수의 모집단을 비교하는 경우에도 적용할 수 있다. 이러한 경우에는 전체 모집단을 두 개씩 짝지어 가능한 모든 모집단 쌍에 대해 두 모평균의 차이를 T-검정한다. 그런데 이는 지루한 계산 작업일 뿐만 아니라 통계적으로도 적절하지 못하다.

예를 들어 5개의 모집단을 대상으로 검정을 하는 경우에 두 개씩 짝지어 검정하면 검정을 하는 총 경우의 수는 ${}_5C_2 = 10$번이다. 따라서 10번의 검정을 반복 수행해야 한다.

또한 이 방법은 잘못된 결론을 도출할 확률이 높다. 만약에 10번의 T-검정을 수행하여 모평균을 비교하는 경우, 이들 평균 간에 의미 있는 차가 실제로 없다고 할 때 옳은 결론을 내릴 확률은 유의수준 $\alpha = 0.05$에 의해 0.95이다. 그러므로 10번의 T-검정에서 올바른 결론에 도달할 확률은 $(0.95)^{10}$이다. 바꾸어 말하면, 이 중 적어도 어느 하나의 검정이 잘못된 결론을 내릴 확률이 $1-(0.95)^{10} \fallingdotseq 0.401$이 되어 귀무가설이 진실임에도 제1종 오류를 적어도 한 번 범할 확률이 40% 이상이라는 의미이다.

따라서 다수의 모집단 평균을 비교하는 데 T-검정은 바람직하지 않다. 이런 경우에 우리는 **분산분석**(ANOVA ; analysis of variance)이라는 기법을 이용한다.

분산분석은 1919년에 로널드 에일머 피셔(Ronald Aylmer Fischer)가 고안한 방법으로, 사회과학의 조사 방법이 갖는 세한성을 해결하고자 고안된 실험 계획법에서 주로 사용해 왔다. 분산분석은 실험 결과 관측된 변동량을 분산 개념으로 파악한 다음, 이러한 분산을 각 요인에 기인하는 부분과 우연히 발생되었다고 볼 수 있는 부분으로 구분하여 비교함으로써 각 요인의 영향력 유무 판정을 시도하는 것이라고 할 수 있다.

분산분석은 세 개 이상의 정규 모집단의 모평균에 요인별로 차이가 있는지 검정하는 방법으로, 요인 수가 1개인 **일원분산분석**(one-way ANOVA)과 요인 수가 2개인 **이원분산분석**(two-way ANOVA)으로 구분한다.

여기에서는 복잡한 수식은 많은 부분 생략하고, Excel의 [데이터 분석]에서 수행할 수 있는 부분만 간단히 다루기로 한다.

일원분산분석

일원분산분석은 요인 수가 1개인 경우, 3개 이상의 수준(처리)으로 구분되는 정규 모집단의 모평균에 차이가 있는지를 검정하기 위해 사용하는 방법이다. 이 분석법은 2개 이상의 표본평균의 차를 검정하는 방법이므로 T-검정을 일반화한 것이라고 할 수 있다. 따라서 분산분석은 두 모평균 차의 T-검정과 마찬가지로 정규 모집단과 동일한 모분산과 독립인 확률표본을 가정하며, 귀무가설에서도 모평균이 동일하다.

그러나 분산분석은 T-검정과 다른 원리도 포함한다. T-검정통계량은 표본평균과 표본오차를 포함하지만, 분산분석의 검정통계량은 표본분산의 비로 구성한 F-통계량이다. 분산분석은 모집단 사이에 평균 차가 없다면 각 집단 내의 분산과 집단 간의 분산에도 차가 없을 것이라는 원리에서 평균을 비교하는 대신 분산을 분석하는 검정 방법이다.

■ 일원분산분석의 자료 구조

일원분산분석의 자료 구조는 [표 8-1]과 같다.

[표 8-1] k개의 처리가 있는 일원분산분석의 자료 구조

처리(집단)	집단 1	집단 2	⋯	집단 k	전체 평균
	y_{11}	y_{21}	⋯	y_{k1}	
	y_{12}	y_{22}	⋯	y_{k2}	
	⋮	⋮	⋮	⋮	
	y_{1n_1}	y_{2n_2}	⋯	y_{kn_k}	
평균	$\overline{y_{1\cdot}}$	$\overline{y_{2\cdot}}$	⋯	$\overline{y_{k\cdot}}$	$\bar{y}$

여기서 각 집단의 표본 크기는 같지 않아도 된다.

$$\overline{y_{i\cdot}} = \frac{1}{n_i}\sum_{j=1}^{n_i} y_{ij}, \quad \bar{y} = \frac{1}{n}\sum_{i=1}^{k}\sum_{j=1}^{n_i} y_{ij}, \quad n = \sum_{i=1}^{k} n_i$$

모집단 i의 모평균을 μ_i라 하고 임의오차, 즉 집단 평균으로 설명되지 않은 부분을 ϵ_{ij}라 하면 집단 i의 j번째 측정값 y_{ij}는 다음과 같이 나타낼 수 있다.

$$y_{ij} = \mu_i + \epsilon_{ij} \quad (i = 1, 2, \cdots, k, \ j = 1, 2, \cdots, n_i)$$

여기서 ϵ_{ij}는 서로 독립적이며 평균이 0이고 분산이 σ^2인 정규분포를 따른다고 가정한다.

모평균 μ를 다음과 같이 정의하자.

$$\mu = \frac{1}{k}\sum_{i=1}^{k}\mu_i$$

이때 μ_i와 μ의 차이인 $\mu_i - \mu$를 i번째 모집단(처리) 효과라고 하며 이를 $\alpha_i = \mu_i - \mu$로 표기한다. 그러면 $y_{ij} = \mu_i + \epsilon_{ij}$를 다음과 같이 표현할 수 있다.

$$y_{ij} = \mu_i + \epsilon_{ij} = \mu + (\mu_i - \mu) + \epsilon_{ij} = \mu + \alpha_i + \epsilon_{ij}$$

여기서 k개의 모집단(처리) 효과의 합은 0이다.

$$\sum_{i=1}^{k}\alpha_i = \sum_{i=1}^{k}(\mu_i - \mu) = 0$$

이 결과를 정리하면 일원분산분석의 자료 구조는 다음과 같다.

$$y_{ij} = \mu + \alpha_i + \epsilon_{ij}$$

$\epsilon_{ij} \sim \mathrm{N}(0, \sigma^2)$이며 서로 독립이고 $\sum_{i=1}^{k}\alpha_i = 0$이다. 이때 처리 효과가 존재하지 않는다고 하면 각 k개 집단 모평균에 대하여 $\alpha_i = 0$이다. 따라서 처리 효과가 존재하지 않는다는 것은 k개 집단의 모집단이 동일함을 의미한다.

■ 가설검정 절차

❶ 처리 효과가 존재하지 않는다는 것은 k개 집단의 모집단이 동일하다는 의미이므로 일원분산분석의 가설은 다음과 같다.

귀무가설 H_0: $\mu_1 = \mu_2 = \cdots = \mu_k = \mu$(모든 집단의 모평균이 같다)
대립가설 H_1: H_0가 아니다(모든 집단의 모평균이 모두 다 같지는 않다)

❷ 위 가설을 검정하기 위해서 총편차를 다음과 같이 분해한다.

$$\underbrace{y_{ij} - \overline{y}}_{\text{총편차}} = \underbrace{(\overline{y_{i.}} - \overline{y})}_{\text{집단 간 편차}} + \underbrace{(y_{ij} - \overline{y_{i.}})}_{\text{집단 내 편차}}$$

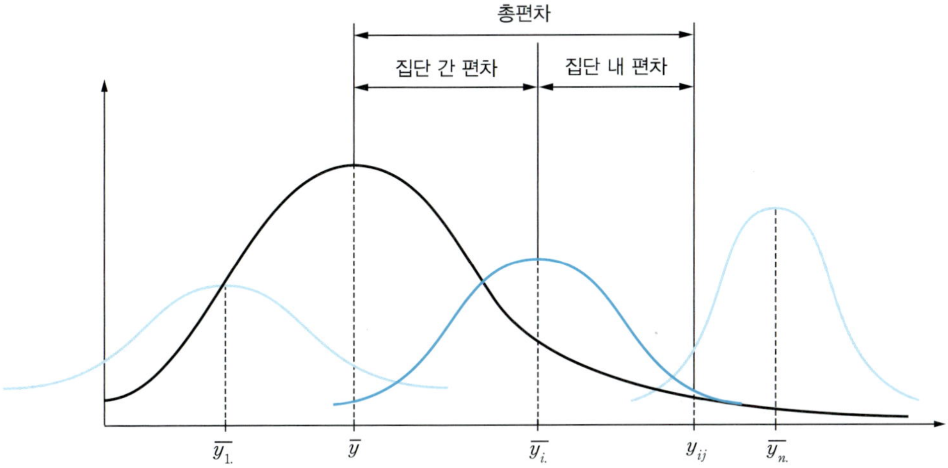

[그림 8-1] **분산분석에서의 편차**

앞 식의 양변을 제곱하고 모든 i, j에 대하여 합하면 다음 결과를 얻는다.

$$\underbrace{\sum_{i=1}^{k}\sum_{j=1}^{n_i}(y_{ij}-\overline{y})^2}_{\text{총제곱합}} = \underbrace{\sum_{i=1}^{k}n_i(\overline{y_{i.}}-\overline{y})^2}_{\text{처리제곱합}} + \underbrace{\sum_{i=1}^{k}\sum_{j=1}^{n_i}(y_{ij}-\overline{y_{i.}})^2}_{\text{오차제곱합}}$$

총제곱합(total sum of squares)은 편차제곱의 총합으로 SST로 표기한다. **처리제곱합**(treatment sum of squares)은 처리(집단) 간 편차의 제곱합으로 **급간제곱합**(between sum of squares)이라고도 하며 SSt로 표기한다. **오차제곱합**(error sum of squares)은 집단 내 편차의 제곱합으로 **급내제곱합**(within sum of squares)이라고도 하며 SSE로 표기한다.

위와 같이 총제곱합을 분해한 식을 생각해보자.

- 총제곱합은 집단 간 차이와 관계없이 일정한 값이다.
- 귀무가설이 참이면(집단 간 모평균이 모두 같으면), 처리제곱합은 작아지고 오차제곱합은 커진다.
- 귀무가설이 거짓이면(집단 간 모평균이 모두 같지는 않으면), 처리제곱합은 커지고 오차제곱합은 작아진다.

이제 표본으로부터 계산한 처리제곱합과 오차제곱합의 크기로 다음과 같이 귀무가설에 대한 판단을 내릴 수 있다.

- 처리제곱합이 크고 오차제곱합이 작다면, 귀무가설이 틀릴 가능성이 크다.
- 처리제곱합이 작고 오차제곱합이 크다면, 귀무가설이 옳을 가능성이 크다.

따라서 처리제곱합과 오차제곱합의 크기를 비교함으로써 다음과 같은 검정통계량 F를 만들 수 있다. 이때 제곱합을 자유도로 나누면 어떤 미지의 분산의 추정량이 되는데 이를 **평균제곱**(mean square)이라 한다.

$$F = \frac{SSt/(k-1)}{SSE/(n-k)} = \frac{MSt}{MSE} \sim \mathrm{F}(k-1,\ n-k), \quad n = \sum_{i=1}^{k} n_i$$

위 식에서 처리제곱합을 자유도 $k-1$로 나눈 것을 **평균제곱처리**(mean square treatment)라 하며 MSt로 표기한다. 그리고 오차제곱합을 자유도 $n-k$로 나눈 것을 **평균제곱오차**(mean square error)라 하고 MSE로 표기한다. 이때 검정통계량 F의 값이 클수록 집단 간의 차이가 크다고 할 수 있다. 검정통계량 F를 계산하기 위해 필요한 제곱합, 자유도, 평균제곱 등을 정리한 표를 **분산분석표**(ANOVA table)라 하며 [표 8-2]와 같이 작성한다.

[표 8-2] 일원분산분석표

요인	제곱합	자유도	평균제곱	검정통계량 F
처리	SSt	$k-1$	MSt	$\frac{MSt}{MSE}$
오차	SSE	$n-k$	MSE	-
합계	SST	$n-1$	-	-

❸ 유의수준 α에서의 임곗값은 $\mathrm{F}_{\alpha}(k-1,\ n-k)$이고 기각역은 $F \geq \mathrm{F}_{\alpha}(k-1,\ n-k)$이며, 유의확률($p$-값)은 $\mathrm{P}(F \geq F_0)$이다. 여기서 F_0는 표본으로부터 계산한 검정통계량 F의 값이다.

- 검정통계량의 관측값 F_0가 임곗값 $\mathrm{F}_{\alpha}(k-1,\ n-k)$보다 크면 귀무가설을 기각한다.
- 유의확률(p-값)이 유의수준 α보다 작으면 귀무가설을 기각한다.

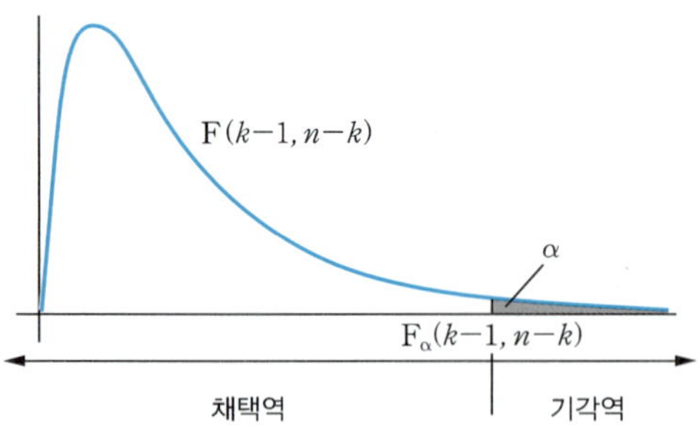

[그림 8-2] F-검정의 유의수준, 임곗값, 기각역

정리 8-1 일원분산분석의 가설검정 절차

❶ 가설 설정

다음과 같이 귀무가설과 대립가설을 설정한다.

$$H_0: \mu_1 = \mu_2 = \cdots = \mu_k = \mu$$

$$H_1: H_0\text{가 아니다.}$$

❷ 일원분산분석표 작성

❸ 검정 결과

- 검정통계량의 관측값 F_0가 임곗값 $\mathrm{F}_\alpha(k-1, n-k)$보다 크면 귀무가설을 기각한다.
- 유의확률(p-값)이 유의수준 α보다 작으면 귀무가설을 기각한다.

예제 8-1

다음은 6대의 기계에서 생산하는 제품의 인장 강도를 알기 위해 각 기계에서 표본을 4개씩 추출하여 조사한 자료이다. 이 자료를 근거로 각 기계의 인장 강도에 차이가 있는지를 유의수준 5%로 검정하라.

기계 1	기계 2	기계 3	기계 4	기계 5	기계 6
17.5	16.4	20.3	14.6	17.5	18.3
16.9	19.2	15.7	16.7	19.2	16.2
15.8	17.7	17.8	20.8	16.5	17.5
18.6	15.4	18.9	18.9	20.5	20.1

풀이

❶ 다음과 같이 귀무가설과 대립가설을 설정한다.

$$\text{귀무가설 } H_0: \mu_1 = \mu_2 = \cdots = \mu_6$$

$$\text{대립가설 } H_1: H_0\text{가 아니다.}$$

❷ $\overline{y_{1.}} = 17.2,\ \overline{y_{2.}} = 17.175,\ \overline{y_{3.}} = 18.175,\ \overline{y_{4.}} = 17.75,\ \overline{y_{5.}} = 18.425,\ \overline{y_{6.}} = 18.025,\ \overline{y} \fallingdotseq 17.792$

이므로 다음 결과를 얻는다.

$$SST = \sum_{i=1}^{6}\sum_{j=1}^{4}(y_{ij} - \overline{y})^2 \fallingdotseq 67.978$$

$$SSt = \sum_{i=1}^{6}4(\overline{y_{i.}} - \overline{y})^2 \fallingdotseq 5.338$$

$$SSE = \sum_{i=1}^{6}\sum_{j=1}^{4}(y_{ij} - \overline{y_{i.}})^2 = 62.64$$

따라서 일원분산분석표는 다음과 같다.

요인	제곱합	자유도	평균제곱	검정통계량 F
처리	5.338	5	1.068	0.307
오차	62.64	18	3.48	–
합계	67.978	23	–	–

❸ 유의수준 $\alpha = 0.05$에서의 임곗값은 $F_{0.05}(5, 18) = 2.7729$이고 $F_0 = 0.307$이므로 H_0를 기각하지 못한다. 또한 유의확률(p-값)을 계산하면 p-값$= P(F \geq 0.307) \fallingdotseq 0.9024$이고, 유의확률이 유의수준 0.05보다 크므로 H_0를 기각하지 못한다. 따라서 유의수준 5%에서 각 기계에서 생산하는 제품의 인장 강도는 같다고 할 수 있다.

이번에는 Excel을 이용한 통계처리 기법으로 결과를 확인해보자.

❶ 다음 그림과 같이 주어진 데이터를 열 단위로 입력한다.

	A	B	C	D	E	F
1	기계 1	기계 2	기계 3	기계 4	기계 5	기계 6
2	17.5	16.4	20.3	14.6	17.5	18.3
3	16.9	19.2	15.7	16.7	19.2	16.2
4	15.8	17.7	17.8	20.8	16.5	17.5
5	18.6	15.4	18.9	18.9	20.5	20.1

❷ Excel의 리본메뉴에서 [데이터] – [데이터 분석] – [분산분석: 일원 배치법]을 선택한다.

❸ 다음 그림과 같이 '입력범위'와 '유의수준'을 입력한 후 '확인'을 누른다.

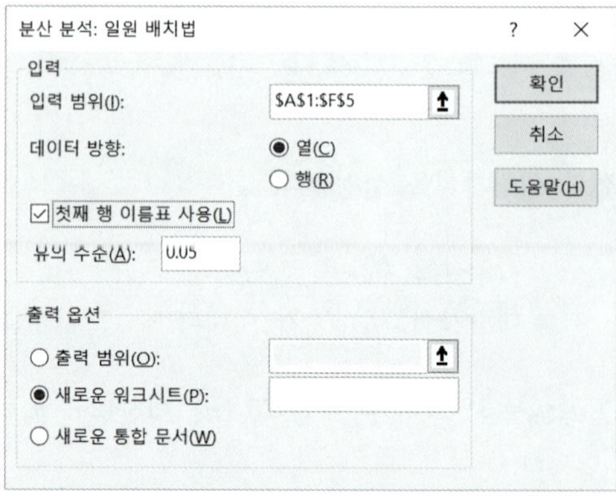

그러면 다음과 같은 결과가 출력된다.

분산 분석: 일원 배치법

요약표

인자의 수준	관측수	합	평균	분산
기계 1	4	68.8	17.2	1.366666667
기계 2	4	68.7	17.175	2.709166667
기계 3	4	72.7	18.175	3.769166667
기계 4	4	71	17.75	7.216666667
기계 5	4	73.7	18.425	3.155833333
기계 6	4	72.1	18.025	2.6625

분산 분석

변동의 요인	제곱합	자유도	제곱 평균	F 비	P-값	F 기각치
처리	5.338333333	5	1.067666667	0.306800766	0.902420515	2.772853153
잔차	62.64	18	3.48			
계	67.97833333	23				

출력된 분산분석표를 보면 p-값이 약 0.9024로 유의수준 0.05보다 매우 크다. 따라서 귀무가설을 기각하지 못함을 확인할 수 있다.

예제 8-2

다음은 금연을 돕기 위한 세 가지 프로그램의 효율성을 비교하기 위해 조사한 각 프로그램별 지원자의 효과점수이다. 프로그램별로 효과가 다르다고 할 수 있는지를 유의수준 5%로 검정하라.

프로그램	프로그램 1	프로그램 2	프로그램 3
효과점수	13.5	10.3	19.0
	18.0	11.8	18.4
	14.1	13.1	15.3
	17.8	–	17.3
평균	15.85	11.73	17.5
전체 평균	15.33		

풀이

❶ 다음과 같이 귀무가설과 대립가설을 설정한다.

$$\text{귀무가설 } H_0: \mu_1 = \mu_2 = \mu_3$$
$$\text{대립가설 } H_1: H_0\text{가 아니다.}$$

❷ 총제곱합, 처리제곱합, 오차제곱합을 구하면 다음과 같다.

$$SST = \sum_{i=1}^{3}\sum_{j=1}^{n_i}(y_{ij}-\overline{y})^2 = (13.5-15.33)^2+(18.0-15.33)^2+\cdots+(17.3-15.33)^2 \fallingdotseq 87.602$$

$$SSt = \sum_{i=1}^{3} n_i(\overline{y_{i.}}-\overline{y})^2 = 4(15.9-15.33)^2+3(11.7-15.33)^2+4(17.5-15.33)^2 \fallingdotseq 58.725$$

$$SSE = \sum_{i=1}^{3}\sum_{j=1}^{n_i}(y_{ij} - \overline{y_{i.}})^2 = (13.5-15.9)^2 + (18.0-15.9)^2 + \cdots + (17.3-17.5)^2 ≒ 28.877$$

따라서 일원분산분석표는 다음과 같다.

요인	제곱합	자유도	평균제곱	검정통계량 F
처리	58.725	2	29.363	8.135
오차	28.877	8	3.610	–
합계	87.602	10	–	–

❸ 유의수준 $\alpha = 0.05$에서의 임곗값은 $\mathrm{F}_{0.05}(2, 8) = 4.45897$이고 $F_0 = 8.135$이다. 따라서 $F_0 > \mathrm{F}_{0.05}(2, 8)$이므로 H_0를 기각한다. 또한 유의확률(p-값)을 계산하면 p-값$=\mathrm{P}(F \geq 8.135) ≒ 0.0118$이고, 유의확률이 유의수준 0.05보다 작으므로 H_0를 기각한다. 따라서 유의수준 5%에서 각 프로그램별로 효과점수는 다르다고 할 수 있다.

[예제 8-1]과 동일한 방법으로 Excel을 이용하여 분석 결과를 확인하면 다음과 같다.

분산 분석: 일원 배치법

요약표

인자의 수준	관측수	합	평균	분산
프로그램 1	4	63.4	15.85	5.67
프로그램 2	3	35.2	11.733333	1.9633333
프로그램 3	4	70	17.5	2.6466667

분산 분석

변동의 요인	제곱합	자유도	제곱 평균	F 비	P-값	F 기각치
처리	58.725152	2	29.362576	8.1346164	0.0118069	4.4589701
잔차	28.876667	8	3.6095833			
계	87.601818	10				

[예제 8-2]에서 귀무가설 H_0를 기각하였으므로 세 프로그램의 효과점수에 차이가 있음을 알 수 있다. 따라서 세 프로그램의 효과점수 차이에 대한 결과는 다음 네 가지 중 하나일 수 있다.

- 세 프로그램의 효과점수가 모두 다르다.
- 프로그램 1과 2의 효과점수는 같은데, 프로그램 3의 효과점수만 다르다.
- 프로그램 2와 3의 효과점수는 같은데, 프로그램 1의 효과점수만 다르다.
- 프로그램 1과 3의 효과점수는 같은데, 프로그램 2의 효과점수만 다르다.

따라서 앞의 네 가지 중 무엇이 옳은지를 판별할 필요가 있으며 이러한 과정을 **다중비교**(multiple comparison)라고 한다. 앞의 F-검정을 사전검정이라 하고 다중비교[1]를 사후검정이라고 할 수 있다. 그러나 Excel 통계분석으로는 다중비교를 할 수 없으므로, 이 책에서는 다중비교를 다루지 않기로 한다.

Note 분산분석에서의 자유도

집단 수가 k이고, j번째 집단의 표본 크기를 n_j라 할 때, 자유도는 표본 수와 제약 조건 수의 영향을 받으므로 총제곱합과 처리제곱합, 오차제곱합의 자유도는 각각 다음과 같다.

- **총제곱합** : SST는 총 $\sum_{i=1}^{k} n_i = n$개의 자료가 있고, 제약 조건으로 전체 평균 1개만 고정되어 있으므로 자유도는 $(n-1)$이다.
- **처리제곱합** : SSt는 총 k개의 자료(집단 내 평균)가 있고, 제약 조건으로 전체 평균 1개만 고정되어 있으므로 자유도는 $(k-1)$이다.
- **오차제곱합** : SSE는 총 $\sum_{i=1}^{k} n_i = n$개의 자료가 있고, 제약 조건으로 집단 내 평균 k개가 있으므로 자유도는 $(n-k)$이다.

1 다중비교 방법은 LSD(Least Significance Difference) 방법, Duncan의 방법, Tukey의 방법, Scheffe의 방법 등 여러 가지가 있다.

8.2 이원분산분석

이원분산분석은 특성값에 영향을 주는 처리가 2개인 경우, 그 영향을 알아보고자 할 때 사용한다. 이원분산분석은 2개의 처리에 대한 각 조합의 조건에서 자료 구조의 반복이 없는 경우와 반복이 있는 경우로 나눌 수 있다.

반복이 없는 이원분산분석의 자료 구조

반복이 없는 이원분산분석의 자료 구조는 [표 8-3]과 같다.

[표 8-3] 반복이 없는 이원분산분석의 자료 구조

처리 A \ 처리 B	B_1	B_2	$\cdots$	B_j	$\cdots$		평균($\overline{y_{i.}}$)
A_1	y_{11}	y_{12}	$\cdots$	y_{1j}	$\cdots$	y_{1m}	$\overline{y_{1.}}$
A_2	y_{21}	y_{22}	$\cdots$	y_{2j}	$\cdots$	y_{2m}	$\overline{y_{2.}}$
$\vdots$	$\vdots$	$\vdots$		$\vdots$		$\vdots$	$\vdots$
A_i	y_{i1}	y_{i2}	$\cdots$	y_{ij}	$\cdots$	y_{im}	$\overline{y_{i.}}$
$\vdots$	$\vdots$	$\vdots$		$\vdots$		$\vdots$	$\vdots$
A_l	y_{l1}	y_{l2}	$\cdots$	y_{lj}	$\cdots$	y_{lm}	$\overline{y_{l.}}$
평균($\overline{y_{.j}}$)	$\overline{y_{.1}}$	$\overline{y_{.2}}$	$\cdots$	$\overline{y_{.j}}$	$\cdots$	$\overline{y_{.m}}$	$\overline{y_{..}}$

2개의 처리는 각각 A, B로 표기하고, 각 처리가 갖는 수준 수는 l, m이라 가정하자. 그러면 전체 실험횟수는 lm회이다. 반복이 없는 이원분산분석의 모집단 모형은 다음과 같다.

$$y_{ij} = \mu + \alpha_i + \beta_j + \epsilon_{ij} \quad (i = 1, 2, \cdots, l, \;\; j = 1, 2, \cdots, m)$$

여기서 α_i는 A의 i번째 수준의 효과, β_j는 B의 j번째 수준의 효과를 뜻하고, ϵ_{ij}는 오차항으로 정규분포 $\mathrm{N}(0, \sigma^2)$을 따른다.

■ **가설검정 절차**

❶ 이원분산분석에서 알고자 하는 것은 처리 A, B의 효과가 있는지의 여부이다. 이에 대한 귀무가설과 대립가설은 다음과 같다.

$$H_0: \alpha_1 = \alpha_2 = \cdots = \alpha_l = 0$$
$$H_1: \alpha_i \text{ 중 적어도 하나는 } 0\text{이 아니다.}$$

$$H_0: \beta_1 = \beta_2 = \cdots = \beta_m = 0$$
$$H_1: \beta_j \text{ 중 적어도 하나는 } 0\text{이 아니다.}$$

❷ 위 가설을 검정하기 위해서는 총편차를 다음과 같이 분해하여 제곱합을 구해야 한다.

$$\underbrace{y_{ij} - \overline{y_{..}}}_{\text{총편차}} = \underbrace{(\overline{y_{i.}} - \overline{y_{..}})}_{A_i\text{의 편차}} + \underbrace{(\overline{y_{.j}} - \overline{y_{..}})}_{B_j\text{의 편차}} + \underbrace{(y_{ij} - \overline{y_{i.}} - \overline{y_{.j}} + \overline{y_{..}})}_{\text{오차}}$$

위와 같이 총편차를 분해하고 양변을 제곱하면 다음을 얻는다.

$$\underbrace{\sum_{i=1}^{l}\sum_{j=1}^{m}(y_{ij} - \overline{y_{..}})^2}_{\substack{\text{총제곱합} \\ (SST)}} = \underbrace{m\sum_{i=1}^{l}(\overline{y_{i.}} - \overline{y_{..}})^2}_{\substack{\text{처리 } A\text{의 제곱합} \\ (SSA)}} + \underbrace{l\sum_{j=1}^{m}(\overline{y_{.j}} - \overline{y_{..}})^2}_{\substack{\text{처리 } B\text{의 제곱합} \\ (SSB)}}$$
$$+ \underbrace{\sum_{i=1}^{l}\sum_{j=1}^{m}(y_{ij} - \overline{y_{i.}} - \overline{y_{.j}} + \overline{y_{..}})^2}_{\text{오차제곱합}(SSE)}$$

이때 반복이 없는 이원분산분석표는 [표 8-4]와 같다.

[표 8-4] **반복이 없는 이원분산분석표**

변동요인	제곱합	자유도	평균제곱	검정통계량 F
처리 A	SSA	$l-1$	$MSA = \frac{SSA}{l-1}$	$\frac{MSA}{MSE}$
처리 B	SSB	$m-1$	$MSB = \frac{SSB}{m-1}$	$\frac{MSB}{MSE}$
오차	SSE	$(l-1)(m-1)$	$MSE = \frac{SSE}{(l-1)(m-1)}$	–
합계	SST	$lm-1$	–	–

③ 처리 A에 대한 검정의 경우, 검정통계량 F의 관측값이 $\mathrm{F}_\alpha((l-1),\ (l-1)(m-1))$보다 크면 귀무가설을 기각한다. 처리 B에 대한 검정의 경우, 검정통계량 F의 관측값이 $\mathrm{F}_\alpha((m-1),\ (l-1)(m-1))$보다 크면 귀무가설을 기각한다. 여기서 귀무가설을 기각한다는 것은 처리 A 또는 B가 실험 특성값에 영향을 미친다는 것을 의미한다. 또한 각 처리의 표본으로부터 검정통계량의 관측값을 F_0라 할 때, 유의확률은 $\mathrm{P}(F \geq F_0)$인데 이 값이 유의수준 α보다 작으면 귀무가설을 기각한다.

정리 8-2 이원분산분석의 가설검정 절차(반복이 없는 자료 구조)

❶ 가설 설정

다음과 같이 귀무가설과 대립가설을 설정한다.

$$H_0 : \alpha_1 = \alpha_2 = \cdots = \alpha_l = 0$$

$H_1 : \alpha_i$ 중 적어도 하나는 0이 아니다.

$$H_0 : \beta_1 = \beta_2 = \cdots = \beta_m = 0$$

$H_1 : \beta_j$ 중 적어도 하나는 0이 아니다.

❷ 이원분산분석표 작성

❸ 검정 결과

- 처리 A에 대한 검정은 검정통계량 F의 관측값이 $\mathrm{F}_\alpha((l-1),\ (l-1)(m-1))$보다 크면 귀무가설을 기각한다.
- 처리 B에 대한 검정은 검정통계량 F의 관측값이 $\mathrm{F}_\alpha((m-1),\ (l-1)(m-1))$보다 크면 귀무가설을 기각한다.
- 유의확률 $\mathrm{P}(F \geq F_0)$가 유의수준 α보다 작으면 귀무가설을 기각한다.

예제 8-3

다음은 작업시간대와 작업자의 두 요인에 따른 생산량을 나타낸 자료이다. 작업시간대와 작업자가 생산량에 영향을 미치는지를 유의수준 5%로 검정하라.

작업시간대 (A)	작업자(B)				작업시간대 평균
	작업자 1	작업자 2	작업자 3	작업자 4	
오전	69	75	70	66	70
오후	72	74	78	68	73
야간	60	64	65	55	61
새벽	67	71	79	71	72
작업자 평균	67	71	73	65	69

풀이

❶ α_i는 A의 i번째 수준의 효과, β_j는 B의 j번째 수준의 효과를 나타낸다고 하면 귀무가설과 대립가설을 다음과 같이 설정할 수 있다.

H_0: $\alpha_1 = \alpha_2 = \alpha_3 = \alpha_4 = 0$

H_1: α_i 중 적어도 하나는 0이 아니다.

H_0: $\beta_1 = \beta_2 = \beta_3 = \beta_4 = 0$

H_1: β_j 중 적어도 하나는 0이 아니다.

❷ 이원분산분석표를 구하면 다음과 같다.

요인	제곱합	자유도	평균제곱	검정통계량 F	p-값	$F_{0.05}$
A	360	3	120	15	0.0008	3.8625
B	160	3	53.333	6.667	0.0115	3.8625
오차	72	9	8	–	–	–
합계	592	15	–	–	–	–

❸ 작업시간대와 작업자의 검정통계량 F의 관측값이 임곗값 $F_{0.05}(3, 9) = 3.8625$보다 모두 크고, 유의확률(p-값)이 모두 유의수준 $\alpha = 0.05$보다 작으므로 H_0를 기각한다. 따라서 유의수준 5%에서 작업시간대와 작업자 모두가 생산량에 영향을 미침을 알 수 있다.

이번에는 Excel을 이용한 통계처리 기법으로 결과를 확인해보자.

❶ 다음 그림과 같이 주어진 데이터를 행 단위와 열 단위로 입력한다.

	A	B	C	D	E
1		작업자 1	작업자 2	작업자 3	작업자 4
2	오전	69	75	70	66
3	오후	72	74	78	68
4	야간	60	64	65	55
5	새벽	67	71	79	71

❷ Excel의 리본메뉴에서 [데이터] – [데이터 분석] – [분산분석: 반복 없는 이원 배치법]을 선택한다.

❸ 다음 그림과 같이 '입력범위'와 '유의수준'을 입력한 후 '확인'을 누른다.

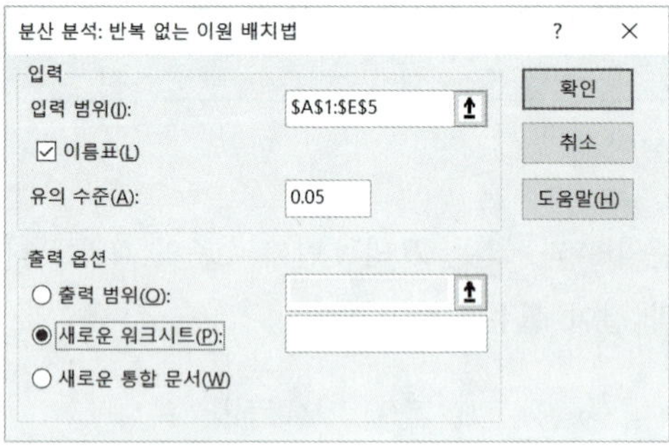

그러면 다음과 같은 결과가 출력된다.

분산 분석: 반복 없는 이원 배치법						
요약표	관측수	합	평균	분산		
오전	4	280	70	14		
오후	4	292	73	17.333333		
야간	4	244	61	20.666667		
새벽	4	288	72	25.333333		
작업자 1	4	268	67	26		
작업자 2	4	284	71	24.666667		
작업자 3	4	292	73	44.666667		
작업자 4	4	260	65	48.666667		
분산 분석						
변동의 요인	제곱합	자유도	제곱 평균	F 비	P-값	F 기각치
인자 A(행)	360	3	120	15	0.0007572	3.8625484
인자 B(열)	160	3	53.333333	6.6666667	0.0115416	3.8625484
잔차	72	9	8			
계	592	15				

출력된 분산분석표를 보면 작업시간대 A(행)의 p-값이 약 0.000757, 작업자 B(열)의 p-값이 약 0.0115로 모두 유의수준 0.05보다 작으므로 귀무가설을 모두 기각함을 알 수 있다.

예제 8-4

다음은 펌프 히터 전압과 탐사 지수(exhaust index)의 두 요인에 따른 진공관 내 압력을 나타낸 자료이다. 펌프 히터 전압과 탐사 지수가 진공관 내 압력에 영향을 미치는지를 유의수준 5%로 검정하라.

펌프 히터 전압(V)	탐사 지수(초)			합계
	60	90	120	
127	48	28	7	83
220	62	14	9	85
합계	110	42	16	168

풀이

❶ α_i는 펌프 히터 전압 A의 i번째 수준의 효과, β_j는 탐사 지수 B의 j번째 수준의 효과를 나타낸다고 하면 귀무가설과 대립가설을 다음과 같이 설정할 수 있다.

H_0: $\alpha_1 = \alpha_2 = 0$

H_1: α_i 중 적어도 하나는 0이 아니다.

H_0: $\beta_1 = \beta_2 = \beta_3 = 0$

H_1: β_j 중 적어도 하나는 0이 아니다.

❷ 이원분산분석표를 구하면 다음과 같다.

요인	제곱합	자유도	평균제곱	검정통계량 F	p-값	$F_{0.05}$
A	0.6667	1	0.6667	0.0067	0.9420	18.5128
B	2356	2	1178	11.9392	0.0773	19
오차	197.3333	2	98.6667	-	-	-
합계	2554	5	-	-	-	-

❸ 펌프 히터 전압에 따른 진공관 내 압력에는 차이가 없다는 귀무가설을 검정하기 위해 계산한 p-값 0.9420이 유의수준 0.05보다 크므로 귀무가설을 기각하지 못한다. 따라서 전압에 따른 진공관 내 압력에는 차이가 없다고 할 수 있다. 또한 탐사 지수에 따른 진공관 내 압력도 p-값 0.0773이 유의수준 0.05보다 크므로 귀무가설을 기각하지 못한다. 따라서 유의수준 5%에서 탐사 지수에 따른 진공관 내 압력에도 차이가 없음을 알 수 있다.

[예제 8-3]과 동일한 방법으로 Excel을 이용하여 분석 결과를 확인하면 다음과 같다.

분산 분석: 반복 없는 이원 배치법

요약표	관측수	합	평균	분산
127V	3	83	27.666667	420.33333
220V	3	85	28.333333	856.33333
탐사지수(60)	2	110	55	98
탐사지수(90)	2	42	21	98
탐사지수(120)	2	16	8	2

분산 분석

변동의 요인	제곱합	자유도	제곱 평균	F 비	P-값	F 기각치
인자 A(행)	0.6666667	1	0.6666667	0.0067568	0.9419741	18.512821
인자 B(열)	2356	2	1178	11.939189	0.0772846	19
잔차	197.33333	2	98.666667			
계	2554	5				

반복이 있는 이원분산분석의 자료 구조

[예제 8-4]와 같은 실험을 두 번 반복하여 얻은 자료를 다음 [표 8-5]로 정리하였다.

[표 8-5] **펌프 히터 전압을 탐사 지수별로 두 번씩 반복 실험한 자료**

펌프 히터 전압(V)	탐사 지수(초)			합계
	60(B_1)	90(B_2)	120(B_3)	
127(A_1)	48	28	7	189
	58	33	15	
220(A_2)	62	14	9	155
	54	10	6	
합계	222	85	37	344

[표 8-5]는 각 처리의 두 가지 측정 결과를 포함한다. 이런 경우를 반복이 있는 이원분산분석이라고 한다. 여기서는 처리 A와 처리 B의 주 효과와 두 가지 주 효과 사이의 상호(교호)작용 효과를 검정할 수 있다. 상호작용 효과란 한 요인의 수준에 따라 다른 요인의 수준 차이가 달라지는지를 의미한다. [그림 8-3]은 두 변수 간에 상호작용 효과가 있는 경우의 예이고, [그림 8-4]는 두 변수 간에 상호작용 효과가 없는 경우의 예이다.

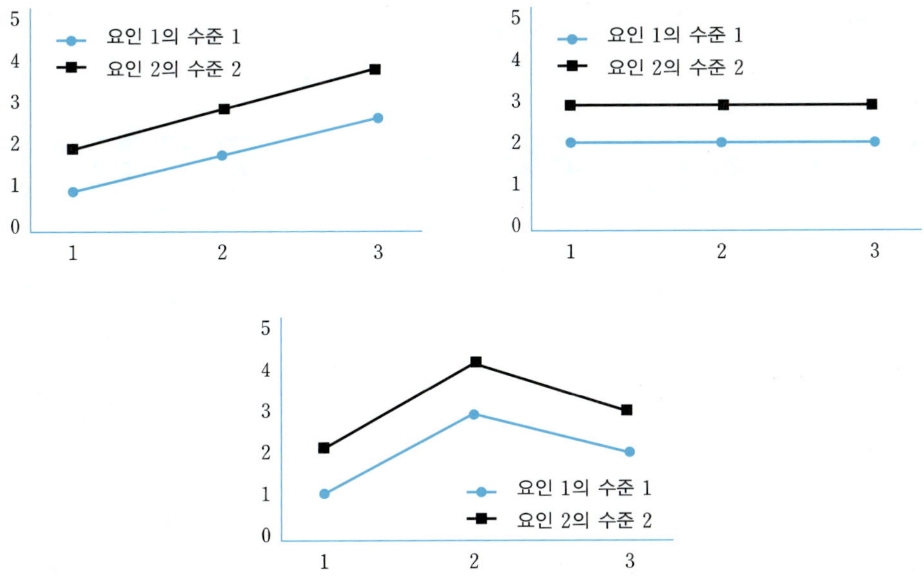

[그림 8-3] 두 변수 간에 상호작용 효과가 있는 경우의 예

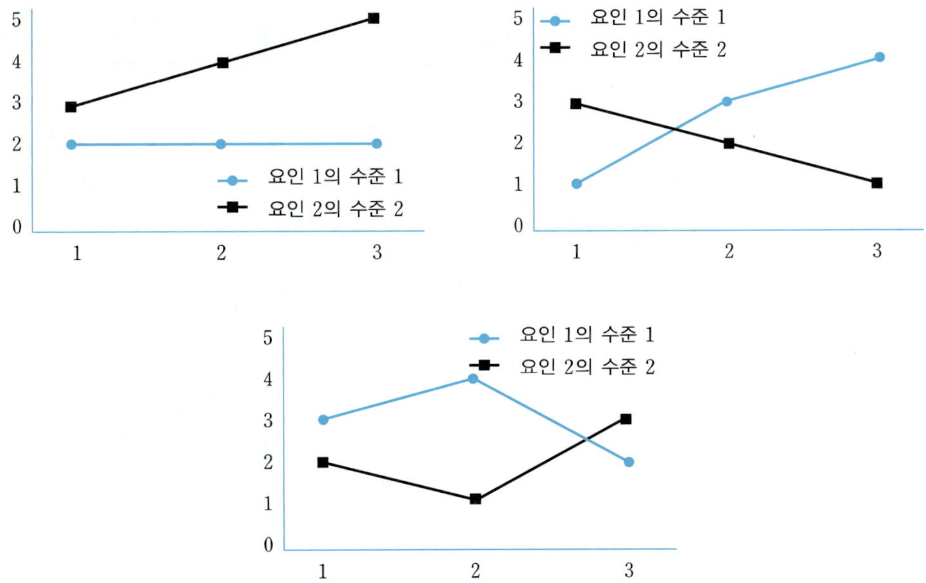

[그림 8-4] 두 변수 간에 상호작용 효과가 없는 경우의 예

반복이 있는 이원분산분석의 자료 구조는 [표 8-6]과 같다.

[표 8-6] 반복이 있는 이원분산분석의 자료 구조

처리 A \ 처리 B	B_1	B_2	$\cdots$	B_m	평균($\overline{y_{i..}}$)
A_1	y_{111} y_{112} $\vdots$	y_{121} y_{122} $\vdots$	$\cdots$	y_{1m1} y_{1m2} $\vdots$	$\overline{y_{1..}}$
	$\overline{y_{11.}}$	$\overline{y_{12.}}$	$\cdots$	$\overline{y_{1m.}}$	
A_2	y_{211} y_{212} $\vdots$	y_{221} y_{222} $\vdots$	$\cdots$	y_{2m1} y_{2m2} $\vdots$	$\overline{y_{2..}}$
	$\overline{y_{21.}}$	$\overline{y_{22.}}$	$\cdots$	$\overline{y_{2m.}}$	
$\vdots$	$\vdots$	$\vdots$	$\vdots$	$\vdots$	$\vdots$
A_l	y_{l11} y_{l12} $\vdots$	y_{l21} y_{l22} $\vdots$	$\cdots$	y_{lm1} y_{lm2} $\vdots$	$\overline{y_{l..}}$
	$\overline{y_{l1.}}$	$\overline{y_{l2.}}$	$\cdots$	$\overline{y_{lm.}}$	
평균($\overline{y_{.j.}}$)	$\overline{y_{.1.}}$	$\overline{y_{.2.}}$	$\cdots$	$\overline{y_{.m.}}$	$\overline{y_{...}}$

2개의 처리를 A, B로 표기한다. 각 처리가 갖는 수준 수를 l, m이라 하고, 처리 조합 lm개의 실험을 반복했을 때 전체 실험횟수가 n회라고 가정하자(모든 조합의 반복 수가 같을 필요는 없다). 그러면 반복이 있는 이원분산분석의 모집단 모형은 다음과 같다.

$$y_{ijk} = \mu + \alpha_i + \beta_j + \gamma_{ij} + \epsilon_{ijk}$$
$$(i = 1, 2, \cdots, l, \quad j = 1, 2, \cdots, m, \quad k = 1, \cdots, (\text{조합별 반복 수}))$$

여기서 α_i는 A의 i번째 수준의 효과, β_j는 B의 j번째 수준의 효과, γ_{ij}는 A의 i번째 수준과 B의 j번째 수준의 상호작용 효과, ϵ_{ijk}는 오차항이다.

■ 가설검정 절차

❶ 반복이 있는 경우 귀무가설과 대립가설은 다음과 같다.

H_0: 요인 A의 효과는 처리별로 차이가 없다.

H_0: 요인 B의 효과는 처리별로 차이가 없다.

H_0: 요인 A와 요인 B의 상호작용 효과가 없다.

H_1: H_0가 아니다.

❷ 관측값의 총제곱합을 여러 개의 제곱합으로 분해하고, 각 제곱합의 크기를 비교함으로써 가설검정을 한다.

$$\sum_{i=1}^{l}\sum_{j=1}^{m}\sum_{k=1}^{r}(y_{ijk}-\overline{y_{...}})^2 = \sum_i\sum_j\sum_k(\overline{y_{i..}}-\overline{y_{...}})^2+\sum_i\sum_j\sum_k(\overline{y_{.j.}}-\overline{y_{...}})^2 + \sum_i\sum_j\sum_k(\overline{y_{ij.}}-\overline{y_{i..}}-\overline{y_{.j.}}+\overline{y_{...}})^2+\sum_i\sum_j\sum_k(y_{ijk}-\overline{y_{ij.}})^2$$

총제곱합(SST) = 처리 A의 제곱합(SSA) + 처리 B의 제곱합(SSB)
+ A와 B의 상호작용에 의한 처리제곱합($SS_{A\times B}$)
+ 오차제곱합(SSE)

이때 반복이 있는 이원분산분석표는 [표 8-7]과 같다.

[표 8-7] **반복이 있는 이원분산분석표**

변동요인	제곱합	자유도	평균제곱	검정통계량 F
처리 A	SSA	$l-1$	$MSA=\frac{SSA}{l-1}$	$\frac{MSA}{MSE}$
처리 B	SSB	$m-1$	$MSB=\frac{SSB}{m-1}$	$\frac{MSB}{MSE}$
상호작용 $A\times B$	$SS_{A\times B}$	$(l-1)(m-1)$	$MS_{A\times B}=\frac{SS_{A\times B}}{(l-1)(m-1)}$	$\frac{MS_{A\times B}}{MSE}$
오차	SSE	$n-lm$	$MSE=\frac{SSE}{n-lm}$	–
합계	SST	$n-1$	–	–

* n은 전체 실험횟수

❸ [표 8-7]에서 3개의 검정통계량 F의 관측값이 유의수준 α인 임곗값보다 크면 H_0를 기각한다. 또한 표본으로부터 얻은 검정통계량 F의 관측값을 F_0라고 할 때, 유의확률은 $\mathrm{P}(F\geq F_0)$인데 이 값이 유의수준 α보다 작으면 귀무가설을 기각한다.

정리 8-3 이원분산분석의 가설검정 절차(반복이 있는 자료 구조)

❶ 가설 설정

다음과 같이 귀무가설과 대립가설을 설정한다.

H_0: 요인 A의 효과는 처리별로 차이가 없다.

H_0: 요인 B의 효과는 처리별로 차이가 없다.

H_0: 요인 A와 요인 B의 상호작용 효과가 없다.

H_1: H_0가 아니다.

❷ 이원분산분석표 작성

❸ 검정 결과

- 3개의 검정통계량 F의 관측값이 유의수준 α인 임곗값보다 크면 H_0를 기각한다.
- 유의확률 $\mathrm{P}(F \geq F_0)$가 유의수준 α보다 작으면 귀무가설을 기각한다.

예제 8-5

[예제 8-4]의 실험을 다시 생각해보자. 다음과 같이 각 펌프 히터 전압을 탐사 지수별로 두 번씩 반복 실험한 경우, 진공관 내 압력에 대하여 펌프 히터 전압과 탐사 지수의 상호작용 효과가 있는지를 유의수준 5%로 검정하라.

펌프 히터 전압(V)	탐사 지수(초)			합계
	$60(B_1)$	$90(B_2)$	$120(B_3)$	
$127(A_1)$	48	28	7	189
	58	33	15	
$220(A_2)$	62	14	9	155
	54	10	6	
합계	222	85	37	344

풀이

❶ 다음과 같이 귀무가설과 대립가설을 설정한다.

H_0: 요인 A(펌프 히터 전압)의 효과는 처리별로 차이가 없다.

H_0: 요인 B(탐사 지수)의 효과는 처리별로 차이가 없다.

H_0: 요인 A와 요인 B의 상호작용 효과가 없다.

H_1: H_0가 아니다.

❷ 이원분산분석표를 작성하면 다음과 같다.

변동요인	제곱합	자유도	평균제곱	검정통계량 F	p-값	$F_{0.05}$
처리 A	96.333	1	96.333	4.158	0.088	5.987
처리 B	4608.167	2	2304.083	99.457	0.000	5.143
상호작용 $A \times B$	283.167	2	141.583	6.112	0.036	5.143
오차	139	6	23.167	–	–	–
합계	5126.667	11	–	–	–	–

❸ 펌프 히터 전압(A)은 유의수준 $\alpha = 0.05$에서 p-값> 0.05이므로 처리별로 차이가 없음(유의하지 않음)을 알 수 있다. 그러나 탐사 지수(B)는 유의수준 $\alpha = 0.05$에서 p-값< 0.05이므로 처리별로 차이가 있다(유의하다).

또한 두 요인의 상호작용 효과도 $\alpha = 0.05$에서 p-값< 0.05이므로 효과가 있음(유의함)을 알 수 있다. 이때 상호작용 효과가 유의하므로 주 효과를 해석하는 데 매우 신중해야 한다. 유의한 상호작용 효과란 한 고정된 전압에서 진공관 내 압력에 대한 탐사 지수의 영향이 달라짐을 뜻한다. 즉 유의수준 5%에서 진공관 내 압력에 대한 탐사 지수의 영향력은 전압이 달라짐에 따라 차이가 있다.

이번에는 Excel을 이용한 통계처리 기법으로 결과를 확인해보자.

❶ 다음 그림과 같이 주어진 데이터를 행 단위와 열 단위로 입력한다. 반복이 있는 요인은 행에 입력한다.

	A	B	C	D
1		탐사지수(60)	탐사지수(90)	탐사지수(120)
2	127V	48	28	7
3		58	33	15
4	220V	62	14	9
5		54	10	6

❷ Excel의 리본메뉴에서 [데이터] – [데이터 분석] – [분산분석: 반복 있는 이원 배치법]을 선택한다.

❸ 다음 그림과 같이 '입력범위', '표본당 행수', '유의수준'을 입력한 후 '확인'을 누른다.

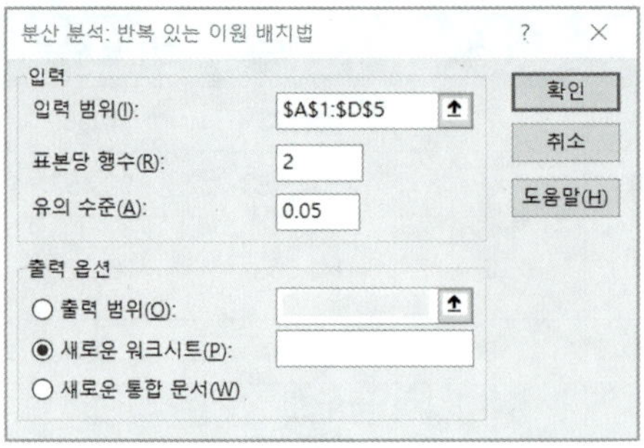

그러면 다음과 같은 결과가 출력된다.

분산 분석: 반복 있는 이원 배치법						
요약표	탐사지수(60)	탐사지수(90)	탐사지수(120)	계		
127V						
관측수	2	2	2	6		
합	106	61	22	189		
평균	53	30.5	11	31.5		
분산	50	12.5	32	372.3		
220V						
관측수	2	2	2	6		
합	116	24	15	155		
평균	58	12	7.5	25.83333333		
분산	32	8	4.5	633.7666667		
계						
관측수	4	4	4			
합	222	85	37			
평균	55.5	21.25	9.25			
분산	35.66666667	120.9166667	16.25			
분산 분석						
변동의 요인	제곱합	자유도	제곱 평균	F 비	P-값	F 기각치
인자 A(행)	96.33333333	1	96.33333333	4.158273381	0.087543203	5.987377607
인자 B(열)	4608.166667	2	2304.083333	99.45683453	2.51039E-05	5.14325285
교호작용	283.1666667	2	141.5833333	6.111510791	0.035693783	5.14325285
잔차	139	6	23.16666667			
계	5126.666667	11				

출력된 결과를 보면 펌프 히터 전압 A(행)의 p-값은 유의수준 0.05보다 크므로 귀무가설을 기각할 수 없고, 탐사 지수 B(열)의 p-값은 0.05보다 작으므로 귀무가설을 기각한다. 또한 상호(교호)작용의 p-값도 유의수준 0.05보다 작음을 알 수 있다.

예제 8-6

작업시간대와 작업자가 생산량에 영향을 미치는지를 알아보기 위해 4명의 작업자를 작업 시간대별로 세 번씩 반복 실험한 결과가 다음과 같을 때, 생산량에 대하여 작업자와 작업시간대의 상호작용 효과가 있는지를 유의수준 5%로 검정하라.

작업시간대 (A)	작업자(B)												작업시간대 평균
	작업자 1			작업자 2			작업자 3			작업자 4			
오전	69	70	71	75	74	76	70	69	71	66	65	64	70
오후	72	71	73	74	73	75	78	77	79	68	67	69	73
야간	60	59	61	64	63	65	65	64	66	55	54	56	61
새벽	67	65	66	71	70	72	79	78	80	71	72	73	72
작업자 평균	67			71			73			65			69

풀이

❶ 다음과 같이 귀무가설과 대립가설을 설정한다.

H_0: 요인 A의 효과는 처리별로 차이가 없다.
H_0: 요인 B의 효과는 처리별로 차이가 없다.
H_0: 요인 A와 요인 B의 상호작용 효과가 없다.
H_1: H_0가 아니다.

❷ 이원분산분석표를 작성하면 다음과 같다.

변동요인	제곱합	자유도	평균제곱	검정통계량 F	p-값	$F_{0.05}$
처리 A	1080	3	360	360	0.0000	2.9011
처리 B	480	3	160	160	0.0000	2.9011
상호작용 $A \times B$	270	9	30	30	0.0000	2.1888
오차	32	32	1	–	–	–
합계	1862	47	–	–	–	–

❸ 분산분석표에서 작업시간대에 대한 검정통계량 F의 관측값 $F=360$은 $\mathrm{F}_{0.05}(3, 32)=2.9011$보다 크므로 유의수준 5%에서 첫 번째 H_0를 기각한다. 또한 작업자에 대한 검정통계량 F의 관측값 $F=160$은 $\mathrm{F}_{0.05}(3, 32)=2.9011$보다 크므로 두 번째 H_0를 기각한다. 마찬가지로 상호작용 효과도 $F=30>\mathrm{F}_{0.05}(9, 32)=2.1888$이므로 세 번째 H_0를 기각한다.

한편, p-값이 모두 0.0000으로 매우 작기 때문에 H_0를 모두 기각함을 알 수 있다. 즉 유의수준 5%에서 작업시간대 및 작업자의 효과가 처리별로 모두 동일하지는 않으며, 작업시간대와 작업자의 상호작용이 존재한다고 할 수 있다.

Chapter 08 연습문제

8.1 다음 분산분석표를 작성하고, 주어진 물음에 답하라.

(a) 분산분석표를 작성하라.

요인	제곱합	자유도	평균제곱	검정통계량 F
처리		2		
오차			20	
합계	500	11		

(b) 위 표를 보고 유의수준 5%의 기각역을 구하라.

(c) 위 표로부터 검정 결과를 설명하라.

8.2 다음 분산분석표를 작성하고, 주어진 물음에 답하라.

(a) 분산분석표를 작성하라.

요인	제곱합	자유도	평균제곱	검정통계량 F
처리		6		
오차	146			
합계	500	36		

(b) 위 표를 보고 유의수준 1%의 기각역을 구하라.

(c) 위 표로부터 검정 결과를 설명하라.

8.3 컴퓨터 실습 다음은 세 가지 벼 품종에 대한 단위 넓이당 쌀 생산량을 나타낸 자료이다. 벼의 품종에 따라 수확량에 차이가 있는지를 Excel을 이용하여 유의수준 5%로 검정하라.

(단위 : kg)

품종 A	품종 B	품종 C
56	48	52
60	61	56
57	49	44
64	53	46

8.4 컴퓨터 실습 5대의 서로 다른 기계 중 하나를 구매하려고 한다. 이들 기계를 시험 가동한 결과, 같은 시간에 생산한 제품 수가 다음과 같다고 한다. 이들 기계의 성능 사이에 별다른 차이가 없다는 가설을 Excel을 이용하여 유의수준 5%와 1%로 각각 검정하라.

(단위 : 개)

기계 A	68	72	75	42	53
기계 B	72	52	63	55	48
기계 C	60	61	57	77	75
기계 D	48	57	61	64	50
기계 E	64	65	70	68	53

8.5 컴퓨터 실습 의류회사에서 기획 상품으로 세 가지 디자인의 원피스를 개발하였다. 다음은 각 디자인의 1일 매출고를 나타낸 자료이다. 디자인 차이에 따라 매출고에 차이가 있는지를 Excel을 이용하여 유의수준 5%로 검정하라.

(단위 : 만 원)

디자인 A	32	30	31	28	26	24
디자인 B	17	19	16	15	13	17
디자인 C	22	24	25	20	16	19

8.6 컴퓨터 실습 다음은 어떤 작물시험에서 4가지 품종에 3가지 비료를 준 결과로 얻은 단위 넓이당 수확량을 나타낸 자료이다. Excel을 이용하여 비료와 품종이 수확량에 영향을 미치는지를 유의수준 5%로 검정하라.

(단위 : kg)

종류	품종 1	품종 2	품종 3	품종 4
비료 A	4.5	6.4	7.2	6.7
비료 B	8.8	7.8	9.6	7.0
비료 C	5.9	6.8	5.7	5.2

8.7 컴퓨터 실습 다음은 자동차 운전을 익히는 데 소요된 시간을 성별과 연령별로 구분하여 조사한 자료이다. 소요 시간이 성별 및 연령에 따라 차이가 있는지를 Excel을 이용하여 유의수준 5%로 검정하라.

(단위 : 시간)

성별	연령			평균
	청년	중년	장년	
남자	9	10	14	11
여자	9	12	18	13
평균	9	11	16	12

8.8 컴퓨터 실습 세 가지 공정의 효율성을 비교하기 위해 세 명의 숙련공에게 각 제조공정을 한 번씩 실험해 본 결과가 다음과 같다. Excel을 이용하여 분산분석표를 작성하고, 적절한 가설을 설정하여 유의수준 5%로 검정하라.

제조공정	숙련공		
	B_1	B_2	B_3
A_1	24	19	20
A_2	23	17	14
A_3	25	21	17

8.9 컴퓨터 실습 다음은 교사에 따라 학생의 학습 효과에 어떤 차이가 있는지를 알아보기 위해 세 명의 교사가 네 명의 학생을 교육한 후, 각각 3회의 반복 시험을 치른 점수 자료이다. Excel을 이용하여 분산분석표를 작성하고, 적절한 가설을 설정하여 유의수준 5%로 검정하라.

(단위 : 점)

교사	학생											
	1			2			3			4		
1	40	46	52	56	65	67	61	64	70	46	54	62
2	41	44	50	56	64	69	69	73	77	57	63	72
3	72	81	87	84	93	96	90	97	98	87	92	94

8.10 컴퓨터 실습 두 가지 휘발유와 세 가지 첨가제의 효과를 분석하기 위해 동일한 차량에 동일한 양의 휘발유와 첨가제를 넣고 주행시험을 하였다. 두 요인의 실험 처리 조합 내에서 두 번의 실험을 반복하여 측정한 주행거리는 다음과 같다. Excel을 이용하여 분산분석표를 작성하고, 적절한 가설을 설정하여 유의수준 5%로 검정하라.

종류	첨가제 1	첨가제 2	첨가제 3
휘발유 1	37	34.1	32.2
	37.1	35.3	32.5
휘발유 2	37.4	35.7	33.4
	37.5	35.9	34.2

8.11 컴퓨터 실습 리탈린(retalin)이 일반 아동과 ADHD 아동에 미치는 영향을 조사하기 위해 일반 아동 8명과 ADHD 아동 8명을 각각 두 그룹으로 나누어 한 그룹에는 리탈린을 투여하고 다른 그룹에는 위약(placebo)을 투여하였다. 관측값으로 활동지수를 측정하였더니 결과는 다음과 같았다. 투여약의 효과, 아동의 효과, 상호(교호)작용 효과에 대하여 Excel을 이용하여 유의수준 5%로 검정하라.

아동 \ 투여약	위약		리탈린	
일반 아동	50	45	67	60
	55	52	58	65
ADHD 아동	70	68	51	57
	72	75	48	55

Chapter 09

범주형 자료분석

CONTENTS

학습목표

- 범주형 자료의 개념을 이해할 수 있다.
- 적합도 검정을 이해하고, 이를 활용할 수 있다.
- 동질성 검정을 이해하고, 이를 활용할 수 있다.
- 독립성 검정을 이해하고, 이를 활용할 수 있다.

사회조사에서 이용하는 설문조사 자료의 대부분은 범주형 자료라고 볼 수 있다. 설문조사의 한 예를 들면 아래와 같다.

정당별 선호도 조사표

1. 귀하의 연령은? ____ 세
2. 귀하의 성별은?
   ① 남자 ② 여자
3. 귀하의 출신 지역은?
   ① 서울 ② 경기 ③ 강원도 ④ 경상도 ⑤ 충청도 ⑥ 전라도 ⑦ 제주도
4. 귀하의 최종 학력은?
   ① 중졸 이하 ② 고졸 이하 ③ 대졸 이하 ④ 대학원 이상
5. 귀하가 선호하는 정당은?
   ① 가당 ② 나당 ③ 다당 ④ 라당 ⑤ 선호하는 정당 없음

위의 예는 일반적인 설문지의 한 형태로 1번을 제외한 모든 문항은 범주형 자료 형태이다. 이를 테면 2번 문항은 성별을 ① 또는 ② 로 표기하나, 사실 ①, ② 라는 숫자는 아무 의미가 없으며 단지 남자와 여자의 구분을 나타내는 데 불과하다. 따라서 ①, ② 가 M(남자), F(여자)로 표기되어도 문제의 본질에는 전혀 영향을 미치지 않는다. 이와 같이 숫자로 표현해야 할 당위성이 없는 자료를 범주형 자료라고 한다. 범주형 자료분석에서는 위와 같이 범주형으로 표현한 두 변수 사이의 관계를 분석할 뿐만 아니라 한 변수 내에서 가정의 타당성 여부를 조사하거나, 세 변수 또는 그 이상의 변수 사이의 관계를 분석하기도 한다.

이 장에서는 실험 또는 관측 결과가 주어진 이론에 적합한지 알아보는 적합도 검정, 여러 범주가 같은 성질을 갖는지 알아보는 동질성 검정, 그리고 모집단을 두 요인에 따라 분류했을 때 두 요인이 서로 독립인지 판정하는 독립성 검정을 살펴본다.

9.1 적합도 검정

실험 또는 관측 결과와 이론적인 기댓값의 일치 정도를 **적합도**(goodness of fit)라고 하며, 관측값이 어떤 이론적 분포를 따르는지에 대한 적합도를 검정하는 것을 **적합도 검정**(goodness of fit test)이라고 한다.

적합도 검정은 각 모집단이 두 가지 이상의 서로 다른 속성을 갖는 개체들로 나누어진 경우에 여러 모집단을 비교하는 방법으로, 여러 모집단이 동일하다는 귀무가설과 서로 다르다는 대립가설을 검정한다. 각 속성의 실제 관측값을 **관측도수**(observed frequency)라 하고, 귀무가설이 사실인 경우에 기대하는 값을 **기대도수**(expected frequency)라 한다. 만약 귀무가설이 참이라면 관측도수와 기대도수가 거의 일치하며, 관측도수와 기대도수가 차이가 많이 나면 귀무가설을 기각한다.

예를 들어 주사위를 던지는 실험에서 각 눈이 나올 확률은 이론적으로 $\frac{1}{6}$이므로 주사위를 120번 던질 때 각 눈의 기대도수는 20이다. 이때 각 눈의 관측도수와 기대도수의 차가 적을수록 이론에 적합하다고 할 수 있다.

크기가 n인 표본을 k개의 범주로 나누고, 각 범주의 관측도수가 [표 9-1]과 같다고 하자. 각 범주에 대응하는 모비율을 $p_1, p_2, \cdots, p_k$라고 하면 귀무가설은 각 p_i에 어떤 특정한 수치 p_{i0}를 대응한 다음과 같은 형태이다.

$$H_0: p_1 = p_{10},\ p_2 = p_{20},\ \cdots,\ p_k = p_{k0}$$

$$H_1: H_0\text{가 아니다.}$$

여기서 $\sum_{i=1}^{k} p_{i0} = 1$이다.

[표 9-1] 범주의 관측도수

범주	관측도수
1	n_1
2	n_2
$\vdots$	$\vdots$
k	n_k
합계	n

귀무가설에서 표본의 크기가 n일 때, 범주 i의 기대도수는 np_{i0}이며 실제 관측도수 n_i가 기대도수와 얼마나 차이가 나느냐에 따라 검정 결과가 달라진다. 즉 차이가 많이 나면 귀무가설을 기각하며, 차이가 충분히 많이 나지 않는다면 귀무가설이 틀렸다고 주장하기 어렵다.

관측도수와 기대도수의 일치 정도를 알기 위해서는 관측도수와 기대도수의 차이가 유의한지를 판단하기 위한 기준이 필요하다. 이때 다음과 같은 χ^2-통계량을 검정통계량으로 이용한다.

$$\chi^2 = \sum_{i=1}^{k} \frac{(n_i - e_i)^2}{e_i}$$

여기서 e_i는 i 번째 기대도수로 np_{i0}이다. χ^2-통계량은 귀무가설 H_0가 참일 때 표본 크기가 충분히 크면, 근사적으로 자유도가 $(k-1)$인 χ^2-분포를 따른다. 따라서 χ^2-통계량의 관측값이 기각역에 포함되면 귀무가설을 기각하고, 채택역에 속하면 귀무가설을 기각하지 못한다. 표본의 크기가 충분히 큰 경우에 검정통계량을 이용한 적합도 검정을 정리하면 다음과 같다.

정리 9-1 적합도 검정 절차

❶ 가설 설정

귀무가설 $H_0: p_1 = p_{10},\ p_2 = p_{20},\ \cdots,\ p_k = p_{k0}$를 설정한다.

❷ 검정통계량 계산

다음과 같은 검정통계량을 구한다.

$$\chi_0^2 = \sum_{i=1}^{k} \frac{(n_i - e_i)^2}{e_i} \sim \chi^2(k-1)$$

❸ 가설검정

검정통계량의 관측값이 $\chi_0^2 \geq \chi_\alpha^2(k-1)$을 만족하면 H_0를 기각한다.

예제 9-1

동 시간대 TV 방송사 A, B, C의 시청률은 A 사 30%, B 사 40%, C 사 30%로 알려져 있다. 어떤 조사기관에서 동 시간대 TV 방송사별 시청자 수를 조사한 결과가 다음 표와 같았다고 할 때, 각 방송사별 시청률이 잘 조사되었다고 할 수 있는지를 유의수준 5%로 검정하라.

방송사	A	B	C	합계
시청자 수	310	420	270	1,000

풀이

❶ 다음과 같이 가설을 설정한다.

$$H_0: p_1 = 0.3,\ p_2 = 0.4,\ p_3 = 0.3$$
$$H_1: H_0\text{가 아니다.}$$

❷ 귀무가설 H_0가 참일 때의 기대도수는 다음과 같다.

$$e_1 = 1000 \times 0.3 = 300,$$
$$e_2 = 1000 \times 0.4 = 400,$$
$$e_3 = 1000 \times 0.3 = 300$$

따라서 검정통계량의 관측값을 구하면 다음과 같다.

$$\chi_0^2 = \frac{(310-300)^2}{300} + \frac{(420-400)^2}{400} + \frac{(270-300)^2}{300} \fallingdotseq 2.667$$

❸ 유의수준이 $\alpha = 0.05$이므로 $\chi^2_{0.05}(2) = 5.911$이다. 따라서 검정통계량의 관측값과 비교하면 $\chi_0^2 = 2.667 < \chi^2_{0.05}(2) = 5.911$이므로 H_0를 기각하지 못한다. 그러므로 유의수준 5%에서 이 조사기관의 시청자 수에 대한 조사 결과가 알려진 시청률에 어긋난다고 할 수 없으므로 적합하다고 할 수 있다.

예제 9-2

어느 회사에서 판매하는 자동차의 색은 네 가지이다. 이 회사 연구실에서는 자동차를 구입하는 고객이 어느 색을 좋아하는지에 대한 자동차 색 인기도를 조사하고자 한다. 최근에 판매한 자동차 중 임의로 선택한 200대의 자동차 색 자료가 다음과 같다고 할 때, 네 가지 색의 자동차가 모두 인기가 똑같은지를 유의수준 5%로 검정하라.

자동차 색	관측도수
흰색	70
검정색	30
은색	40
금색	60
합계	200

풀이

❶ 다음과 같이 가설을 설정한다.

$$H_0: p_1 = p_2 = p_3 = p_4 = \frac{1}{4}$$

H_1: H_0가 아니다.

❷ 귀무가설 H_0가 참일 때의 기대도수는 다음과 같다.

$$e_i = 200 \times \frac{1}{4} = 50 \quad (i = 1, 2, 3, 4)$$

따라서 검정통계량의 관측값을 구하면 다음과 같다.

$$\chi_0^2 = \frac{(70-50)^2}{50} + \frac{(30-50)^2}{50} + \frac{(40-50)^2}{50} + \frac{(60-50)^2}{50} = 20$$

❸ 유의수준이 $\alpha = 0.05$이므로 $\chi^2_{0.05}(3) = 7.815$이다. 따라서 검정통계량의 관측값과 비교하면 $\chi_0^2 = 20 > \chi^2_{0.05}(3) = 7.815$이므로 H_0를 기각한다. 그러므로 유의수준 5%에서 자동차의 색에 따라 인기도에 차이가 있다고 할 수 있다.

예제 9-3

자동차 보험회사에서 일주일 동안 발생한 210건의 자동차 접촉 사고를 요일별로 조사한 결과 다음 자료를 얻었다. 자동차 접촉 사고횟수가 요일과 무관한지의 여부를 유의수준 5%로 검정하라.

요일	월	화	수	목	금	토	일	합계
관측도수	22	33	25	25	37	35	33	210

풀이

❶ 다음과 같이 가설을 설정한다.

$$H_0: p_1 = p_2 = \cdots = p_7 = \frac{1}{7}$$

H_1: H_0가 아니다.

❷ 귀무가설 H_0가 참일 때의 기대도수는 다음과 같다.

$$e_i = 210 \times \frac{1}{7} = 30 \ \ (i = 1, 2, \cdots, 7)$$

따라서 검정통계량의 관측값을 구하면 다음과 같다.

$$\chi_0^2 = \frac{(22-30)^2}{30} + \frac{(33-30)^2}{30} + \cdots + \frac{(33-30)^2}{30} \fallingdotseq 6.867$$

❸ 유의수준이 $\alpha = 0.05$이므로 $\chi^2_{0.05}(6) = 12.59$이다. 따라서 검정통계량의 관측값과 비교하면 $\chi_0^2 = 6.867 < \chi^2_{0.05}(6) = 12.59$이므로 H_0를 기각하지 못한다. 그러므로 유의수준 5%에서 요일별로 자동차 접촉 사고횟수에 차이가 있다고 말할 수 없다.

9.2 동질성 검정

한 모집단의 두 가지 속성 A, B에 대하여 속성 A를 k개의 **부모집단**(subpopulation) $A_1, A_2, \cdots, A_k$로 분할했을 때, 각 속성 $B_j(j=1, 2, \cdots, l)$에 속하는 비율이 모든 부모집단에 대하여 동일한지 검정하는 것을 **동질성 검정**(test of homogeneity)이라고 한다. 부모집단 $A_i(i=1, 2, \cdots, k)$로부터 미리 정해진 표본 크기 $n_{i.}$만큼을 추출하는데, 이때 $n_{i.}$은 고정된 상수이며 확률변수가 아니다. $n_{i.}$을 각 속성 B_j에 따라 나눈 것을 $n_{.j}$라고 한다. 이는 확률변수이며 $n_{.j}=\sum_{i=1}^{k} n_{ij}$이고 $n_{i.}$은 고정된 상수이다. 관측도수는 [표 9-2]처럼 $k \times l$ 분할표로 주어진다.

[표 9-2] $n_{i.}$이 고정된 $k \times l$ 분할표의 관측도수

A \ B	B_1	B_2	$\cdots$	B_l	합계
A_1	n_{11}	n_{12}	$\cdots$	n_{1l}	$n_{1.}$
A_2	n_{21}	n_{22}	$\cdots$	n_{2l}	$n_{2.}$
$\vdots$	$\vdots$	$\vdots$	$\cdots$	$\vdots$	$\vdots$
A_k	n_{k1}	n_{k2}	$\cdots$	n_{kl}	$n_{k.}$
합계	$n_{.1}$	$n_{.2}$	$\cdots$	$n_{.l}$	n

부모집단 중 A_i가 속성 B_j에 속하는 확률을 p_{ij}라 하면, 이 확률은 A_i가 정해진 후에 B_j에 속하는 조건부 확률로 다음과 같이 표현한다.

$$p_{ij} = \mathrm{P}(B_j \mid A_i)$$

이 확률을 이용하여 p_{ij}에 대한 $k \times l$ 분할표를 작성하면 [표 9-3]과 같다. 여기에서 $\mathrm{P}(A_i)=1\,(i=1, 2, \cdots, k)$이다. 그러면 동질성 검정에 대한 귀무가설과 대립가설은 다음과 같이 표현할 수 있다.

$$H_0: p_{1j} = p_{2j} = \cdots = p_{kj}\,(j=1, 2, \cdots, l)$$

H_1: H_0가 아니다.

[표 9-3] $p_{ij} = \mathrm{P}(B_j \mid A_i)$에 대한 $k \times l$ 분할표

A \ B	B_1	B_2	$\cdots$	B_l	합계
A_1	p_{11}	p_{12}	$\cdots$	p_{1l}	1
A_2	p_{21}	p_{22}	$\cdots$	p_{2l}	1
$\vdots$	$\vdots$	$\vdots$	$\cdots$	$\vdots$	$\vdots$
A_k	p_{k1}	p_{k2}	$\cdots$	p_{kl}	1

한편, 귀무가설 H_0가 참일 때 각 속성 B_j가 가지는 동일확률의 추정치, 즉 p_j의 합동표본 비율 $\hat{p}_j$은 전체 표본의 크기 n에서 B_j에 속하는 $n_{.j}$가 차지하는 비율로 다음과 같다.

$$\hat{p}_j = \hat{p}_{1j} = \hat{p}_{2j} = \cdots = \hat{p}_{kj} = \frac{n_{.j}}{n} \ (j = 1, 2, \cdots, l), \quad \sum_{j=1}^{l} \hat{p}_j = 1$$

또한 귀무가설 H_0가 참일 때의 기대도수는 다음과 같다.

$$\hat{e}_{ij} = n_{i.} \times \hat{p}_j = \frac{n_{i.} \times n_{.j}}{n}$$

그러므로 동질성 검정에서는 다음과 같은 χ^2-통계량을 이용한다.

$$\chi^2 = \sum_{i=1}^{k} \sum_{j=1}^{l} \frac{(n_{ij} - \hat{e}_{ij})^2}{\hat{e}_{ij}}$$

귀무가설 H_0가 참일 때 표본의 크기가 충분히 크면 근사적으로 자유도가 $(k-1)(l-1)$인 χ^2-분포를 따른다. 위 검정통계량을 이용한 동질성 검정을 정리하면 다음과 같다.

정리 9-2 동질성 검정 설차

❶ 가설 설정

귀무가설 $H_0: p_{1j} = p_{2j} = \cdots = p_{kj} \ (j = 1, 2, \cdots, l)$를 설정한다.

❷ 검정통계량 계산

다음과 같은 검정통계량의 관측값을 구한다.

$$\chi_0^2 = \sum_{i=1}^{k} \sum_{j=1}^{l} \frac{(n_{ij} - \hat{e}_{ij})^2}{\hat{e}_{ij}}$$

❸ 가설검정

검정통계량의 관측값이 $\chi_0^2 \geq \chi_\alpha^2((k-1)(l-1))$을 만족하면 H_0를 기각한다.

예제 9-4

질병관리청에서는 COVID19 예방을 위해 두 종류 백신 A, B의 접종을 실시하였다. 두 백신 A, B에 대한 항체 형성 비율이 동일한지를 알아보고자 세 차례 접종하여 항체가 형성된 사람을 조사하였더니 다음 자료를 얻었다. 두 백신 A, B의 접종에 대한 항체 형성 비율이 동일한지를 유의수준 5%로 검정하라.

백신 종류 / 접종 회차	백신 A	백신 B	합계
1차 접종	70	130	200
2차 접종	130	170	300
3차 접종	100	200	300
합계	300	500	800

풀이

두 백신 A, B의 항체 형성 비율이 같은지를 동질성 검정한다.

❶ 다음과 같이 가설을 설정한다.

$$H_0: p_{11} = p_{21} = p_{31}$$
$$p_{12} = p_{22} = p_{32}$$
$$H_1: H_0\text{가 아니다.}$$

❷ 귀무가설 H_0가 참일 때의 기대도수는 다음과 같다.

$$\hat{e}_{11} = \frac{300 \times 200}{800} = 75, \qquad \hat{e}_{12} = \frac{500 \times 200}{800} = 125$$
$$\hat{e}_{21} = \frac{300 \times 300}{800} = 112.5, \qquad \hat{e}_{22} = \frac{500 \times 300}{800} = 187.5$$
$$\hat{e}_{31} = \frac{300 \times 300}{800} = 112.5, \qquad \hat{e}_{32} = \frac{500 \times 300}{800} = 187.5$$

따라서 검정통계량의 관측값을 구하면 다음과 같다.

$$\chi_0^2 = \frac{(70-75)^2}{75} + \frac{(130-125)^2}{125} + \cdots + \frac{(200-187.5)^2}{187.5} \fallingdotseq 7.111$$

❸ 유의수준이 $\alpha = 0.05$이므로 $\chi^2_{0.05}((3-1)(2-1)) = \chi^2_{0.05}(2) = 5.991$이다. 따라서 검정통계량의 관측값과 비교하면 $\chi_0^2 = 7.111 > \chi^2_{0.05}(2) = 5.991$이므로 H_0를 기각한다. 그러므로 유의수준 5%에서 두 백신 A, B의 접종에 대한 항체 형성 비율은 동일하지 않다고 할 수 있다.

예제 9-5

어느 회사의 공장 세 곳에서 생산하는 제품에 대해 생산자들이 현장에서 느끼는 만족도가 공장에 따라 차이가 있는지를 알아보고자 한다. 각 공장에서 생산자를 임의로 추출하여 제품에 대한 만족도를 조사한 결과가 다음과 같았다. 이 자료로부터 공장별로 생산자가 느끼는 제품에 대한 만족도에 차이가 있는지를 유의수준 1%로 검정하라.

공장 \ 범주	매우 만족	만족	보통	불만족	매우 불만족	합계
공장 1	20	30	30	10	10	100
공장 2	10	25	15	20	10	80
공장 3	10	15	25	30	10	90
합계	40	70	70	60	30	270

풀이

공장별로 생산자가 느끼는 제품에 대한 만족도가 같은지를 동질성 검정한다.

❶ 공장 $i(i=1, 2, 3)$에 대한 각 범주의 모비율을 $p_{ij}(j=1, 2, 3, 4, 5)$라 하면 귀무가설과 대립가설은 다음과 같다.

$$H_0: p_{1j}=p_{2j}=p_{3j}(j=1, 2, 3, 4, 5)$$
$$H_1: H_0\text{가 아니다.}$$

❷ 귀무가설 H_0가 참일 때, 각 범주의 모비율에 대한 합동표본비율은 다음과 같다.

$$\hat{p}_1=\frac{40}{270}=\frac{4}{27}, \quad \hat{p}_2=\frac{70}{270}=\frac{7}{27}$$
$$\hat{p}_3=\frac{70}{270}=\frac{7}{27}, \quad \hat{p}_4=\frac{60}{270}=\frac{2}{9}$$
$$\hat{p}_5-\frac{30}{270}=\frac{1}{9}$$

따라서 귀무가설 H_0가 참일 때의 기대도수 $\hat{e}_{1j}=100\hat{p}_j$, $\hat{e}_{2j}=80\hat{p}_j$, $\hat{e}_{3j}=90\hat{p}_j(j=1, 2, 3, 4, 5)$를 구하면 다음과 같다.

공장 \ 범주	매우 만족	만족	보통	불만족	매우 불만족
공장 1	$\frac{40\times100}{270}$	$\frac{70\times100}{270}$	$\frac{70\times100}{270}$	$\frac{60\times100}{270}$	$\frac{30\times100}{270}$
공장 2	$\frac{40\times80}{270}$	$\frac{70\times80}{270}$	$\frac{70\times80}{270}$	$\frac{60\times80}{270}$	$\frac{30\times80}{270}$
공장 3	$\frac{40\times90}{270}$	$\frac{70\times90}{270}$	$\frac{70\times90}{270}$	$\frac{60\times90}{270}$	$\frac{30\times90}{270}$

따라서 검정통계량의 관측값을 구하면 다음과 같다.

$$\chi_0^2 = \frac{\left(20 - \frac{40 \cdot 100}{270}\right)^2}{\frac{40 \cdot 100}{270}} + \frac{\left(30 - \frac{70 \cdot 100}{270}\right)^2}{\frac{70 \cdot 100}{270}} + \cdots + \frac{\left(10 - \frac{30 \cdot 90}{270}\right)^2}{\frac{30 \cdot 90}{270}} \fallingdotseq 22.03$$

❸ 유의수준이 $\alpha = 0.01$이므로 $\chi^2_{0.01}((3-1)(5-1)) = \chi^2_{0.01}(8) = 20.09$이다. 따라서 검정통계량의 관측값과 비교하면 $\chi_0^2 = 22.03 > \chi^2_{0.01}(8) = 20.09$이므로 H_0를 기각한다. 그러므로 유의수준 1%에서 공장별로 생산자가 느끼는 제품에 대한 만족도에 차이가 있다고 할 수 있다.

예제 9-6

공장 세 곳에서 만든 제품을 양품과 불량품으로 나누어 각 공장의 불량률을 알아보고자 한다. 공장 세 곳에서 각각 300개, 200개, 200개의 제품을 임의로 추출하여 양품과 불량품 개수를 조사한 결과는 다음과 같다. 공장에 따라 제품의 불량률에 차이가 있다고 할 수 있는지를 유의수준 5%로 검정하라.

공장 \ 제품	불량품	양품	합계
공장 1	21	279	300
공장 2	15	185	200
공장 3	20	180	200
합계	56	644	700

풀이

공장별로 제품의 불량률에 차이가 있는지를 동질성 검정한다.

❶ 공장 $i(i=1, 2, 3)$에 대한 각 범주의 모비율을 $p_{ij}(j=1, 2)$라 하면 귀무가설과 대립가설은 다음과 같다.

$$H_0: p_{11} = p_{21} = p_{31}$$
$$p_{12} = p_{22} = p_{32}$$
$$H_1: H_0\text{가 아니다.}$$

❷ 귀무가설 H_0가 참일 때 각 범주의 모비율에 대한 합동표본비율은 다음과 같다.

$$\hat{p}_1 = \frac{56}{700} = 0.08, \quad \hat{p}_2 = \frac{644}{700} = 0.92$$

따라서 귀무가설 H_0가 참일 때의 기대도수를 구하면 다음과 같다.

$$\hat{e}_{11} = 300 \times 0.08 = 24, \quad \hat{e}_{21} = 200 \times 0.08 = 16$$
$$\hat{e}_{31} = 200 \times 0.08 = 16, \quad \hat{e}_{12} = 300 \times 0.92 = 276$$
$$\hat{e}_{22} = 200 \times 0.92 = 184, \quad \hat{e}_{32} = 200 \times 0.92 = 184$$

따라서 검정통계량의 관측값을 구하면 다음과 같다.

$$\chi_0^2 = \frac{(21-24)^2}{24} + \frac{(15-16)^2}{16} + \cdots + \frac{(180-184)^2}{184} = 1.5625$$

❸ 유의수준이 $\alpha = 0.05$이므로 $\chi^2_{0.05}(2) = 5.99$이다. 따라서 검정통계량의 관측값과 비교하면 $\chi_0^2 = 1.5625 < \chi^2_{0.05}(2) = 5.99$이므로 H_0를 기각하지 못한다. 그러므로 유의수준 5%에서 공장별로 제품의 불량률에 차이가 있다고 할 수 없다.

9.3 독립성 검정

한 모집단의 두 가지 속성 A, B에 대하여 각 속성이 여러 개의 범주로 나누어질 때, 이들 속성이 서로 관련성이 있는지를 검정하는 것을 **독립성 검정**(test of independence)이라고 한다.

동질성 검정과 같이 속성 A는 k개의 범주로 나누어지고, 속성 B는 l개의 범주로 나누어질 때, 관측도수는 [표 9-4]처럼 $k \times l$ 분할표로 주어진다. 이때 n은 고정된 상수이며 그 외의 n_{ij}, $n_{i.}$, $n_{.j}$는 모두 확률변수이다.

[표 9-4] $k \times l$ 분할표의 관측도수

A \ B	B_1	B_2	$\cdots$	B_l	합계
A_1	n_{11}	n_{12}	$\cdots$	n_{1l}	$n_{1.}$
A_2	n_{21}	n_{22}	$\cdots$	n_{2l}	$n_{2.}$
$\vdots$	$\vdots$	$\vdots$	$\cdots$	$\vdots$	$\vdots$
A_k	n_{k1}	n_{k2}	$\cdots$	n_{kl}	$n_{k.}$
합계	$n_{.1}$	$n_{.2}$	$\cdots$	$n_{.l}$	n

여기서 $n_{i.} = \sum_{j=1}^{l} n_{ij}$이고 $n_{.j} = \sum_{i=1}^{k} n_{ij}$이다. 또한 실험 결과가 범주 A_i와 범주 B_j에 동시에 속할 확률, 즉 모비율 $p_{ij}(i = 1, 2, \cdots, k,\ j = 1, 2, \cdots, l)$는 [표 9-5]와 같이 $k \times l$ 분할표로 주어진다.

[표 9-5] $k \times l$ 분할표의 모비율 p_{ij}

A \ B	B_1	B_2	$\cdots$	B_l	합계
A_1	p_{11}	p_{12}	$\cdots$	p_{1l}	$p_{1.}$
A_2	p_{21}	p_{22}	$\cdots$	p_{2l}	$p_{2.}$
$\vdots$	$\vdots$	$\vdots$	$\cdots$	$\vdots$	$\vdots$
A_k	p_{k1}	p_{k2}	$\cdots$	p_{kl}	$p_{k.}$
합계	$p_{.1}$	$p_{.2}$	$\cdots$	$p_{.l}$	1

여기서 $p_{i.} = \sum_{j=1}^{l} p_{ij}$이고 $p_{.j} = \sum_{i=1}^{k} p_{ij}$이며 $\sum_{i=1}^{k}\sum_{j=1}^{l} p_i p_j = 1$이다. 두 속성 A, B가 서로 독립이라는 귀무가설과 대립가설은 다음과 같다.

$H_0: p_{ij} = p_{i.} \times p_{.j}\ (i = 1, 2, \cdots, k,\ j = 1, 2, \cdots, l)$

$H_1: H_0$가 아니다.

한편, 귀무가설 H_0가 참일 때 p_{ij}의 합동표본비율 $\hat{p}_{ij}$은 다음과 같다.

$$\hat{p}_{ij} = \hat{p}_{i.} \times \hat{p}_{.j} = \frac{n_{i.}}{n} \times \frac{n_{.j}}{n}\ (i = 1, 2, \cdots, k,\ j = 1, 2, \cdots, l)$$

합동표본비율 $\hat{p}_{ij}$으로부터 귀무가설 H_0가 참일 때의 기대도수는 다음과 같다.

$$\hat{e}_{ij} = n\hat{p}_{ij} = \frac{n_{i.} \times n_{.j}}{n}$$

동질성 검정과 마찬가지로 독립성 검정에서는 다음과 같은 χ^2-통계량을 사용한다.

$$\chi^2 = \sum_{i=1}^{k}\sum_{j=1}^{l} \frac{(n_{ij} - \hat{e}_{ij})^2}{\hat{e}_{ij}}$$

귀무가설 $H_0: p_{ij} = p_{i.} \times p_{.j}$가 참일 때 표본의 크기가 충분히 크면 근사적으로 자유도가 $(k-1)(l-1)$인 χ^2-분포를 따른다. 따라서 검정통계량을 이용한 독립성 검정을 정리하면 다음과 같다.

정리 9-3 독립성 검정 절차

❶ 가설 설정

귀무가설 $H_0: p_{ij} = p_{i.} \times p_{.j}$를 설정한다.

❷ 검정통계량 계산

다음과 같은 검정통계량의 관측값을 구한다.

$$\chi_0^2 = \sum_{i=1}^{k}\sum_{j=1}^{l} \frac{(n_{ij} - \widehat{e_{ij}})^2}{\widehat{e_{ij}}}$$

❸ 가설검정

검정통계량의 관측값이 $\chi_0^2 \geq \chi_\alpha^2((k-1)(l-1))$을 만족하면 H_0를 기각한다.

Note 동질성 검정과 독립성 검정

동질성 검정에서의 $n_{1.}, n_{2.}, \cdots, n_{k.}$는 주어지는 값으로서 고정된 상수이고, 독립성 검정에서의 $n_{1.}, n_{2.}, \cdots, n_{k.}$는 관측되는 값으로서 관측도수라는 확률변수의 의미를 가진다. 동질성 검정과 독립성 검정은 이와 같은 차이만 있을 뿐 기대도수는 각각

$$\hat{e}_{ij} = n_{i.} \times \hat{p}_j = \frac{n_{i.} \times n_{.j}}{n} \quad \text{(동질성 검정의 기대도수)}$$

$$\hat{e}_{ij} = n\hat{p}_{ij} = n\hat{p}_{i.}\hat{p}_{.j} = \frac{n_{i.} \times n_{.j}}{n} \quad \text{(독립성 검정의 기대도수)}$$

로 동일하고, 두 경우 모두 자유도가 $(k-1)(l-1)$인 χ^2-분포를 따른다. 즉 동질성 검정과 독립성 검정은 동일한 절차를 따름을 알 수 있다.

예제 9-7

카페를 운영하고자 하는 어느 창업자가 최근 유행하는 세 가지 유형의 카페에 대한 소비자의 선호도를 조사하여 창업 기획에 반영하고자 한다. 카페 유형에 대한 소비자의 선호도가 성별과 관계가 있는지를 알아보기 위해 200명을 임의로 추출하여 조사하였고 다음과 같은 자료를 얻었다. 카페의 유형에 대한 선호도와 성별이 서로 독립이라고 할 수 있는지를 유의수준 5%로 검정하라.

성별 \ 커피숍	대형 프랜차이즈	드라이브 스루	개인카페	합계
남	10	50	20	80
여	60	20	40	120
합계	70	70	60	200

풀이

❶ 다음과 같이 가설을 설정한다.

$$H_0: p_{ij} = p_{i.}p_{.j} \ (i=1, 2, \ \ j=1, 2, 3)$$
$$H_1: H_0\text{가 아니다.}$$

❷ 귀무가설 H_0가 참일 때의 기대도수는 다음과 같다.

$$\hat{e}_{11} = \frac{70 \times 80}{200} = 28, \quad \hat{e}_{12} = \frac{70 \times 80}{200} = 28, \quad \hat{e}_{13} = \frac{60 \times 80}{200} = 24$$
$$\hat{e}_{21} = \frac{70 \times 120}{200} = 42, \quad \hat{e}_{22} = \frac{70 \times 120}{200} = 42, \quad \hat{e}_{23} = \frac{60 \times 120}{200} = 36$$

따라서 검정통계량의 관측값을 구하면 다음과 같다.

$$\chi_0^2 = \frac{(10-28)^2}{28} + \frac{(50-28)^2}{28} + \frac{(20-24)^2}{24} + \frac{(60-42)^2}{42} + \frac{(20-42)^2}{42} + \frac{(40-36)^2}{36}$$
$$\fallingdotseq 49.21$$

❸ 유의수준이 $\alpha = 0.05$이므로 $\chi^2_{0.05}((2-1)(3-1)) = \chi^2_{0.05}(2) = 5.99$이다. 따라서 검정통계량의 관측값과 비교하면 $\chi_0^2 = 49.21 > \chi^2_{0.05}(2) = 5.99$이므로 H_0를 기각한다. 그러므로 유의수준 5%에서 카페의 유형에 대한 선호도와 성별은 서로 독립이 아니고 어떤 관계가 있다고 할 수 있다.

예제 9-8

TV 시청자가 어떤 프로그램을 좋아하는지 알아보기 위해 400명을 임의로 추출하여 연령별 선호 프로그램을 분류하였더니 다음과 같았다. TV 시청자의 연령과 프로그램에 대한 선호도가 독립이라고 할 수 있는지를 유의수준 5%로 검정하라.

프로그램 \ 연령	20대 미만	20대	30대	40대	50대	60대 이상	합계
드라마	5	10	15	25	20	15	90
연예/오락	15	20	20	20	5	5	85
다큐멘터리	5	5	15	10	5	5	45
영화	10	15	10	10	20	10	75
코미디	10	10	5	5	5	5	40
가요	5	10	15	10	15	10	65
합계	50	70	80	80	70	50	400

풀이

❶ 다음과 같이 가설을 설정한다.

$$H_0: p_{ij} = p_{i.}p_{.j}\ (i = 1, 2, 3, \cdots, 6,\ j = 1, 2, 3, \cdots, 6)$$
$$H_1: H_0\text{가 아니다.}$$

❷ 귀무가설 H_0가 참일 때의 기대도수는 다음과 같다.

연령 / 프로그램	20대 미만	20대	30대	40대	50대	60대 이상	합계
드라마	11.25	15.75	18	18	15.75	11.25	90
연예/오락	10.625	14.875	17	17	14.875	10.625	85
다큐멘터리	5.625	7.875	9	9	7.875	5.625	45
영화	9.375	13.125	15	15	13.125	9.375	75
코미디	5	7	8	8	7	5	40
가요	8.125	11.375	13	13	11.375	8.125	65
합계	50	70	80	80	70	50	400

따라서 검정통계량의 관측값을 구하면 다음과 같다.

$$\chi_0^2 = \frac{(5-11.25)^2}{11.25} + \frac{(10-15.75)^2}{15.75} + \cdots + \frac{(15-8.125)^2}{8.125} \fallingdotseq 52.048$$

❸ 유의수준이 $\alpha = 0.05$이므로 $\chi^2_{0.05}((6-1)(6-1)) = \chi^2_{0.05}(25) = 37.65$이다. 따라서 검정통계량의 관측값과 비교하면 $\chi_0^2 = 52.048 > \chi^2_{0.05}(25) = 37.65$이므로 H_0를 기각한다. 그러므로 유의수준 5%에서 TV 시청자의 연령과 프로그램에 대한 선호도는 서로 독립이 아니고 어떤 관계가 있다고 할 수 있다.

이제 Excel을 이용한 통계분석으로 결과를 확인해보자. Excel에서 [수식]-[함수 삽입]을 클릭하여 함수 마법사를 실행한다. [CHISQ.TEST]를 검색하여 주어진 자료를 입력하면 된다. 이때 Actual_range에는 관측값을, Expected_range에는 계산된 기대도수를 입력한다.

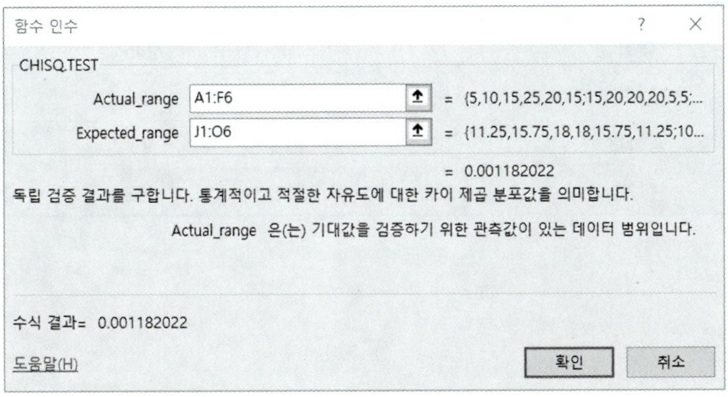

계산 결과를 보면 p-값이 약 0.0011이므로 유의수준 0.05보다 작아서 H_0가 기각됨을 알 수 있다.

Chapter 09 연습문제

9.1 주사위를 만드는 회사에서 주사위의 동일성을 알아보기 위해 주사위 120개를 임의로 추출하여 조사한 결과가 다음과 같았다. 주어진 자료에 대하여 귀무가설 $H_0: p_1 = p_2 = p_3 = p_4 = p_5 = \frac{1}{6}$이 성립하는지를 유의수준 5%로 검정하라.

주사위 눈	1	2	3	4	5	6
관측도수	21	24	18	17	19	21

9.2 한 주 동안 어느 병원의 응급실에서 응급처치한 환자를 처치한 요일별로 분류한 결과가 다음과 같았다. 응급 처치한 환자의 수는 요일과 무관하다는 귀무가설을 유의수준 5%로 검정하라.

요일	월	화	수	목	금	토	일
환자 수	192	204	177	214	199	207	235

9.3 교육 수준이 결혼생활에 영향을 미치는지 알아보기 위해 1,000명을 대상으로 설문조사한 결과가 다음과 같았다. 이 자료를 통해 교육 수준과 결혼생활의 만족도가 서로 독립이라고 할 수 있는지를 유의수준 5%로 검정하라.

교육 수준 \ 결혼 만족도	불만족	보통	만족	합계
대학	72	112	245	429
고등학교	65	90	120	275
중학교	95	103	98	296
합계	232	305	463	1,000

9.4 제조공장이 5개인 컴퓨터 회사에서 공장별로 불량률이 다른지를 알아보기 위해 각 공장별로 200개의 제품을 임의로 추출하였다. 제품의 불량 여부를 조사한 결과가 다음과 같을 때, 공장별로 제품의 불량률이 다른지를 유의수준 5%로 검정하라.

공장 \ 불량 여부	양품	불량품	합계
공장 1	190	10	200
공장 2	195	5	200
공장 3	192	8	200
공장 4	199	1	200
공장 5	194	6	200
합계	970	30	1,000

9.5 어느 대학교의 작년 졸업생 취업 현황을 조사해보니 대기업 45%, 중소기업 20%, 금융기관 20%, 자영업 15%였다. 올해 졸업생 중 235명을 임의로 선택하여 조사한 결과가 다음과 같을 때, 작년과 취업 현황이 다르다고 할 수 있는지를 유의수준 5%로 검정하라.

직종	대기업	중소기업	금융기관	자영업	합계
관측도수	92	69	32	42	235

9.6 다음 자료는 무디스(Moody's)의 산업편람에서 추출한 130개 채권을 우량채권, 보통채권, 투기채권의 세 집단으로 나누고 기업의 총 자산규모의 크고 낮음으로 분류하여 작성한 분할표이다. 총 자산규모에 따라 신용등급이 다르다고 할 수 있는지를 유의수준 5%로 검정하라.

총 자산규모 \ 신용등급	우량채권	보통채권	투기채권	합계
크다	49	7	9	65
낮다	14	15	36	65
합계	63	22	45	130

9.7 자동차 보험 가입자 중 200명을 임의로 추출하여 1년 동안 자동차 접촉 사고횟수를 조사한 결과가 다음과 같았다. 자동차 접촉 사고횟수의 분포가 푸아송분포를 따르는지를 유의수준 5%로 검정하라.

사고횟수	0	1	2	3	4	5	6	7	합계
관측도수	23	55	58	39	7	5	2	1	200

9.8 컴퓨터 실습 어느 음료회사에서 나이에 따른 탄산음료와 이온음료에 대한 선호도를 조사하여 다음 결과를 얻었다. Excel을 이용하여 음료수에 대한 선호도가 나이에 따라 다르다고 할 수 있는지를 유의수준 5%로 검정하라.

나이 \ 종류	탄산음료	이온음료	합계
20세 미만	38	79	117
20세 이상 30세 미만	87	118	205
30세 이상	78	89	167
합계	203	286	489

9.9 컴퓨터 실습 어느 대기업에서 학력과 직장생활의 만족도가 관련이 있는지를 알아보기 위해 회사원 중 800명을 임의로 추출하여 조사한 결과가 다음과 같았다. Excel을 이용하여 두 요인이 서로 연관성이 있는지를 유의수준 5%로 검정하라.

학력 \ 직장생활 만족도	불만족	보통	만족	합계
고졸	20	80	20	120
대졸	100	260	180	540
대학원졸	20	60	60	140
합계	140	400	260	800

9.10 컴퓨터 실습 신상품을 출시하고 일정 기간이 지난 후에 제조업자가 그 상품의 선호도를 알아보려고 한다. 세 지역을 선택하여 각각 300명, 150명, 200명을 임의로 추출하고 상품에 대한 질문을 한 결과가 다음과 같았다. Excel을 이용하여 지역에 따라 상품의 선호도가 다른지를 유의수준 5%로 검정하라.

지역 \ 설문 결과	상품을 전혀 모른다	상품을 알고 있으나 구입은 하지 않는다.	상품을 잘 알고 자주 애용한다.	합계
A 지역	80	110	110	300
B 지역	45	65	90	200
C 지역	45	60	45	150
합계	170	235	245	650

9.11 컴퓨터 실습 2023년도 초, 중, 고등학생들의 대표적인 직업군에 대한 선호도를 알아보기 위해 학교급별로 임의로 선정한 학생들을 조사하였더니 다음과 같다. 학교급별 직업 선호도가 서로 독립이라고 할 수 있는지를 유의수준 5%로 검정하라.

직업군 \ 학교급	초등학생	중학생	고등학생	합계
의사	25	23	15	63
교사	20	17	22	59
과학자	5	8	12	25
경찰관/수사관	8	10	10	28
법률전문가	8	2	8	18
운동선수	25	17	6	48
연예인	10	9	7	26
요리사/조리사	12	8	13	33
컴퓨터공학자	2	11	7	20
합계	115	105	100	320

Chapter 10
상관분석과 회귀분석

CONTENTS

학습목표

- 상관분석을 이해하고, 이를 활용할 수 있다.
- 회귀분석을 이해하고, 이를 활용할 수 있다.
- 회귀계수를 추정할 수 있다.
- 회귀계수의 가설검정을 할 수 있다.

회귀(regression)란 말은 영국의 유전학자 프랜시스 골턴(Francis Galton)이 유전법칙을 연구하던 중에 나온 용어로 알려져 있다. 그는 부모와 자녀의 키 사이의 관계식을 구하여 부모의 키가 자녀의 키에 미치는 영향을 알아보고자 하였다.

TABLE I.

NUMBER OF ADULT CHILDREN OF VARIOUS STATURES BORN OF 205 MID-PARENTS OF VARIOUS STATURES.
(All Female heights have been multiplied by 1·08).

Heights of the Mid-parents in inches.	Heights of the Adult Children.														Total Number of		Medians.
	Below	62·2	63·2	64·2	65·2	66·2	67·2	68·2	69·2	70·2	71·2	72·2	73·2	Above	Adult Children.	Mid-parents.	
Above ..	..	..	..	..	..	..	..	..	..	..	..	1	3	..	4	5	..
72·5	..	..	..	..	..	..	..	1	2	1	2	7	2	4	19	6	72·2
71·5	..	..	..	..	1	3	4	3	5	10	4	9	2	2	43	11	69·9
70·5	1	..	1	..	1	1	3	12	18	14	7	4	3	3	68	22	69·5
69·5	..	..	1	16	4	17	27	20	33	25	20	11	4	5	183	41	68·9
68·5	1	..	7	11	16	25	31	34	48	21	18	4	3	..	219	49	68·2
67·5	..	3	5	14	15	36	38	28	38	19	11	4	..	..	211	33	67·6
66·5	..	3	3	5	2	17	17	14	13	4	..	..	..	..	78	20	67·2
65·5	1	..	9	5	7	11	11	7	7	5	2	1	..	..	66	12	66·7
64·5	1	1	4	4	1	5	5	..	2	..	..	..	..	..	23	5	65·8
Below ..	1	..	2	4	1	2	2	1	1	..	..	..	..	..	14	1	..
Totals ..	5	7	32	59	48	117	138	120	167	99	64	41	17	14	928	205	..
Medians ..	..	..	66·3	67·8	67·9	67·7	67·9	68·3	68·5	69·0	69·0	70·0	..	..	..	..	..

NOTE.—In calculating the Medians, the entries have been taken as referring to the middle of the squares in which they stand. The reason why the headings run 62·2, 63·2, &c., instead of 62·5, 63·5, &c., is that the observations are unequally distributed between 62 and 63, 63 and 64, &c., there being a strong bias in favour of integral inches. After careful consideration, I concluded that the headings, as adopted, best satisfied the conditions. This inequality was not apparent in the case of the Mid-parents.

1885년에 골턴이 연구한 205쌍의 부모 및 자녀의 키 분할표

유전법칙 연구를 통해 골턴은 아버지의 키가 아무리 크더라도 아들의 키는 아들 세대의 평균 키로 접근하는 경향이 있음을 발견하였으며, 이 현상을 평균으로 회귀(regression toward mean)한다고 하였다. 그는 부모와 자녀 키 사이의 관계를 나타내는 직선을 회귀선(regression line)이라고 하였다. 현대 통계학에서 사용하는 '회귀분석'의 의미는 골턴이 사용했던 의미와는 조금 다르지만, 변수 간의 관련성을 규명하려는 통계분석 방법으로 사용한다. 둘 이상의 변수 사이의 함수 관계식을 찾고, 이 관계식의 정도 등을 분석하는 통계적 방법을 회귀분석이라고 한다. 즉 회귀분석은 여러 변수가 다른 변수에 영향을 미치는 관계를 식별하기 위한 통계적 방법이다. 한편, 상관분석은 변수 간에 존재하는 선형 관련성 정도를 상관계수를 이용하여 분석하는 방법이다.

이 장에서는 상관분석과 회귀분석의 개념과 상관계수의 추정과 검정을 다룬다. 특히 회귀분석은 단순회귀만 다루기로 한다.

10.1 상관분석

두 변량 사이의 상관관계를 알아볼 때, 가장 먼저 서로 대응하는 자료를 좌표평면 위의 점으로 나타내야 한다. 두 변량 사이의 관계를 대략적으로 파악할 수 있는 그래프를 **상관도**(correlation diagram)라고 한다. 좀 더 정밀한 분석을 위해서는 상관관계를 하나의 수치로 나타내는 통계량이 필요하다. 상관도 모양이 대체로 직선인 경우에는 **단순상관계수**(simple correlation coefficient)를 사용하며, 상관도 모양이 곡선인 경우에는 상관비를 사용한다. 또한 3변량 또는 그 이상의 변량 간의 상관관계를 측정하기 위해서는 편상관계수 및 중상관계수를 계산해야 한다. 이 중 상관계수를 이용하여 변수와 변수 사이의 직선 관계를 분석하는 것을 **상관분석**(correlation analysis)이라 한다. 여기에서는 두 변량 간의 직선 관계를 나타내는 단순상관계수만을 다룬다.

표본상관계수

3장에서 두 변수 간의 밀접도를 나타내는 개념인 공분산을 알아보았다.

$$\begin{aligned}\mathrm{Cov}(X,\ Y) &= \mathrm{E}[(X-\mathrm{E}(X))(Y-\mathrm{E}(Y))] \\ &= \mathrm{E}[(X-\mu_X)(Y-\mu_Y)]\end{aligned}$$

공분산은 두 변수 관계의 상대적인 강도를 나타내는 데 중요하게 사용되지만, 확률변수의 단위에 따라 그 크기가 다르게 나타날 수 있다. 이러한 문제점은 두 변수 간의 공분산을 표준화함으로써 해결할 수 있다. 즉 공분산을 표준편차의 곱으로 나누는 것이다. 이와 같이 표준화된 공분산을 두 변량 X와 Y 사이의 **모상관계수**(population correlation coefficient) ρ라 하고 다음과 같이 정의한다.

$$\rho = \frac{\mathrm{Cov}(X,\ Y)}{\sigma_X \sigma_Y}$$

그러나 현실적으로 X와 Y를 나타내는 두 모집단을 전부 고려하여 모상관계수를 산출하는 경우는 드물다. 따라서 보통 이변량 모집단으로부터 n개의 임의표본 $(x_1,\ y_1)$, $(x_2,\ y_2)$, $\cdots$, $(x_n,\ y_n)$을 추출하여 얻은 X와 Y의 **표본상관계수**(sample correlation coefficient) r을 사용하며 이로부터 모상관계수 ρ를 추정한다. 이 표본상관계수는 **피어슨 상관계수**(Pearson's correlation coefficient)라고도 하며 다음과 같이 정의한다.

$$\hat{\rho} = r = \frac{c_{xy}}{S_x S_y} = \frac{\frac{1}{n-1}\sum_{i=1}^{n}(x_i - \overline{x})(y_i - \overline{y})}{\sqrt{\frac{1}{n-1}\sum_{i=1}^{n}(x_i - \overline{x})^2}\sqrt{\frac{1}{n-1}\sum_{i=1}^{n}(y_i - \overline{y})^2}}$$

$$= \frac{\sum_{i=1}^{n}(x_i - \overline{x})(y_i - \overline{y})}{\sqrt{\sum_{i=1}^{n}(x_i - \overline{x})^2}\sqrt{\sum_{i=1}^{n}(y_i - \overline{y})^2}}$$

여기에서 c_{xy}는 표본으로부터 얻은 X와 Y의 공분산이며 S_x는 X의 표본표준편차, S_y는 Y의 표본표준편차이다.

정리 10-1 표본상관계수의 성질

(1) 표본상관계수 r은 X와 Y 사이의 직선 관계가 어느 정도인지를 나타내는 특성치이다.
(2) 표본상관계수 r의 범위는 $-1 \le r \le 1$이다.
(3) $r = 0$이면 두 변량은 무상관이다.
(4) $0 < r < 1$이면 두 변량은 양의 상관이 있다고 하고, r이 1에 가까울수록 강한 양의 상관관계를 갖는다.
(5) $-1 < r < 0$이면 두 변량은 음의 상관이 있다고 하고, r이 -1에 가까울수록 강한 음의 상관관계를 갖는다.
(6) $r = 1$이면 두 변량은 양의 완전상관이 있다고 하고, $r = -1$이면 두 변량은 음의 완전상관이 있다고 한다.

이때 상관관계를 그래프로 나타내면 [그림 10-1]과 같다.

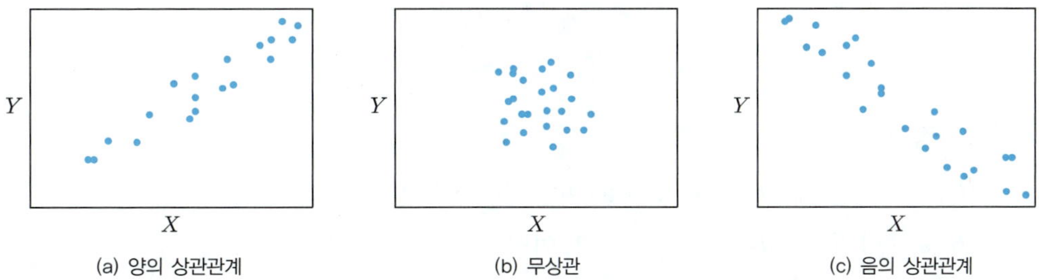

[그림 10-1] 상관관계

상관계수의 검정

이변량 정규 모집단을 구성하는 두 변수 X와 Y 사이에 상관관계가 존재하지 않는다는 의미의 다음 귀무가설을 검정해보자.

$$H_0 : \rho = 0$$

이와 같은 검정을 **무상관 검정**(uncorrelated test)이라고 한다. 무상관 검정에는 정규분포 검정과 t-분포 검정, χ^2-검정 이외에 백분위수를 이용한 검정 등이 있다. 각 검정은 통계집단의 종류와 크기에 따라 달라진다. 여기서는 주로 사용하는 t-분포 검정만 다루기로 한다. $\rho = 0$이라고 가정했을 경우 표본상관계수 r의 분산은 다음과 같다.

$$\mathrm{Var}(r) = \frac{1-r^2}{n-2}$$

검정에 사용되는 검정통계량은 이변량 정규 모집단으로부터 구한 표본상관계수 r을 다음과 같이 변환한 T-검정통계량이다.

$$T = \frac{r}{\sqrt{\mathrm{Var}(r)}} = \frac{r}{\sqrt{\dfrac{1-r^2}{n-2}}} = \frac{r\sqrt{n-2}}{\sqrt{1-r^2}}$$

위와 같은 T-검정통계량은 자유도가 $(n-2)$인 t-분포를 따르며, 표본의 크기가 크면 $(n \geq 30)$ 표준정규분포에 근사한다. 그러므로 귀무가설 $H_0 : \rho = 0$이 참이라는 가정하에 얻은 검정통계량을 이용하여 무상관 검정을 정리하면 다음과 같다.

정리 10-2 무상관 검정 절차

❶ 가설 설정

귀무가설 $H_0 : \rho = 0$을 설정한다.

❷ 검정통계량 계산

다음과 같이 검정통계량의 관측값을 구한다.

$$t_0 = \frac{r_0\sqrt{n-2}}{\sqrt{1-r_0^2}}$$

❸ 가설검정

- $H_1 : \rho > 0$일 때, $t_0 \geq t_\alpha(n-2)$이면 H_0를 기각한다.
- $H_1 : \rho < 0$일 때, $t_0 \leq -t_\alpha(n-2)$이면 H_0를 기각한다.
- $H_1 : \rho \neq 0$일 때, $|t_0| \geq t_{\alpha/2}(n-2)$이면 H_0를 기각한다.

예제 10-1

다음 표는 오른손잡이 성인 10명에 대하여 악력기를 이용해 오른손 악력과 왼손의 악력을 각각 조사한 자료이다. 이 자료로부터 오른손 악력(X)과 왼손 악력(Y)의 표본상관계수를 구하라.

오른손 악력(X)	45	36	50	52	58	48	40	47	57	51
왼손 악력(Y)	25	20	28	25	45	35	25	30	40	35

풀이

표본상관계수를 구하는 데 필요한 값을 계산하면 다음과 같다.

$$\bar{x} = \frac{1}{10}(45 + 36 + \cdots + 51) = 48.4$$

$$\bar{y} = \frac{1}{10}(25 + 20 + \cdots + 35) = 30.8$$

$$\sum_{i=1}^{10}(x_i - \bar{x})^2 = (45 - 48.4)^2 + (36 - 48.4)^2 + \cdots + (51 - 48.4)^2 = 426.4$$

$$\sum_{i=1}^{10}(y_i - \bar{y})^2 = (25 - 30.8)^2 + (20 - 30.8)^2 + \cdots + (35 - 30.8)^2 = 547.6$$

$$\sum_{i=1}^{10}(x_i - \bar{x})(y_i - \bar{y}) = (45 - 48.4)(25 - 30.8) + (36 - 48.4)(20 - 30.8) + \cdots + (51 - 48.4)(35 - 30.8) = 402.8$$

따라서 구하고자 하는 표본상관계수는 다음과 같다.

$$r = \frac{402.8}{\sqrt{426.4}\,\sqrt{547.6}} \fallingdotseq 0.834$$

그러므로 오른손잡이의 오른손 악력과 왼손 약력은 강한 양의 상관관계를 가짐을 알 수 있다.

예제 10-2

어떤 고가도로의 시간당 최고 교통량(X)과 일일 교통량(Y)을 7일 동안 관측한 결과가 다음 표와 같다. X와 Y의 상관도를 그리고, 표본상관계수를 구하라.

시간당 최고 교통량(천 대)	일일 교통량(만 대)
1.5	0.6
4.6	3.4
3.0	2.5
5.5	2.8
7.8	4.8
6.8	6.4
6.3	5.0

풀이

X와 Y에 대한 상관도를 그리면 다음과 같다.

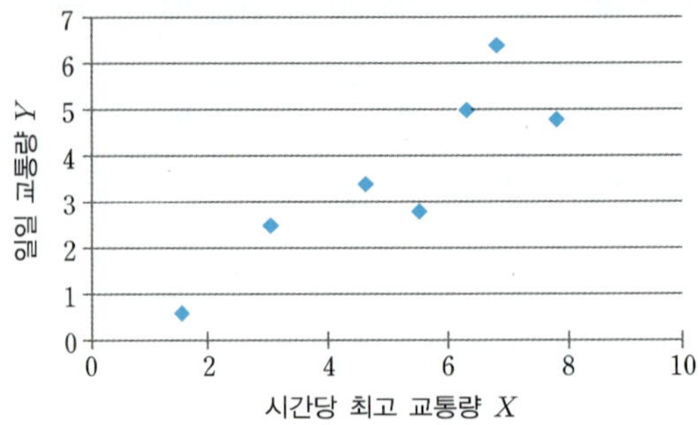

표본상관계수를 구하는 데 필요한 값을 계산하면 다음과 같다.

$$\bar{x} = \frac{1}{7}(1.5 + 4.6 + \cdots + 6.3) \fallingdotseq 5.07$$

$$\bar{y} = \frac{1}{7}(0.6 + 3.4 + \cdots + 5.0) \fallingdotseq 3.64$$

$$S_x = \sqrt{\frac{1}{6}\sum_{i=1}^{7}(x_i - \bar{x})^2} \fallingdotseq 2.21$$

$$S_y = \sqrt{\frac{1}{6}\sum_{i=1}^{7}(y_i - \bar{y})^2} \fallingdotseq 1.92$$

$$c_{xy} = \frac{1}{6}\sum_{i=1}^{7}(x_i - \bar{x})(y_i - \bar{y}) \fallingdotseq 3.77$$

따라서 구하고자 하는 표본상관계수는 다음과 같다.

$$r = \frac{c_{xy}}{S_x S_y} \fallingdotseq \frac{3.77}{2.21 \times 1.92} \fallingdotseq 0.89$$

그러므로 시간당 최고 교통량과 일일 교통량은 서로 강한 양의 상관관계를 가짐을 알 수 있다.

예제 10-3

한 연구자가 사람의 연령(X)과 최대 맥박 수(Y)의 관계를 알아보기 위해 연령별로 최대 맥박 수를 측정한 결과가 다음 표와 같다. 연령과 최대 맥박 수 간의 표본상관계수를 구하라.

연령(X)	최대 맥박 수(Y)
25	210
39	185
19	220
44	164
53	123
66	115
72	110

풀이

X, Y에 대한 상관도를 그리면 다음과 같다.

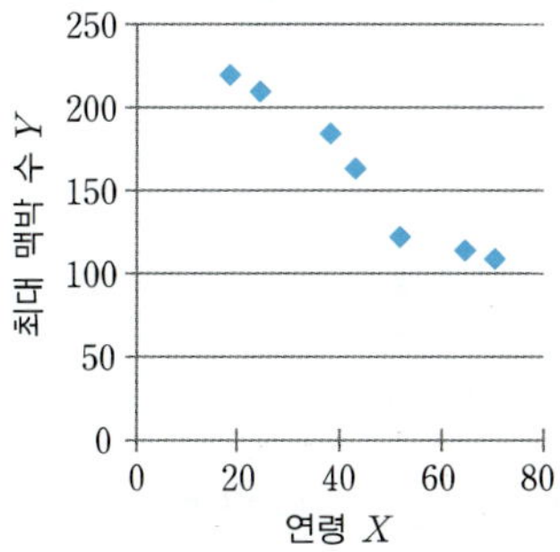

표본상관계수를 구하는 데 필요한 값을 계산하면 다음과 같다.

$$\bar{x} = \frac{1}{7}(25 + 39 + \cdots + 72) \fallingdotseq 45.43$$

$$\bar{y} = \frac{1}{7}(210 + 185 + \cdots + 110) = 161$$

$$S_x = \sqrt{\frac{1}{6}\sum_{i=1}^{7}(x_i - \bar{x})^2} \fallingdotseq 19.77$$

$$S_y = \sqrt{\frac{1}{6}\sum_{i=1}^{7}(y_i - \bar{y})^2} \fallingdotseq 45.88$$

$$c_{xy} = \frac{1}{6}\sum_{i=1}^{7}(x_i - \bar{x})(y_i - \bar{y}) \fallingdotseq -884.67$$

따라서 구하고자 하는 표본상관계수는 다음과 같다.

$$r = \frac{c_{xy}}{S_x S_y} \fallingdotseq \frac{-884.67}{19.77 \times 45.88} \fallingdotseq -0.975$$

그러므로 연령이 높을수록 최대 맥박 수는 줄어드는 관계가 성립한다고 말할 수 있다.

예제 10-4

아래 표는 수학 성적(X)과 어휘력(Y)의 상관관계를 알아보기 위해 학생 8명을 임의로 추출하여 조사한 자료이다. 다음 물음에 답하라.

수학 성적(X)	어휘력(Y)
36	35
80	65
50	60
58	39
72	48
60	44
56	48
68	61

(a) 표본상관계수를 구하라.

(b) 수학 성적과 어휘력 간에 상관관계가 있는지를 유의수준 5%로 검정하라.

풀이

(a) 표본상관계수를 구하는 데 필요한 값을 계산하면 다음과 같다.

$$\bar{x} = \frac{1}{8}\sum_{i=1}^{8} x_i = \frac{480}{8} = 60$$

$$\bar{y} = \frac{1}{8}\sum_{i=1}^{8} y_i = \frac{400}{8} = 50$$

$$\sum_{i=1}^{8}(x_i - \bar{x})^2 = 1304$$

$$\sum_{i=1}^{8}(y_i - \bar{y})^2 = 836$$

$$\sum_{i=1}^{8}(x_i - \bar{x})(y_i - \bar{y}) = 654$$

따라서 구하고자 하는 표본상관계수는 다음과 같다.

$$r = \frac{\sum_{i=1}^{8}(x_i - \bar{x})(y_i - \bar{y})}{\sqrt{\sum_{i=1}^{8}(x_i - \bar{x})^2}\sqrt{\sum_{i=1}^{8}(y_i - \bar{y})^2}} = \frac{654}{\sqrt{1304}\sqrt{836}} \fallingdotseq 0.63$$

(b) ❶ 다음과 같이 가설을 설정한다.

$$H_0: \rho = 0$$
$$H_1: \rho \neq 0$$

자유도가 $n-2=6$이므로 유의수준 5%에서 기각역은 $|t_0| \geq t_{0.025}(6) = 2.447$이다.

❷ 표본상관계수는 $r=0.63$이므로 구하고자 하는 검정통계량의 관측값은 다음과 같다.

$$t_0 = r\sqrt{\frac{n-2}{1-r^2}} = 0.63 \times \sqrt{\frac{8-2}{1-(0.63)^2}} = 1.9871$$

❸ 표본자료로부터 구한 검정통계량의 관측값이 $t_0 = 1.9871 < 2.447 = t_{0.025}(6)$을 만족하므로 귀무가설을 기각하지 못한다. 따라서 이 자료는 유의수준 5%에서 두 변수인 수학 성적과 어휘력 간에 상관관계가 존재한다는 주장에 충분한 증거를 제공하지 못한다.

예제 10-5

연령별 최대 맥박 수를 측정하여 조사한 [예제 10-3]의 자료를 이용하여 연령과 최대 맥박 수 간에 상관관계가 있는지를 유의수준 5%로 검정하라.

풀이

❶ 다음과 같이 가설을 설정한다.

$$H_0: \rho = 0$$
$$H_1: \rho \neq 0$$

자유도가 $n-2=7-2=5$이므로 유의수준 5%에서 기각역은 다음과 같다.

$$|t_0| \geq t_{0.025}(5) = 2.571$$

❷ 표본상관계수가 $r = -0.975$이므로 구하고자 하는 검정통계량의 관측값은 다음과 같다.

$$t_0 = r\sqrt{\frac{n-2}{1-r^2}} = -0.975 \times \sqrt{\frac{7-2}{1-(-0.975)^2}} \fallingdotseq -9.812$$

❸ 표본자료로부터 구한 검정통계량의 관측값이 $|t_0| = 9.812 > t_{0.025}(5) = 2.571$을 만족하므로 귀무가설을 기각한다. 따라서 유의수준 5%에서 연령과 최대 맥박 수 간에 상관관계가 존재한다고 할 수 있다.

10.2 회귀분석

두 변수 간의 관계를 파악하여 한 변수의 값으로부터 대응하는 다른 변수의 값을 예측하고자 할 때 사용하는 통계적 방법이 **회귀분석**(regression analysis)이다. 이때 두 변수 중 다른 변수에 영향을 주는 변수를 **독립변수**(independent variable) 또는 **설명변수**(explanatory variable)라고 하며, 영향을 받는 변수를 **종속변수**(dependent variable) 또는 **반응변수**(response variable)라고 한다. 회귀분석은 독립변수와 종속변수의 구체적인 함수 형태를 찾고 독립변수로부터 종속변수를 예측하는 데 그 목적이 있다.

함수 형태로 주어지는 직선 또는 곡선을 회귀선 또는 회귀방정식이라고 하며, 회귀선은 형태에 따라 크게 회귀직선과 회귀곡선으로 나뉜다. 회귀방정식의 미지량(계수)을 결정하고 구체적인 회귀선을 도출하는 것을 회귀선의 추정이라고 한다. 회귀선에서 미지계수를 **회귀계수**(regression coefficient)라고 한다. 회귀분석은 독립변수의 개수에 따라서 **단순회귀분석**(simple regression analysis)과 **중회귀분석**(multiple regression analysis)으로 나뉘는데 독립변수가 한 개일 때를 단순회귀분석, 두 개 이상일 때를 중회귀분석이라 한다. 여기에서는 독립변수가 한 개이고 독립변수와 종속변수의 관계가 직선인 **단순선형회귀분석**(simple linear regression analysis)만 다룬다.

단순선형회귀모형

독립변수 X와 종속변수 Y의 관계를 대략적으로 파악하기 위해서는 상관도를 그려본 후 적절한 모형을 설정한다. 두 변수가 직선 경향을 가질 때, 미지의 직선 관계를 $y = a + bx$로 나타내고 산포 정도를 σ^2으로 나타낸다. 이때 독립변수의 값 $x_1, x_2, \cdots, x_n$에 대응하는 종속변수의 값 $y_1, y_2, \cdots, y_n$은 확률변수 y_i의 관측값으로 생각할 수 있다. 이러한 모형을 **단순선형회귀모형**(simple linear regression model) 또는 **직선회귀모형**이라 한다.

예를 들어 [예제 10-1]의 오른손잡이 성인 10명에 대한 오른손 악력(X)과 왼손 악력(Y)을 나타낸 [표 10-1]의 자료를 생각해보자.

[표 10-1] 오른손잡이 성인 10명의 오른손 악력(X)과 왼손 악력(Y) 자료

오른손 악력(X)	45	36	50	52	58	48	40	47	57	51
왼손 악력(Y)	25	20	28	25	45	35	25	30	40	35

이때 오른손 악력(X)과 왼손 악력(Y)의 상관도는 [그림 10-2]와 같다.

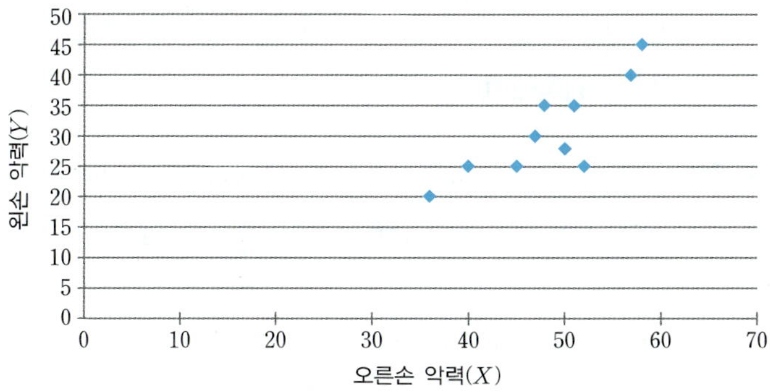

[그림 10-2] **오른손 악력(X)과 왼손 악력(Y)의 상관도**

그림에서 X와 Y는 직선에 가까운 관계로 보인다. 이와 같이 직선 관계를 나타내는 단순선형회귀모형은 다음과 같이 나타낼 수 있다.

$$y_i = a + bx_i + e_i \,(e_i \sim \mathrm{N}(0, \sigma^2),\ i = 1, 2, \cdots, n)$$

여기서 a와 b는 **모회귀계수**(population regression coefficient), x_i는 독립변수, y_i는 종속변수이다. 또한 각 e_i는 서로 독립이며 $\mathrm{N}(0, \sigma^2)$을 따르는 확률변수(오차항)이다.

모회귀계수에서 a를 상수항(y절편), b를 회귀직선의 기울기라고 한다. 여기서 직선 관계를 나타내는 $y = a + bx$를 **모회귀직선**(population regression line)이라 하고, 회귀계수 a와 b를 추정함으로써 회귀직선을 추정할 수 있다. e_i는 함수 관계가 정확하지 않은 부분, 즉 **확률적 효과**(random effect)를 나타낸다.

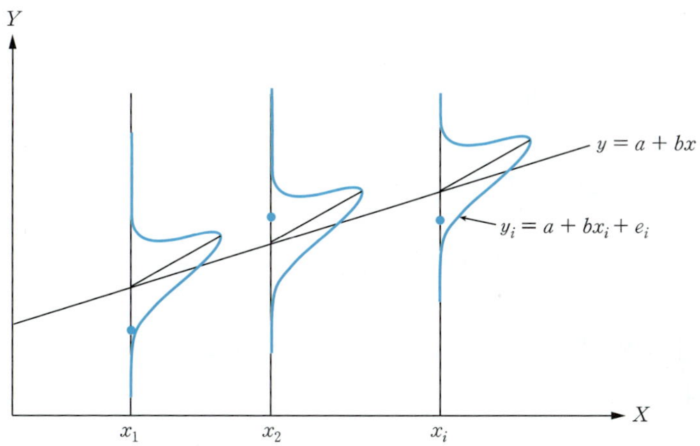

[그림 10-3] **단순선형회귀모형**

[그림 10-3]과 같은 단순선형회귀모형에서 모회귀계수를 주어진 측정값으로부터 추정하는 방법은 여러 가지 있지만, 그중 오차제곱합을 최소화하는 **최소제곱법**(least squares method)을 가장 많이 이용한다. 최소제곱법으로부터 얻은 직선 $\hat{y} = \hat{a} + \hat{b}x$를 **추정회귀직선**(estimated regression line) 또는 **최소제곱회귀직선**이라고 한다.

오차제곱합을 최소화하는 최소제곱법을 이용하여 추정회귀직선을 구체적으로 구해보자. 단순선형회귀모형에서 다음과 같은 오차제곱합을 최소로 만드는 a와 b를 구한다.

$$S = \sum_{i=1}^{n} e_i^2 = \sum_{i=1}^{n} (y_i - a - bx_i)^2$$

S를 a와 b에 대하여 각각 편미분하면 다음과 같다.

$$\frac{\partial S}{\partial a} = -2\sum_{i=1}^{n}(y_i - a - bx_i)$$

$$\frac{\partial S}{\partial b} = -2\sum_{i=1}^{n}(y_i - a - bx_i)x_i$$

편미분한 값을 0으로 만드는 a와 b를 $\hat{a}$과 $\hat{b}$으로 대치하여 위의 두 식을 정리하면 다음과 같다. 아래 두 식을 **정규방정식**(normal equation)이라고 한다.

$$\sum_{i=1}^{n} y_i = n\hat{a} + \hat{b}\sum_{i=1}^{n} x_i$$

$$\sum_{i=1}^{n} x_i y_i = \hat{a}\sum_{i=1}^{n} x_i + \hat{b}\sum_{i=1}^{n} x_i^2$$

정규방정식을 $\hat{a}$과 $\hat{b}$에 대하여 풀면 다음을 얻는다.

$$\hat{b} = \frac{\sum_{i=1}^{n}(x_i - \overline{x})(y_i - \overline{y})}{\sum_{i=1}^{n}(x_i - \overline{x})^2}$$

$$\hat{a} = \overline{y} - \hat{b}\,\overline{x} = \frac{1}{n}\sum_{i=1}^{n} y_i - \hat{b}\,\frac{1}{n}\sum_{i=1}^{n} x_i$$

따라서 추정회귀직선은 다음과 같이 표현하며 이를 ***X*에 관한 *Y*의 회귀직선**(regression line of Y on X)이라고 한다.

$$\hat{y} = \hat{a} + \hat{b}x = (\overline{y} - \hat{b}\overline{x}) + \hat{b}x = \overline{y} + \hat{b}(x - \overline{x})$$

예제 10-6

봉강의 길이가 온도에 어느 정도의 영향을 받는지 그 관계를 살펴보고자 한다. 봉강의 길이를 각 온도 수준에 따라 1회씩 측정한 결과가 아래 표와 같을 때, 다음 물음에 답하라.

온도(℃)	봉강의 길이(mm)
10	1002
15	1006
20	1009
25	1007
30	1014

(a) 온도와 봉강의 길이의 상관도를 그려라.

(b) 표에 따르면 온도(X)가 증가할 때, 봉강의 길이(Y)도 증가한다. 이 관계에 따라 최소제곱법을 이용하여 X에 대한 Y의 추정회귀직선을 구하라.

풀이

(a) 온도와 봉강 길이의 상관도를 그리면 다음과 같다. 여기서 직선은 온도가 증가할 때 봉강의 길이가 증가하는 경향임을 보여준다.

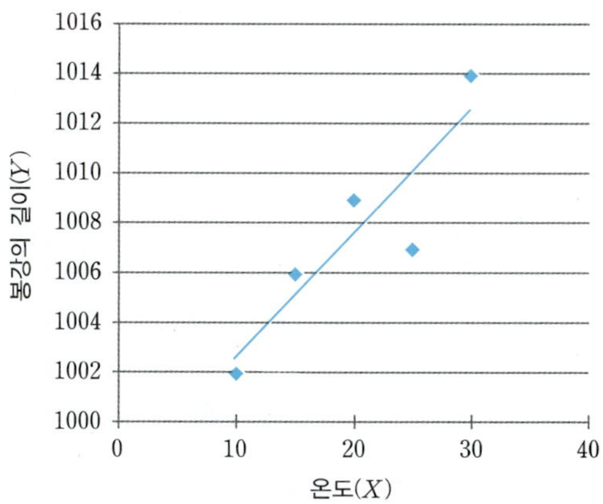

(b) 자료에 대한 회귀계수 $\hat{a}$과 $\hat{b}$을 간단히 계산하기 위해 다음을 구한다.

i	y_i	x_i	$y_i-\bar{y}$	$x_i-\bar{x}$	$(y_i-\bar{y})^2$	$(x_i-\bar{x})^2$	$(x_i-\bar{x})(y_i-\bar{y})$
1	1002	10	−5.6	−10	31.36	100	56
2	1006	15	−1.6	−5	2.56	25	8
3	1009	20	1.4	0	1.96	0	0
4	1007	25	−0.6	5	0.36	25	−3
5	1014	30	6.4	10	40.96	100	64
합계	5038	100	0	0	77.20	250	125
평균	1007.6	20	−	−	−	−	−

위 표에서 $\bar{y}=1007.6$, $\bar{x}=20$, $\sum_{i=1}^{6}(x_i-\bar{x})^2=250$, $\sum_{i=1}^{6}(x_i-\bar{x})(y_i-\bar{y})=125$이므로 다음 결과를 얻는다.

$$\hat{b}=\frac{125}{250}=0.5,\quad \hat{a}=1007.6-0.5\times 20=997.6$$

따라서 X에 대한 Y의 추정회귀직선은 다음과 같다.

$$\hat{y}=997.6+0.5x$$

예제 10-7

[예제 10-1]에서 살펴본 오른손잡이 성인 10명의 오른손과 왼손 악력에 대한 다음 자료로부터 오른손 악력(X)에 대한 왼손 악력(Y)의 추정회귀직선을 구하라.

오른손 악력 (X)	45	36	50	52	58	48	40	47	57	51
왼손 악력 (Y)	25	20	28	25	45	35	25	30	40	35

풀이

$\bar{x}=48.4$, $\bar{y}=30.8$, $\sum_{i=1}^{10}(x_i-\bar{x})^2=426.4$, $\sum_{i=1}^{10}(y_i-\bar{y})^2=547.6$, $\sum_{i=1}^{10}(x_i-\bar{x})(y_i-\bar{y})=402.8$ 이므로 다음 결과를 얻는다.

$$\hat{b}=\frac{402.8}{426.4}\fallingdotseq 0.94,\quad \hat{a}=30.8-0.94\times 48.4\fallingdotseq -14.70$$

따라서 X에 대한 Y의 추정회귀직선을 구하면 다음과 같다.

$$\hat{y}=-14.70+0.94x$$

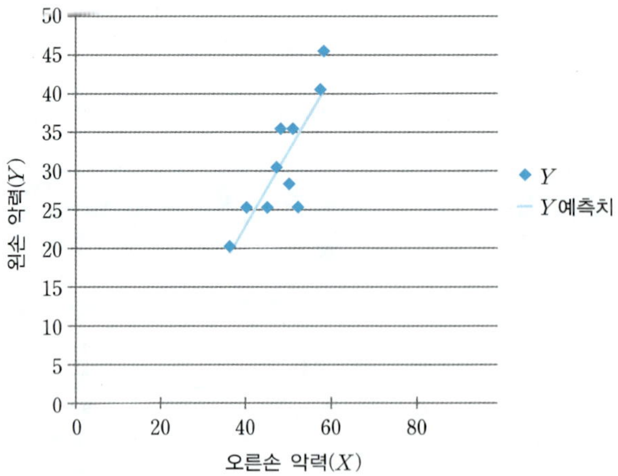

추정한 회귀직선의 정확도

주어진 자료로부터 회귀직선을 구하는 방법을 알아보았다. 그런데 이 회귀직선만 가지고는 측정값이 회귀직선 주위에서 어떻게 분포하며 이 회귀직선이 두 변수 간의 관계를 어느 정도로 잘 설명하는지를 알 수 없다. 따라서 추정회귀직선의 **정확도**(precision)를 측정하는 척도를 알아보자.

■ 오차항의 분산 σ^2에 대한 추정

추정회귀직선에 의한 $\hat{y}_i$과 실제 관측값 y_i가 얼마나 차이가 나는지를 살펴보자. 오차의 크기가 작으면 추정회귀직선이 자료를 잘 설명하고 있다고 할 수 있다. 그런데 이러한 오차의 크기는 오차항의 분산 σ^2의 크기에 따라 달라지므로 오차를 이용하여 오차항의 분산 σ^2을 추정할 수 있다.

오차제곱합(error sum of squares)은 **잔차제곱합**이라고도 하며 다음과 같이 SSE로 표기한다.

$$SSE = \sum_{i=1}^{n}(y_i - \hat{y}_i)^2 = \sum_{i=1}^{n}(y_i - \overline{y})^2 - \frac{\left[\sum_{i=1}^{n}(x_i - \overline{x})(y_i - \overline{y})\right]^2}{\sum_{i=1}^{n}(x_i - \overline{x})^2}$$

오차항의 분산 σ^2의 추정량 S^2은 오차제곱합을 이용하여 다음과 같이 구할 수 있다. 이 추정량을 **평균제곱오차**(mean square error)라고 하며 다음과 같이 MSE로 표기한다.

$$S^2 = MSE = \frac{SSE}{n-2} = \frac{1}{n-2}\sum_{i=1}^{n}(y_i - \hat{y}_i)^2$$

오차항의 분산 σ^2의 추정량 S^2은 추정회귀직선 $\hat{y}_i$과 실제 관측값 y_i가 얼마나 차이가 나는지를 요약해 주는 값으로, S^2이 작을수록 추정회귀직선이 자료를 잘 설명한다고 할 수 있다. 이때 추정량 S^2의 표준편차 S는 다음과 같이 표현하며 이를 오차항의 분산 σ^2에 대한 추정값의 표준오차라고 한다.

$$S = \sqrt{\frac{1}{n-2}\sum_{i=1}^{n}(y_i - \hat{y}_i)^2}$$

■ 결정계수

추정회귀직선의 정확도를 측정하는 방법으로 다음과 같은 편차를 생각해보자.

$$\underbrace{y_i - \bar{y}}_{\text{총편차}} = \underbrace{(y_i - \hat{y}_i)}_{\text{오차}} + \underbrace{(\hat{y}_1 - \bar{y})}_{\text{회귀편차}}$$

하나의 관측값 y_i와 y_i들의 평균 $\bar{y}$ 와의 차이를 **총편차**(total deviation)라 한다. 이는 위와 같이 두 편차의 합으로 표현할 수 있다.

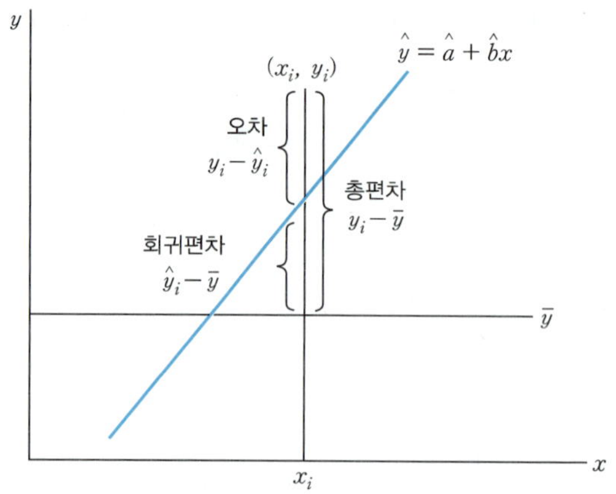

[그림 10-4] **총편차의 분해**

이들의 제곱합은 다음과 같이 표현한다.

$$\underbrace{\sum_{i=1}^{n}(y_i - \bar{y})^2}_{\text{총제곱합}} = \underbrace{\sum_{i=1}^{n}(y_i - \hat{y}_i)^2}_{\text{오차제곱합}} + \underbrace{\sum_{i=1}^{n}(\hat{y}_i - \bar{y})^2}_{\text{회귀제곱합}}$$

총편차의 제곱합을 **총제곱합**(total sum of squares)이라 하고 SST로 표기한다. 회귀직선으로 설명되지 않고 오차항으로 설명되는 오차제곱합은 SSE로 표기하며, 회귀직선으로 설명되는 회귀제곱합은 SSR로 표기한다. 총제곱합 SST에 비해서 오차제곱합 SSE가 작으면(즉 회귀제곱합 SSR이 크면) 회귀모형이 자료를 잘 설명한다고 할 수 있다. 총제곱합 중 회귀제곱합이 차지하는 비율을 **결정계수**(coefficient of determination) 또는 **회귀직선의 비율**이라고 하며 다음과 같이 표현한다.

$$r^2 = \frac{SSR}{SST} = \frac{\left[\sum_{i=1}^{n}(x_i - \bar{x})(y_i - \bar{y})\right]^2}{\left[\sum_{i=1}^{n}(x_i - \bar{x})^2\right]\left[\sum_{i=1}^{n}(y_i - \bar{y})^2\right]}$$

결정계수는 표본상관계수의 제곱과 같으며 범위는 0과 1 사이이다. 결정계수의 값이 1에 가까울수록 추정회귀직선 주위에 자료들이 밀집하므로 자료를 잘 대표한다고 할 수 있다. 그러나 회귀모형이 자료를 충분히 잘 설명하는지를 정확히 파악하기 위해서는 결정계수뿐만 아니라 상관도와 오차를 종합적으로 검토해야 함에 유의한다.

예제 10-8

[예제 10-1]에서 살펴본 오른손잡이 성인 10명의 오른손 악력(X)과 왼손 악력(Y)에 대한 아래 표로부터 다음 물음에 답하라.

오른손 악력 (X)	45	36	50	52	58	48	40	47	57	51
왼손 악력 (Y)	25	20	28	25	45	35	25	30	40	35

(a) 오차항의 분산 σ^2을 추정하라.

(b) 결정계수 r^2을 구하라.

풀이

먼저 자료에 대한 계산을 간단하게 하기 위해 다음을 구한다.

$$\bar{x} = \frac{1}{10}(45 + 36 + \cdots + 51) = 48.4$$

$$\bar{y} = \frac{1}{10}(25 + 20 + \cdots + 35) = 30.8$$

$$\sum_{i=1}^{10}(x_i - \bar{x})^2 = (45 - 48.4)^2 + (36 - 48.4)^2 + \cdots + (51 - 48.4)^2 = 426.4$$

$$\sum_{i=1}^{10}(y_i - \bar{y})^2 = (25 - 30.8)^2 + (20 - 30.8)^2 + \cdots + (35 - 30.8)^2 = 547.6$$

$$\sum_{i=1}^{10}(x_i - \bar{x})(y_i - \bar{y}) = (45 - 48.4)(25 - 30.8) + (36 - 48.4)(20 - 30.8) + \cdots + (51 - 48.4)(35 - 30.8) = 402.8$$

(a) 오차항의 분산을 추정하기 위해 오차제곱합을 구하여 추정하면 다음과 같다.

$$SSE = 547.6 - \frac{402.8^2}{426.4} ≒ 167.09$$

$$S^2 = \frac{SSE}{n-2} = \frac{167.09}{10-2} ≒ 20.887$$

(b) $r^2 = \dfrac{402.8^2}{426.4 \times 547.6} ≒ 0.695$

10.3 회귀계수의 추정과 검정

회귀계수의 추정

여기에서는 모회귀계수 a와 b의 신뢰구간과 모회귀직선 $ax+b$의 신뢰구간을 살펴보자.

모회귀계수 a의 추정량 $\hat{a}$에 대한 기댓값과 분산은 다음과 같다.

$$\mathrm{E}(\hat{a}) = a, \quad \mathrm{Var}(\hat{a}) = \sigma^2\left(\frac{1}{n} + \frac{(\overline{x})^2}{\sum_{i=1}^{n}(x_i - \overline{x})^2}\right)$$

이때 $\hat{a}$의 분포는 $\mathrm{N}\left(a,\ \sigma^2\left(\frac{1}{n} + \frac{(\overline{x})^2}{\sum_{i=1}^{n}(x_i - \overline{x})^2}\right)\right)$이다.

이로부터 모분산 σ^2을 알 때, 모회귀계수 a의 $(1-\alpha)100\%$ 신뢰구간을 구하면 다음과 같다.

$$\left(\hat{a} - z_{\alpha/2}\sqrt{\sigma^2\left(\frac{1}{n} + \frac{(\overline{x})^2}{\sum_{i=1}^{n}(x_i - \overline{x})^2}\right)},\quad \hat{a} + z_{\alpha/2}\sqrt{\sigma^2\left(\frac{1}{n} + \frac{(\overline{x})^2}{\sum_{i=1}^{n}(x_i - \overline{x})^2}\right)}\right)$$

또한 모분산 σ^2을 모를 때, 모회귀계수 a의 $(1-\alpha)100\%$ 신뢰구간은 다음과 같다.

$$\left(\hat{a} - t_{\alpha/2}(n-2)\sqrt{S^2\left(\frac{1}{n} + \frac{(\overline{x})^2}{\sum_{i=1}^{n}(x_i - \overline{x})^2}\right)},\quad \hat{a} + t_{\alpha/2}(n-2)\sqrt{S^2\left(\frac{1}{n} + \frac{(\overline{x})^2}{\sum_{i=1}^{n}(x_i - \overline{x})^2}\right)}\right)$$

모회귀계수 b의 추정량 $\hat{b}$에 대한 기댓값과 분산은 다음과 같다.

$$\mathrm{E}(\hat{b}) = b, \quad \mathrm{Var}(\hat{b}) = \frac{\sigma^2}{\sum_{i=1}^{n}(x_i - \overline{x})^2}$$

이때 $\hat{b}$의 분포는 $\mathrm{N}\left(b,\ \frac{\sigma^2}{\sum_{i=1}^{n}(x_i - \overline{x})^2}\right)$이다.

이로부터 모분산 σ^2을 알 때, 모회귀계수 b의 $(1-\alpha)100\%$ 신뢰구간을 구하면 다음과 같다.

$$\left(\hat{b}-z_{\alpha/2}\sqrt{\frac{\sigma^2}{\sum_{i=1}^{n}(x_i-\overline{x})^2}},\ \ \hat{b}+z_{\alpha/2}\sqrt{\frac{\sigma^2}{\sum_{i=1}^{n}(x_i-\overline{x})^2}}\right)$$

또한 모분산 σ^2을 모를 때, 모회귀계수 b의 $(1-\alpha)100\%$ 신뢰구간은 다음과 같다.

$$\left(\hat{b}-t_{\alpha/2}(n-2)\sqrt{\frac{S^2}{\sum_{i=1}^{n}(x_i-\overline{x})^2}},\ \ \hat{b}+t_{\alpha/2}(n-2)\sqrt{\frac{S^2}{\sum_{i=1}^{n}(x_i-\overline{x})^2}}\right)$$

다음으로 주어진 어떤 독립변수 X에 대응하는 종속변수 Y의 기댓값인 $\mathrm{E}(Y|x)=a+bx$의 신뢰구간을 구해보자. $a+bx$의 추정량 $\hat{a}+\hat{b}x$에 대한 기댓값과 분산은 다음과 같다.

$$\mathrm{E}(\hat{a}+\hat{b}x)=a+bx,\quad \mathrm{Var}(\hat{a}+\hat{b}x)=\sigma^2\left(\frac{1}{n}+\frac{(x-\overline{x})^2}{\sum_{i=1}^{n}(x_i-\overline{x})^2}\right)$$

이때 $\hat{a}+\hat{b}x$의 분포는 $\mathrm{N}\left(a+bx,\ \sigma^2\left(\frac{1}{n}+\frac{(x-\overline{x})^2}{\sum_{i=1}^{n}(x_i-\overline{x})^2}\right)\right)$이다.

이로부터 모분산 σ^2을 알 때, 모회귀직선 $a+bx$의 $(1-\alpha)100\%$ 신뢰구간을 구하면 다음과 같다.

$$\left((\hat{a}+\hat{b}x)-z_{\alpha/2}\sqrt{\sigma^2\left(\frac{1}{n}+\frac{(x-\overline{x})^2}{\sum_{i=1}^{n}(x_i-\overline{x})^2}\right)},\ (\hat{a}+\hat{b}x)+z_{\alpha/2}\sqrt{\sigma^2\left(\frac{1}{n}+\frac{(x-\overline{x})^2}{\sum_{i=1}^{n}(x_i-\overline{x})^2}\right)}\right)$$

또한 모분산 σ^2을 모를 때, 모회귀직선 $a+bx$의 $(1-\alpha)100\%$ 신뢰구간은 다음과 같다.

$$\left((\hat{a}+\hat{b}x)-t_{\alpha/2}(n-2)\sqrt{S^2\left(\frac{1}{n}+\frac{(x-\overline{x})^2}{\sum_{i=1}^{n}(x_i-\overline{x})^2}\right)},\right.$$
$$\left.(\hat{a}+\hat{b}x)+t_{\alpha/2}(n-2)\sqrt{S^2\left(\frac{1}{n}+\frac{(x-\overline{x})^2}{\sum_{i=1}^{n}(x_i-\overline{x})^2}\right)}\right)$$

예제 10-9

[예제 10-8]의 자료에 대하여 단순선형회귀모형을 가정할 때, 다음을 구하라.

(a) 모회귀계수 a의 95% 신뢰구간

(b) 모회귀계수 b의 95% 신뢰구간

(c) 오른손 악력이 $x=40, 60$일 때, 왼손 악력의 95% 신뢰구간

풀이

[예제 10-8]로부터 $S^2 \fallingdotseq 20.887$, $\overline{x}=48.4$, $\sum_{i=1}^{10}(x_i-\overline{x})^2=426.4$, $n=10$임을 알 수 있다.

(a) $t_{0.025}(10-2)=t_{0.025}(8)=2.306$이므로 a의 95% 신뢰구간은 다음과 같다.

$$-14.938-2.306\sqrt{20.887\times\left(\frac{1}{10}+\frac{48.4^2}{426.4}\right)}<a<-14.938+2.306\sqrt{20.887\times\left(\frac{1}{10}+\frac{48.4^2}{426.4}\right)}$$

$$-14.938-24.926<a<-14.938+24.926$$

$$-39.864<a<9.988$$

(b) b의 95% 신뢰구간은 다음과 같다.

$$0.945-2.306\sqrt{\frac{20.887}{426.4}}<b<0.945+2.306\sqrt{\frac{20.887}{426.4}}$$

$$0.945-0.510<b<0.945+0.510$$

$$0.434<b<1.455$$

(c) $x=40$일 때, $\hat{a}+\hat{b}(40)=-14.938+0.945\times40=22.862$이므로 95% 신뢰구간은 다음과 같다.

$$22.862-2.306\sqrt{20.887\times\left(\frac{1}{10}+\frac{(40-48.4)^2}{426.4}\right)}<a+bx<22.862+2.306\sqrt{20.887\times\left(\frac{1}{10}+\frac{(40-48.4)^2}{426.4}\right)}$$

$$22.862-5.430<a+bx<22.862+5.430$$

$$17.432<a+bx<28.292$$

$x=60$일 때, $\hat{a}+\hat{b}(60)=-14.938+0.945\times60=41.762$이므로 95% 신뢰구간은 다음과 같다.

$$41.762-6.794<a+bx<41.762+6.794$$

$$34.968<a+bx<48.556$$

회귀계수의 검정

여기에서는 모회귀계수 a와 b의 검정과 모회귀직선 $ax+b$의 검정을 살펴본다. 먼저 다음 귀무가설을 검정해보자.

$$H_0: a = a_0$$

모회귀계수 a의 검정에서는 추정량 $\hat{a}$을 이용하는데 모분산 σ^2을 알 때, $\hat{a}$은 정규분포 $\mathrm{N}\left(a,\ \sigma^2\left(\frac{1}{n}+\frac{(\overline{x})^2}{\sum_{i=1}^{n}(x_i-\overline{x})^2}\right)\right)$을 따른다. 따라서 이를 표준화한 다음 Z-검정통계량은 표준정규분포 $\mathrm{N}(0, 1)$을 따른다.

$$Z=\frac{\hat{a}-a}{\sqrt{\sigma^2\left(\frac{1}{n}+\frac{(\overline{x})^2}{\sum_{i=1}^{n}(x_i-\overline{x})^2}\right)}}$$

그러므로 귀무가설 $H_0: a = a_0$가 참이라는 가정하에 얻은 검정통계량을 이용하여 모회귀계수 a의 검정을 정리하면 다음과 같다.

정리 10-3 모분산을 아는 경우 모회귀계수 a의 검정 절차

❶ 가설 설정

귀무가설 $H_0: a = a_0$를 설정한다.

❷ 검정통계량 계산

다음과 같이 검정통계량의 관측값을 구한다.

$$z_0=\frac{\hat{a}-a_0}{\sqrt{\sigma^2\left(\frac{1}{n}+\frac{(\overline{x})^2}{\sum_{i=1}^{n}(x_i-\overline{x})^2}\right)}}$$

❸ 가설검정

- $H_1: a > a_0$일 때, $z_0 \geq z_\alpha$이면 H_0를 기각한다.
- $H_1: a < a_0$일 때, $z_0 \leq -z_\alpha$이면 H_0를 기각한다.
- $H_1: a \neq a_0$일 때, $|z_0| \geq z_{\alpha/2}$이면 H_0를 기각한다.

한편, 모분산 σ^2을 모를 때는 Z-검정통계량에서 σ 대신 S를 대입한 다음과 같은 T-검정통계량을 이용하는데 이는 자유도 $(n-2)$인 t-분포를 따른다.

$$T = \frac{\hat{a} - a}{\sqrt{S^2\left(\frac{1}{n} + \frac{(\overline{x})^2}{\sum_{i=1}^{n}(x_i - \overline{x})^2}\right)}}$$

따라서 귀무가설이 참이라는 가정하에 얻은 검정통계량을 이용하여 모회귀계수 a의 검정을 정리하면 다음과 같다.

정리 10-4 모분산을 모르는 경우 모회귀계수 a의 검정 절차

❶ 가설 설정

귀무가설 $H_0: a = a_0$를 설정한다.

❷ 검정통계량 계산

다음과 같이 검정통계량의 관측값을 구한다.

$$t_0 = \frac{\hat{a} - a_0}{\sqrt{S^2\left(\frac{1}{n} + \frac{(\overline{x})^2}{\sum_{i=1}^{n}(x_i - \overline{x})^2}\right)}}$$

❸ 가설검정

- $H_1: a > a_0$일 때, $t_0 \geq t_\alpha(n-2)$이면 H_0를 기각한다.
- $H_1: a < a_0$일 때, $t_0 \leq -t_\alpha(n-2)$이면 H_0를 기각한다.
- $H_1: a \neq a_0$일 때, $|t_0| \geq t_{\alpha/2}(n-2)$이면 H_0를 기각한다.

이제 다음 귀무가설을 검정해보자.

$$H_0: b = b_0$$

모회귀계수 b의 검정에서는 추정량 $\hat{b}$을 이용하는데 모분산 σ^2을 알 때, $\hat{b}$은 정규분포 $\mathrm{N}\left(b,\ \frac{\sigma^2}{\sum_{i=1}^{n}(x_i - \overline{x})^2}\right)$을 따른다. 따라서 이를 표준화한 다음 Z-검정통계량은 표준정규분포 $\mathrm{N}(0, 1)$을 따른다.

$$Z = \frac{\hat{b} - b}{\sqrt{\dfrac{\sigma^2}{\sum_{i=1}^{n}(x_i - \overline{x})^2}}}$$

그러므로 귀무가설 $H_0: b = b_0$가 참이라는 가정하에 얻은 검정통계량을 이용하여 모회귀계수 b의 검정을 정리하면 다음과 같다.

정리 10-5 모분산을 아는 경우 모회귀계수 b의 검정 절차

❶ 가설 설정

귀무가설 $H_0: b = b_0$를 설정한다.

❷ 검정통계량 계산

다음과 같이 검정통계량의 관측값을 구한다.

$$z_0 = \frac{\hat{b} - b_0}{\sqrt{\dfrac{\sigma^2}{\sum_{i=1}^{n}(x_i - \overline{x})^2}}}$$

❸ 가설검정

- $H_1: b > b_0$일 때, $z_0 \ge z_\alpha$이면 H_0를 기각한다.
- $H_1: b < b_0$일 때, $z_0 \le -z_\alpha$이면 H_0를 기각한다.
- $H_1: b \ne b_0$일 때, $|z_0| \ge z_{\alpha/2}$이면 H_0를 기각한다.

한편, 모분산 σ^2을 모를 때는 Z-검정통계량에서 σ 대신 S를 대입한 다음과 같은 T-검정통계량을 이용하는데 이는 자유도 $(n-2)$인 t-분포를 따른다.

$$T = \frac{\hat{b} - b}{\sqrt{\dfrac{S^2}{\sum_{i=1}^{n}(x_i - \overline{x})^2}}}$$

따라서 귀무가설이 참이라는 가정하에 얻은 검정통계량을 이용하여 모회귀계수 b의 검정을 정리하면 다음 [정리 10-6]과 같다.

정리 10-6 모분산을 모르는 경우 모회귀계수 b의 검정 절차

❶ 가설 설정

귀무가설 $H_0: b = b_0$를 설정한다.

❷ 검정통계량 계산

다음과 같이 검정통계량의 관측값을 구한다.

$$t_0 = \frac{\hat{b} - b_0}{\sqrt{\dfrac{S^2}{\sum_{i=1}^{n}(x_i - \overline{x})^2}}}$$

❸ 가설검정

- $H_1: b > b_0$일 때, $t_0 \geq t_\alpha(n-2)$이면 H_0를 기각한다.
- $H_1: b < b_0$일 때, $t_0 \leq -t_\alpha(n-2)$이면 H_0를 기각한다.
- $H_1: b \neq b_0$일 때, $|t_0| \geq t_{\alpha/2}(n-2)$이면 H_0를 기각한다.

마지막으로 다음 귀무가설을 검정해보자.

$$H_0: a + bx = a_0 + b_0 x$$

모회귀직선 $a + bx$의 검정에서는 추정량 $\hat{a} + \hat{b}x$를 이용하는데 모분산 σ^2을 아는 경우, $\hat{a} + \hat{b}x$는 정규분포 $\mathrm{N}\left(a + bx,\ \sigma^2\left(\dfrac{1}{n} + \dfrac{(x - \overline{x})^2}{\sum_{i=1}^{n}(x_i - \overline{x})^2}\right)\right)$을 따른다.

따라서 이를 표준화한 다음과 같은 Z-검정통계량은 표준정규분포 $\mathrm{N}(0, 1)$을 따른다.

$$Z = \frac{(\hat{a} + \hat{b}x) - (a + bx)}{\sqrt{\sigma^2\left(\dfrac{1}{n} + \dfrac{(x - \overline{x})^2}{\sum_{i=1}^{n}(x_i - \overline{x})^2}\right)}}$$

그러므로 귀무가설 $H_0: a + bx = a_0 + b_0 x$가 참이라는 가정하에 얻은 검정통계량을 이용하여 모회귀직선 $a + bx$의 검정을 정리하면 다음과 같다.

정리 10-7 모분산을 아는 경우 모회귀직선 $a + bx$의 검정 절차

❶ 가설 설정

귀무가설 $H_0: a + bx = a_0 + b_0 x$를 설정한다.

❷ 검정통계량 계산
다음과 같이 검정통계량의 관측값을 구한다.

$$z_0 = \frac{(\hat{a} + \hat{b}x) - (a_0 + b_0 x)}{\sqrt{\sigma^2\left(\frac{1}{n} + \frac{(x-\overline{x})^2}{\sum_{i=1}^{n}(x_i - \overline{x})^2}\right)}}$$

❸ 가설검정
- $H_1: a + bx > a_0 + b_0 x$ 일 때, $z_0 \geq z_\alpha$ 이면 H_0를 기각한다.
- $H_1: a + bx < a_0 + b_0 x$ 일 때, $z_0 \leq -z_\alpha$ 이면 H_0를 기각한다.
- $H_1: a + bx \neq a_0 + b_0 x$ 일 때, $|z_0| \geq z_{\alpha/2}$ 이면 H_0를 기각한다.

한편, 모분산 σ^2을 모를 때는 Z-검정통계량에서 σ 대신 S를 대입한 다음과 같은 T-검정통계량을 이용하는데 이는 자유도 $(n-2)$인 t-분포를 따른다.

$$T = \frac{(\hat{a} + \hat{b}x) - (a + bx)}{\sqrt{S^2\left(\frac{1}{n} + \frac{(x-\overline{x})^2}{\sum_{i=1}^{n}(x_i - \overline{x})^2}\right)}}$$

그러므로 귀무가설이 참이라는 가정하에 얻은 검정통계량을 이용하여 모회귀직선 $a + bx$의 검정을 정리하면 다음과 같다.

정리 10-8 모분산을 모르는 경우 모회귀직선 $a + bx$의 검정 절차

❶ 가설 설정
귀무가설 $H_0: a + bx = a_0 + b_0 x$를 설정한다.

❷ 검정통계량 계산
다음과 같이 검정통계량의 관측값을 구한다.

$$t_0 = \frac{(\hat{a} + \hat{b}x) - (a_0 + b_0 x)}{\sqrt{S^2\left(\frac{1}{n} + \frac{(x-\overline{x})^2}{\sum_{i=1}^{n}(x_i - \overline{x})^2}\right)}}$$

❸ 가설검정
- $H_1: a + bx > a_0 + b_0 x$ 일 때, $t_0 \geq t_\alpha(n-2)$ 이면 H_0를 기각한다.
- $H_1: a + bx < a_0 + b_0 x$ 일 때, $t_0 \leq -t_\alpha(n-2)$ 이면 H_0를 기각한다.
- $H_1: a + bx \neq a_0 + b_0 x$ 일 때, $|t_0| \geq t_{\alpha/2}(n-2)$ 이면 H_0를 기각한다.

예제 10-10

[예제 10-8]의 자료에 대하여 단순선형회귀모형을 가정할 때, 다음 물음에 답하라.

(a) y절편 a에 대하여 다음 가설을 유의수준 5%로 검정하라.

$$H_0: a = 0$$
$$H_1: a \neq 0$$

(b) 기울기 b에 대하여 다음 가설을 유의수준 5%로 검정하라.

$$H_0: b = 0$$
$$H_1: b \neq 0$$

풀이

[예제 10-8]에서 $S^2 = 20.887$, $\bar{x} = 48.4$, $\sum_{i=1}^{10}(x_i - \bar{x})^2 = 426.4$, $n = 10$임을 확인하였다.

(a) a에 대하여 검정통계량의 관측값을 구하면 다음과 같다.

$$|t_0| = \left| \frac{-14.938 - 0}{\sqrt{20.887 \times \left(\frac{1}{10} + \frac{48.4^2}{426.4} \right)}} \right| \fallingdotseq 1.382$$

따라서 $t_{0.025}(10-2) = t_{0.025}(8) = 2.306$이므로 $|t_0| \fallingdotseq 1.382 < t_{0.025}(8) = 2.306$이 성립하여 H_0를 기각할 수 없다. 즉 유의수준 5%에서 $a \neq 0$이라는 뚜렷한 증거가 없다.

(b) b에 대하여 검정통계량의 관측값을 구하면 다음과 같다.

$$|t_0| = \left| \frac{0.945 - 0}{\sqrt{\frac{20.887}{426.4}}} \right| \fallingdotseq 4.270$$

따라서 $|t_0| = 4.270 > t_{0.025}(8) = 2.306$이므로 H_0를 기각한다. 즉 유의수준 5%에서 $b \neq 0$이라고 결론지을 수 있다.

상관계수와 회귀계수의 관계

단순상관계수 r과 회귀계수 b 사이의 관계를 살펴보기 위하여 회귀계수 b를 r의 함수로 나타내면 다음과 같다.

$$b = \frac{\sum_{i=1}^{n}(x_i - \bar{x})(y_i - \bar{y})}{\sum_{i=1}^{n}(x_i - \bar{x})^2} = r \frac{\sqrt{\sum_{i=1}^{n}(y_i - \bar{y})^2}}{\sqrt{\sum_{i=1}^{n}(x_i - \bar{x})^2}} = r \frac{S_y}{S_x}$$

따라서 r과 b의 관계가 다음과 같음을 알 수 있다.

- $b > 0$이면 $r > 0$: 양의 상관관계
- $b < 0$이면 $r < 0$: 음의 상관관계
- $b = 0$이면 $r = 0$: 무상관

단순상관계수 r을 아는 경우 회귀직선의 방정식은 다음과 같이 표현한다.

$$\hat{y} - \overline{y} = r \frac{\sqrt{\sum_{i=1}^{n} (y_i - \overline{y})^2}}{\sqrt{\sum_{i=1}^{n} (x_i - \overline{x})^2}} (x - \overline{x})$$

예제 10-11

두 변량 X와 Y의 상관계수는 $r = 0.5$이다. X의 평균과 표준편차는 각각 10과 2이며, Y의 평균과 표준편차는 각각 14와 3이다. 이때 X에 대한 Y의 추정회귀직선을 구하라.

풀이

단순상관계수 $r = 0.5$를 알고 있으므로 회귀직선의 방정식을 구하면 다음과 같다.

$$\hat{y} - 14 = (0.5)\frac{3}{2}(x - 10)$$

따라서 구하고자 하는 추정회귀직선은 $\hat{y} = \frac{3}{4}x + \frac{13}{2}$이다.

Chapter 10 연습문제

10.1 아래 표는 연도 X(년)이 변함에 따라 가격 Y(백만 원)이 달라지는 자동차의 가격을 조사한 자료이다. 다음 물음에 답하라.

X	1	2	2	3	3	4	6	7	8	10
Y	2.45	1.80	2.00	1.90	1.70	1.30	1.15	0.70	0.60	0.45

(a) X와 Y의 표본상관계수를 구하라.

(b) X와 Y 사이에 양의 상관관계가 있는지를 유의수준 5%로 검정하라.

(c) 단순선형회귀모형을 가정할 때, X에 대한 Y의 추정회귀직선을 구하라.

(d) 오차항의 분산 σ^2을 추정하라.

(e) 결정계수 r^2을 구하라.

(f) 모회귀계수 a의 95% 신뢰구간을 구하라.

(g) 모회귀계수 b의 95% 신뢰구간을 구하라.

(h) 첨가물의 양이 $x=5$일 때, $a+bx$의 95% 신뢰구간을 구하라.

(i) y절편 a에 대하여 다음 가설을 유의수준 5%로 검정하라.

$$H_0: a = 0$$
$$H_1: a \neq 0$$

(j) 기울기 b에 대하여 다음 가설을 유의수준 5%로 검정하라.

$$H_0: b = 0$$
$$H_1: b > 0$$

10.2 X와 Y의 상관계수가 r일 때, $2X+3$과 $-7Y+4$의 상관계수를 구하라.

10.3 두 변수 X와 Y가 서로 독립일 때, 공분산 c_{xy}와 상관계수 r을 구하라.

10.4 어떤 화학제품의 반응 온도(X)가 품질의 특성치(Y)에 어떠한 영향을 미치는지를 조사하기 위해 101개의 제품을 추출하여 표본상관계수 $r=0.61$을 얻었다. 이때 반응 온도와 품질의 특성치 사이에 양의 상관관계가 있는지를 유의수준 5%로 검정하라.

10.5 다음은 로트 크기(X)에 따른 생산 인력(Y)을 예측하고자 어떤 기계공장에서 랜덤하게 추출한 자료이다. 이 자료에 대한 회귀방정식을 구하고, $x = 55$에 대응하는 y값을 구하라.

X	10	20	30	40	40	50	60	60	70	80
Y	20	33	50	60	75	84	90	95	108	115

10.6 실험을 통해 어떤 석유제품의 중요한 품질특성인 점도(Y)를 결정하는 주요 요인이 반응온도(X)라고 판단하였다. 이 실험을 30번 실행하여 다음과 같은 통계량을 얻었을 때, 주어진 물음에 답하라.

$$n = 30,\ \sum_{i=1}^{n} x_i = 310,\ \sum_{i=1}^{n} y_i = 270,\ \sum_{i=1}^{n} x_i^2 = 4680,$$

$$\sum_{i=1}^{n} y_i^2 = 3460,\ \sum_{i=1}^{n} x_i y_i = 3990$$

(a) 단순선형회귀모형을 $y = a + bx$로 가정할 때, X에 대한 Y의 추정회귀직선을 구하라.

(b) 결정계수 r^2을 구하라.

(c) 단순선형회귀모형을 $y = a + bx$로 가정할 때, 기울기 b에 대하여 다음 가설을 유의수준 5%로 검정하라.

$$H_0 : b = 0$$

$$H_1 : b \neq 0$$

(d) 반응온도가 $x = 20$일 때, 평균 점도의 95% 신뢰구간을 구하라.

10.7 X에 대한 Y의 회귀방정식이 $y = 2x + 4$이다. X의 표준편차가 3이고 Y의 표준편차가 6일 때, X와 Y의 상관계수 r을 구하라.

10.8 2023년도 초등학교 3학년 남학생의 키(X)와 체중(Y)을 조사했더니 $\bar{x} = 134.8$(cm), $\bar{y} = 35.5$(kg), $S_x = 0.10$(cm), $S_y = 0.15$(kg), $r = 0.8$이었다. 이때 신장이 138cm인 학생의 체중을 구하라.

10.9 컴퓨터 실습 어느 온라인 쇼핑몰의 매출액과 광고비 지출액의 조사 결과는 다음과 같다. Excel을 이용하여 매출액과 광고비의 상관도를 그리고 매출액과 광고비의 표준상관계수를 구하라.

(단위 : 백만 원)

매출액	650	125	150	2500	1500	220	480	1200	540	2100
광고비	70	9	8	220	160	10	51	170	46	210

10.10 컴퓨터 실습 어느 기업 직원의 나이, 근무연수와 연봉 사이에는 어떤 상관관계가 있는지를 알아보기 위해 직원 10명을 조사하여 다음 결과를 얻었다. Excel을 이용하여 이 조사 결과를 토대로 변수 간 표본상관계수를 구하라.

직원	나이(년)	근무연수(년)	연봉(백만 원)
1	50	21	65
2	26	5	32
3	57	35	85
4	58	28	75
5	24	4	25
6	41	17	54
7	35	9	33
8	46	20	69
9	44	23	72
10	52	27	75

10.11 컴퓨터 실습 다음은 통계학 강의 한 학기 동안의 결석시간(X)과 성적(Y) 사이에 상관관계가 존재하는지를 조사하기 위해 임의로 표본을 추출하여 얻은 자료이다. Excel을 이용하여 다음 물음에 답하라.

X	1	3	3	0	0	2	4	7	5	6
Y	90	93	81	92	95	85	77	83	82	79

(a) 표본상관계수 r을 구하라.

(b) 결석시간과 성적 사이에 상관관계가 있는지를 유의수준 5%로 검정하라.

10.12 컴퓨터 실습 Excel을 이용하여 [연습문제 10.9]의 자료에 대해 광고비를 독립변수(X)로, 매출액을 종속변수(Y)로 두고 추정회귀직선과 결정계수를 구하라. 또한 상관도에 추정회귀직선을 나타내라.

10.13 컴퓨터 실습 어떤 화학반응 실험에서 촉진제의 양(X)에 따라 생성되는 반응량(Y)을 예측하기 위해 촉진제 10개를 임의로 추출하여 측정했더니 아래와 같은 자료를 얻었다. Excel을 이용하여 다음 물음에 답하라.

X	1	2	2	3	4	5	5	6	7	7
Y	2.2	2.9	3.2	3.0	3.8	4.2	4.1	4.3	4.7	4.8

(a) 단순선형회귀모형을 가정할 때, 추정회귀직선을 구하라.

(b) 오차항의 분산 σ^2을 추정하라.

(c) 결정계수 r^2을 구하라.

(d) 모회귀계수 a와 b의 95% 신뢰구간을 구하라.

(e) y절편 a에 대하여 가설 $H_0: a=0$을 유의수준 5%로 검정하라.

(f) 기울기 b에 대하여 가설 $H_0: b=0$을 유의수준 5%로 검정하라.

A.1 이항계수표

$$\binom{n}{r} = \frac{n!}{r!(n-r)!} = \binom{n}{n-r}$$

n	$\binom{n}{0}$	$\binom{n}{1}$	$\binom{n}{2}$	$\binom{n}{3}$	$\binom{n}{4}$	$\binom{n}{5}$	$\binom{n}{6}$	$\binom{n}{7}$	$\binom{n}{8}$	$\binom{n}{9}$	$\binom{n}{10}$	$\binom{n}{11}$	$\binom{n}{12}$	$\binom{n}{13}$
0	1													
1	1	1												
2	1	2	1											
3	1	3	3	1										
4	1	4	6	4	1									
5	1	5	10	10	5	1								
6	1	6	15	20	15	6	1							
7	1	7	21	35	35	21	7	1						
8	1	8	28	56	70	56	28	8	1					
9	1	9	36	84	126	126	84	36	9	1				
10	1	10	45	120	210	252	210	120	45	10	1			
11	1	11	55	155	330	462	462	330	165	55	11	1		
12	1	12	65	220	495	792	924	792	495	220	66	12	1	
13	1	13	78	286	715	1,287	1,716	1,716	1,287	715	286	78	13	1
14	1	14	91	364	1,001	2,002	3,003	3,432	3,003	2,002	1,001	364	91	14
15	1	15	105	455	1,365	3,003	5,005	6,435	6,435	5,005	3,003	1,365	455	105
16	1	16	120	560	1,820	4,368	3,008	11,440	12,370	11,440	8,008	4,368	1,820	560
17	1	17	136	680	2,380	6,188	12,375	19,448	24,310	24,310	19,448	12,376	6,188	2,380
18	1	18	153	816	3,060	8,568	18,564	31,824	43,758	48,620	43,758	31,824	18,564	8,568
19	1	19	171	969	3,876	11,628	27,132	50,388	75,582	92,378	92,378	75,582	50,388	27,132
20	1	20	190	1,140	4,845	15,504	38,760	77,520	125,970	167,960	184,756	167,960	125,970	77,520
21	1	21	210	1,330	5,985	20,349	54,264	116,280	203,490	293,930	352,716	352,716	293,930	203,490
22	1	22	231	1,540	7,315	26,334	74,613	170,544	319,770	497,420	646,646	705,432	646,646	497,420
23	1	23	253	1,771	8,855	33,649	100,947	245,157	490,314	817,190	1,144,066	1,352,078	1,352,078	1,144,066
24	1	24	276	2,024	10,626	42,504	134,596	346,104	735,471	1,307,504	1,961,256	2,496,144	2,704,156	2,496,144
25	1	25	300	2,300	12,650	53,130	177,100	480,700	1,081,575	2,042,975	3,268,760	4,457,400	5,200,300	5,200,300
26	1	26	325	2,600	14,950	65,780	230,230	657,800	1,562,275	3,124,550	5,311,735	7,726,160	9,657,700	10,400,600

$r > 13$인 경우 등식 $\binom{n}{r} = \binom{n}{n-r}$을 사용할 수 있다.

A.2 이항분포표

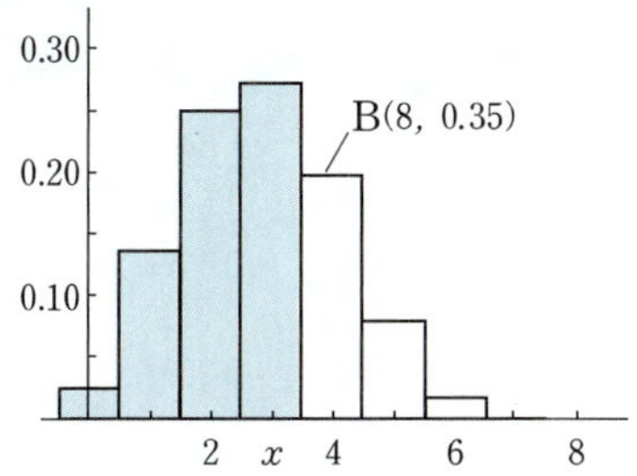

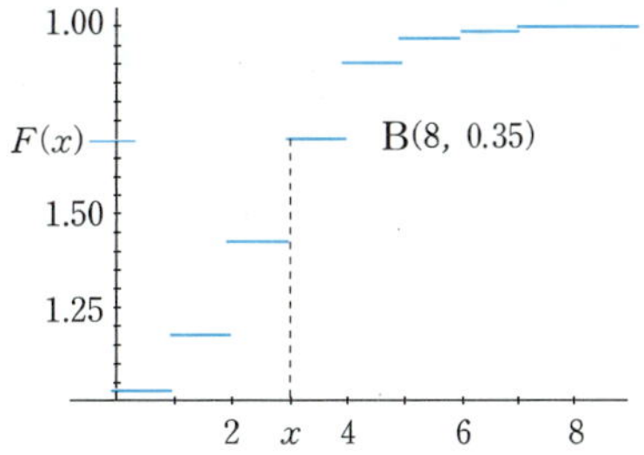

$$F(x) = \mathrm{P}(X \leq x) = \sum_{k=0}^{x} \frac{n!}{k!(n-k)!} p^k (1-p)^{n-k}$$

n	x	p									
		0.05	0.1	0.15	0.2	0.25	0.3	0.35	0.4	0.45	0.5
2	0	0.9025	0.8100	0.7225	0.6400	0.5625	0.4900	0.4225	0.3600	0.3025	0.2500
	1	0.9975	0.9900	0.9775	0.9600	0.9375	0.9100	0.8775	0.8400	0.7975	0.7500
	2	1.0000	1.0000	1.0000	1.0000	1.0000	1.0000	1.0000	1.0000	1.0000	1.0000
3	0	0.8574	0.7290	0.6141	0.512	0.42187	0.343	0.2746	0.2160	0.1664	0.1250
	1	0.9928	0.9720	0.9392	0.896	0.84375	0.784	0.7182	0.6480	0.5748	0.5000
	2	0.9999	0.9990	0.9966	0.992	0.98437	0.973	0.9571	0.9360	0.9089	0.8750
	3	1.0000	1.0000	1.0000	1.000	1.0000	1.000	1.0000	1.0000	1.0000	1.0000
4	0	0.8145	0.6561	0.5220	0.4096	0.3164	0.2401	0.1785	0.1296	0.0915	0.0625
	1	0.9860	0.9477	0.8905	0.8192	0.7382	0.6517	0.5630	0.4752	0.3900	0.3125
	2	0.9995	0.9963	0.9880	0.9728	0.9492	0.9163	0.8735	0.8208	0.7585	0.6875
	3	1.0000	0.9999	0.9995	0.9984	0.9961	0.9919	0.9850	0.9744	0.9590	0.9375
	4	1.0000	1.0000	1.0000	1.0000	1.0000	1.0000	1.0000	1.0000	1.0000	1.0000
5	0	0.7738	0.5905	0.4437	0.3277	0.2373	0.1681	0.1160	0.0778	0.0503	0.0312
	1	0.9774	0.9185	0.8352	0.7373	0.6328	0.5282	0.4284	0.3370	0.2562	0.1875
	2	0.9988	0.9914	0.9734	0.9421	0.8965	0.8369	0.7648	0.6826	0.5931	0.5000
	3	1.0000	0.9995	0.9978	0.9933	0.9844	0.9692	0.9460	0.9130	0.8688	0.8125
	4	1.0000	1.0000	0.9999	0.9997	0.9990	0.9976	0.9947	0.9898	0.9815	0.9687
	5	1.0000	1.0000	1.0000	1.0000	1.0000	1.0000	1.0000	1.0000	1.0000	1.0000
6	0	0.7351	0.5314	0.3771	0.2621	0.1780	0.1176	0.0754	0.0467	0.0277	0.0156
	1	0.9672	0.8857	0.7765	0.6553	0.5339	0.4202	0.3191	0.2333	0.1636	0.1094
	2	0.9978	0.9841	0.9527	0.9011	0.8306	0.7443	0.6471	0.5443	0.4415	0.3438
	3	0.9999	0.9987	0.9941	0.9830	0.9624	0.9295	0.8826	0.8208	0.7447	0.6562
	4	1.0000	0.9999	0.9996	0.9984	0.9954	0.9891	0.9777	0.9590	0.9308	0.8906
	5	1.0000	1.0000	1.0000	0.9999	0.9998	0.9993	0.9982	0.9959	0.9917	0.9844
	6	1.0000	1.0000	1.0000	1.0000	1.0000	1.0000	1.0000	1.0000	1.0000	1.0000

이항분포표(계속)

n	x	p									
		0.05	0.1	0.15	0.2	0.25	0.3	0.35	0.4	0.45	0.5
7	0	0.6983	0.4783	0.3206	0.2097	0.1335	0.0824	0.0490	0.0280	0.0152	0.0078
	1	0.9556	0.8503	0.7166	0.5767	0.4449	0.3294	0.23380	0.1586	0.1024	0.0625
	2	0.9962	0.9743	0.9262	0.8520	0.7564	0.6471	0.5323	0.4199	0.3164	0.2266
	3	0.9998	0.9973	0.9879	0.96667	0.9294	0.8740	0.8002	0.7102	0.6083	0.5000
	4	1.0000	0.9998	0.9988	0.9953	0.9871	0.9712	0.9444	0.9037	0.8471	0.7734
	5	1.0000	1.0000	0.9999	0.999	0.9987	0.9962	0.9910	0.9812	0.9643	0.9375
	6	1.0000	1.0000	1.0000	1.0000	0.9999	0.9998	0.9994	0.9984	0.9963	0.9922
	7	1.0000	1.0000	1.0000	1.0000	1.0000	1.0000	1.0000	1.0000	1.0000	1.0000
8	0	0.6634	0.4305	0.2725	0.1678	0.1001	0.0576	0.0319	0.0168	0.0084	0.0039
	1	0.9428	0.8131	0.6572	0.5033	0.3671	0.2553	0.1691	0.1064	0.0632	0.0352
	2	0.9942	0.9619	0.8948	0.7969	0.6785	0.5518	0.4278	0.3154	0.2201	0.1445
	3	0.9996	0.9950	0.9786	0.9437	0.8862	0.8059	0.7064	0.5941	0.4770	0.3633
	4	1.0000	0.9996	0.9971	0.9896	0.9727	0.9420	0.8939	0.8263	0.7396	0.6367
	5	1.0000	0.9999	0.9998	0.9988	0.9958	0.9887	0.9747	0.9502	0.9115	0.8555
	6	1.0000	1.0000	1.0000	0.9999	0.9996	0.9987	0.9964	0.9915	0.9819	0.9648
	7	1.0000	1.0000	1.0000	1.0000	1.0000	0.9999	0.9998	0.9993	0.9983	0.9961
	8	1.0000	1.0000	1.0000	1.0000	1.0000	1.0000	1.0000	1.0000	1.0000	1.0000
9	0	0.6302	0.3874	0.2316	0.1342	0.0751	0.0404	0.0207	0.0101	0.0046	0.0020
	1	0.9288	0.7748	0.5995	0.4362	0.3003	0.1960	0.1211	0.0705	0.0385	0.0195
	2	0.9916	0.9470	0.8591	0.7382	0.6007	0.4628	0.3373	0.2318	0.1495	0.0898
	3	0.9994	0.9917	0.9661	0.9144	0.8343	0.7297	0.6089	0.4826	0.3614	0.2539
	4	1.0000	0.9991	0.9944	0.9804	0.9511	0.9012	0.8283	0.7334	0.6214	0.5000
	5	1.0000	0.9999	0.9994	0.9969	0.9900	0.9747	0.9464	0.9006	0.8342	0.7461
	6	1.0000	1.0000	1.0000	0.9997	0.9987	0.9957	0.9888	0.9750	0.9502	0.9102
	7	1.0000	1.0000	1.0000	1.0000	0.9999	0.9996	0.9986	0.9962	0.9909	0.9805
	8	1.0000	1.0000	1.0000	1.0000	1.0000	1.0000	0.9999	0.9997	0.9992	0.9980
	9	1.0000	1.0000	1.0000	1.0000	1.0000	1.0000	1.0000	1.0000	1.0000	1.0000
10	0	0.5987	0.3487	0.1969	0.1074	0.0563	0.0282	0.0135	0.0060	0.0025	0.0010
	1	0.9139	0.7361	0.5443	0.3758	0.2440	0.1493	0.0860	0.0464	0.0233	0.0107
	2	0.9885	0.9298	0.8202	0.6778	0.5256	0.3828	0.2616	0.1673	0.0996	0.0547
	3	0.9990	0.9872	0.9500	0.8791	0.7759	0.6496	0.5138	0.3823	0.2660	0.1719
	4	0.9999	0.9984	0.9901	0.9672	0.9219	0.8497	0.7515	0.6331	0.5044	0.3770
	5	1.0000	0.9999	0.9986	0.9936	0.9803	0.9527	0.9051	0.8338	0.7384	0.6230
	6	1.0000	1.0000	0.9999	0.9991	0.9965	0.9894	0.9740	0.9452	0.8980	0.8281
	7	1.0000	1.0000	1.0000	0.9999	0.9996	0.9984	0.9952	0.9877	0.9726	0.9453
	8	1.0000	1.0000	1.0000	1.0000	1.0000	0.9999	0.9995	0.9983	0.9955	0.9893
	9	1.0000	1.0000	1.0000	1.0000	1.0000	1.0000	0.9999	0.9999	0.9997	0.9990
	10	1.0000	1.0000	1.0000	1.0000	1.0000	1.0000	1.0000	1.0000	1.0000	1.0000

이항분포표(계속)

n	x	p									
		0.05	0.1	0.15	0.2	0.25	0.3	0.35	0.4	0.45	0.5
11	0	0.5688	0.3138	0.1673	0.0859	0.0422	0.0198	0.0088	0.0036	0.0014	0.0005
	1	0.8981	0.6974	0.4922	0.3221	0.1971	0.1130	0.0606	0.0302	0.0139	0.0059
	2	0.9848	0.9104	0.7788	0.6174	0.4552	0.3127	0.2001	0.1189	0.0652	0.0327
	3	0.9984	0.9815	0.9306	0.8389	0.7133	0.5696	0.4256	0.2963	0.1911	0.1133
	4	0.9999	0.9972	0.9841	0.9496	0.8854	0.7897	0.6683	0.5328	0.3971	0.2744
	5	1.0000	0.9997	0.9973	0.9883	0.9657	0.9218	0.8513	0.7535	0.6331	0.5000
	6	1.0000	1.0000	0.9997	0.9980	0.9924	0.9784	0.9499	0.9006	0.8262	0.7256
	7	1.0000	1.0000	1.0000	0.9998	0.9988	0.9957	0.9878	0.9707	0.9390	0.8867
	8	1.0000	1.0000	1.0000	1.0000	0.9999	0.999	0.9980	0.9941	0.9852	0.9673
	9	1.0000	1.0000	1.0000	1.0000	1.0000	1.0000	0.9998	0.9993	0.9978	0.9941
	10	1.0000	1.0000	1.0000	1.0000	1.0000	1.0000	1.0000	1.0000	0.9998	0.9995
	11	1.0000	1.0000	1.0000	1.0000	1.0000	1.0000	1.0000	1.0000	1.0000	1.0000
12	0	0.5404	0.2824	0.1422	0.0687	0.0317	0.0138	0.0057	0.0022	0.0008	0.0002
	1	0.8816	0.6590	0.4435	0.2749	0.1584	0.0850	0.0424	0.0196	0.0083	0.0032
	2	0.9804	0.8891	0.7358	0.5583	0.3907	0.2528	0.1513	0.0834	0.0421	0.0193
	3	0.9978	0.9744	0.9078	0.7946	0.6488	0.4925	0.3467	0.2253	0.1345	0.0730
	4	0.9998	0.9957	0.9761	0.9274	0.8424	0.7237	0.5833	0.4382	0.3044	0.1938
	5	1.0000	0.9995	0.9954	0.9806	0.9456	0.8822	0.7873	0.6652	0.5269	0.3872
	6	1.0000	1.0000	0.9993	0.9961	0.9857	0.9614	0.9154	0.8418	0.7393	0.6128
	7	1.0000	1.0000	0.9999	0.9994	0.9972	0.9905	0.9745	0.9427	0.8883	0.8062
	8	1.0000	1.0000	1.0000	0.9999	0.9996	0.9983	0.9944	0.9847	0.9644	0.9270
	9	1.0000	1.0000	1.0000	1.0000	1.0000	0.9998	0.9992	0.9972	0.9921	0.9807
	10	1.0000	1.0000	1.0000	1.0000	1.0000	1.0000	0.9999	0.9997	0.9989	0.9968
	11	1.0000	1.0000	1.0000	1.0000	1.0000	1.0000	1.0000	1.0000	0.9999	0.9998
	12	1.0000	1.0000	1.0000	1.0000	1.0000	1.0000	1.0000	1.0000	1.0000	1.0000
13	0	0.5133	0.2542	0.1209	0.0550	0.0238	0.00969	0.00370	0.00131	0.00042	0.00012
	1	0.8646	0.6213	0.3983	0.2336	0.1267	0.06367	0.02958	0.01263	0.00490	0.00171
	2	0.9755	0.8661	0.6920	0.5017	0.3326	0.20248	0.11319	0.05790	0.02691	0.01123
	3	0.9969	0.9658	0.8820	0.7473	0.5843	0.42061	0.27827	0.16858	0.09292	0.04614
	4	0.9997	0.9935	0.9658	0.9009	0.7940	0.65431	0.50050	0.35304	0.22795	0.13342
	5	1.0000	0.9991	0.9924	0.9700	0.9198	0.8346	0.7159	0.5744	0.4268	0.2905
	6	1.0000	0.9999	0.9987	0.9930	0.9757	0.9376	0.8705	0.7712	0.6437	0.5000
	7	1.0000	1.0000	0.9998	0.9988	0.9944	0.9818	0.9538	0.9022	0.8212	0.7095
	8	1.0000	1.0000	1.0000	0.9998	0.9990	0.9960	0.9874	0.9679	0.9302	0.8666
	9	1.0000	1.0000	1.0000	1.0000	0.9999	0.9993	0.9975	0.9922	0.9797	0.9539
	10	1.0000	1.0000	1.0000	1.0000	1.0000	0.9999	0.9997	0.9987	0.9959	0.9888
	11	1.0000	1.0000	1.0000	1.0000	1.0000	1.0000	1.0000	0.9999	0.9995	0.9983
	12	1.0000	1.0000	1.0000	1.0000	1.0000	1.0000	1.0000	1.0000	1.0000	0.9999
	13	1.0000	1.0000	1.0000	1.0000	1.0000	1.0000	1.0000	1.0000	1.0000	1.0000

이항분포표(계속)

n	x	p									
		0.05	0.1	0.15	0.2	0.25	0.3	0.35	0.4	0.45	0.5
14	0	0.4877	0.2288	0.1028	0.0440	0.0178	0.0068	0.0024	0.0008	0.0002	0.0001
	1	0.8470	0.5846	0.3567	0.1979	0.1010	0.0475	0.0205	0.0081	0.0029	0.0009
	2	0.9699	0.8416	0.6479	0.4481	0.2811	0.1608	0.0839	0.0398	0.0170	0.0065
	3	0.9958	0.9559	0.8535	0.6982	0.5213	0.3552	0.2205	0.1243	0.0632	0.0287
	4	0.9996	0.9908	0.9533	0.8702	0.7415	0.5842	0.4227	0.2793	0.1672	0.0898
	5	1.0000	0.9985	0.9885	0.9561	0.8883	0.7805	0.6405	0.4859	0.3373	0.2120
	6	1.0000	0.9998	0.9978	0.9884	0.9617	0.9067	0.8164	0.6925	0.5461	0.3953
	7	1.0000	1.0000	0.9997	0.9976	0.9897	0.9685	0.9247	0.8499	0.7414	0.6047
	8	1.0000	1.0000	1.0000	0.9996	0.9978	0.9917	0.9757	0.9417	0.8811	0.7880
	9	1.0000	1.0000	1.0000	1.0000	0.9997	0.9983	0.9940	0.9825	0.9574	0.9102
	10	1.0000	1.0000	1.0000	1.0000	1.0000	0.9998	0.9989	0.9961	0.9886	0.9713
	11	1.0000	1.0000	1.0000	1.0000	1.0000	1.0000	0.9999	0.9994	0.9978	0.9935
	12	1.0000	1.0000	1.0000	1.0000	1.0000	1.0000	1.0000	0.9999	0.9997	0.9991
	13	1.0000	1.0000	1.0000	1.0000	1.0000	1.0000	1.0000	1.0000	1.0000	0.9999
	14	1.0000	1.0000	1.0000	1.0000	1.0000	1.0000	1.0000	1.0000	1.0000	1.0000
15	0	0.4633	0.2059	0.0874	0.0352	0.0134	0.0047	0.0016	0.0005	0.0001	0.0000
	1	0.8290	0.5490	0.3186	0.1671	0.0802	0.0353	0.0142	0.0052	0.0017	0.0005
	2	0.9638	0.8159	0.6042	0.3980	0.2361	0.1268	0.0617	0.0271	0.0107	0.0037
	3	0.9945	0.9444	0.8227	0.6482	0.4613	0.2969	0.1727	0.0905	0.0424	0.0176
	4	0.9994	0.9873	0.9383	0.8358	0.6865	0.5155	0.3519	0.2173	0.1204	0.0592
	5	0.9999	0.9978	0.9832	0.9389	0.8516	0.7216	0.5643	0.4032	0.2608	0.1509
	6	1.0000	0.9997	0.9964	0.9819	0.9434	0.8689	0.7548	0.6098	0.4522	0.3036
	7	1.0000	1.0000	0.9994	0.9958	0.9827	0.9500	0.8868	0.7869	0.6535	0.5000
	8	1.0000	1.0000	0.9999	0.9992	0.9958	0.9848	0.9578	0.9050	0.8182	0.6964
	9	1.0000	1.0000	1.0000	0.9999	0.9992	0.9963	0.9876	0.9662	0.9231	0.8491
	10	1.0000	1.0000	1.0000	1.0000	0.9999	0.9993	0.9972	0.9907	0.9745	0.9408
	11	1.0000	1.0000	1.0000	1.0000	1.0000	0.9999	0.9995	0.9981	0.9937	0.9824
	12	1.0000	1.0000	1.0000	1.0000	1.0000	1.0000	0.9999	0.9987	0.9989	0.9963
	13	1.0000	1.0000	1.0000	1.0000	1.0000	1.0000	1.0000	1.0000	0.9999	0.9995
	14	1.0000	1.0000	1.0000	1.0000	1.0000	1.0000	1.0000	1.0000	1.0000	1.0000
	15	1.0000	1.0000	1.0000	1.0000	1.0000	1.0000	1.0000	1.0000	1.0000	1.0000

이항분포표(계속)

n	x	p									
		0.05	0.1	0.15	0.2	0.25	0.3	0.35	0.4	0.45	0.5
16	0	0.4401	0.1853	0.0743	0.0281	0.0100	0.0033	0.0010	0.0003	0.0001	0.0000
	1	0.8108	0.5177	0.2839	0.1407	0.0635	0.0261	0.0098	0.0033	0.0010	0.0003
	2	0.9571	0.7892	0.5614	0.3518	0.1971	0.0994	0.0451	0.0183	0.0066	0.0021
	3	0.9930	0.9316	0.7899	0.5981	0.4050	0.2459	0.1339	0.0651	0.0281	0.0106
	4	0.9991	0.9830	0.9209	0.7982	0.6302	0.4499	0.2892	0.1666	0.0853	0.0384
	5	0.9999	0.9967	0.9765	0.9183	0.8103	0.6598	0.4900	0.3288	0.1976	0.1051
	6	1.0000	0.9995	0.99	0.9733	0.9204	0.8247	0.6881	0.5272	0.3660	0.2272
	7	1.0000	0.9999	0.9989	0.9930	0.9729	0.9256	0.8406	0.7161	0.5629	0.4018
	8	1.0000	1.0000	0.9998	0.9985	0.9925	0.9743	0.9329	0.8577	0.7441	0.5982
	9	1.0000	1.0000	1.0000	0.9998	0.9984	0.9929	0.9771	0.9417	0.8759	0.7728
	10	1.0000	1.0000	1.0000	1.0000	0.9997	0.9984	0.9938	0.9809	0.9514	0.8949
	11	1.0000	1.0000	1.0000	1.0000	1.0000	0.9997	0.9987	0.9951	0.9851	0.9616
	12	1.0000	1.0000	1.0000	1.0000	1.0000	1.0000	0.9998	0.9991	0.9965	0.9894
	13	1.0000	1.0000	1.0000	1.0000	1.0000	1.0000	1.0000	0.9999	0.9994	0.9979
	14	1.0000	1.0000	1.0000	1.0000	1.0000	1.0000	1.0000	1.0000	0.9999	0.9997
	15	1.0000	1.0000	1.0000	1.0000	1.0000	1.0000	1.0000	1.0000	1.0000	1.0000
	16	1.0000	1.0000	1.0000	1.0000	1.0000	1.0000	1.0000	1.0000	1.0000	1.0000
20	0	0.3585	0.1216	0.0388	0.0115	0.0032	0.0008	0.0002	0.0000	0.0000	0.0000
	1	0.7358	0.3917	0.1756	0.0692	0.0243	0.0076	0.0021	0.0005	0.0001	0.0000
	2	0.9245	0.6769	0.4049	0.2061	0.0913	0.0355	0.0121	0.0036	0.0009	0.0002
	3	0.9841	0.8670	0.6477	0.4114	0.2252	0.1071	0.0444	0.0160	0.0049	0.0013
	4	0.9974	0.9568	0.8298	0.6296	0.4148	0.2375	0.1182	0.0510	0.0189	0.0059
	5	0.9997	0.9887	0.9327	0.8042	0.6172	0.4164	0.2454	0.1256	0.0553	0.0207
	6	1.0000	0.9976	0.9781	0.9133	0.7858	0.6080	0.4166	0.2500	0.1299	0.0577
	7	1.0000	0.9996	0.9941	0.9679	0.8982	0.7723	0.6010	0.4159	0.2520	0.1316
	8	1.0000	0.9999	0.9987	0.9900	0.9591	0.8867	0.7624	0.5956	0.4143	0.2517
	9	1.0000	1.0000	0.9998	0.9974	0.9861	0.9520	0.8782	0.7553	0.5914	0.4119
	10	1.0000	1.0000	1.0000	0.9994	0.9961	0.9829	0.9468	0.8725	0.7507	0.5881
	11	1.0000	1.0000	1.0000	0.9999	0.9991	0.9949	0.9804	0.9435	0.8692	0.7483
	12	1.0000	1.0000	1.0000	1.0000	0.9998	0.9987	0.9940	0.9790	0.9420	0.8684
	13	1.0000	1.0000	1.0000	1.0000	1.0000	0.9997	0.9985	0.9935	0.9786	0.9423
	14	1.0000	1.0000	1.0000	1.0000	1.0000	1.0000	0.9997	0.9984	0.9936	0.9793
	15	1.0000	1.0000	1.0000	1.0000	1.0000	1.0000	1.0000	0.9997	0.9985	0.9941
	16	1.0000	1.0000	1.0000	1.0000	1.0000	1.0000	1.0000	1.0000	0.9997	0.9987
	17	1.0000	1.0000	1.0000	1.0000	1.0000	1.0000	1.0000	1.0000	1.0000	0.9998
	18	1.0000	1.0000	1.0000	1.0000	1.0000	1.0000	1.0000	1.0000	1.0000	1.0000
	19	1.0000	1.0000	1.0000	1.0000	1.0000	1.0000	1.0000	1.0000	1.0000	1.0000
	20	1.0000	1.0000	1.0000	1.0000	1.0000	1.0000	1.0000	1.0000	1.0000	1.0000

이항분포표(계속)

n	x	p = 0.05	0.1	0.15	0.2	0.25	0.3	0.35	0.4	0.45	0.5
	0	0.2774	0.0718	0.0172	0.0038	0.0008	0.0001	0.0000	0.0000	0.0000	0.0000
	1	0.6424	0.2712	0.0931	0.0274	0.0070	0.0016	0.0003	0.0001	0.0000	0.0000
	2	0.8729	0.5371	0.2537	0.0982	0.0321	0.0090	0.0021	0.0004	0.0001	0.0000
	3	0.9659	0.7636	0.4711	0.2340	0.0962	0.0332	0.0097	0.0024	0.0005	0.0001
	4	0.9928	0.9020	0.6821	0.4207	0.2137	0.0905	0.0320	0.0095	0.0023	0.0005
	5	0.9988	0.9666	0.8385	0.6167	0.3783	0.1935	0.0826	0.0294	0.0086	0.0020
	6	0.9998	0.9905	0.9305	0.7800	0.5611	0.3407	0.1734	0.0736	0.0258	0.0073
	7	1.0000	0.9977	0.9745	0.8909	0.7265	0.5118	0.3061	0.1536	0.0639	0.0216
	8	1.0000	0.9995	0.9920	0.9532	0.8506	0.6769	0.4668	0.2735	0.1340	0.0539
	9	1.0000	0.9999	0.9979	0.9827	0.9287	0.8106	0.6303	0.4246	0.2424	0.1148
	10	1.0000	1.0000	0.9995	0.9944	0.9703	0.9022	0.7712	0.5858	0.3843	0.2122
	11	1.0000	1.0000	0.9999	0.9985	0.9893	0.9558	0.8746	0.7323	0.5426	0.3450
25	12	1.0000	1.0000	1.0000	0.9996	0.9966	0.9825	0.9396	0.8462	0.6937	0.5000
	13	1.0000	1.0000	1.0000	0.9999	0.9991	0.9940	0.9745	0.9222	0.8173	0.6550
	14	1.0000	1.0000	1.0000	1.0000	0.9998	0.9982	0.9907	0.9656	0.9040	0.7878
	15	1.0000	1.0000	1.0000	1.0000	1.0000	0.9995	0.9971	0.9868	0.9560	0.8852
	16	1.0000	1.0000	1.0000	1.0000	1.0000	0.9999	0.9992	0.9957	0.9826	0.9461
	17	1.0000	1.0000	1.0000	1.0000	1.0000	1.0000	0.9998	0.9988	0.9942	0.9784
	18	1.0000	1.0000	1.0000	1.0000	1.0000	1.0000	1.0000	0.9997	0.9984	0.9927
	19	1.0000	1.0000	1.0000	1.0000	1.0000	1.0000	1.0000	0.9999	0.9996	0.9980
	20	1.0000	1.0000	1.0000	1.0000	1.0000	1.0000	1.0000	1.0000	0.9999	0.9995
	21	1.0000	1.0000	1.0000	1.0000	1.0000	1.0000	1.0000	1.0000	1.0000	0.9999
	22	1.0000	1.0000	1.0000	1.0000	1.0000	1.0000	1.0000	1.0000	1.0000	1.0000
	23	1.0000	1.0000	1.0000	1.0000	1.0000	1.0000	1.0000	1.0000	1.0000	1.0000
	24	1.0000	1.0000	1.0000	1.0000	1.0000	1.0000	1.0000	1.0000	1.0000	1.0000
	25	1.0000	1.0000	1.0000	1.0000	1.0000	1.0000	1.0000	1.0000	1.0000	1.0000

A.3 푸아송분포표

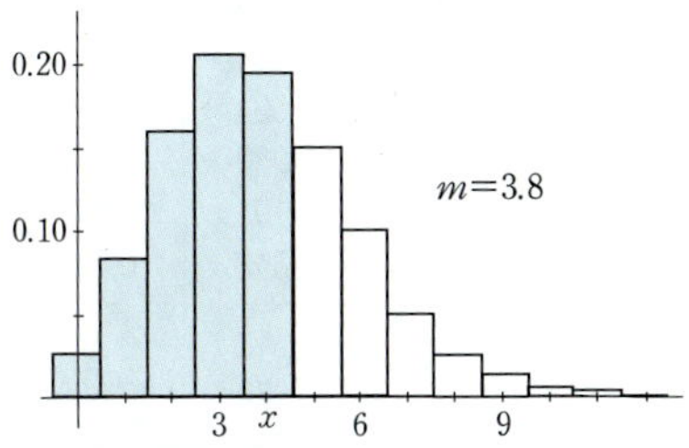

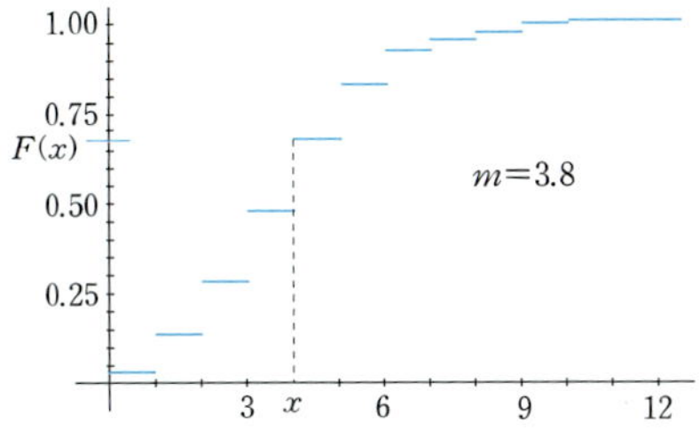

x	$m=\mathrm{E}(X)$									
	0.1	0.2	0.3	0.4	0.5	0.6	0.7	0.8	0.9	1.0
0	0.905	0.819	0.741	0.670	0.607	0.549	0.497	0.449	0.407	0.368
1	0.995	0.982	0.963	0.938	0.910	0.878	0.844	0.809	0.772	0.736
2	1.000	0.999	0.996	0.992	0.986	0.977	0.966	0.953	0.937	0.920
3	1.000	1.000	1.000	0.999	0.998	0.997	0.994	0.991	0.987	0.981
4	1.000	1.000	1.000	1.000	1.000	1.000	0.999	0.999	0.998	0.996
5	1.000	1.000	1.000	1.000	1.000	1.000	1.000	1.000	1.000	0.999
6	1.000	1.000	1.000	1.000	1.000	1.000	1.000	1.000	1.000	1.000

x	1.1	1.2	1.3	1.4	1.5	1.6	1.7	1.8	1.9	2.0
0	0.333	0.301	0.273	0.247	0.223	0.202	0.183	0.165	0.147	0.135
1	0.699	0.663	0.627	0.592	0.558	0.525	0.493	0.463	0.434	0.406
2	0.900	0.879	0.857	0.833	0.809	0.783	0.757	0.731	0.704	0.677
3	0.974	0.966	0.957	0.946	0.934	0.921	0.907	0.891	0.875	0.857
4	0.995	0.992	0.989	0.986	0.981	0.976	0.970	0.964	0.956	0.947
5	0.999	0.998	0.998	0.997	0.996	0.994	0.992	0.990	0.987	0.983
6	1.000	1.000	1.000	0.999	0.999	0.999	0.998	0.997	0.997	0.995
7	1.000	1.000	1.000	1.000	1.000	1.000	1.000	0.999	0.999	0.999
8	1.000	1.000	1.000	1.000	1.000	1.000	1.000	1.000	1.000	1.000

x	2.2	2.4	2.6	2.8	3.0	3.2	3.4	3.6	3.8	4.0
0	0.111	0.091	0.074	0.061	0.050	0.041	0.033	0.027	0.022	0.018
1	0.355	0.308	0.267	0.231	0.199	0.171	0.147	0.126	0.107	0.092
2	0.623	0.570	0.518	0.469	0.423	0.380	0.340	0.303	0.269	0.238
3	0.819	0.779	0.736	0.69	0.647	0.603	0.558	0.515	0.473	0.433
4	0.928	0.904	0.877	0.848	0.815	0.781	0.744	0.706	0.668	0.629
5	0.975	0.964	0.951	0.935	0.916	0.895	0.871	0.844	0.816	0.785
6	0.993	0.988	0.983	0.976	0.966	0.955	0.942	0.927	0.909	0.889
7	0.998	0.997	0.995	0.992	0.988	0.983	0.977	0.969	0.960	0.949
8	1.000	0.999	0.999	0.998	0.996	0.994	0.992	0.988	0.984	0.979
9	1.000	1.000	1.000	0.999	0.999	0.998	0.997	0.996	0.994	0.992
10	1.000	1.000	1.000	1.000	1.000	1.000	0.999	0.999	0.998	0.997
11	1.000	1.000	1.000	1.000	1.000	1.000	1.000	1.000	0.999	0.999
12	1.000	1.000	1.000	1.000	1.000	1.000	1.000	1.000	1.000	1.000

푸아송분포표(계속)

x	4.20	4.40	4.60	4.80	5.00	5.20	5.40	5.60	5.80	6.00
0	0.015	0.012	0.010	0.008	0.007	0.006	0.005	0.004	0.003	0.002
1	0.078	0.066	0.056	0.048	0.040	0.034	0.029	0.024	0.021	0.017
2	0.210	0.185	0.163	0.143	0.125	0.109	0.095	0.082	0.072	0.062
3	0.395	0.359	0.326	0.294	0.265	0.238	0.213	0.191	0.170	0.151
4	0.590	0.551	0.513	0.476	0.440	0.406	0.373	0.342	0.313	0.285
5	0.753	0.720	0.686	0.651	0.616	0.581	0.546	0.512	0.478	0.446
6	0.867	0.844	0.818	0.791	0.762	0.732	0.702	0.670	0.638	0.606
7	0.936	0.921	0.905	0.887	0.867	0.845	0.822	0.797	0.771	0.744
8	0.972	0.964	0.955	0.944	0.932	0.918	0.903	0.886	0.867	0.847
9	0.989	0.985	0.980	0.975	0.968	0.960	0.951	0.941	0.929	0.916
10	0.996	0.994	0.992	0.990	0.986	0.982	0.977	0.972	0.965	0.957
11	0.999	0.998	0.997	0.996	0.995	0.998	0.990	0.988	0.984	0.980
12	1.000	0.999	0.999	0.999	0.998	0.997	0.996	0.995	0.993	0.991
13	1.000	1.000	1.000	1.000	0.999	0.999	0.999	0.998	0.997	0.996
14	1.000	1.000	1.000	1.000	1.000	1.000	0.999	0.999	0.999	0.999
15	1.000	1.000	1.000	1.000	1.000	1.000	1.000	1.000	1.000	0.999
16	1.000	1.000	1.000	1.000	1.000	1.000	1.000	1.000	1.000	1.000

x	6.50	7.00	7.50	8.00	8.50	9.00	9.50	10.0	10.5	11.0
0	0.002	0.001	0.001	0.000	0.000	0.000	0.000	0.000	0.000	0.000
1	0.011	0.007	0.005	0.003	0.002	0.001	0.001	0.000	0.000	0.000
2	0.043	0.030	0.020	0.014	0.009	0.006	0.004	0.003	0.002	0.001
3	0.112	0.082	0.059	0.042	0.030	0.021	0.015	0.010	0.007	0.005
4	0.224	0.173	0.132	0.100	0.074	0.055	0.040	0.029	0.021	0.015
5	0.369	0.301	0.241	0.191	0.150	0.116	0.089	0.067	0.050	0.038
6	0.527	0.450	0.378	0.313	0.256	0.207	0.165	0.130	0.102	0.079
7	0.673	0.599	0.525	0.453	0.386	0.324	0.269	0.220	0.179	0.143
8	0.792	0.729	0.662	0.593	0.523	0.456	0.392	0.333	0.279	0.232
9	0.877	0.830	0.776	0.717	0.653	0.587	0.522	0.458	0.397	0.341
10	0.933	0.901	0.862	0.816	0.763	0.706	0.645	0.583	0.521	0.460
11	0.966	0.947	0.921	0.888	0.849	0.803	0.752	0.697	0.639	0.579
12	0.984	0.973	0.957	0.936	0.909	0.876	0.836	0.792	0.742	0.689
13	0.993	0.987	0.978	0.966	0.949	0.926	0.898	0.864	0.825	0.781
14	0.997	0.994	0.990	0.983	0.973	0.959	0.940	0.917	0.888	0.854
15	0.999	0.998	0.995	0.992	0.986	0.978	0.967	0.951	0.932	0.907
16	1.000	0.999	0.998	0.996	0.993	0.989	0.982	0.973	0.960	0.944
17	1.000	1.000	0.999	0.998	0.997	0.995	0.991	0.986	0.978	0.968
18	1.000	1.000	1.000	0.999	0.999	0.998	0.996	0.993	0.988	0.982
19	1.000	1.000	1.000	1.000	0.999	0.999	0.998	0.997	0.994	0.991
20	1.000	1.000	1.000	1.000	1.000	1.000	0.999	0.998	0.997	0.995
21	1.000	1.000	1.000	1.000	1.000	1.000	1.000	0.999	0.999	0.998
22	1.000	1.000	1.000	1.000	1.000	1.000	1.000	1.000	0.999	0.999
23	1.000	1.000	1.000	1.000	1.000	1.000	1.000	1.000	1.000	1.000

푸아송분포표(계속)

x	11.5	12.0	12.5	13.0	13.5	14.0	14.5	15.0	15.5	16.0
0	0.000	0.000	0.000	0.000	0.000	0.000	0.000	0.000	0.000	0.000
1	0.000	0.000	0.000	0.000	0.000	0.000	0.000	0.000	0.000	0.000
2	0.001	0.001	0.000	0.000	0.000	0.000	0.000	0.000	0.000	0.000
3	0.003	0.002	0.002	0.001	0.001	0.000	0.000	0.000	0.000	0.000
4	0.011	0.008	0.005	0.004	0.003	0.002	0.001	0.001	0.001	0.000
5	0.028	0.020	0.015	0.011	0.008	0.006	0.004	0.003	0.002	0.0014
6	0.060	0.046	0.035	0.026	0.019	0.014	0.010	0.008	0.006	0.0040
7	0.114	0.090	0.070	0.054	0.041	0.032	0.024	0.018	0.013	0.0100
8	0.191	0.155	0.125	0.100	0.079	0.062	0.048	0.037	0.029	0.0220
9	0.289	0.242	0.201	0.166	0.135	0.109	0.088	0.070	0.055	0.0433
10	0.402	0.347	0.297	0.252	0.211	0.176	0.145	0.118	0.096	0.0774
11	0.520	0.462	0.406	0.353	.0304	0.260	.220	0.185	0.154	0.1270
12	0.633	0.576	0.519	0.463	0.409	0.358	0.311	0.268	0.228	0.1931
13	0.733	0.682	0.628	0.573	0.518	0.464	0.413	0.363	0.317	0.2745
14	0.815	0.772	0.725	0.675	0.623	0.570	0.518	0.466	0.415	0.3675
15	0.878	0.844	0.806	0.764	0.718	0.669	0.619	0.568	0.517	0.4667
16	0.924	0.899	0.869	0.835	0.798	0.756	0.711	0.664	0.615	0.5660
17	0.954	0.937	0.916	0.890	0.861	0.827	0.790	0.749	0.705	0.6593
18	0.974	0.963	0.948	0.930	0.908	0.883	0.853	0.819	0.782	0.7423
19	0.986	0.979	0.969	0.957	0.942	0.923	0.901	0.875	0.846	0.8122
20	0.992	0.988	0.983	0.975	0.965	0.952	0.936	0.917	0.894	0.8682
21	0.996	0.994	0.991	0.986	0.980	0.971	0.960	0.947	0.930	0.9108
22	0.998	0.997	0.995	0.992	0.989	0.983	0.976	0.967	0.956	0.9418
23	0.999	0.999	0.998	0.996	0.994	0.991	0.986	0.981	0.973	0.9633
24	1.000	0.999	0.999	0.998	0.997	0.995	0.992	0.989	0.984	0.978
25	1.000	1.000	0.999	0.999	0.998	0.997	0.996	0.994	0.991	0.9869
26	1.000	1.000	1.000	1.000	0.999	0.999	0.998	0.997	0.995	0.9925
27	1.000	1.000	1.000	1.000	1.000	0.999	0.999	0.998	0.997	0.9959
28	1.000	1.000	1.000	1.000	1.000	1.000	0.999	0.999	0.999	0.9978
29	1.000	1.000	1.000	1.000	1.000	1.000	1.000	1.000	0.999	0.9989
30	1.000	1.000	1.000	1.000	1.000	1.000	1.000	1.000	1.000	0.9994
31	1.000	1.000	1.000	1.000	1.000	1.000	1.000	1.000	1.000	1.000
32	1.000	1.000	1.000	1.000	1.000	1.000	1.000	1.000	1.000	1.000
33	1.000	1.000	1.000	1.000	1.000	1.000	1.000	1.000	1.000	1.000
34	1.000	1.000	1.000	1.000	1.000	1.000	1.000	1.000	1.000	1.000
35	1.000	1.000	1.000	1.000	1.000	1.000	1.000	1.000	1.000	1.000

A.4 χ^2-분포표

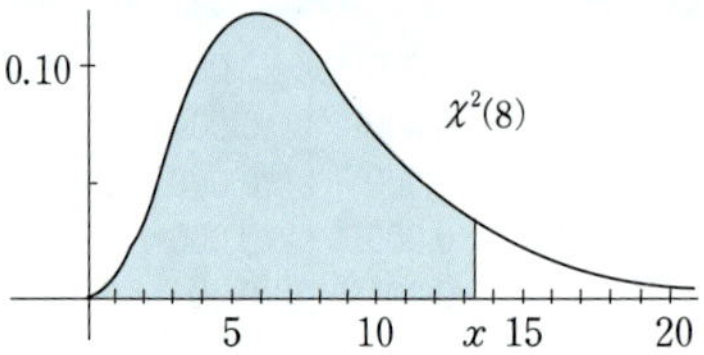

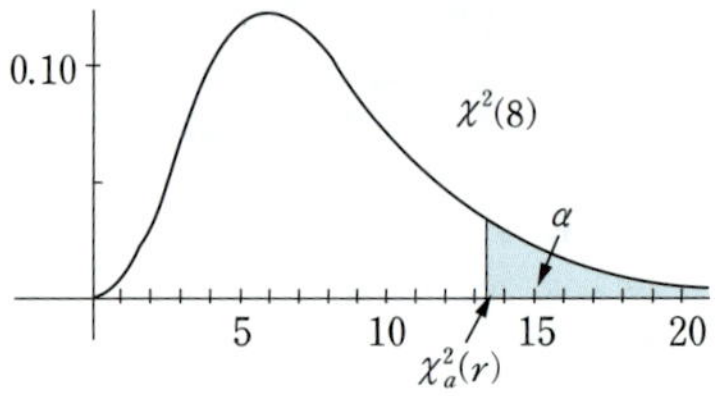

$$P(X \le x) = \int_0^x \frac{1}{\Gamma(r/2)2^{r/2}} w^{r/2-1} e^{-w/2}\,dw$$

r	$P(X \le x)$							
	0.010	0.025	0.050	0.100	0.900	0.950	0.975	0.990
	$\chi^2_{0.99}(r)$	$\chi^2_{0.975}(r)$	$\chi^2_{0.95}(r)$	$\chi^2_{0.90}(r)$	$\chi^2_{0.10}(r)$	$\chi^2_{0.05}(r)$	$\chi^2_{0.025}(r)$	$\chi^2_{0.01}(r)$
1	0.000	0.001	0.004	0.016	2.706	3.841	5.024	6.635
2	0.020	0.051	0.103	0.211	4.605	5.991	7.378	9.210
3	0.115	0.216	0.352	0.584	6.251	7.815	9.348	11.34
4	0.297	0.484	0.711	1.064	7.779	9.488	11.14	13.28
5	0.554	0.831	1.145	1.610	9.236	11.07	12.83	15.09
6	0.875	1.237	1.635	2.204	10.64	12.59	14.45	16.81
7	1.239	1.690	2.167	2.833	12.02	14.07	16.01	18.48
8	1.646	2.180	2.733	3.490	13.36	15.51	17.54	20.09
9	2.088	2.700	3.325	4.168	14.68	16.92	19.02	21.67
10	2.558	3.247	3.940	4.865	15.99	18.31	20.48	23.21
11	3.053	3.816	4.575	5.578	17.28	19.68	21.92	24.72
12	3.571	4.404	5.226	6.304	18.55	21.03	23.34	26.22
13	4.107	5.009	5.892	7.042	19.81	22.36	24.74	27.69
14	4.660	5.629	6.571	7.790	21.06	23.68	26.12	29.14
15	5.229	6.262	7.261	8.547	22.31	25.00	27.49	30.58
16	5.812	6.908	7.962	9.312	23.54	26.30	28.84	32.00
17	6.408	7.564	8.672	10.08	24.77	27.59	30.19	33.41
18	7.015	8.231	9.390	10.86	25.99	28.87	31.53	34.80
19	7.633	8.907	10.12	11.65	27.20	30.14	32.85	36.19
20	8.260	9.591	10.85	12.44	28.41	31.41	34.17	37.57
21	8.897	10.28	11.59	13.24	29.62	32.67	35.48	38.93
22	9.542	10.98	12.34	14.04	30.81	33.92	36.78	40.29
23	10.20	11.69	13.09	14.85	32.01	35.17	38.08	41.64
24	10.86	12.40	13.85	15.66	33.20	36.42	39.36	42.98
25	11.52	13.12	14.61	16.47	34.38	37.65	40.65	44.31
26	12.20	13.84	15.38	17.29	35.56	38.88	41.92	45.64
27	12.88	14.57	16.15	18.11	36.74	40.11	43.19	46.96
28	13.56	15.31	16.93	18.94	37.92	41.34	44.46	48.28
29	14.26	16.05	17.71	19.77	39.09	42.56	45.72	49.59
30	14.95	16.79	18.49	20.60	40.26	43.77	46.98	50.89
40	22.16	24.43	26.51	29.05	51.80	55.76	59.34	63.69
50	29.71	32.36	34.76	37.69	63.17	67.50	71.42	76.15
60	37.48	40.48	43.19	46.46	74.40	79.08	83.30	88.38
70	45.44	48.76	51.74	55.33	85.53	90.53	95.02	100.4
80	53.34	57.15	60.39	64.28	96.58	101.9	106.6	112.3

A.5 정규분포표 I

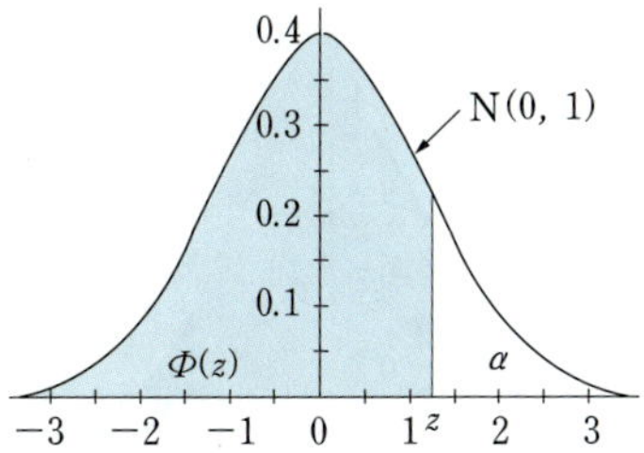

$$P(X \le z) = \Phi(z) = \int_{-\infty}^{z} \frac{1}{\sqrt{2\pi}} e^{-w^2/2} dw$$

$$|\,\Phi(-z) = 1 - \Phi(z)\,|$$

z	0.00	0.01	0.02	0.03	0.04	0.05	0.06	0.07	0.08	0.09
0.0	0.5000	0.5040	0.5080	0.5120	0.5160	0.5199	0.5239	0.5279	0.5319	0.5359
0.1	0.5398	0.5438	0.5478	0.5517	0.5557	0.5596	0.5636	0.5675	0.5714	0.5753
0.2	0.5793	0.5832	0.5871	0.5910	0.5948	0.5987	0.6026	0.6064	0.6103	0.6141
0.3	0.6179	0.6217	0.6255	0.6293	0.6331	0.6368	0.6406	0.6443	0.6480	0.6517
0.4	0.6554	0.6591	0.6628	0.6664	0.6700	0.6736	0.6772	0.6808	0.6844	0.6879
0.5	0.6915	0.6950	0.6985	0.7019	0.7054	0.7088	0.7123	0.7157	0.7190	0.7224
0.6	0.7257	0.7291	0.7324	0.7357	0.7389	0.7422	0.7454	0.7486	0.7517	0.7549
0.7	0.7580	0.7611	0.7642	0.7673	0.7703	0.7734	0.7764	0.7794	0.7823	0.7852
0.8	0.7881	0.7910	0.7939	0.7967	0.7995	0.8023	0.8051	0.8078	0.8106	0.8133
0.9	0.8159	0.8186	0.8212	0.8238	0.8264	0.8289	0.8315	0.8340	0.8365	0.8389
1.0	0.8413	0.8438	0.8461	0.8485	0.8508	0.8531	0.8554	0.8577	0.8599	0.8621
1.1	0.8643	0.8665	0.8686	0.8708	0.8729	0.8749	0.8770	0.8790	0.8810	0.8830
1.2	0.8849	0.8869	0.8888	0.8907	0.8925	0.8944	0.8962	0.8980	0.8997	0.9015
1.3	0.9032	0.9049	0.9066	0.9082	0.9099	0.9115	0.9131	0.9147	0.9162	0.9177
1.4	0.9192	0.9207	0.9222	0.9236	0.9251	0.9265	0.9279	0.9292	0.9306	0.9319
1.5	0.9332	0.9345	0.9357	0.9370	0.9382	0.9394	0.9406	0.9418	0.9429	0.9441
1.6	0.9452	0.9463	0.9474	0.9484	0.9495	0.9505	0.9515	0.9525	0.9535	0.9545
1.7	0.9554	0.9564	0.9573	0.9582	0.9591	0.9599	0.9608	0.9616	0.9625	0.9633
1.8	0.9641	0.9649	0.9656	0.9664	0.9671	0.9678	0.9686	0.9693	0.9699	0.9706
1.9	0.9713	0.9719	0.9726	0.9732	0.9738	0.9744	0.9750	0.9756	0.9761	0.9767
2.0	0.9772	0.9778	0.9783	0.9788	0.9793	0.9798	0.9803	0.9808	0.9812	0.9817
2.1	0.9821	0.9826	0.9830	0.9834	0.9838	0.9842	0.9846	0.9850	0.9854	0.9857
2.2	0.9861	0.9864	0.9868	0.9871	0.9875	0.9878	0.9881	0.9884	0.9887	0.9890
2.3	0.9893	0.9896	0.9898	0.9901	0.9904	0.9906	0.9909	0.9911	0.9913	0.9916
2.4	0.9918	0.9920	0.9922	0.9925	0.9927	0.9929	0.9931	0.9932	0.9934	0.9936
2.5	0.9938	0.9940	0.9941	0.9943	0.9945	0.9946	0.9948	0.9949	0.9951	0.9952
2.6	0.9953	0.9955	0.9956	0.9957	0.9959	0.9960	0.9961	0.9962	0.9963	0.9964
2.7	0.9965	0.9966	0.9967	0.9968	0.9969	0.9970	0.9971	0.9972	0.9973	0.9974
2.8	0.9974	0.9975	0.9976	0.9977	0.9977	0.9978	0.9979	0.9979	0.9980	0.9981
2.9	0.9981	0.9982	0.9982	0.9983	0.9984	0.9984	0.9985	0.9985	0.9986	0.9986
3.0	0.9987	0.9987	0.9987	0.9988	0.9988	0.9989	0.9989	0.9989	0.9990	0.9990

α	0.400	0.300	0.200	0.100	0.050	0.025	0.010	0.005	0.001	
z_α	0.253	0.524	0.842	1.282	1.645	1.960	2.326	2.576	3.090	
$z_{\alpha/2}$	0.842	1.036	1.282	1.645	1.960	2.240	2.576	2.807	3.291	

A.6 정규분포표 II

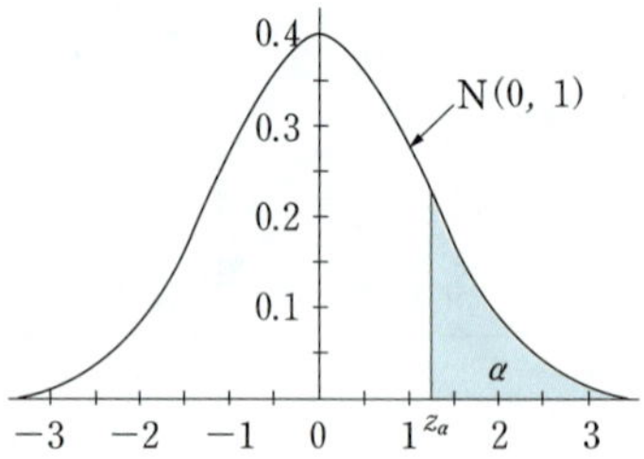

$$P(Z > z_{\alpha}) = \alpha$$

$$P(Z > z) = 1 - \Phi(z) = \Phi(-z)$$

z	0.00	0.01	0.02	0.03	0.04	0.05	0.06	0.07	0.08	0.09
0.0	0.5000	0.4960	0.4920	0.4880	0.4840	0.4801	0.4761	0.4721	0.4681	0.4641
0.1	0.4602	0.4562	0.4522	0.4483	0.4443	0.4404	0.4364	0.4325	0.4286	0.4247
0.2	0.4207	0.4168	0.4129	0.4090	0.4052	0.4013	0.3974	0.3936	0.3894	0.3859
0.3	0.3821	0.3783	0.3745	0.3707	0.3669	0.3632	0.3594	0.3557	0.3520	0.3483
0.4	0.3446	0.3409	0.3372	0.3336	0.3300	0.3264	0.3228	0.3192	0.3156	0.3121
0.5	0.3085	0.3050	0.3015	0.2981	0.2946	0.2912	0.2877	0.2843	0.2810	0.2776
0.6	0.2743	0.2709	0.2676	0.2643	0.2611	0.2578	0.2546	0.2514	0.2483	0.2451
0.7	0.2420	0.2389	0.2358	0.2327	0.2296	0.2266	0.2236	0.2206	0.2177	0.2148
0.8	0.2119	0.2090	0.2061	0.2033	0.2005	0.1977	0.1949	0.1922	0.1894	0.1867
0.9	0.1841	0.1814	0.1788	0.1762	0.1736	0.1711	0.1685	0.1660	0.1635	0.1611
1.0	0.1587	0.1562	0.1539	0.1515	0.1492	0.1469	0.1446	0.1423	0.1401	0.1379
1.1	0.1357	0.1335	0.1314	0.1292	0.1271	0.1251	0.1230	0.1210	0.1190	0.1170
1.2	0.1151	0.1131	0.1112	0.1093	0.1075	0.1056	0.1038	0.1020	0.1003	0.0985
1.3	0.0968	0.0951	0.0934	0.0918	0.0901	0.0885	0.0869	0.0853	0.0838	0.0823
1.4	0.0808	0.0793	0.0778	0.0764	0.0749	0.0735	0.0721	0.0708	0.0694	0.0681
1.5	0.0668	0.0655	0.0643	0.0630	0.0618	0.0606	0.0594	0.0582	0.0571	0.0559
1.6	0.0548	0.0537	0.0526	0.0516	0.0505	0.0495	0.0485	0.0475	0.0465	0.0455
1.7	0.0446	0.0436	0.0427	0.0418	0.0409	0.0401	0.0392	0.0384	0.0375	0.0367
1.8	0.0359	0.0351	0.0344	0.0336	0.0329	0.0322	0.0314	0.0307	0.0301	0.0294
1.9	0.0287	0.0281	0.0274	0.0268	0.0262	0.0256	0.0250	0.0244	0.0239	0.0233
2.0	0.0228	0.0222	0.0217	0.0212	0.0207	0.0202	0.0197	0.0192	0.0188	0.0183
2.1	0.0179	0.0174	0.0170	0.0166	0.0162	0.0158	0.0154	0.0150	0.0146	0.0143
2.2	0.0139	0.0136	0.0132	0.0129	0.0125	0.0122	0.0119	0.0116	0.0113	0.0110
2.3	0.0107	0.0104	0.0102	0.0099	0.0096	0.0094	0.0091	0.0089	0.0087	0.0084
2.4	0.0082	0.0080	0.0078	0.0075	0.0073	0.0071	0.0069	0.0068	0.0066	0.0064
2.5	0.0062	0.0060	0.0059	0.0057	0.0055	0.0054	0.0052	0.0051	0.0049	0.0048
2.6	0.0047	0.0045	0.0044	0.0043	0.0041	0.0040	0.0039	0.0038	0.0037	0.0036
2.7	0.0035	0.0034	0.0033	0.0032	0.0031	0.0030	0.0029	0.0028	0.0027	0.0026
2.8	0.0026	0.0025	0.0024	0.0023	0.0023	0.0022	0.0021	0.0021	0.0020	0.0019
2.9	0.0019	0.0018	0.0018	0.0017	0.0016	0.0016	0.0015	0.0015	0.0014	0.0014
3.0	0.0013	0.0013	0.0013	0.0012	0.0012	0.0011	0.0011	0.0011	0.0010	0.0010
3.1	0.0010	0.0009	0.0009	0.0009	0.0008	0.0008	0.0008	0.0008	0.0007	0.0007
3.2	0.0007	0.0007	0.0006	0.0006	0.0006	0.0006	0.0006	0.0005	0.0005	0.0005
3.3	0.0005	0.0005	0.0005	0.0004	0.0004	0.0004	0.0004	0.0004	0.0004	0.0003
3.4	0.0003	0.0003	0.0003	0.0003	0.0003	0.0003	0.0003	0.0003	0.0003	0.0002

A.7 t-분포표

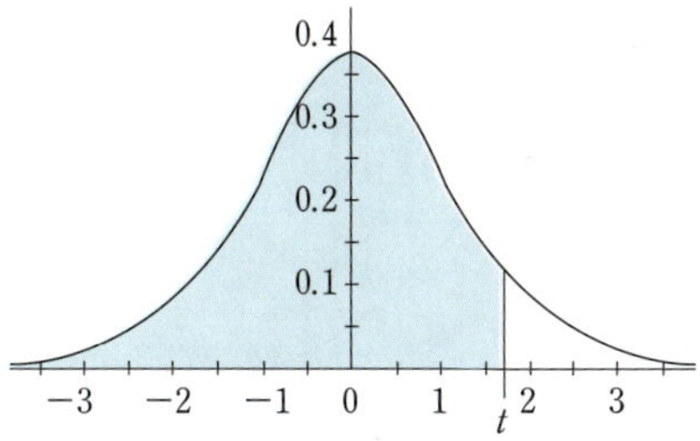

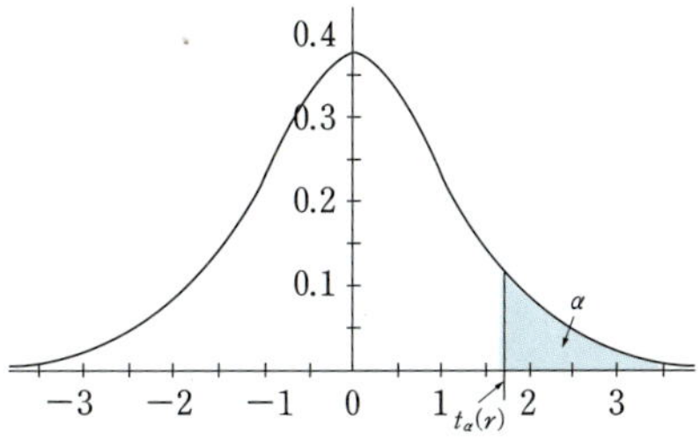

$$\mathrm{P}(T \leq t) = \int_{-\infty}^{t} \frac{\Gamma[(r+1)/2]}{\sqrt{\pi r}\,\Gamma(r/2)(1+w^2/r)^{(r+1)/2}}\,dw$$

$$[\mathrm{P}(T \leq -t) = 1 - \mathrm{P}(T \leq t)]$$

r	$\mathrm{P}(T \leq t)$						
	0.60	**0.75**	**0.90**	**0.95**	**0.975**	**0.99**	**0.995**
	$t_{0.40}(r)$	$t_{0.25}(r)$	$t_{0.10}(r)$	$t_{0.05}(r)$	$t_{0.025}(r)$	$t_{0.01}(r)$	$t_{0.005}(r)$
1	0.325	1.000	3.078	6.314	12.706	31.821	63.657
2	0.289	0.816	1.886	2.920	4.303	6.965	9.925
3	0.277	0.765	1.638	2.353	3.182	4.541	5.841
4	0.271	0.741	1.533	2.132	2.776	3.747	4.604
5	0.267	0.727	1.476	2.015	2.571	3.365	4.032
6	0.265	0.718	1.440	1.943	2.447	3.143	3.707
7	0.263	0.711	1.415	1.895	2.365	2.998	3.499
8	0.262	0.706	1.397	1.860	2.306	2.896	3.355
9	0.261	0.703	1.383	1.833	2.262	2.821	3.250
10	0.260	0.700	1.372	1.812	2.228	2.764	3.169
11	0.260	0.697	1.363	1.796	2.201	2.718	3.106
12	0.259	0.695	1.356	1.782	2.179	2.681	3.055
13	0.259	0.694	1.350	1.771	2.160	2.650	3.012
14	0.258	0.692	1.345	1.761	2.145	2.624	2.977
15	0.258	0.691	1.341	1.753	2.131	2.602	2.947
16	0.258	0.690	1.337	1.746	2.120	2.583	2.921
17	0.257	0.689	1.333	1.740	2.110	2.567	2.898
18	0.257	0.688	1.330	1.734	2.101	2.552	2.878
19	0.257	0.688	1.328	1.729	2.093	2.539	2.861
20	0.257	0.687	1.325	1.725	2.086	2.528	2.845
21	0.257	0.686	1.323	1.721	2.080	2.518	2.831
22	0.256	0.686	1.321	1.717	2.074	2.508	2.819
23	0.256	0.685	1.319	1.714	2.069	2.500	2.807
24	0.256	0.685	1.318	1.711	2.064	2.492	2.797
25	0.256	0.684	1.316	1.708	2.060	2.485	2.787
26	0.256	0.684	1.315	1.706	2.056	2.479	2.779
27	0.256	0.684	1.314	1.703	2.052	2.473	2.771
28	0.256	0.683	1.313	1.701	2.048	2.467	2.763
29	0.256	0.683	1.311	1.699	2.045	2.462	2.756
30	0.256	0.683	1.310	1.697	2.042	2.457	2.750
∞	0.253	0.674	1.282	1.645	1.960	2.326	2.576

A.8 F-분포표

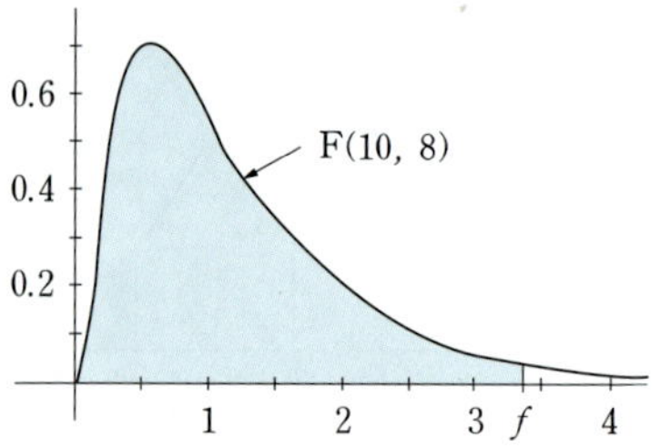

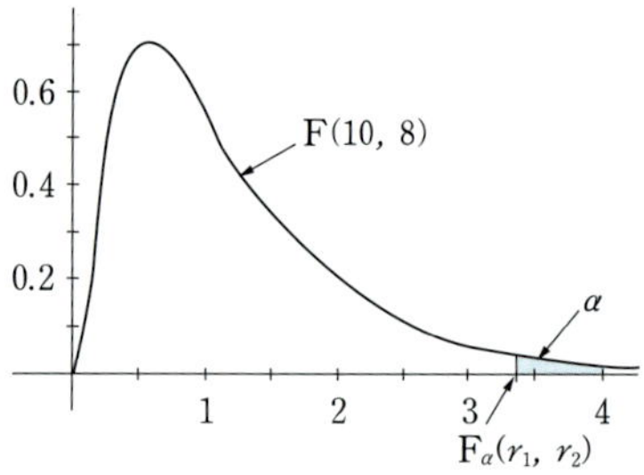

$$P(F \le f) = \int_0^f \frac{\Gamma[(t_1 + r_2)/2](r_1/r_2)^{r_1/2} w^{r_1/2-1}}{\Gamma(r_1/2)\Gamma(r_2/2)(1 + r_1 w/r_2)^{(r_1+r_2)/2}} dw$$

α	$P(F \le f)$	자유도 r_2	자유도 r_1									
			1	2	3	4	5	6	7	8	9	10
0.05	0.95	1	161.4	199.5	215.7	224.6	23.2	234.0	236.8	238.9	240.5	241.9
0.025	0.975		647.79	799.50	864.16	899.58	921.85	937.11	948.22	956.66	963.28	968.63
0.01	0.99		4052	4999.5	5403	5625	5764	5859	5928	5981	6022	6056
0.05	0.95	2	18.51	19.00	19.16	19.25	19.30	19.33	19.35	19.37	19.38	19.40
0.025	0.975		38.51	39.00	39.17	39.25	39.30	39.33	39.36	39.37	39.39	39.40
0.01	0.99		98.50	99.00	99.17	99.25	99.30	99.33	99.36	99.37	99.39	99.40
0.05	0.95	3	10.13	9.55	9.28	9.12	9.01	8.94	8.89	8.85	8.81	8.79
0.025	0.975		17.44	16.04	15.44	15.10	14.88	14.73	14.62	14.54	14.47	14.42
0.01	0.99		34.12	30.82	29.46	28.71	28.24	27.91	27.62	27.49	27.35	27.23
0.05	0.95	4	7.71	6.94	6.59	6.39	6.26	6.16	6.09	6.04	6.00	5.96
0.025	0.975		12.22	10.65	9.98	9.60	9.36	9.20	9.07	8.98	8.90	8.84
0.01	0.99		21.20	18.00	16.69	15.98	15.52	15.21	14.98	14.80	14.66	14.55
0.05	0.95	5	6.61	5.79	5.41	5.19	5.05	4.95	4.88	4.82	4.77	4.74
0.025	0.975		10.01	8.43	7.76	7.39	7.15	6.98	6.85	6.76	6.68	6.62
0.01	0.99		16.26	13.27	12.06	11.39	10.97	10.67	10.46	10.29	10.16	10.05
0.05	0.95	6	5.99	5.14	4.76	4.53	4.39	4.28	4.21	4.15	4.10	4.06
0.025	0.975		8.81	7.26	6.60	6.23	5.99	5.82	5.70	5.60	5.52	5.46
0.01	0.99		13.75	10.92	9.78	9.15	8.75	8.47	8.26	8.10	7.98	7.87
0.05	0.95	7	5.59	4.74	4.35	4.12	3.97	3.87	3.79	3.73	3.68	3.64
0.025	0.975		8.07	6.54	5.89	5.52	5.29	5.12	4.99	4.90	4.82	4.76
0.01	0.99		12.25	9.55	8.45	7.85	7.46	7.19	6.99	6.84	6.72	6.62
0.05	0.95	8	5.32	4.46	4.07	3.84	3.69	3.58	3.50	3.44	3.39	3.35
0.025	0.975		7.57	6.06	5.42	5.05	4.82	4.65	4.53	4.43	4.36	4.30
0.01	0.99		11.26	8.65	7.59	7.01	6.61	6.37	6.18	6.03	5.91	5.81

F-분포표(계속)

α	$P(F \le f)$	자유도 r_2	자유도 r_1: 1	2	3	4	5	6	7	8	9	10
0.05	0.95	9	5.21	4.26	3.86	3.63	3.48	3.37	3.29	3.23	3.18	3.14
0.025	0.975		7.21	5.71	5.08	4.72	4.48	4.32	4.20	4.10	4.03	3.96
0.01	0.99		10.56	8.02	6.99	6.42	6.06	5.80	5.61	5.47	5.35	5.26
0.05	0.95	10	4.96	4.10	3.71	3.48	3.33	3.22	3.44	3.07	3.02	2.98
0.025	0.975		6.94	5.46	4.83	4.47	4.24	4.07	3.95	3.85	3.78	3.72
0.01	0.99		10.04	7.56	6.55	5.99	5.64	5.39	5.20	5.06	4.94	4.85
0.05	0.95	12	4.75	3.89	3.49	3.26	3.11	3.00	2.91	2.85	2.80	2.75
0.025	0.975		6.55	5.10	4.47	4.12	3.89	3.73	3.61	3.51	3.44	3.37
0.01	0.99		9.33	6.93	5.95	5.41	5.06	4.82	4.64	4.50	4.39	4.30
0.05	0.95	15	4.54	3.68	3.29	3.06	2.90	2.79	2.71	2.64	2.59	2.54
0.025	0.975		6.20	4.77	4.15	3.80	3.58	3.41	3.29	3.20	3.12	3.06
0.01	0.99		8.68	6.36	5.42	4.89	4.56	3.42	4.14	4.00	3.89	3.80
0.05	0.95	20	4.35	3.49	3.10	2.87	2.71	2.90	2.51	2.45	2.39	2.35
0.025	0.975		5.87	4.46	3.86	3.51	3.29	3.13	3.01	2.91	2.84	2.77
0.01	0.99		8.10	5.85	4.94	4.43	4.10	3.87	3.70	3.56	3.46	3.37
0.05	0.95	24	4.26	3.40	3.01	2.78	2.62	2.51	2.42	2.36	2.30	2.25
0.025	0.975		5.72	4.32	3.72	3.38	3.15	2.99	2.87	2.78	2.70	2.64
0.01	0.99		7.82	5.61	4.72	4.22	3.90	3.67	3.50	3.36	3.26	3.17
0.05	0.95	30	4.17	3.32	2.92	2.69	2.53	2.42	2.33	2.27	2.21	2.16
0.025	0.975		5.57	4.18	3.59	3.25	3.03	2.87	2.75	2.65	2.57	2.51
0.01	0.99		7.56	5.39	4.51	4.02	3.70	3.47	3.30	3.17	3.07	2.98
0.05	0.95	40	4.08	3.23	2.84	2.61	2.45	2.34	2.25	2.18	2.12	2.08
0.025	0.975		5.42	4.05	3.46	3.13	2.90	2.74	2.62	2.53	2.45	2.39
0.01	0.99		7.31	5.18	4.31	3.83	3.5	3.29	3.12	2.99	2.89	2.80
0.05	0.95	60	4.00	3.15	2.76	2.53	2.37	2.25	2.17	2.10	2.04	1.99
0.025	0.975		5.29	3.93	3.34	3.01	2.79	2.63	2.51	2.41	2.33	2.27
0.01	0.99		7.08	4.98	4.13	3.65	3.34	3.12	2.95	2.82	2.72	2.63
0.05	0.95	120	3.92	3.07	2.68	2.45	2.29	2.17	2.09	2.02	1.96	1.91
0.025	0.975		5.15	3.80	3.23	2.89	2.67	2.52	2.39	2.30	2.22	2.16
0.01	0.99		6.85	4.79	3.95	3.48	3.17	2.96	2.79	2.66	2.56	2.47
0.05	0.95	∞	3.84	3.00	2.60	2.37	2.21	2.10	2.01	1.94	1.88	1.83
0.025	0.975		5.02	3.69	3.12	2.79	2.57	2.41	2.29	2.19	2.11	2.05
0.01	0.99		6.63	4.61	3.78	3.32	3.02	2.80	2.64	2.51	2.41	2.32

F-분포표(계속)

$$P(F \le f) = \int_0^f \frac{\Gamma[(t_1 + r_2)/2](r_1/r_2)^{r_1/2} w^{r_1/2-1}}{\Gamma(r_1/2)\Gamma(r_2/2)(1 + r_1 w/r_2)^{(r_1+r_2)/2}} dw$$

α	P($F \le$	자유도 r_2	자유도 r_1								
			12	15	20	24	30	40	60	120	∞
0.05	0.95		243.9	245.9	248.0	249.1	250.1	251.1	252.2	253.3	254.3
0.025	0.975	1	976.71	984.87	993.10	997.25	1001.4	1005.6	1009.8	1014.0	1018.3
0.01	0.99		6106	6157	6209	6235	6261	6287	6313	6339	6366
0.05	0.95		19.41	19.43	19.46	19.45	19.46	19.47	19.48	19.49	19.50
0.025	0.975	2	39.42	39.43	39.45	39.46	39.47	39.47	39.48	39.49	39.50
0.01	0.99		99.42	99.43	99.45	99.46	99.47	99.47	99.48	99.49	99.50
0.05	0.95		8.74	8.70	8.06	8.06	8.62	8.59	8.57	8.55	8.53
0.025	0.975	3	14.34	14.25	14.17	14.17	14.08	14.04	13.99	13.95	13.90
0.01	0.99		27.05	26.87	26.69	26.69	26.50	26.41	26.32	26.22	26.13
0.05	0.95		5.91	5.86	5.80	5.80	5.75	5.72	5.69	5.66	5.63
0.025	0.975	4	8.75	8.66	8.56	8.56	8.46	8.41	8.36	8.31	8.26
0.01	0.99		14.37	14.20	14.02	14.02	13.84	13.75	13.65	13.56	13.46
0.05	0.95		4.68	4.62	4.56	4.56	4.50	4.46	4.43	4.40	4.36
0.025	0.975	5	6.52	6.43	6.33	6.33	6.23	6.18	6.12	6.07	6.02
0.01	0.99		9.89	9.72	9.55	9.55	9.38	9.29	9.20	9.11	9.02
0.05	0.95		4.00	3.94	3.87	3.87	3.81	3.77	3.74	3.70	3.67
0.025	0.975	6	5.37	5.27	5.17	5.17	5.07	5.01	4.96	4.90	4.85
0.01	0.99		7.72	7.56	7.40	7.40	7.23	7.14	7.06	6.97	6.88
0.05	0.95		3.57	3.51	3.41	3.41	3.38	3.34	3.30	3.27	3.23
0.025	0.975	7	4.67	4.57	4.47	4.47	4.36	4.31	4.25	4.20	4.14
0.01	0.99		6.47	6.31	6.16	6.16	5.99	5.91	5.82	5.74	5.65
0.05	0.95		3.28	3.22	3.15	3.15	3.08	3.04	3.01	2.97	2.93
0.025	0.975	8	4.20	4.10	4.00	4.00	3.89	3.84	3.78	3.73	3.67
0.01	0.99		5.67	5.52	5.36	5.36	5.20	5.12	5.03	4.95	4.86
0.05	0.95		3.07	3.01	2.94	2.94	2.8	2.83	2.79	2.75	2.71
0.025	0.975	9	3.87	3.77	3.67	3.67	3.56	3.51	3.45	3.39	3.33
0.01	0.99		5.11	4.96	4.81	4.81	4.65	4.57	4.48	4.40	4.31

F-분포표(계속)

α	$P(F \le f)$	자유도 r_2	자유도 r_1								
			12	15	20	24	30	40	60	120	∞
0.05	0.95	10	2.91	2.85	2.77	2.74	2.70	2.66	2.62	2.58	2.54
0.025	0.975	10	3.62	3.52	3.42	3.37	3.31	3.26	3.20	3.14	3.08
0.01	0.99	10	4.71	4.56	4.41	4.33	4.25	4.17	4.08	4.00	3.91
0.05	0.95	12	2.69	2.62	2.54	2.51	2.47	2.43	2.38	2.34	2.30
0.025	0.975	12	3.28	3.18	3.07	3.02	2.96	2.91	2.85	2.79	2.72
0.01	0.99	12	4.16	4.01	3.86	3.78	3.70	3.62	3.54	3.45	3.36
0.05	0.95	15	2.48	2.40	2.33	2.29	2.25	2.20	2.16	2.11	2.07
0.025	0.975	15	2.96	2.86	2.76	2.70	2.64	2.59	2.52	2.46	2.40
0.01	0.99	15	3.67	3.52	3.37	3.29	3.21	3.13	3.05	2.96	2.87
0.05	0.95	20	2.28	2.20	2.12	2.07	2.04	1.99	1.95	1.90	1.84
0.025	0.975	20	2.68	2.57	2.46	2.41	2.35	2.29	2.22	2.16	2.09
0.01	0.99	20	3.23	3.09	2.94	2.86	2.78	2.69	2.61	2.52	2.42
0.05	0.95	24	2.18	2.11	2.03	1.98	1.94	1.89	1.84	1.79	1.73
0.025	0.975	24	2.54	2.44	2.33	2.27	2.21	2.15	2.08	2.01	1.94
0.01	0.99	24	3.03	2.89	2.74	2.66	2.58	2.49	2.40	2.31	2.21
0.05	0.95	30	2.09	2.01	1.93	1.89	1.84	1.79	1.74	1.68	1.62
0.025	0.975	30	2.41	2.31	2.20	2.14	2.07	2.01	1.94	1.87	1.79
0.01	0.99	30	2.84	2.70	2.55	2.47	2.39	2.30	2.21	2.11	2.01
0.05	0.95	40	2.00	1.92	1.84	1.79	1.74	1.69	1.64	1.58	1.51
0.025	0.975	40	2.29	2.18	2.07	2.01	1.4	1.88	1.80	1.72	1.64
0.01	0.99	40	2.66	2.52	2.37	2.29	2.20	2.11	2.02	1.92	1.80
0.05	0.95	60	1.92	1.84	1.75	1.70	1.63	1.59	1.53	1.47	1.39
0.025	0.975	60	2.17	2.06	1.94	1.88	1.82	1.74	1.67	1.58	1.48
0.01	0.99	60	2.50	2.35	2.20	2.12	2.03	1.94	1.84	1.73	1.60
0.05	0.95	120	1.83	1.75	1.66	1.61	1.55	1.50	1.43	1.35	1.25
0.025	0.975	120	2.05	1.95	1.82	1.76	1.69	1.61	1.53	1.43	1.31
0.01	0.99	120	2.34	2.19	2.03	1.95	1.86	1.76	1.66	1.53	1.38
0.05	0.95	∞	1.75	1.67	1.57	1.52	1.46	1.39	1.32	1.22	1.00
0.025	0.975	∞	1.94	1.83	1.71	1.64	1.57	1.48	1.39	1.27	1.00
0.01	0.99	∞	2.18	2.04	1.88	1.79	1.70	1.59	1.47	1.32	1.00

참고문헌

- 박성현 (1994). 공업통계학. 민영사.
- 이창훈, 전영호 (2010). 공업통계학(전정판). 박영사.
- 김용대, 김우철, 박병욱 외 (2011). 통계학 개론(제5판). 영지문화사.
- 남천현, 김환중 (2011). EXCEL을 이용한 기초통계학(제2판). 신영사.
- Alfredo H-S. Ang, Wilson H. Tang (2011). 공학확률통계(제2판)(조효남, 지광습, 번역). 구미서관.
- 박대수 (2013). 기초 확률과 통계. 한빛아카데미.
- 서울대학교 통계학과 (2014). SPSS를 이용한 자료분석 입문(제2판). 자유아카데미.
- 이재원 (2016). 생생한 사례로 배우는 확률과 통계. 한빛아카데미.
- 고지마 히로유키 (2017). 세상에서 가장 쉬운 베이즈통계학 입문(장은정, 번역). 지상사.
- 김홍기, 배종호, 이민구, 이상인, 이은지, 이주호 (2019). 통계학 입문(제3판). 정익사.
- 이재원, 이욱기 (2019). 공학인증을 위한 확률과 통계(제4판). 북스힐.
- 유영태 (2019). 실무 예제와 엑셀 실습으로 쉽게 배우는 경영경제통계학. 한빛아카데미.
- 김해경, 김태수 (2020). 실용이야기와 함께하는 확률과 통계(개정판). 경문사.
- 이재원 (2020). 쉽게 배우는 생활속의 통계학. 북스힐.
- 최태련 (2020). Essentials of Probability for Statistics. 자유아카데미.
- 안기수 (2021). 엑셀로 풀어보는 생활 속의 통계학(개정판). 생능.
- 안승철, 이재원, 최원 (2021). 최신 수리통계학(제2판). 경문사.
- 박성현 (2022). 현대실험계획법(제3판). 민영사.
- 인하대학교 통계학과 (2022). 통계학 : 엑셀을 이용한 분석(제3판). 자유아카데미.
- 최원 (2022). 알기 쉬운 통계 원리 기초통계학(제3판). 경문사.
- 이재원 (2023). 확률과 통계 입문(2판). 한빛아카데미.
- 전치혁, 정민근, 이혜선 (2023). 공학응용통계(3판). 도서출판 홍릉.
- Alberto Leon-Garcia (2011). Probability, Statistics, and Random Processes for Electrical Engineering(3rd ed.). Prentice Hall.
- Peyton Z. Peebles (2015). Probability, Random, Variables and Random Signal Principles(5th ed.). McGraw-Hill Education.
- William Mendenhall, Robert J. Beaver, Barbara M. Beaver (2018). Introduction to Probability and Statistics(14th ed.). Cengage Learning.
- Sheldon M. Ross (2019). A First Course in Probability(10th ed.). Pearson
- Sheldon M. Ross (2020). Introduction to Probability and Statistics for Engineers and Scientists(6th ed.). Academic Press.
- Douglas C. Montgomery (2023). Applied Statistics and Probability for Engineers(7th ed.). Wiley.

숫자, 영문

가

나

다

라

바

사

아

자

차

타

파

하